現代の熱力学

Modern Thermodynamics

白井 光雲 著

共立出版

はじめに

　大学の書店で物理学書（工学書も含めて）のセクションをのぞくと，熱力学の教科書は多い．成熟した分野であるから良書も多いので，その中にまた1つを加える以上，それなりの意図がないと意味がない．

　本書は著者の苦い経験から生まれたものである．著者は大学教養時代（現在では共通教育などの名称になっている）の初年度，熱力学の授業をとった．成績はまあまあであった．多少なりとも数学に強かったので，偏微分が出てくる式の変形の問題などで点数を稼いだことが効いたのだろう．それで自分を熱力学のオーソリティと勘違いしてしまった．実際，現場に出てショックだったのは，ほとんどの現実的な問題に対して答えられなかったことだ．それは何もいきなり熱プラントの設計という専門性の高い問題に対してではない．500℃の鉄はエネルギー資源としてどれくらい活用できるか？といった原理的なことに答えられないのである．また，この過程はどれくらい不可逆であるか？ということが答えられない．「不可逆過程の物理」は熱力学では教わらなかったという言い訳が通じるとしたら，現実の問題で熱力学が答えられる問題は皆無となってしまう．現場では決してこの式を導けとは問われない．大学で教える熱力学がこういうことでいいのかというのが本書を著した第1の問題意識である．教室では英語を学んだが，英語ができないというのと同じである．

　大学を出て約30年を経たいま，今度は教壇に立つ身になって，状況はあまり変わっていないことに気付いた．この間にも新たな熱力学の教科書は増えているが，上述した問題点は30年前の状況とそれほど変わっていない．試験の結果などをみる限り，著者が侵した失敗をいまの学生はそのまま再生産している．それを放置しているのは我々現場の教員のせいではなかろうか？

　この問題点を分析してみると，教える側である物理学者の，自分の偏狭な分野に閉じこもろうとする姿勢のように思える．著者が学んだ熱力学の教科書は，典型的な物理学者の書いたもので，抽象的な概念の説明に終始したものだった．マックスウェルの関係式についてはページを割いても，実際にどう使うかといった観点はまったくない．これで実際の問題に対してエントロピーなど計算できるようになるであろうか？　現代的な統計力学の方こそ真剣に学ぶに値する学問であり，熱力学はそこへ行くための橋渡し程度にしか考えていないのではないだろうか．工学的応用は自分の教えることではない，とでも思っているのか見向きもしない．そのような姿勢をもっとも端的に示すものが，当の物理学者自身の意見の不一致が放置されていることである．熱力学のいくつかの教科書を読むと，「不可逆性」などの基本的概念においてさえ著者ごとに違った見解があるのをみつけることがある．それぞれの著者は，自分の論理のなかでは首尾一貫していると主張するだろうが，それでは学生は困るのである．彼らは，実社会でいろいろな問題の解決を求められる．今日，熱力学は物理学者の想像を超え，実に広範な領域でその基礎知識が要されているのである．そのような現代的な課題に応えられない「熱力学」であっては，物理学は時代に取り残されてしまうだろう．状況が変わってきているのに気付かなければならない．

この点，洋書で評価が高いもの（工学書に多い）は，実に丁寧に書かれていて感心する．そうであればそれらを教科書として使えばよいということになるが，若干の問題がある．1つには，著者が良書と感じる本はほとんどが工学書あるいは著者が工学者であるが（工学書であってちっとも悪いとは思わないが），物理学の方からこのような時代の要請にあった本が書けないというのは誠に残念なので，そういう意地からも，物理は現実の問題に対してちゃんと答えられますよ，ということを示したいのである．より積極的な理由は，逆に，工学向けの熱力学の問題点も補いたいということである．今日，熱力学のカバーする領域は非常に広くなっているが，熱現象を理解しようとするとほとんどの場合，物質の性質の問題に行きあたる．もちろん，本書は物質の性質の教科書ではないけれど，ある程度それに踏み込まない限り，なぜかという知的好奇心を満足させることはできない．そのために有用であれば，超伝導体の例など躊躇なく取り入れた．もちろん，持ち出した例は微視的な理論は必要としないもの，たとえば，鉄の比熱を測定するのと同じレベルの問題に限っている．化学ポテンシャルのところも統計力学を使わず，熱力学の議論の枠内で議論している．このように，本書は，工学・物理の両方の分野へ進もうとする人に，現代的な立場からの入門書を目指している．

　本書を著すのに，全体を通して意識したことは，常に具体例を挙げることである．ある概念を説明するのに，その具体例を挙げられなければ，それは理解したことにはならないという信念からである．例題もあまり抽象的な式の変形などではなく，現実の問題を中心に編んだ．したがって，数値問題を重点的に扱っている．これにより単位に関する専門家独特の感覚というものが鍛えられることを期待する．とはいえ，これはリスクをともなうものである．数は雄弁であるが，同時に災いの元ともなる．いったん数字を出すと説明が求められる．現実は限りなく複雑であるから完全にぴったりあうということはない．どんどん議論が深みにはまり込む怖れがあるが，だからといって躊躇はしなかった．また，問題によっては必ずしも答えが1つとは限らないものも含まれている．近年の環境に対する関心から，そのような分野からの例題をできるだけ取り入れてある．それらは同時に，オーダーに対する計算感覚を養うためにも有用と考える．環境問題は，利便性には必ず代価が発生するという第二法則の格言を反映したものである．今日のエネルギー大量消費生活は，それを制御することなしに持続できると考えることは幻想にすぎない．

　論理展開についても一言述べておかなければならない．物事には順序というものがあることはわきまえているつもりである．さりとて，それが常に最優先させるべきこととも思わない．通常，物理学を論理的に教えようとすると，Aを教えようとするときまだ教わっていないBの考えを使ってはいけない．この原則を貫徹させようとすると，特に物事の最初は矛盾に突きあたる．著者の信じるところ，熱力学は経験科学である．熱力学を学ぶには用例が不可欠で，特に最初のところでこの禁じ手の原則に拘泥していると，まったく無味乾燥したものとなる．本書では，物事の順番に慎重になるより，問題を解決するために手っ取り早くすむやり方を優先させた．ある場合は高校までの物理・化学の知識を前提としたところもあるが，これはそれほど不自然な要請ではないだろう．

　題材の選択においても同じことがいえる．本書ではしばしば輸送過程も例題として登場している．通常の熱力学の教科書では，熱伝導のような輸送現象は上級コースあるいは応用分野に属するものとして扱われない．しかし，熱に関する現象としては熱伝導はむしろ最もありふれた現象である．熱というものは境界を行き来することが本質であるから，熱伝導とは切っても切れない関係である．こういうものを扱えないというのでは熱力学を修めたとはいえないだろう．高度の非平衡熱力学を

はじめに

学ばなければ熱伝導を理解できないとは思わないし，また，工学書にあるような高度な微分方程式が駆使できないと歯が立たないとも思わない．熱伝導は現象論であるという批判もあたらない．熱力学自体が現象論である．「熱力学は現実の問題を解決するために学ぶ」という本書の立場では，積極的に取り入れている．

最後にもう1つ本書の試みを．いろんな意味でリスクはあるが，物理の最新の成果で読者の興味を刺激したことである．もちろん，本書は大学初年度程度の学生を対象とした教科書なので，先端科学を展開することは適切ではない．1冊の教科書のなかで欲張ってあれやこれや詰め込むことはよくないことは承知している．しかし，「古典熱力学」という名前から連想される「もうすでに陳腐な分野」というイメージを払拭したいという気持ちには抗うことができなかった．統計力学や量子力学だけが最先端ではない．最先端の技術は，熱力学の原理に常に新鮮な見方を提供している．本書が研究者にも興味をもって読んでもらえるよう工夫したつもりである．もちろん，題材は極めて任意であるし，きちんとした理解は本書のレベルを超えたものである．

本書を授業で使う場合，本書の題材が多すぎることも承知している．目次でマーク（*）のあるところを飛ばし，なおかつ内容的に例題を省いて重要事項を中心に説明するだけで半期分の授業に相当するだろう．そのやり方で結構である．黒板に書かれることをコピーしたものが教科書ではない．重要なことは，授業でいくら要点だけ学んでも現実の問題と対面すると必ず困難に遭遇する．そのとき問題を解決できるよう具体的な例題を与えることがどれほど重要か．それが本書の役目である．

このように，本書はいわゆる「熱力学の教科書」とは随分違った，著者の独自のアプローチに貫かれている．とはいっても，著者がまったく勝手に考えついたものではない．というより，ネタ本はちゃんとある．その証拠として．本書を著すにあたって大変参考にした教科書については，リストして巻末にまとめてある．読者がさらなる上級教程を学ぶときの道しるべにするとともに，これらの著者たちへの感謝の意に代えたい．本書を著すうえで実にいろいろな人から熱力学の面白さ，むずかしさを教わった．紙面の都合上，名前を挙げることはできないが，ここに感謝の気持ちを表したい．また，本書の準備過程で，大阪大学共通教育センターの「新型授業開発プロジェクト」の支援を戴いた．

ビジネスの世界は物理とは無関係である．しかし，ともかくも本書が日の目をみるためには，どんなに最低のスキルであろうが営業部員を務めなければならない．そこに大きな壁があった．簡潔さを旨とする我が国の教科書業界にあって，300ページを超える本書は，形式，内容とも異例であるのかもしれない．加えて，昨今の「若者の活字離れ」で分厚い本は売れない，という絶好の断り文句があるので，草稿を持って出版社をあたったとき，厚みを見ただけで門前払い，あるいは「200ページ以下に圧縮して」と条件を突きつけられることもしばしばであった．そのような状況のなかで，本書企画の「異例さ」を受け入れてくださった共立出版・取締役の信沢孝一氏には深く感謝する次第である．また，編集にあたっては共立出版の高橋純子氏には入念な校正を戴いた．なお，それにもかかわらず，思わぬ誤りや不備な点がないとも限らない．それについては著者の責任である．

なお訂正や補助教材のため以下のホームページを開設した．
http://www.cmp.sanken.osaka-u.ac.jp/~koun/therm/therm.html

2011年2月

白井光雲

目　次

第 0 章　熱力学の目的　　*1*

第 1 章　熱力学の諸概念　　*5*
  1.1　状態量 …………………………………………………………………… *5*
      1.1.1　示量性，示強性 ………………………………………………… *8*
  1.2　エネルギー，熱，仕事 ………………………………………………… *10*
      1.2.1　内部エネルギー ………………………………………………… *10*
      1.2.2　熱 ………………………………………………………………… *10*
      1.2.3　仕事 ……………………………………………………………… *12*
      1.2.4　状態量でない量 ………………………………………………… *13*
  1.3　熱平衡 …………………………………………………………………… *17*
      1.3.1　熱的相互作用 …………………………………………………… *17*
      1.3.2　熱力学第 0 法則 ………………………………………………… *18*
      1.3.3　温度スケール …………………………………………………… *21*
  1.4　単位 ……………………………………………………………………… *22*
  ●Topics　さまざまなエネルギー資源の比較 ………………………… *31*

第 2 章　簡単な物質の性質　　*33*
  2.1　理想気体の状態方程式 ………………………………………………… *33*
  2.2　熱運動 …………………………………………………………………… *34*
      2.2.1　エネルギー等分配則 …………………………………………… *34*
  2.3　理想気体の内部エネルギー …………………………………………… *37*
      2.3.1　内部エネルギー ………………………………………………… *37*
      2.3.2　状態方程式の微視的理論 ……………………………………… *39*
      2.3.3　物質の静的性質 ………………………………………………… *40*
      2.3.4　比熱 ……………………………………………………………… *41*
  2.4　理想気体における種々の熱力学的過程 ……………………………… *43*
  2.5　ファン・デル・ワールス気体（*）…………………………………… *45*
  2.6　物質の相（*）………………………………………………………… *46*
      2.6.1　水の相転移 ……………………………………………………… *47*
      2.6.2　蒸気圧 …………………………………………………………… *48*
  2.7　動的性質（*）………………………………………………………… *51*

  2.7.1 乱雑な運動とエネルギー緩和 51
  2.7.2 物質の動的性質 54
●Topics 熱雑音 65
●Topics 生物におけるゆらぎ 68

第3章　熱力学第一法則   71
3.1 第一法則 71
3.2 準静的過程 75
  3.2.1 状態量が定義できる条件 75
3.3 定常状態（*） 79
  3.3.1 パワーのつりあい 79
  3.3.2 熱伝導 80
3.4 エンタルピー 83
3.5 開放系（*） 86
  3.5.1 開放系でのエンタルピーの役割 86
  3.5.2 流れのある系 89
  3.5.3 絞り過程——ジュール・トムソン効果 91
  3.5.4 工業的応用例 95
●Topics 反応温度 112

第4章　熱力学第二法則   115
4.1 熱機関 115
  4.1.1 熱機関の必要性 115
  4.1.2 熱機関の例 118
  4.1.3 熱効率 121
4.2 可逆過程，不可逆過程 122
  4.2.1 熱力学的可逆性 122
  4.2.2 可逆性，不可逆性についてのさらなる議論 127
4.3 第二法則 131
  4.3.1 カルノー機関 131
  4.3.2 第二法則の表し方 135
  4.3.3 冷凍機関 142
  4.3.4 実際の熱効率と内的可逆機関（*） 143
●Topics スピーカーで冷凍？ 152

第5章　エントロピー   155
5.1 エントロピー 155
  5.1.1 状態量としてのエントロピー 155

	5.1.2 エントロピー増大則	157
	5.1.3 エントロピーによる過程の記述	158
5.2	エントロピーの計算	163
	5.2.1 可逆過程で結ぶ	163
	5.2.2 エントロピーのつりあい（＊）	170
5.3	理想気体の計算	175
	5.3.1 同種分子からなる気体	175
	5.3.2 混合エントロピー	178
5.4	エントロピーの物理的意味	180
●Topics ナノテクノロジー——ゆらぎを制する爪歯		190

第6章 第二法則の発展（＊） 193

- 6.1 エントロピー増大則とエネルギー極値の法則 ... 193
  - 6.1.1 U の最小化 ... 195
  - 6.1.2 F の最小化 ... 197
  - 6.1.3 G の最小化 ... 198
- 6.2 化学ポテンシャル ... 199
  - 6.2.1 2つの相の平衡 ... 199
  - 6.2.2 化学平衡 ... 203
  - 6.2.3 反応熱, 親和力 ... 207
  - 6.2.4 反応の濃度依存 ... 210
  - 6.2.5 ファン・デル・ワールス気体のエントロピー ... 213
- 6.3 平衡状態への回復 ... 213
  - 6.3.1 エントロピー生成の最小化 ... 214
  - 6.3.2 電流分布の問題 ... 215
- 6.4 熱力学第三法則 ... 216
  - 6.4.1 ネルンストの定理 ... 216
  - 6.4.2 第三法則の証拠 ... 218
  - 6.4.3 第三法則の破れ ... 220
- 6.5 エントロピーの絶対値 ... 222
  - 6.5.1 エントロピーの測定 ... 222
  - 6.5.2 具体例 ... 223
- ●Topics CO_2 問題 ... 235

第7章 第二法則の工学的応用 237

- 7.1 最大仕事の原理 ... 237
  - 7.1.1 不可逆性の評価 ... 242
- 7.2 熱機関の第二法則からの解析（＊） ... 247

　　　　7.2.1　ランキン機関はなぜカルノー機関にしないのか？ ……………………… *247*
　　　　7.2.2　ランキン機関の詳細検討 …………………………………………………… *248*
　　7.3　化学反応における可逆過程 ……………………………………………………………… *250*
　　　　7.3.1　燃料電池 …………………………………………………………………………… *251*
　　　　7.3.2　電気化学反応による ΔG の測定 ……………………………………………… *253*
　　7.4　濃度差の利用（＊） …………………………………………………………………………… *256*
　　　　7.4.1　混合過程 …………………………………………………………………………… *256*
　　　　7.4.2　浸透による仕事 …………………………………………………………………… *256*
　　　　7.4.3　分離・精練過程 …………………………………………………………………… *259*
　　●Topics　デジタルコンピュータの限界 ……………………………………………………… *269*

第8章　統計力学序論（＊）　　　　　　　　　　　　　　　　　　　　　　　　　　　　*273*
　　8.1　孤立系の統計 ……………………………………………………………………………… *273*
　　　　8.1.1　微視的状態を数える ……………………………………………………………… *273*
　　　　8.1.2　統計力学の基本的仮定 …………………………………………………………… *275*
　　8.2　熱浴と相互作用する系 …………………………………………………………………… *277*
　　　　8.2.1　ボルツマンの原理 ………………………………………………………………… *277*
　　8.3　エントロピーの統計力学的解釈 ………………………………………………………… *281*
　　8.4　エネルギー等分配則 ……………………………………………………………………… *282*
　　8.5　エネルギーのゆらぎ ……………………………………………………………………… *284*
　　8.6　水素分子の回転運動 ……………………………………………………………………… *284*

参考文献　　　　　　　　　　　　　　　　　　　　　　　　　　　　　　　　　　　　*291*

付録A　物理定数表　　　　　　　　　　　　　　　　　　　　　　　　　　　　　　　*293*

付録B　多変数関数解析　　　　　　　　　　　　　　　　　　　　　　　　　　　　　*295*

付録C　数値テーブル　　　　　　　　　　　　　　　　　　　　　　　　　　　　　　*301*

索　引　　　　　　　　　　　　　　　　　　　　　　　　　　　　　　　　　　　　　*306*

（＊）は半期の授業では省ける項目

文献については，全体を通じて参考にしたものは巻末に参考文献としてまとめ，本文中では "参考文献 [1]" のように引用している．また，各論として参考にしたものは，各章末あるいは Topics ごとに文献として載せ，本文中では (1) のように引用している．

第0章
熱力学の目的

　古典力学はボール1個の運動をつぶさに観察し，その運動を記述しようとする．一方，熱力学は，非常に多数個の粒子の集まりを記述しようとするものである．多数個の系の振る舞いは限りなく複雑である．

　身の回りの現象は少なからず，過去の履歴をひきずる．コーヒーカップの上に垂らされたミルクは複雑な運動（うずまき運動）をする（図1）．ある瞬間の状態を知ろうとすると，少し前の状態を知らねばならない．それを知るには，またさらに前の時間に遡らねばならない．こうして過去の履歴をすべて知らねばならないことになるが，もちろんそれはほとんど不可能になる．ただ我々の興味が，最終的にミルクがどれくらいの濃度になるか，ということであればまったく簡単な問題で，入れた量を計ればすむ．

　蒸気タービンの動作を記述することを考えよう（図2）．高速の熱い蒸気が入り口から吹き込まれてタービンの羽根を回す過程は非常に複雑である．羽根の周りは複雑な乱流となり，これを記述し最終的に羽根に及ぼすトルクを求めることは，現在の発達した流体力学シミュレーションをもってしても容易なことではない．もしこういうふうにしか羽根の得るエネルギーが計算できなかったとしたら，現在の高度な熱機関の設計はほとんど不可能であっただろう．熱力学はこの計算に途方もない簡単化をもたらしてくれる．結論からいえば，我々は蒸気が羽根に及ぼす力を複雑な乱流の中で解析する必要はない．我々の興味が最終的にこのタービンからどれだけの動力が引き出されるか？という1点に関する限り（そして，普通はそれで十分），このような非平衡状態を知る必要はない．タービンに入る前と後の蒸気の状態を知るだけでよい．いろいろ拘束条件を考慮する必要があるものの，簡単にいって，そのエネルギー差がタービンからの出力を与える．タービンに入る前と後の蒸気の状態は平衡状態とみなし，ごく少数のパラメータだけで記述できる．それらのパラメータは温度や圧力といったものであるから測定できる．つまり，前と後の状態の物理量を測定するこ

図1　コーヒーカップ

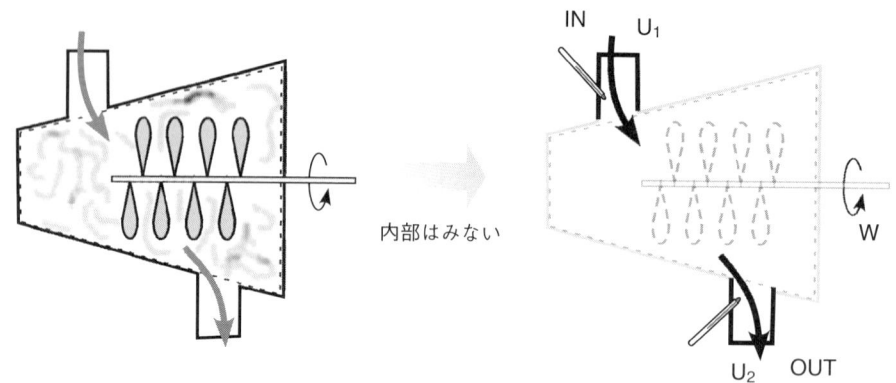

図2　熱い気体の流入により動作するタービン　熱力学的解析では内部の詳細はブラックボックス化し，入力側と出力側の気体の状態だけを測り，その間でなされた仕事を推測する．

とで，その途中になされる仕事が計算できることになる．

　同じことは化学反応でもいえる．燃焼や爆発という反応を，まさにその過程を記述しようとすると大変困難なことであろう．時間とともに激しく変化し，また途中で反応中間生成物も存在しうる．しかし通常の目的では，我々はその途中の経過は問題でない．最終的にどれだけ熱が出て，最終生成物がどうなるか？　そういったことであれば，やはり反応のはじめとおわりを熱平衡状態として記述し，その差だけを計算することで答えることができる．

　こうして，熱力学というものは，非平衡過程を避けて，熱平衡状態だけで記述しようというものである．したがって，標準的な熱力学の教科書が熱平衡状態だけを扱うのは自然ななりゆきとなる．しかし，これは初心者に誤解を生む一面もあることを認めなければならない．熱平衡状態だけを扱うことを強調するあまり「非平衡過程は扱ってはいけない」，さらにそれが増長し「非平衡過程は熱力学では扱えないので，そのような過程を熱力学で解くことはできない」とさえも思ってしまう．現実の過程は多かれ少なかれほとんど非平衡過程である．したがって，現場へ出て実際の問題を解決することを求められたときにも「熱力学では非平衡過程は学びませんでした」と言い訳するしかないというのでは，何のための「熱力学」だろう．熱力学は「非平衡過程は扱わない」のではない．正しくは「非平衡過程のまさに過程そのものは記述しないが，その入力条件に対する最終的結果は記述できる」のである．その過程の詳細をうまく回避し，収支バランスを計算するのが熱力学のアプローチである．非平衡過程だからといってただ避けてばかりでは，熱力学のメリットがほとんど出てこなくなる．したがって本書では，そのような非平衡過程の例も躊躇なく取り入れ，それをいかに料理するかというテクニックを強調する．

　上述にて強調したことは，主にエネルギーのバランス，つまり第一法則に関する考察であったが，もう1つ，より強調したいことはエントロピー，そして，それと不可分の不可逆過程についてである．不可逆過程の最中ではエントロピーというものを定義することさえできない．であるから，熱力学の入門書でエントロピーの章において主に可逆過程を中心に説明されることは自然なことである．しかしこれもそれについて強調されすぎると，その結果，学生は不可逆過程でのエントロピーの扱いを知らないままとなる．それどころか，不可逆過程は熱力学の対象外で，そのなかでは計算

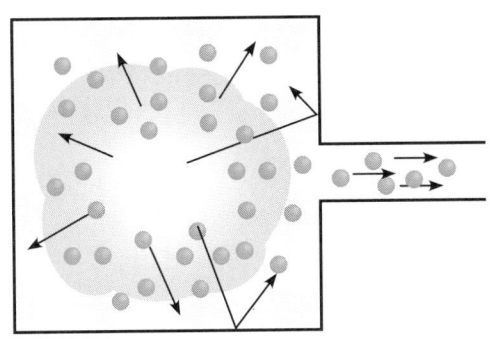

図3 乱雑な運動から揃った運動を取り出す 爆発は無秩序の極みであるが，その運動をある特定方向に揃えることは可能である．空間を囲って特定方向にのみ出口を作る．

できないものと思ってしまう．

確かに，不可逆過程を表現することは厄介である．しかしながら，実際は重要な概念である．その重要性というのは，現実には理想的な可逆過程がないからという消極的な理由ばかりではない．むしろ，工学的には積極的に活用してさえいる．図3をみれば直感的に理解できると思うが，乱雑な動きから巨視的に一方向の流れを作るには，密度，濃度，温度分布に差を作る．このような不均一分布での流れは，本質的に不可逆過程である．我々は不可逆過程の使い方を学ぶべきである．本書では，不可逆過程というものを腫れ物のように回避せず，むしろ積極的に取り入れている．

理論は可逆過程を扱う方がよっぽどきれいで，したがって気持ちがよい．ただそのような気持ちよい世界にだけ浸っていては，多かれ少なかれ可逆過程ではない現実の問題に直面すると対処の術がなくなる．現実はそれをいかに評価し，かついかにその効率を上げるかが課題なのに，何の解決能力もないというのでは情けない．理想的な効率をもつ可逆過程の世界は，いわば金持ちの世界である．それは人間にとって気持ちのよい世界であるが，それに浸りすぎその外界を知らないと，いったん貧乏状態に落ちたとき，どうやって金を稼いでいけばよいのだろうか？

惑わされることは，確かに「非平衡統計力学」というより上級の過程は存在するし，教科書は存在する（本書の巻末にそのような参考書が挙げられている）．こうして現実の厄介な問題，非平衡過程，不可逆過程という問題は，より上級の「非平衡統計力学」やそれに付随した高度なシミュレーションに責任を押し付けて，それを学ばなかった自分には責任がない根拠を与える．しかし，非平衡統計力学の教科書（参考文献 [8], [9]）をひも解いてもタービンの問題の解き方は書いていない．

答えは既存の熱力学のなかにすでに用意されているのである．簡単にいえば，始状態と終状態を一にして，「不可逆過程を可逆過程に置き換える」ということである．この技巧を身に付けなければ現実への対応が不可能となるので，本書を通じてこの技巧を強調している．このことを行う前提として，可逆過程，不可逆過程という概念をきちんと区別し，理解しなければならない．この点も本書で具体例をふんだんに取り入れて強調しているところである．

本書で強調される数値計算は，エントロピーの評価においては特に重要である．それは不可逆性の程度を評価すること，そして，エネルギーの「質」，何が価値のあるエネルギーで，何が価値のないものか，を評価できる能力を養うことに通じる．

本書では，統計力学は最後に登場するが，それは十分というにはほど遠いものである．本書は熱

力学の教科書なので，統計力学は付録的な扱いである．本書でそれを取り入れた目的は，エントロピーという概念を微視的な立場から説明するためである．統計力学による豊富な物理は，本書の範囲を超えるものである．その代わり，他の書籍では統計力学の登場のあとではじめて説明されるさまざまな現象を，古典熱力学の枠内で説明している．

　もう一度，熱力学の意義を繰り返す．熱力学というものは，現実のさまざまな熱過程を，その入口と出口で抑え，その差だけで記述しようとするものである．途中はいかに複雑な非平衡過程であってもかまわない．最初と最後が平衡に達していればよいのである．そして，その記述の中心は状態量というものである．ということで，本書は次の章のように，まず熱平衡の概念，およびそれを記述する状態量というものの説明からはじまる．

第1章
熱力学の諸概念

本章で，熱力学で現れる重要な概念が，エントロピーを除きすべて説明される．説明のレベルはさまざまであるが，重要な概念はあとでも繰り返し，あるいはより深く説明されるので，あまり細かい点で立ち止まらず，先へ進んでから振り返ることを勧める．比熱の概念などは全編を通じて説明され，最終章で結論が出るのだから．

1.1 状態量

熱力学が対象とするものは圧倒的多数の粒子の集まりである．1個のボールの軌道には興味がなく，それらが多数集まった集団としての性質に興味がある．シリンダーに詰まった空気の振る舞いがどうなるか，そういう問題を扱うのである．我々は，いまではシリンダーに詰まった空気というのは非常に多数の空気分子の集まったものであることを知っている．しかし，その1個1個の分子の動きについては興味がなく（知ることさえもほとんどできない），全体としてのシリンダーに詰まった空気の性質に興味がある．このように圧倒的多数個の粒子の集まりを巨視的系という．多数個というとき，それは具体的にどれくらいの量であろうか？　代表例として1モル中の分子の数，アボガドロ数 N_a が挙げられる．それは，

$$N_a = 6.022 \times 10^{23} \tag{1.1}$$

という膨大な数である．もちろん，1つ1つの分子の運動速度はまちまちである．多数個（N 個）の粒子が集まった巨視的系をどう記述するか？　熱力学で対象とする系では N は 10^{22} くらいのオーダーの量であるから，1個1個の粒子の運動を逐次記述していたのでは話にならない．我々がやれることは，平均量をとり，それをもって系の状態を特徴づけることである．それらの平均量を熱力学では「状態量」という．状態量とは状態を記述する量である．力学では運動状態を記述するものが座標なので，それに対応し，熱力学的座標や状態変数などとも呼ばれる．対応する英語表記もさまざまで，*state variable* という言葉を使うものもあれば，単に *property* とするものもある．単に *property* というと，著者の感覚では「性質」とあまりにも一般的な言葉となり，いまひとつ状態量というものに対応するのか不安を覚えるが，そのようなときは *thermodynamic property* とすれば熱力学上の状態を指すと理解されるので，その方がよいと思われる．著者は熱力学的座標というのが最も適切な表現だと思うが，あまり一般的に使われているわけではないので，習慣にしたがって本書でも使わない．

> **重要事項 1.1　状態量**
> 熱力学は，考えている系の性質をごく少数の状態量といわれる平均値により記述するものである．状態量というものは，その状態を得た過程によらない．

具体的な例としては，温度（T），圧力（p），体積（V）などがそれに相当する．物質の電気・磁気的な性質が問題となってくると，それに電気分極や磁化などが入ってくるし，機械的な性質であれば，ストレスや歪みなどが入ってくる．

状態量というものは，物質の常にゆらいでいる微視的な量の平均値であり，それらは実験で測定できるものである．ここで「平均値」という場合，どのように平均をとるかということが気になるかもしれない．確かに，一口に平均をとるといってもいろいろやり方があり，それによって値は変わるかもしれない．しかし，この段階ではあまりそれに捕らわれずに，単に算術的な平均値をとると考えれば十分である．

圧力 p は壁を押す力で測定される．それは壁を打つ気体分子の運動量の変化の平均値であることは直感的に理解しやすいだろう．物質の電気分極については，物質の内部を微視的にみたとき，電荷分布は原子の周りで急激に変化している．一方，我々は物質の電気分極を巨視的に観測している．それは微視的に急激に変化している分極モーメントの平均である．周期的構造をとる結晶固体では電気分極をどのようにして平均するかということはそう簡単ではないのだが，いまの段階ではともかくある種の平均操作をしたものと考えれば十分である．

それでは，もう1つの状態量，温度 T は何の平均量であろうか？それは温度計で測り，もちろん観測できる量である．それはいずれ明らかになるが，その系を構成する粒子の運動エネルギーの平均値であると理解しておこう．ただし，通常のアルコール温度計は何を測っているかというと，具体的には体積であることに注意しておく．

> **例題 1.1**
> 体積 V が平均量といわれるとちょっと違和感を覚える人もいるだろう．長さや体積などは必要な精度だけ測定でき，はっきり定まった量であると考えてしまう．通常の感覚では，金属片を欲しい精度で測定することはできる．しかし，長さを決定する境界はどこまでも明確だろうか？固体の表面は拡大すると原子の凹凸が見える（図 1.1）．凹凸があるときの長さはどう定義するのか（図 1.1 (b)）？さらに高分解能で見ると，原子自体ははっきり境界が決まったものではない（図 1.1 (c)）．また，固体中の原子は気体分子が動いているのと同様，常に振動運動しているのである（図 1.1 (d)）．このような状況で長さの概念をどう定義したらよいか？

この状態量のリストに粒子の個数 N を入れることができる．これこそ平均量でなく，はじめから与えられるはっきり決まった量であるが，ともかく入れておく．問題によっては粒子の数もゆらぐ場合も熱力学で扱わねばならないからである．

1.1 状態量

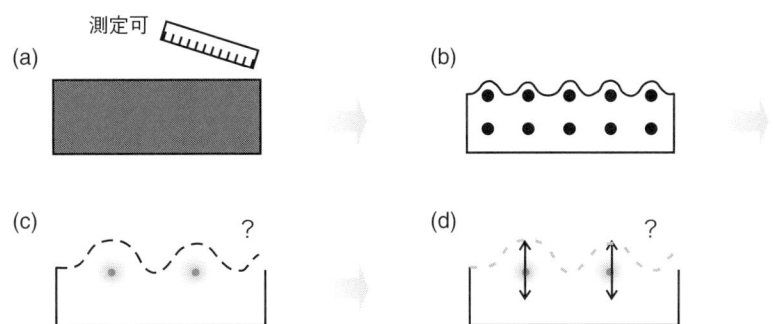

図 1.1 **長さの測定** 日常のスケールでは長さは定規できっちり測れる (a). しかし, 我々はどこまでも長さを正確に測定できるだろうか? サイズが小さくなって, 原子のサイズまで分解するようになると, 長さはどう測ればよいのだろうか (c). 境界は常にゆらいでいる (d).

もちろん, 厳密に粒子の個数 N を固定することは, 少なくとも思考上はできる. しかし現実の巨視系では, 粒子数の固定さえもそれほど簡単ではない. 金属容器で閉じ込められた気体では, 粒子数が固定されているとすることはよい近似ではあるが, わずかでも粒子数のゆらぎをなくすことは大変むずかしい. 金属表面からも, その量がごくわずかでも, 蒸気圧だけの分量の原子が常に飛び出している. 閉じ込められた金属容器を真空ポンプで排気すれば, その中の気体を排除することができる. 真空度は上がる (容器の圧力は下がる) が圧力を完全に 0 にすることはできない. 実験室では $p = 10^{-10}$ Torr という真空度を達成できるが, それとて 0 からみたら大きな数である. 真空ポンプで常に引きながらもこの圧力に保たれている理由は, どこからか気体が漏れてくるからである. たとえ真空容器が漏れのないように注意深く作られたとしても, それでも漏れがある. 壁表面から蒸発する気体があるし, このような程度の量であれば, わずかの量の気体が外界から金属容器を通して拡散し中に入っていく.

単純でない複合系では, そのなかにいろいろな種類の成分 (原子種, 相など) をもつものがあり, その場合は, それぞれの種類の成分ごとに, その成分の粒子数 N_1, N_2, N_3, が状態量として数え上げられる. その場合の全粒子数 N はすべての成分を加えたものである.

$$N = \sum_j N_j \tag{1.2}$$

対応して, 全圧 p に対する分圧 p_j というものが定義できる. $p_j = (N_j/N)p$ で与えられ,

$$p = \sum_j p_j \tag{1.3}$$

となる.

最後に, 内部エネルギー U, エントロピー S というものが状態量のリストに加えられる. 順番は最後となったが, むしろ重要性からいうと 1 番である. なにしろエントロピーというものはまだ学んでいないし, 第 1 章で説明するのは荷が重い. 真の意味はあとで説明されるという了解で, ここは物質は何か内部エネルギー, エントロピーというもので特徴づけられる, というくらいの理解で

次に進もう．

熱力学の主要な目的の1つが，この状態量を知り，その物質の状態を記述するということであるが，特にその内部エネルギー U が最も重要な量となる．U は他の状態変数を指定すると一意に決まる．U をその他の状態量の関数として求めることが基本的な目標となる．すなわち，

$$U = U(V, N, S, \cdots) \tag{1.4}$$

これがわかると，ある物質の任意の状態の内部エネルギーがわかり，ある状態から別の状態に移動したときの内部エネルギーの変化がわかる．それにより我々はこの物質のエネルギー資源としての価値を評価することができる．

ただし，この内部エネルギーを計算することは特殊な例を除いて大変むずかしい．実験でも直接的に内部エネルギーを測定するものはない．あとで説明されるが，直接の観測量は熱や仕事である．実験的には，この内部エネルギーを除いた他の状態量（それらは実験で即座に測定できる）の間の関係，

$$p = p(V, T) \tag{1.5}$$

はよく測定される．これを状態方程式という．この状態変数間をつなぐ関係式があるおかげで，すべての状態変数が独立というわけではなくなる．状態量の組みには冗長性があるのである．

1.1.1 示量性，示強性

状態量のなかには，加算的なものとそうでないものがある．加算的ということは，2つの系を接触させて全体を測定したとき，全体の状態量が接触させる前の個々の部分の状態量の和になるもののことである．このように加算的な状態量を「示量性状態量」という．体積のような量は明らかに示量性状態量である．一方，温度のような量は加算できない．同じ温度の物質をあわせても，全体の温度は2倍にならず同じである．このような状態量を「示強性状態量」という．この2つの量の違いを理解するため，次の問題をやってみるとよい．

■ **則問 1　数々の状態量**

① 重さ M と質量密度 ρ はそれぞれ，示強性変数，示量性変数のどちらだろうか？
② 磁場 H と磁化 M はそれぞれ，示強性変数，示量性変数のどちらだろうか？

---

① 重さ M は体積 V と同じく可加算量なので示量性変数．しかし，質量密度は $\rho = M/V$ なので示強性変数．重さも密度も同じような概念に思えるが，示量性，示強性という点ではまったく異なっている．
② 磁場 H は示強性変数，磁化 M は示量性変数．同じ磁化 M をもつ物質を2つあわせると全磁化は2倍となる．

このように，もともと示量性変数でもそれを体積あたりに直すだけで示強性変数となる．これを知り，「何だ，それでは，示量性と示強性との差は本質的なものではなく，表現で変わりうるのか？」

1.1 状態量

と思うかもしれない．確かにその通りである．示強性変数というのは示量性変数を同じく示量性変数で割ったものにすぎない．しかし結局のところ，その表現の差が熱力学の本質である．違う分子数 N_1，N_2 の気体を可動する壁を隔ててシリンダーの2つの部屋に導入する．それぞれの分子数 N_1，N_2 は変わらないが，壁を隔てて密度 ρ_1，ρ_2 が異なっていると，両者が一致するまで壁は動く．

示量性と示強性との差は電磁気学でも重要となる．試料全体の分極 P は加算的であり，体積に比例するので，その物質の物性値にはむかない．一方，それを体積で割った分極密度 $p = P/V$ は示強性変数で，物質固有の性質として議論できる．これらは区別すべきである．エネルギーもその物質全体の全エネルギーは示量性変量であるが，それを体積で割ったエネルギー密度は示強性変量となる．

■ **示量性，示強性を区別する意義** ■

こうして示量性状態量と示強性状態量を区別することの意味は，単に概念の分類するということに限らず，以後の熱力学的考察でいろいろ示唆を含んでいる．

我々は古典力学以来，エネルギーが，

$$U = -Fdx \tag{1.6}$$

と，はたらく力 F とそれによる変位 dx の積で表されることを知っている．力 F は示強性変量で，変位 dx は示量性変量である．他の状態量もこのように，

$$(エネルギー) = (力) \times (変位) \tag{1.7}$$

の対応があることに気付く．表 1.1 にはそのような例がリストされている．このような例を観察すると，示強性変量は「力」に相当し，それに対する「応答」が示量性変量であることがわかる．そして，それらの積がエネルギー変化を与える．このような関係を共役の関係，そしてその対を共役変数という．それらは常に対，「原因と結果」として考えるということである．

表 1.1 には，まだ習っていないエントロピーや化学ポテンシャルという量が現れているが，いずれそれらを学んだあとで，この対応が有用であることに気付くだろう．温度が「力」だといわれるとびっくりするかもしれない．しかし，温度を上げるとそこから熱が流れる．つまり，熱の流れの

表 1.1 示強性変数と示量性変数の対応

エネルギー	一般化力 (F)	一般化変位 (x)
力学的エネルギー	力 (F)	変位 (x)
回転運動エネルギー	トルク (N)	回転角 (θ)
弾性エネルギー	ストレス (σ)	歪み (ϵ)
熱力学的エネルギー	温度 (T)	エントロピー (S)
化学的エネルギー	化学ポテンシャル (μ)	粒子数 (N)
電気化学的エネルギー	起電力 (emf)	移動電荷 (Z)
誘電体	電場 (E)	電気分極 (P)
磁性体	磁場 (H)	磁化 (M)

1.2 エネルギー，熱，仕事

次に，エネルギーに進む．エネルギーは状態量か，そうでないのかというと，一言では答えられない．それはいろいろあるからだ．順に説明する．

1.2.1 内部エネルギー

物質は，気体であれ固体であれ，どのようなものでもその内部にエネルギー（内部エネルギー U）をもつが，その実態はいったい何であろうか？　物質の内部構造がわかっていない時代はそれについていろいろ思索が巡らされたが，いまでは物質の内部は原子の集まりということがわかっている．その個数 N は非常に多いが，エネルギーの観点では 1 個 1 個は古典的な粒子と同じである．つまり，1 個 1 個の粒子のエネルギーは運動エネルギーとポテンシャルエネルギーの和である．どのようなポテンシャルエネルギーであるかということは古典力学のようには簡単でないが，ともかく粒子間にはあるポテンシャルエネルギーがあるということで十分である（図 1.2）．i 番目の粒子は $k_i = (1/2)m_i v_i^2$ の運動エネルギーと u_i のポテンシャルエネルギーをもつ．この系の内部エネルギーはそれらすべての和である．

$$U = \sum_i^N \varepsilon_i = \sum_i^N (k_i + u_i) \tag{1.8}$$

この式からわかるように，内部エネルギーは示量性である．そして，それは状態量でもある．つまり，系の巨視的状態が定まったなら一意的に定まる量である．

　　内部エネルギーが状態量であるということはどうしてわかるのか？　内部エネルギーが状態量であることは，圧力や温度が状態量であるということと同じレベルの問題で，「経験が教えてくれる」ものである．熱力学は経験科学であるから，そういうことが実験の積み重ねでわかってきたと考えるべきである．ヘス（G.E. Hess）は，同じ濃度の硫酸溶液から出発して，第 1 段階で異なる量の水で希釈し，第 2 段階ではアンモニア水を加えて中和し，最終的に同じ量の中性水溶液を作った．そして，それぞれの段階で発生する熱は違うが，全発熱量は同じであることを見いだした．つまり，途中経路によらない．このような例は本書を通じて示される（3.4 節参照）．

1.2.2 熱

我々は日常の経験から，熱いものから熱が放出され，冷たいものへ熱が流入することを知っている．したがって，この熱を測定するにはその変化する物質の温度を測定すればよい．こうして熱という量は，従来，物質の温度変化によって「定義されて」きた．具体的には，

$$\text{標準状態の水 1 g を 1°C 上げるのに要する熱量が 1 cal} \tag{1.9}$$

1.2 エネルギー，熱，仕事

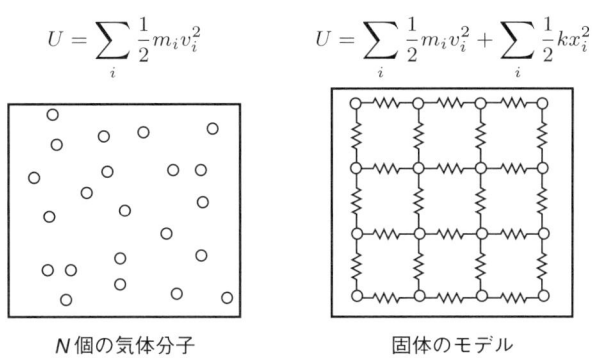

図 1.2 巨視的系の内部エネルギー

と定義されてきた．標準状態とは 15°C とされている．

この熱というものは，いったん物質に伝わり内部エネルギーの増加，減少という結果になってしまうと，もうそれがどこから来たのかわからなくなる．エネルギーとしては識別できない．熱はエネルギーと等価なものである．それゆえ，実は cal という単位は余分なもので，エネルギー単位のジュール（J）で用が足りていたのである．その間の変換は，

$$1\,\mathrm{cal} = 4.184\,\mathrm{J} \tag{1.10}$$

となっていて，その変換定数は熱の仕事当量と呼ばれる．しかし，実験ではほとんどの場合，熱が流入した物質の温度変化で熱量を測定するので，依然として cal が使われている．

■ 比熱 ■

逆に，同じ熱量を与えて物質がどれくらいその温度を変えるか，という変化のしやすさを与えるものが比熱（C）である．熱容量とも呼ばれる．

$$C = \frac{\Delta Q}{\Delta T} \tag{1.11}$$

これは物質の量に比例するので，物性定数表のようなデータとしては物質の単位質量あたり（あるいは，モルあたり）の量に焼き直してある．

式 (1.11) は ΔT と ΔQ が直接比例関係にあることを示しており，これが熱と温度の直感的な関係「温度の高いものは熱い」ということを表している．このように T と Q が比例関係にある場合の熱 Q は顕熱と呼ばれている．しかし，熱と温度は同一ではない．「似て非なるもの」である．蒸発熱のように熱を加えても温度が変化しない場合がある．そして，それを潜熱という．

■ 水の比熱 ■

前述したように，cal は 15°C の水 1 g を温度 1°C だけ上昇させるのに必要な熱量と定義された．しかし，この値は水の温度によって多少違ってくる．工学では，よく用いられる国際蒸気表に，

$$1\,\mathrm{cal} = 4.1868\,\mathrm{J}$$

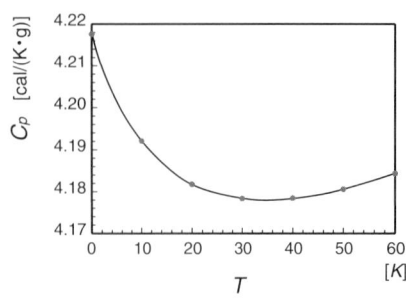
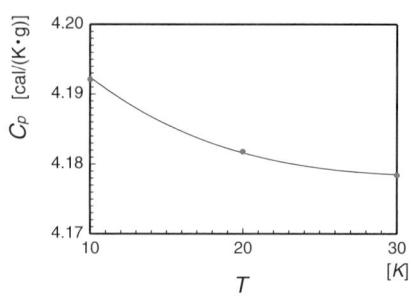

図 1.3 水の比熱の温度変化　参考文献 [3] p.242 のデータをプロット.

と出ている[†]．これは式 (1.10) の値とごくわずかであるが違う．これは測定している温度が違うところから生じていると思われるが，実際の値をチェックしてみると，図 1.3 で示されるように，水温 15°C の値ぴったりではなさそうだ．引用したデータに誤差があるのか著者にはわからない．

1.2.3　仕事

仕事 W，あるいはより正確には熱力学的仕事は，式 (1.6) の力 F を圧力 $p = F/A$，変位 dx を体積変化 $dV = Adx$ に置き換え，

$$W = -p \cdot dV \tag{1.12}$$

となる．あとで式 (1.12) の意味をもう少し吟味することになるが，差しあたり式 (1.12) で仕事を評価する．

■ **例題 1.2　位置エネルギーの仕事**

高さ 10 m のところにある 1 kg の重りを，体積 1 ℓ の水の中に落とした（図 1.4 (a)）．熱が周りに逃げないとして，この落下により水の温度はどれくらい上がっただろうか？

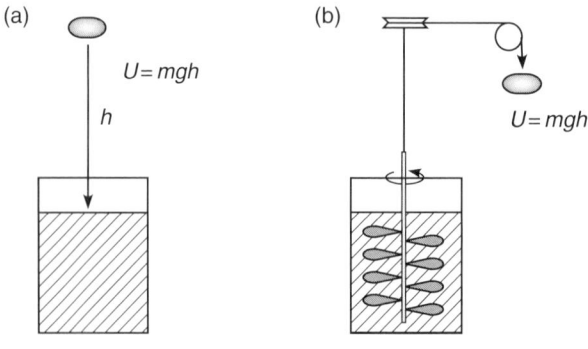

図 1.4　仕事の熱への転換

[†] 実際，熱の仕事当量としてこちらの値を使っている教科書もある．参考文献 [10] など．

1.2 エネルギー，熱，仕事

 おもりの位置エネルギー $U = mgh = 1\,\mathrm{kg} \cdot 9.8\,\mathrm{m/s^2} \cdot 10\,\mathrm{m} = 98\,\mathrm{J}$ がすべて熱に変わったとして，

$$\Delta T = \frac{98\,\mathrm{J}}{(1\,\mathrm{cal/(cc \cdot deg)})(1000\,\mathrm{cc}/\ell)(4.186\,\mathrm{J/cal})} = 0.023\,\mathrm{deg}$$

と，我々の感覚では感知できないほどの小ささである．

■ 例題 1.3　おもりの仕事

次に，同じ問題を，おもりの自由落下を直接使うのではなく，滑車を介して羽根の回転運動に変え，その効果をみる（図 1.4 (b)）．

これらの例題を通じて学ぶことは，図 1.4 の (a) と (b) では，なした機械的仕事の中身は違うが，おもりが同じ高さの変化をすれば水に与えた最終的な結果は同じであるということである．おもりが水に与えるエネルギーの推移過程は異なるが，うんと時間を経た最終状態は同じである．

1.2.4　状態量でない量

これまでは巨視的な量として状態量というものについて述べてきた．しかし，巨視的な観測量はすべて状態量というわけではない．状態量でないものもある．

古典力学では，摩擦のない保存力では，その仕事は，

$$W = -\int_A^B F dx \tag{1.13}$$

とされ，それはその経路にはよらず，初期位置 A と最終位置 B だけで決まると教えられる．

一方，熱力学での仕事は，

$$W = -\int_A^B p dV \tag{1.14}$$

と書かれている．式 (1.13) と式 (1.14) の違いは，力を面積あたりに直している点を除けば同じにみえる．しかし，両者には本質的な差がある．式 (1.14) で与えられる仕事は，たとえその過程に摩擦がまったくなくても経路による．このことを図 1.5 のような，ピストン内の理想気体が始状態 1 から終状態 2 へ向かう 2 つの経路で調べてみる．始状態 1，終状態 2 とも p と V が指定されているので，状態としては一意的に定まる．

経路 a では，気体がピストンの壁に対してなす仕事は符号を除いて，

$$W_\mathrm{a} = p_1(V_2 - V_1)$$

である（図 1.6 (1)）．体積が一定で圧力が変わる過程では $\Delta V = 0$ なので仕事はないことに注意しよう．一方，経路 b では，

$$W_\mathrm{b} = p_2(V_2 - V_1)$$

となる．すなわち，このピストンの例ではいくら摩擦がなくとも，始状態と終状態を決めただけで

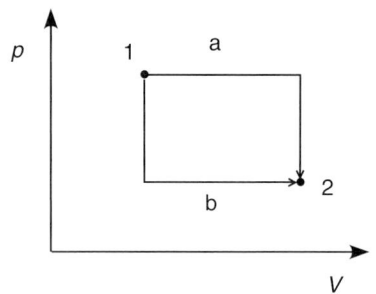

図 1.5 系の始状態 1 と終状態 2 をつなぐ違う経路 a, 経路 b による仕事.

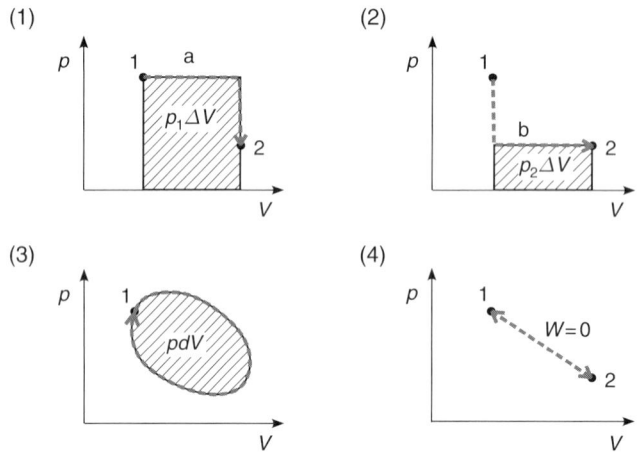

図 1.6 (1, 2) 経路 a, 経路 b を経た仕事では, 値が違う. (3) 状態 1 から出発して元に戻ってきたときなされる仕事. (4) もし p-V が 1 価関数であったなら仕事は生じない.

は仕事は決まらず,

$$\int_{\text{path a}} pdV \neq \int_{\text{path b}} pdV$$

と経路による. 摩擦がないにもかかわらず経路によるのはなぜだろう？

それは, 熱力学では, 式 (1.14) で表される変化のなかには p と V だけが書かれているが, その背後には他の状態変数の変化も起こっているからである. 圧力を一定に保ちながら膨張させるとどうなるか？ 気体をいきなり膨張させるとその圧力は下がろうとする. しかし圧力一定という条件が課されているので, 圧力を回復させようとする力がはたらかねばならない. それはピストンの外界から熱が流入し, 気体の内部エネルギーを上げることで実現される. したがって, この等圧過程では, 温度は上昇しているのである. 古典力学の式 (1.13) では, 変化する座標は x だけで, エネルギーは x だけの関数である. ゆえに x だけで一意的に決定される. しかし, 熱力学の式 (1.14) では, この式に現れている以上の変数の変化があり, それで一意的に決まらないのである. このように, 熱力学では背後にある他の変数がどのように変化するかも意識しなければならない. そのため, 数学的表現においては, 多変数関数や偏微分などの技巧が必要となり, この点が初心者には取っつ

きにくい印象を与える．

著者は上述したような物理的な解釈になじむことの方が重要と考えるので，数学的表現で議論が中断されないよう，それらについては巻末の付録 B で述べることにする．数学的テクニックを習得したいと思うならば，ぜひ付録 B をマスターすることを薦める．

ピストンのなす仕事 W は $\int p dV$ なので，図 1.6(3) でちょうど p の辿った経路の面積に等しいことがわかる．そのような幾何学的解釈がつくと便利である．状態 1 から出発し，経路 a を経て状態 2 に進んだとして，今度は 2 から 1 へ経路 b を経て戻ったとしよう．気体の状態は元の 1 に戻るので，もし観測者がピストンの気体の状態だけを測定しておれば，何の変化にも気付かない．しかし，この間にピストンがなす仕事は，行きと帰りの差，つまり経路 a と経路 b で挟まれた面積になる．

なされた仕事が経路によるということは，計算するうえではちょっと厄介になるが，工学的には大変ありがたいことである．状態を元に戻してなおかつ正味の仕事をしてくれるのである．実際に古典力学の式 (1.13) だけであったなら，いかなる動力エンジンも作ることができなかったであろう．そのことは図 1.6(4) をみれば明白である．

■ デジタルコンピュータの演算原理 ■

興味深いことに，1 と 0 状態を使うデジタルコンピュータの基本動作条件として，この非線形性があるという．履歴なしでは有効な仕事をなしえない．情報処理の分野で「有効な仕事」ということは，意味のある演算の実行ということである．したがって，電圧と電流の関係が線形である単純な抵抗では論理演算ができない．逆にいえば，電圧と電流の関係が負となる負性抵抗というものは利用できる（第 7 章の Topics「デジタルコンピュータの限界」参照）．

■ 量子ドットからの電子のポンプ ■

ナノスケールでの仕事もこの履歴の必要性が議論されている．最近の研究では，ある微小な領域（量子ドットと呼ばれる）に含まれる電子を 1 個 1 個取り出すポンプが発明されている[1]．量子ドットに圧力をかけ（実際はゲート電圧と呼ばれる電気的な圧力を加える），ドットのサイズを小さくしたり大きくしたりすることで中に含まれる電子を 1 個 1 個取り出す仕組みである（図 1.7）．これがうまく動作するかどうかは，体積変形が圧力だけの関数 $y = f(x)$（x：圧力，y：体積）となっているかどうかにかかっている．圧力変数だけによるならば，帰りの運動は行きとまったく同じ道を戻るので正味の仕事はしない．そこでカリフォルニア大学の研究者は，入力として 2 種類の圧力 (x_1, x_2) を用意した．図 1.6(3) のような状況を作るためである．

■ 熱も状態量ではない ■

熱も状態量ではないことを理想気体を例に示しておこう．

ピストン内の気体は 1 モルであるとしても一般性を失わない．図 1.5 の例では経路 a で，等圧膨張で体積を V_1 から V_2 へ変化させる．このときの仕事は $p_1 \Delta V$（$\Delta V = V_2 - V_1$）である．また，この過程で気体の温度は T_1 から T_a へ変化する．T_a は $RT_a = p_1 V_2$ で与えられ，T_2 よりも高い．経路 a を完成させるためには，加えて等容変化で圧力を p_1 から p_2 へ下げなければならない．この過程で気体の温度は T_a から T_2 へ下がる．この過程では仕事はせず，気体内部エネルギーの減少は

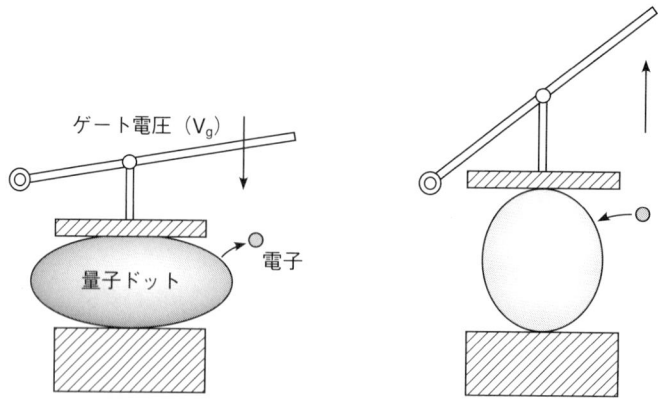

図 1.7 電圧を加えて量子ドットを変形させることで，それに含まれる電子を放出させる．しかし，電圧を加えるときと減じるときが正確に同じ道であるならば，せっかく放出した電子が帰りにまた吸収され，正味の電子の出し入れはなくなる．

外部への熱の流出となって現れる．経路 a を通じて気体内部エネルギーの変化は $\Delta U = C_v \Delta T$ であり，その間になした仕事は $W = p_1 \Delta V$ であるので，流入した熱 Q_a は，

$$Q_a = C_v \Delta T + p_1 \Delta V = C_v \Delta T + R(T_a - T_1) \tag{1.15}$$

である．一方で，経路 b では，

$$Q_b = C_v \Delta T + p_2 \Delta V = C_v \Delta T + R(T_2 - T_b) \tag{1.16}$$

であるので，$Q_b \neq Q_a$ となり，やはり経路による．

■ 数学的な表現についての注意 ■

見かけ上，

$$\delta W = -pdV$$

は式 (1.14) の単なる微小変化版と思えるが，そうではないということを強調したい．数学的には U は全微分可能関数といわれ，文字通り微分ができる量である．一方で，Q や W はそれがどれほど小さかろうが，何かある量（母関数）の微分では与えられるものではない．そのことを強調するため，他の教科書では，仕事や熱などの状態量でない量を

$$d'W = -pdV$$

と表すものがある．あるいは d の真ん中に横棒を打ち（$đW$），微分でないことを強調する．本書では，それに対応するところは δW で示す．したがって，

$$\frac{\delta Q}{dT}$$

とあるところは，

$$\frac{dQ}{dT}$$

の誤植ではないことに注意してほしい.

1.3 熱平衡

1.3.1 熱的相互作用

ここで熱力学で扱う巨視的系のモデルを述べる.まず,図 1.8 (a) にあるように,外界と何の相互作用もしない孤立系というものが最も簡単なものとして考えられ,本書を通じて繰り返し登場する.この場合は,系 A は他とエネルギー交換ができないので全エネルギー E は保存され一定である.孤立系を実現する方法は,外界との熱交換を断つ,すなわち断熱することである.

次に扱うのは,図 1.8 (b) にあるように,外界と熱接触する系 A である.この場合は,系 A は外界 A' と熱あるいは仕事を交換しあい,常に自分のエネルギー E は変わりうる.ほとんどの実験はこのタイプの系である.ある物体 A(熱機関のシリンダーや加熱されている鉄の固まりなど)の性質を調べるため外部からいろいろな場をかける.特に意図しなくても,ほとんどの場合,A は外界と熱交換を行い,温度は一定に保たれる.この場合も A と A' をあわせた合成系 $A^{(0)} = A + A'$ は 1 つの孤立系とみなすことができ,全エネルギー $E^{(0)} = E + E'$ は保存される.

この場合,外界 A' というものが具体的に何かは曖昧であるが,その系と接している大部分,大気や海水など,A 以外のすべてを考えることができる.それを熱浴という.熱浴は,いくら A からエネルギーが出入りしても,それ自身の状態量(温度や圧力など)は影響を受けないものと考える.A と多少の熱をやり取りしても,A' 自身の容量が圧倒的に大きいので,その状態量の変化は無視できると考えるのである.熱浴というものを考える便利さは,まさに A' の変化に注意を払う必要がないということである.しかしいくら形式上 A' はその他の全世界といっても,実際のところは,A の周りで温度が一様である限りでの局所的な周囲と考えるべきであろう.大阪で $T = 30°C$ における実験をしているとき,東京の温度が何 °C であるかを考える必要はない.

注目している系 A を完全に密閉させたものは密閉系と呼ばれるが,それは孤立系となる.一方で,周囲環境 A' と熱や粒子の出し入れを許せば,A を開放系と呼び,A' とあわせて相互作用系となる.

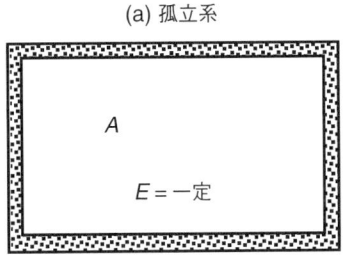
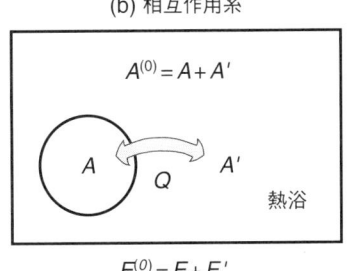

図 1.8 (a) 熱力学的孤立系,(b) 熱力学的相互作用系.

■ **熱浴** ■

熱浴 A' というのは，考えている系 A と常に熱的に接触し，熱交換をしている巨大な容量のものである．しばしば「熱浴の状態は変わらない」と記述されているが，もう少し正確にいうと，熱浴の「示強性変数 y' は変わらない」というべきであろう．示量性変数 x' は変わりうる．考えている系 A から熱が移動したら，当然，熱浴 A' の内部エネルギーはその分だけ増える．示量性変数 x' は，A の変化量とかっきり補償するように変化する．しかし A' の粒子数 N' は圧倒的に大きいので，分子あたりの示強性変数 $y' = x'/N'$ に直すと $\Delta y' \to 0$ となるのである．

■ **断熱** ■

断熱とは文字通り熱を断つということで，外界との熱の出入りがないものをいう．現実として完全な断熱を実現することは大変むずかしい．現実は多かれ少なかれ，常に外界と相互作用がある．2つの温度の異なった物質が接触すると必ず熱の移動が生じる．しかし，その移動速度を遅めることはできる．物質のなかを熱が伝わるときの，その伝わりやすさを表すものが熱伝導度である．熱伝導度 κ の小さいものが熱を伝えにくいということになる．断熱をするには κ の小さいものを選ぶ．保温材として使われているものをみればわかるように，多くはポーラスなもの，あるいは綿のようなもの，低密度な絶縁体が用いられている．しかし，どのようなものであれ，そこに物質があればいずれ熱伝導は起こる．究極の断熱材は物質をなくすこと，つまり魔法瓶のように真空で外界と遮断することである．低温の実験装置はそのようにして断熱する．しかし，真空にしてさえ放射熱による熱の流入があり，これを防ぐことはむずかしい．我々にできることは，考察の対象としている時間のなかで熱の流入が無視できればよい．

1.3.2 熱力学第0法則

状態量というものは，巨視的系のさまざまな物理量のある種の平均量であることを述べた．それが考えている系の状態を表すためには，この平均という操作が意味をもつようでなければならない．激しく乱流が生じている状態では，場所により密度が違う．そういう場合は，系全体の平均密度と場所ごとの密度は違ったものとなるだろう．また著しく温度分布があるような系では，平均的な温度というものを使って系の状態を記述することは困難である．こうして熱力学では，対象とする系を場所による不均一性のないものに限定することではじまる．

> ■ **重要事項 1.2 熱平衡**
> 系のなかで，そのすべての示強性変数が空間的に一様なものを「熱平衡状態」という．

この空間的な一様性は，同時に時間的にも変化しないことも意味する．つまり，熱平衡状態というものには時間の概念がない．それ自体をみていたのでは，どちらに反応が進むのかわからない[†]．

[†] 時間的に変化がないといっても，動きがあるものをすべて排除するというわけではない．乱流がなければ流れがあってもかまわない．系全体が一定の速度で動いているときは熱力学の概念は適応できる．そのような例を第2章，第3章で扱う．

この熱平衡の定義に厳格になりすぎると，すぐに破綻する．現実には熱平衡状態というものは存在しえないものとなってしまう．温度の均一性を全世界に要請すると，この世は死んだ世界となる[†]．どうしてそんなに厳格になる必要があろうか．平衡とは，考えている対象物の周り，局所的な範囲で成立しておれば十分である．

我々は経験により，温度の違った2つの物質を接触させると，遅かれ早かれ，やがては同じ温度になることを知っている．自然は放っておけば必ず同じ温度になろうとする．密度の違う気体を2つあわせると，密度は均一になろうとする．どこかにアンバランスがあると，必ずそれを回復する傾向がある．つまり，自然は放っておくと必ず熱平衡を回復しようとする性質がある．このことの体系だった記述はあとで行うとして，ひとまずこの実験事実を認め，自然の性質として承認しよう．

熱平衡ということに関してときとして問題となるのは，いつ平衡になるのか？ということである．平衡に達するまでの時間を一般に緩和時間 τ というが，それよりも長い時間が経てば系は熱平衡状態に達する．研究の最前線，特に物質の微視的な過程を追う研究では，いつ平衡に達したのかわからなくなることがよくある．100個の原子の動きをシミュレーションしていると，平衡に向かっているのか，それともそれから外れようとしているのか，しばしば問題となる．いまの段階ではそういう問題は扱わない．古典的な例で熱平衡の概念を十分に習得したうえで上級レベルに進むべきである．古典的な系では，平衡に達したかどうかは温度変化をモニターし，温度が変わらなくなれば平衡に達したと判断する．いまの段階ではそれで十分である．

問題 1.1　水と鉄の間の熱平衡

初期の温度が 132°C の鉄 10 g を，15°C の水 120 g の中に沈め放置する．水と鉄の間の最終的な温度はいくらか？　鉄の比熱は $0.45\,\mathrm{J/(K \cdot g)}$，比重は $7.84\,\mathrm{g/cm^3}$ である．

温度が違うものを接触させた状態は非平衡状態である．このようなとき，系は平衡を回復するように振る舞う．具体的には，高温側 T_h から低温側 T_l へ，両者の温度が一致する (T_f) まで熱が流入する．

$$0.45 \times 10(132 - T_f) = 1.0 \times 4.18 \times 120(T_f - 15)$$

より

$$T_f = 75.6°\mathrm{C}$$

現実の例をいろいろ列挙すると，熱平衡というものはいくつかに分類されることがわかる．

(1) 機械的平衡

　　圧力の違った2つの気体が詰められたピストンを接触させると，ピストンは動き，最終的に同じ圧力になるところで止まる．

(2) 熱的平衡

　　温度の違う物体を接触させると，温度が同じになるように変化する．

[†] 現在，宇宙の「平衡温度」は 2.9 K とされている．

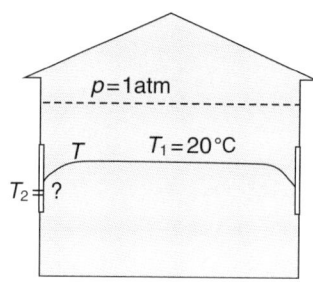

図 1.9　室内の温度分布　圧力は大気圧で一定に保たれるが，温度は部屋の境界で下がる．

(3) 化学的平衡

反応を起こす化学種をあわせておくと反応が進み，やがてあるところで止まる．

最も一般的な意味の熱平衡状態というのは，上記の3つの平衡条件がすべて満たされるものをいう．しかし拘束条件を課すことで，3つのうちいずれかだけを満たす狭義の平衡状態というものを考えることができる．たとえば，熱の出入りは許すが，物質の出入りを許さない壁で仕切れば，熱的な平衡は保たれるが化学的反応は起こらない．

一般には，気体の運動は速いので圧力の緩和は非常に早く進むが，熱的な緩和はそれよりは遅い．したがって，日常の現象では圧力のような機械的平衡は達成されているが，熱的平衡は達成されていない（温度に分布がある）という状況はしばしば起こりうる．図 1.9 にそのような状況が示されている．

この熱平衡状態というものについては次の重要な法則が存在する．

重要事項 1.3　熱力学第 0 法則
系 A と系 B が熱平衡で，かつ系 B と系 C が熱平衡であるならば，系 A と系 C は熱平衡である．

この法則は数学の三段論法のような形をしており，一見，当たり前のことを述べているようにみえる．いったいなぜこの法則が必要なのだろうか．物事が原理的になればなるほど，それが法則なのか，当たり前のことなのかわからなくなる例である．実際，この第 0 法則の発見もそうである．熱力学の他の法則は量子力学がみつかるずっと前，19 世紀中にはすでに確立されている．第 0 法則が確立されたのはそのずっとあとである．ファウラー（R.H. Fowler）により，1931 年にようやく確立された．この法則はいったい何で必要なのだろう？

もし温度というものがなかったらどうなるだろうか？ ということを考えてみよう．温度計がなかったとして，熱平衡をどう記述したらよいか？ 温度計がなくても，原理上，熱平衡の概念を述べることはできる．違った状態の 2 つの物体を接触させると，はじめは 2 つの物体の状態量は時間とともに変化する．しかし，やがてもうそれ以上変化しない状態になる．それが熱平衡状態である．このような熱平衡状態により，一連の物質の一連の状態の組みができる．図 1.10 で，破線で結びつけられるさまざまな物質のある状態が，熱平衡状態というつながりで結びつけられている．この組

1.3 熱平衡

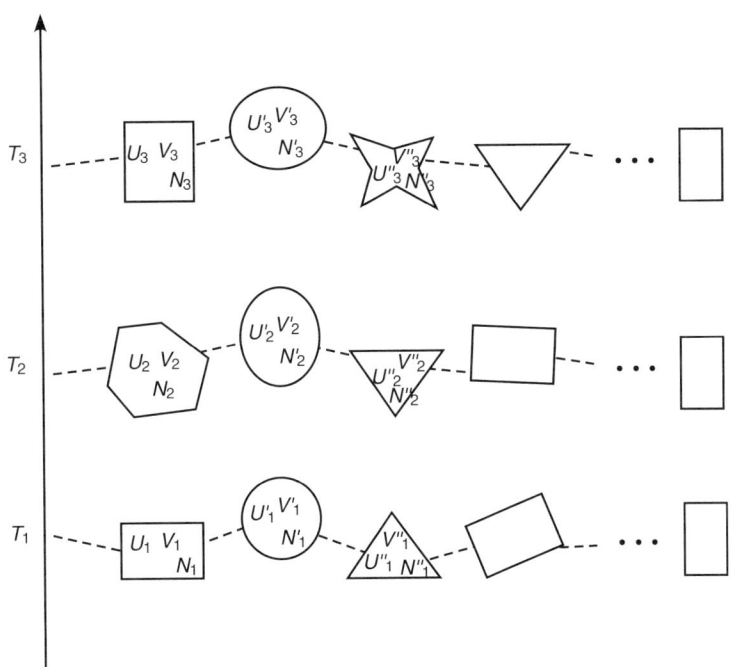

図 1.10　熱力学第 0 法則　破線でつながれた系の状態は同じ熱平衡状態．

みとは別に，また 1 組の状態のリストができる．さらにまた違う 1 組と…．こうした熱平衡のリストは原理上は作成できるが，もちろん，量的にはいっぺんに破綻する．このような状況を救ったのが熱平衡を測る共通の尺度，「温度」の概念である．

ポイント

熱力学第 0 法則は，「熱平衡」というものが大小比較できる測定可能なものであることを保証するものである．そして，その尺度として温度という量を導入したのである．

1.3.3　温度スケール

これで温度というものの定義をしたことになるが，ただ実際のスケールについては何の規定もしていない．どうやって温度スケールを設定するか？　そのためには次の 2 点を定めなくてはならない．

(1) 基準温度としての温度定点を定める．そのような温度定点はいくつか必要となり，最低でも 2 つは必要である．1 つは明らかに絶対 0 度である．もう 1 つは任意であるが，国際標準として水の三重点がとられている．
(2) 温度定点間をどのように目盛り分けるかを定める．

熱力学第 0 法則は温度と他の状態量の組みが 1 対 1 対応すること（たとえば，理想気体における T の V との関係）を述べているが，その間が線形であるか指数関数的な関係かは規定していない．

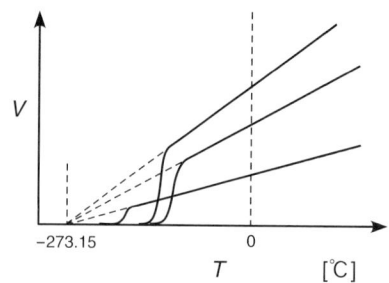

図 1.11 気体の体積と温度の関係をさまざまな気体，圧力でプロットする．

どのようなものでも許される．実際には線形な関係が最も自然である．そこで，圧力一定条件の下での理想気体の体積を温度目盛りに「定義」すればよい．あるいは，液体も熱膨張が線形の間はやはり温度目盛りとして利用できる．利用できるのは幾何形状ばかりではない．電気的性質を使うこともできる．代表的なものは熱電対である．これは温度と起電力がほぼ線形な例である．しかし，温度目盛りとして線形である必要もない．低温実験ではゲルマニウムの抵抗率が温度目盛りとして使われるが，それは，

$$\ln R = A + B \ln T \tag{1.17}$$

というように対数関数で与えられる．温度目盛りの取り方についてさらに知りたければ，参考文献 [5] の付録 B を参照してほしい．そこには各種の温度定点についても記述されていて，実験家に参考になる．

■ **問題 1.2　温度定点**

温度定点は，水の融点 $0.01°C = 273.16\,\mathrm{K}$ を用いている．このような非常に中途半端な量ではなく，なぜ水の沸点 $100°C$ を使わなかったのだろうか？

1.4　単位

ここで熱力学的で出てくるさまざまな量の単位についてまとめておく．物理学では標準的には SI 単位系を使うことを薦めているが，実際には，さまざまな工学分野で違う単位系が使われているし，物理学者自身が自分の専門に入ると都合のよい単位を使っている．初心者には余計な負担となるが，残念ながらそれが現状である．SI 単位系は学ぶ側に立つと覚えることが最小限で合理的であるが，使う立場では必ずしもそうではない．ミクロの世界を扱う世界で m を強要されると，扱う数字がいつも $\times 10^{-10}$ をともないとても不便である．圧力は我々が住んでいる世界の大気圧を基準に語られるならば理解しやすい（$1.01 \times 10^5\,\mathrm{Pa}$ といわれてピンとくるだろうか？）．熱力学はとても広いエネルギースケールを扱い，現実の興味ある問題がしばしばそれらの実用単位で語られることが多い．その単位系での「大きさの感覚」をもつことも，科学者・エンジニアリングとしての資質のため重要と考える．考え方があっておればよいという考えは本書では通用しない．

1.4 単位

(1) 温度

温度 T の標準的単位は絶対温度（ケルビン温度）である．歴史的には，日常で使われる摂氏温度（℃）の方が先であるが，いまでは逆に，0℃ を絶対温度 273 K で再定義している．より正確にいうと，水の三重点（気体，液体，固体の状態が共存している状態で，$T = 273.16\,\mathrm{K}$ で $p = 0.61\,\mathrm{kPa}$ である）を

$$0.01°\mathrm{C} = 273.16\,\mathrm{K} \tag{1.18}$$

と再定義している．

この他，日本人には馴染みがないが，華氏温度（°F），ランキン温度（R）などが外国の文献では使われているので挙げておく．

$$T(\mathrm{R}) = \frac{9}{5}T(\mathrm{K})$$

$$\theta(°\mathrm{F}) = T(\mathrm{R}) - 459.67$$

(2) 圧力

圧力 p は使われている分野ごとの歴史的背景により，さまざまな単位系が使われている．英語圏の教科書などではインチやポンドがいまだに使われているので，それらも列挙しておく．

$$1\,\mathrm{Pa} = 10^{-5}\,\mathrm{bar}$$

$$1\,\mathrm{atm} = 101.32\,\mathrm{kPa} = 1.0132\,\mathrm{bar} = 760\,\mathrm{mmHg}$$

$$1\,\mathrm{psi} = 144\,\mathrm{lbf/ft^2} = 6.894\,\mathrm{kPa}$$

なお，圧力に関係して，力の単位は SI 単位ではニュートン（N）であるが，工学単位では重量を使っている．

$$1\,\mathrm{kgf} = 9.8067\,\mathrm{N}$$

それに準じて圧力も kgf で表される．

(3) エネルギー

エネルギー E にもさまざまな単位が使われている．

$$1\,\mathrm{J} = 10^7\,\mathrm{erg}$$

$$1\,\mathrm{cal} = 4.184\,\mathrm{J}$$

$$1\,\mathrm{eV} = 1.602 \times 10^{-19}\,\mathrm{J} = 23.061\,\mathrm{kcal/mol} = 96.3\,\mathrm{kJ/mol}$$

$$1\,\mathrm{Wh} = 3600\,\mathrm{J}$$

$$1\,\mathrm{BTU} = 1055\,\mathrm{J}$$

BTU とはブリティッシュ熱単位である．

(4) 熱

熱 Q は現在ではエネルギーのことであるからもちろん，上記に挙げられたエネルギー単位ですむ．しかし，熱特有の単位カロリーは広く使われている．栄養学で使われる Cal は 1 kcal のことである．カロリーは，水 1 g を温度 1°C だけ上昇させるのに必要な熱量と定義されている．

$$1\,\text{cal} = 4.184\,\text{J}$$

前述したように，若干違う値もあるが，物理の教科書ではほとんどこちらの値を使っている．

(5) 仕事率

工業的応用では，エネルギーよりむしろ単位時間あたりのパワー $\mathcal{P}$ の方が重要となる[†]．

$$1\,\text{W} = 10^7\,\text{erg/s}$$

$$1\,\text{hp} = 746\,\text{W}$$

馬力（hp）に関しては，文献によっては 745.7 W としているものもある．746 W という値はその近似ではなく，正確にその値で定義されている．

演習問題

問 1.1 気球の問題

(1) 空気は N_2 からできているとして，標準状態（1 気圧，常温）の空気の密度 ρ_{air} を (kg/m³) で答えよ．

(2) 気球はヘリウムガス（He）で満たされている．He の密度は空気の密度 ρ_{air} のおよそ 1/7 である．体積 V の気球を上に押し上げる力（浮力）F はどれだけか．この気球には 70 kg の人間が 2 人乗っている．気球を直径 $D = 10\,\text{m}$ の球として，気球が放たれるときの加速度 a を数値的に求めよ．

(3) この気球が運ぶことのできる最大の積み荷の重さ M を kg で答えよ．

問 1.2

長さ $L = 30\,\text{cm}$，断面積 $S = 20\,\text{cm}^2$ のシリンダーが，仕切りで等しい体積で二分されている．仕切りははじめ止め治具で固定されている．仕切られた 2 つの空間に，それぞれ気体を $N_1 = 1\,\text{mol}$，$N_2 = 2\,\text{mol}$ 詰める．止め治具を外し仕切り壁が自由に動けるようにすると，最終的に仕切り壁の左右の体積 V_1, V_2 はどうなるか？

問 1.3 大気圧

大気圧では圧力計の水銀柱の高さはいくらになるか？ 水銀柱の密度は 13.6 g/cc である．

[†] 熱力学では p は圧力として頻繁に登場するので，仕事率は $\mathcal{P}$ で表すことにする．

演習問題

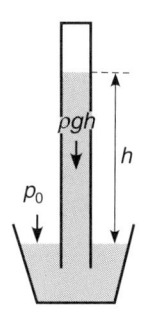

図 1.12 水銀柱は水銀の柱の重力と大気の圧力がつりあっている．

1 気圧は 101.32 kPa である．この圧力と水銀柱内の水銀の重力がつりあう（図 1.12）．バランスする水銀柱の高さ h は，

$$h = \frac{1.0132 \times 10^5 \,(\text{Pa})}{13590 \,(\text{kg/m}^3) \times 9.8 \,(\text{m/s}^2)} = 0.76 \,(\text{m})$$

問 1.4 マンションの水道供給

水を真空ポンプにより吸い上げることを考える．この方法により汲み上げられる水柱の高さ h の限界を求めよ．

1 気圧は 101.32 kPa である．この圧力とバランスする水柱の高さ h は，

$$h = \frac{1.0132 \times 10^5 \,(\text{Pa})}{1000 \,(\text{kg/m}^3) \times 9.8 \,(\text{m/s}^2)} = 10.2 \,(\text{m})$$

問 1.5 飛行機の高さ

飛行機がある高さを飛んでいる．この飛行機の高さでの圧力を測定すると $p = 690\,\text{mmHg}$ であった．一方，このときの地上の管制塔での圧力は $p_0 = 753\,\text{mmHg}$ と報告されている．この飛行機はどれだけの高さを飛行していることになるか？ 空気の平均密度 $\rho = 1.20\,\text{kg/m}^3$．

高さ H での圧力変化 Δp は，$\Delta p = \rho g H$ である．圧力降下 $\Delta p = 732 - 690 = 63\,\text{mmHg}$ は，

$$\Delta p = 63 \times \frac{101}{760} = 8.372 \,\text{kPa}$$

相当．したがって，

$$\begin{aligned} H &= \frac{\Delta p}{\rho g} = \frac{8.372 \,(\text{kPa})}{1.20 \,(\text{kg/m}^3) \times 9.8 \,(\text{m/s}^2)} \\ &= 0.712 \,(\text{km}) \end{aligned}$$

これで問題は解けたが，少し注釈を加えておく．$\Delta p = \rho g H$ は空気の密度が高さによって変わらない程度の範囲で成り立つ．実際は空気の密度は高さとともに減少する．この場合は，

$$p(h) = p_0 \exp(-Mgh/RT) \tag{1.19}$$

となる．h がそれほど大きくなく，指数部は 1 より小さいようなときは，近似として，
$$\Delta p = p_0(Mgh/RT) = Mgh/V = \rho gh$$
が成り立つのである．あとの章で式 (1.19) を求めることになる．

問 1.6　ダイヤモンドアンビル

現代の高圧実験装置では，高圧発生にはダイヤモンドアンビルを用いる（図 1.13）．1 トンの荷重を先端が $0.3\,\mathrm{mm}$ 正方のアンビルにかけると，どれくらいの圧力が得られるか？

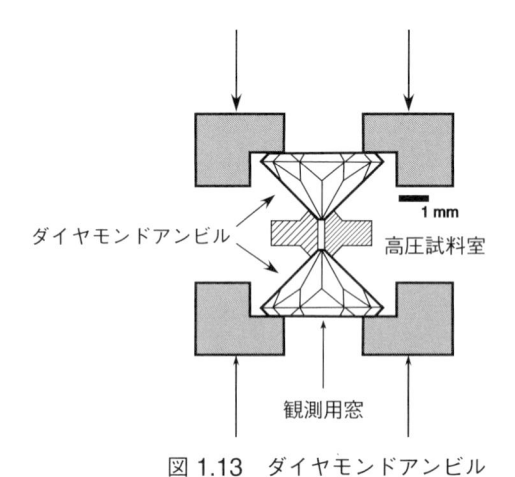

図 1.13　ダイヤモンドアンビル

1 トンの荷重に対して，
$$p = \frac{mg}{A} = \frac{(1\times 10^3)(9.8\,\mathrm{m/s^2})}{(0.3\times 10^{-3}\,\mathrm{m})^2}$$
$$= 1.1 \times 10^{11}\,\mathrm{Pa}$$
$$= 110\,\mathrm{GPa}$$
$$= 1.07 \times 10^6\,\mathrm{atm}$$

となる．これは 100 万気圧で，あとの問題に出るが，地球深層部の圧力に相当する．もっと重い荷重をかければより高い圧力が得られるはずであるが，現実にはこのような高圧ではダイヤモンドでさえも破壊されずに保つことが困難となる．

以下は，オーダーを素早く知りたいための問題であるため，細かな数字は問わない．

問 1.7　海中の圧力

海に潜ると深さに応じて圧力が増える．1 m あたりの圧力増加を求めよ．

深さ h の水柱の重さは面積あたり ρh であるから，1 m あたりの圧力増加 Δp は，
$$\Delta p = 1\,\mathrm{g/cc} \times \frac{10^6\,\mathrm{m^3/cc}}{10^3\,\mathrm{kg/g}} \times 9.8\,\mathrm{m/s^2} \times \frac{1}{101\,\mathrm{kPa}}$$

$$= 0.097\,\text{atm}$$

すなわち，10 m 深くなるにつれおよそ 1 気圧増加することになる．

同じ考えを地球の深さ方向に拡張してみよう．

問 1.8　地球中心部の圧力

地球中心部の圧力を推定してみよう．地球の半径は $R = 6378\,\text{km}$．密度は Fe ($\rho = 7.87\,\text{g/cm}^3$) と同じとする．

💡　深さ 1 m あたりの圧力増加 Δp は ρg であるから，

$$p = \frac{\rho g R}{1\,\text{atm}} = \frac{7.87 \times 10^3\,\text{kg/m}^3 \cdot 6.38 \times 10^6\,\text{m} \times 9.8\,\text{m/s}^2}{101\,\text{kPa}} = 4.8 \times 10^6\,\text{atm}$$

と 500 万気圧くらいになる．実際には 400 万気圧くらいと推定されている．

この計算の仕方は非常に悪い近似であろう．地球内部では重力加速度自体が変化し，かつ球形の形状も考慮しなくてはならない[†]．いまの段階でそういう詳細を解析することにあまり精力を使いたくないため荒っぽい見積もりを出したが，この方法でも結果はそう悪くはない．現在の実験室で得られる高圧の限界は 200 GPa くらいであるから，我々はまだ地球中心部を模倣する実験を行う手段をもっていない．

問 1.9　ピストルのエネルギー

18 世紀，アメリカ人のランフォード卿は発射した大砲から熱が出ることに注目し，エネルギーと熱の転換を見いだしたといわれている．質量 20 g の弾丸が速さ 350 m/s で壁に打ち込まれたとき，どれだけの熱が発生するだろうか？

💡　弾丸の運動エネルギー $\mathcal{K}$ は，

$$\mathcal{K} = \frac{1}{2}mv^2 = 0.5 \times 0.02\,\text{kg} \times (350\,\text{m/s})^2 = 1225\,\text{J}$$

これがすべて熱になったとして 292.8 cal に相当する．

問 1.10　人間の活動のエネルギー

野球選手の使うエネルギーを計算してみよう．質量 $m = 400\,\text{g}$ のボールを時速 $v = 120\,\text{km/h}$ の速さで投げる．それを 200 球投げるとする．この運動に要する力学的全エネルギー $E\,(\text{J})$ を求めよ．また，このエネルギーを得るためにどれくらいの食物を食べないといけないかを考えてみよう．たとえば，ハンバーガー 1 個に含まれるエネルギーは 270 Cal である．この値を使って，上述のエネルギーを得るためにはハンバーガーを何個食べなければならないか？

💡　時速 $v = 120\,\text{km/h}$ の速さは，$v = 1.2 \times 10^5\,(\text{m})/3600\,(\text{s}) = 33.3\,(\text{m/s})$．静止したボールをこの速度まで加速するのに要するエネルギーは，

[†] 専門的な議論は，たとえば，参考文献 [11] の第 6 章にある．

$$\frac{1}{2}mv^2 = 0.5 \times 0.4\,\mathrm{kg} \times (33.3\,\mathrm{m/s})^2 = 221.8\,\mathrm{J}$$

したがって，これを 200 回繰り返すには 44.35 kJ のエネルギーが要される．つまり，

$$44.35\,\mathrm{J} = 44.35/4.18 = 10.6\,\mathrm{kcal}$$

これはハンバーガー

$$\frac{10.6\,\mathrm{kcal}}{270\,\mathrm{Cal}} = 0.039$$

個分に相当する．

問 1.11　車のパワー

トルク $N = 200\,\mathrm{Nm}$ で 4000 rpm（毎分の回転数）で動作している車がある．このエンジンの出力を求めよ．

$$\mathcal{P} = N \cdot \omega = (200\,\mathrm{Nm}) \times 2\pi \cdot (4000\,/\mathrm{m})\frac{1}{60\,\mathrm{s}} = 83.8\,\mathrm{kW} = 112.3\,\mathrm{hp}$$

以下のエネルギー問題の計算は，エネルギーという単位に関して慣れてもらうための出題であるので，元のエネルギーがどのように有効なエネルギーとして使われたかということは問題にせず，すべてのエネルギーが有効に使われたとして計算せよ．効率がどれくらいかは先の章に進んでから議論される．

問 1.12　エネルギーコスト

エネルギー源として，電気エネルギーとガソリンエネルギーどちらがコスト（一定エネルギーに対する代価）が高いかをできるだけ身近な量から推定してみよ．

たとえば著者の場合，家の電気代は 1 月，376 kWh の使用料に対し 8260 円であった．これは，

$$\frac{8260\,\mathrm{yen}}{376\,\mathrm{kWh}} = 22.0\,\mathrm{yen/kWh}$$
$$= \frac{22.0\,\mathrm{yen}}{3600\,\mathrm{kJ}}$$
$$= 6.1\,\mathrm{yen/MJ}$$

一方，ガソリンの場合，リットルあたりの燃焼熱は 31.85 MJ である．リットルあたりの単価が 130 円とすると，

$$\frac{130\,\mathrm{yen}}{31.85\,\mathrm{MJ}} = 4.1\,\mathrm{yen/MJ}$$

で，ガソリンの方が少し安い計算になる．

問 1.13　車の燃費

平均出力 100 馬力（hp）の車の消費するガソリンを見積もる．この車の熱機関としての効率は $\eta = 25\%$ とする．ガソリンの発熱量 Q は 31850 kJ/ℓ である．この車の 1 時間あたりのガソリンの消費量を ℓ/h 単位で求めよ．

💡 ガソリンの消費量を体積 ΔV で表し，発生熱のうち η だけが有効な仕事として使われたので，
$$\mathcal{P} = \eta \frac{dQ}{dV}\frac{dV}{dt} \tag{1.20}$$
である．数値を代入し，
$$100\,(\mathrm{hp}) \times 0.746 \left(\frac{\mathrm{kW}}{\mathrm{hp}}\right) = 0.25 \times 31850\,\mathrm{kJ}/\ell \times \frac{dV}{dt}$$
より，
$$\frac{dV}{dt} = 0.0093\,\ell/\mathrm{s} = 33.7\,\ell/\mathrm{h}$$

問 1.14 原子力発電

原子力発電は U^{235} を燃焼させてエネルギーを取り出す．これは，
$$U^{235} + n \to Ce^{140} + Rb^{93} + 3n + 200\,\mathrm{MeV}$$
という反応により開放される熱を利用している．いま 500 MW の原子力発電所が稼働しているとする．この発電効率を 45% として，この発電所の消費する燃料 U^{235} の 1 時間あたりの消費量 $\dot{M}$ を求めよ．

💡 $1\,\mathrm{eV} = 1.6 \times 10^{-19}\,\mathrm{J}$ なので，$200\,\mathrm{MeV} = 3.2 \times 10^{-11}\,\mathrm{J}$ である．これは，
$$\begin{aligned} Q &= 3.2 \times 10^{-11} N_A\,\mathrm{J/mol} \\ &= 19.3 \times 10^{12}\,\mathrm{J/mol} \\ &= 8.2 \times 10^{4}\,\mathrm{MJ/g} \end{aligned}$$
したがって，
$$8.2 \times 10^{4}\,\mathrm{MJ/g} \times \dot{M} = 500\,\mathrm{MJ} \times 0.45$$
であるので，消費量 $\dot{M}$ は，
$$\begin{aligned} \dot{M} &= \frac{500 \times 0.45}{8.2} \times 10^{-7}\,\mathrm{kg/s} \\ &= 27.4 \times 10^{7}\,\mathrm{kg/s} \\ &= 9.86\,\mathrm{g/h} \end{aligned}$$

問 1.15 大型計算機

最初の大型計算機は，アメリカで作られた ENIAC というものである．それは全長が 30 m にもなるもので，真空管を 18000 本使っていたという．真空管 1 本あたりの平均消費電力を 10 W としてこの計算機の消費電力を求めよ．

実際に ENIAC では消費電力は 150 kW にのぼったという．これを自分のいる会社や大学の建物1つの電力消費量と比較してみるといい．ちなみに，ENIAC は毎秒 5000 回の加算ができた[†]．

問 1.16　風車の問題

直径 12 m の羽根をもつ風車がある．これが平均風速 $v = 10$ m/s の地域に設置されたとして，その最大出力を求めよ．

空気 1 kg あたりの運動エネルギー $\mathcal{K}$ は，

$$\mathcal{K} = \frac{1}{2}v^2 = 0.5 \times 10^2 = 50 \, \text{J/kg}$$

羽根が掃く面 A を通過する空気は，単位時間あたり，

$$j_m = \dot{m} = \rho A v = \rho \frac{\pi}{4} D^2 v = (1.18 \, \text{kg/m}^3)\pi \left(\frac{12 \, \text{m}}{2}\right)^2 (10 \, \text{m/s}) = 1335 \, \text{kg/s}$$

であるので，この運動エネルギーがすべてストップしたとして最大出力は，

$$\begin{aligned} j_m \mathcal{K} &= 1335 \, (\text{kg/s}) \times 0.05 \, (\text{kJ/kg}) \\ &= 66.7 \, (\text{kW}) \end{aligned}$$

である．もちろん，実際は風は風車を通過したあとも依然として有限の速度をもつ．有効な電気に換えられる割合は 20% くらいである．

文　献

(1) M. Switkes, C. M. Marcus, K. Campman and A. C. Gossard, *Science*, **283**, 1905 (1999)
(2) J. P. Eckert, *Computer*, **9**, 58 (1976)

[†] 文献 (2) は ENIAC 設計時，フォン・ノイマン（J. von Neumann）との対立など興味ある歴史を伝えてくれる．

さまざまなエネルギー資源の比較

前出の例題などを通じてさまざまなエネルギー資源の比較ができる．表 1.2 にさまざまなエネルギー資源の発熱量および関連したエネルギーを比較している．採用したデータはいろいろな文献にあるものをランダムにとってきているので，単位は揃っていない．熱力学は非常に広範囲の領域にまたがるものであるから使う単位系も分野ごとに異なる．表 1.2 の第 3 列目でその換算をしている．表を完成させよ．その換算をする際に，使った量を記録することはよい訓練となる．また，この表を完成させることは，単位換算の訓練となる．

エネルギー資源としての価値はその発生する熱量だけで評価できるか，ということはあとに議論することになるが，いまはそれがどれくらいの熱を発生させるかという点だけを比較する．だが，そうしてさえも比較はそう簡単ではない．いったいどの単位あたりで比較したらよいのだろう？ 単位体積か？ 単位質量であるべきか？ むしろ単位コストで比較すべきではないだろうか？ と迷っているだけでは議論が進まない．ここでは資源の単位質量あたりで比較する．それがベストという保障はないが．

表 1.2　さまざまなエネルギー資源の比較

資源	反応熱			備考（分子量 (M)，密度（ρ）など）
	引用値	eV/mol	kJ/kg	
	化学反応（燃焼熱）			
ガソリン	31850 kJ/ℓ			$M = 100 - 110$
				$\rho = 0.72 - 0.78$ g/cc
水素ガス	141800 kJ/kg	2.9	1.4×10^5	
石炭	$3 \sim 4 \times 10^3$ kcal/kg			
プロパン	50330 kJ/ℓ	46.1	1.0×10^5	$M = 44.1$
				$\rho = 0.50$ g/cc
天然ガス	50000 kJ/kg			$M = 18$
	相転移			
氷の融解	6.00 kJ/mol			
水の蒸発	9.72 kcal/mol	0.42		
銅の蒸発	306.7 kJ/mol	3.18		$T_{\text{b.p.}} = 2840$ K
	食品（栄養学的熱量）			
ハンバーガー	270 Cal		1.8×10^3	1 個あたり 150 g
	生物反応			
ATP の加水分解	7.3 kcal/mol	0.32		$M = 507.2$
グルコース	686 kcal/mol	29.8	1.59×10^4	$C_6H_{12}O_6$
	核反応			
U^{235}（核分裂）	207 MeV	2.1×10^8	8.5×10^{10}	
$^2D + ^3T$（核融合）	14.1 MeV	1.4×10^7		

これから数値計算で答えがあわないことに苛立つ人もいるかもしれない．これは著者が初心者を惑わせようと目論んでいるからではない．なにより著者自身が問題の編集時や研究活動のなかで数値があわないことに悩まされている．あちこちの文献にある反応熱やエネルギーを寄せ集めて使おうとすると，つじつまがあわないことがしょっちゅう起こる．まず自分の単純な計算ミス，特に単位換算での間違いが考えられるが，こと反応熱を計算する場合はシステマテックな原因が，それも複数あるように思える．これらが複合するとき誤りの発見が遅れる．まず，反応熱という場合の分母が何であるか？ を認識すべきである．同じ分子あたりといっても，下記の水素燃料の例でみるように，どの分子をとるかで違う．B_4C という化合物結晶の生成熱という場合，文字通り B_4C という「分子」あたりの値か？ B_4C は実は単位格子では $B_{12}C_3$ の組成をもつが，その構造あたりの値ではないか？ さらにエネルギーというものは基準はどのようにもとれるので，どの状態を基準にしたか？（同じ反応式でも，気体あるいは液体のどちらを出発点としたか）で違う．また，反応熱は温度でも若干（場合によっては大きく）違う．さらに熱は状態量でないので過程でも違うことまで注意が及んでいるだろうか？ 異なる分野では違った見方をする．本書を通じて，そのような注意を喚起することになる．

　表 1.2 のなかで，水素の燃焼とは水の生成と同じである．

$$H_2 + \frac{1}{2}O_2 \to H_2O + 67.8 \text{ kcal/mol} \tag{1.21}$$

H_2，1 g あたり 141 kJ の燃焼熱は，

$$141 \text{ kJ/g} = 284 \text{ kJ/mol} = 2.94 \text{ eV/H}_2 \tag{1.22}$$

と，H_2 分子あたり 2.94 eV で，それは H_2O からみると，1 モルの水の生成エネルギーでもある．

$$284 \text{ kJ/H}_2O = 67.8 \text{ kcal/H}_2O \tag{1.23}$$

水素燃料は質量あたりで比較すると化石燃料よりも得られるエネルギーは大きい．

　化石燃料の燃焼熱はその組成でいろいろ変わってくる．ここでは最高値（highest heating value；HHV）の値を使っている．

　糖の一種であるグルコースは生物における燃料のはたらきをする．その燃焼は酸素を使って，

$$C_6H_{12}O_6 + 6O_2 \to 6CO_2 + 6H_2O \tag{1.24}$$

により多量のエネルギーを放出する．モルあたりでみると水素燃料よりもはるかに大きい．しかし，表 1.2 に掲載されている値は，6 個の CO_2 に完全に分解しきったときの値であり，1 つの C あたりの放熱量は他の炭素系燃料と似たような値である．だが，化石燃料よりも生体にははるかに優しい．内燃機関のようにその発生熱を利用していたのでは我々の体内はたちまち燃え尽きてしまうだろう．生体内では糖のもつエネルギーを熱ではなく化学エネルギーに変えて利用している．具体的には，グルコースの分解のエネルギーを使い ADP 分子を ATP 分子に転換して溜めておく．ATP は加水分解により ADP に変わるが，そのとき放出されるエネルギーが生体内のさまざまな反応に使われる．ATP はあらゆる生体内の反応にかかわりその駆動力，いわばエネルギー通貨の役割を果たす．

$$ATP + H_2O \to ADP + P_i \tag{1.25}$$

P_i は無機リン酸イオンのことである．

第2章
簡単な物質の性質

ここで熱力学の第一法則に入るのが順番であるが，その前に典型的な物質の状態について述べる．そのなかで第一法則を使ってしまうことになるが，その矛盾を許してほしい．高校の物理教程を経た人であれば違和感がないと思う．また万が一，高校で物理を履修しなかった人は，第3章の最初にでている第一法則のところだけを読んで，ここに戻ることにしてほしい†．物質の性質は複雑であるから，その内部エネルギー U を計算することは大変むずかしい．しかし，具体的な計算をしなければ議論はいつまでも抽象的なものに終始してしまうので，どんなに粗っぽい近似であろうが，ともかく計算できるモデルを示すこととする．授業での題材の選択にあたっては，理想気体の性質以外は任意で，問題に直面したときに振り返ればよい．

2.1 理想気体の状態方程式

高校の化学以来，理想気体では簡単な状態方程式が成り立つことを知っている．

$$pV = RT \tag{2.1}$$

あるいは，1モルはアボガドロ数 N_a 個に相当するので，密度 $n = N_a/V$ を用いて，

$$p = n(R/N_a)T \tag{2.2}$$

とも書ける．すぐあとで R/N_a はボルツマン定数となることが示される．また，R は気体1モルあたりの気体定数である．

$$R = 8.314 \,\mathrm{J/(K \cdot mol)} \tag{2.3}$$

標準状態の空気 1 kg あたりでは，

$$R_{air} = 0.287 \,\mathrm{kJ/(K \cdot kg)} \tag{2.4}$$

となる．

---

†注意してほしいのは，第3章にしても第一法則の証明を与えているのではない．経験法則としてそれを承認しているだけである．それゆえ，本章の第一法則を適応している箇所を，「経験により物質に出入りするエネルギーは保存するから」と読み替えて理解しても同じである．

例題 2.1 空気の気体定数

空気 $1\,\mathrm{m}^3$ の重さを求めよ．また，それより $1\,\mathrm{kg}$ あたりの気体定数を求めよ．

空気を N_2 と同一視すると，$28\,\mathrm{g/mol}$ である．

$$
\begin{aligned}
1\,\mathrm{m}^3 &\to \frac{101.3\,(\mathrm{kPa})\times 1\,(\mathrm{m}^3)}{8.314\times 300\,(\mathrm{J/mol})}\\
&= 40.6\,(\mathrm{mol})\\
&\to 1.137\,(\mathrm{kg/m}^3)
\end{aligned}
$$

もし，O_2 も含めれば $28.97\,\mathrm{g/mol}$ で，$1\,\mathrm{m}^3$ の重さは $1.176\,\mathrm{kg/m}^3$ となる．よって，

$$
R_m = \frac{8.314\,(\mathrm{J/(K\cdot mol)})}{0.02897\,(\mathrm{kg/mol})} = 0.2870\,(\mathrm{kJ/(K\cdot kg)}) \tag{2.5}
$$

理想気体の状態方程式が気体の種類によらないことは注目に値する．たとえば，一定圧力のもと温度を変えていくと体積は比例して変わっていく．これを違った物質，違った圧力でプロットすると，図 1.11 のように，温度軸を切るところは物質圧力によらず同じである．すなわち，この絶対温度というものが物質によらない普遍的定数であることが示唆される．我々は実験的に絶対 0 度に到達できない．しかし，この普遍性により，絶対 0 度へ外挿することはできる．

2.2 熱運動

ものが熱いとか冷たいとか感じられるのは，熱の移動があるからである．そして熱が移動する以上，その物質内部に何かエネルギーの源がなければならない．それが 1.2.1 節で述べた内部エネルギーであるが，その内部エネルギーはいかに決まるかを述べる．

2.2.1 エネルギー等分配則

気体分子も 1 個 1 個をみると，巨視的世界の野球のボールと同じである．他のボールとの相互作用を無視できるとして，それは運動エネルギーだけをもつ．では，1 つ 1 つのボールの運動エネルギーはいくらか？ この質問は無意味である．古典力学の世界ではボールの運動エネルギーは初速で決まり，それは投げる人が与えるものである．初速を変えることでいくらでも変わりうる．初速を与えなければいつまでも静止したままである．しかしこの事情は，ボールの質量 m が小さくなるにつれ違ったようにみえてくる．ボールが花粉くらいの大きさになると，勝手に空気中に舞い上がる．それは風のせいというかもしれない．しかしサイズがもっと小さく，たとえば，小さな埃やウイルスくらいになると風がない状態でも永遠に地表に落ちないように思える．それが正しいことは，もっと小さくした空気分子をみれば（直接見ることはできないが）明らかである．それはどれだけ小さかろうが確かに有限の質量 m をもつ．m をもつ以上，それには重力がかかり，ニュートンの運動方程式にしたがい地面に落ちなければならない．いったいこの重力に逆らって常に大気中に浮

2.2 熱運動

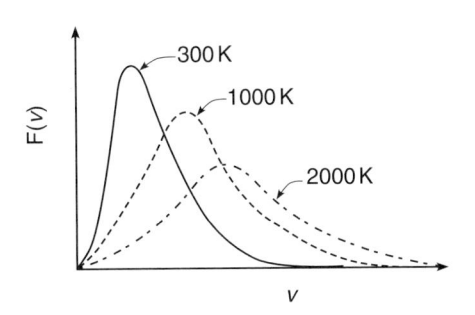

図 2.1 同一分子でできた系の速さの分布

かんでいられる，その保持する力は何であろうか？

結論を先にいえば，それがその周囲温度 T で決まるところの熱エネルギーである．意図して空気分子に初速を与えているわけではないが，我々が動けば多少なりとも我々の前の空気分子をたたく．車，動物，すべての運動はこうして空気分子にエネルギーを与える．生物ばかりではない．太陽から降り注ぐ光エネルギーは地表を温め，水を蒸発させ，究極的には空気分子にもエネルギーを与える．このように，空気分子 1 つに途方もない数の他の粒子の運動が影響することになる．それらの影響をきちんと計算することは明らかに不可能である．しかし，熱平衡という性質はこの複雑なエネルギー交換の最終結果に対してまったく単純な規則をもたらした．

1 つ 1 つの分子の運動速度はまちまちで，図 2.1 で示されるように分布をもつ．しかし，その平均値（ほぼ分布のピークに対応）は温度で決まる．状態量の説明のところで，「温度は運動エネルギーの平均値である」と述べたのはこのことをいう．その平均値は，空間のある一方向の運動に対して（それを x 方向ととっても一般性は失われない），

$$\frac{1}{2}mv_x^2 = \frac{1}{2}k_B T \tag{2.6}$$

となる．k_B はボルツマン定数と呼ばれ，

$$k_B = 1.38 \times 10^{-23}\,\text{J/K} \tag{2.7}$$

という値をもつ．しばしば添字の B は略される．

驚いたことに，式 (2.6) の右辺はまったく物質によらない．T だけによる．これは y 方向，z 方向についてもまったく同じである．したがって，3 次元運動では，すべての方向成分を足し合わせて，

$$\frac{1}{2}mv^2 = \frac{3}{2}k_B T \tag{2.8}$$

となる．さらに驚くべきことに，この均一な平均エネルギーは，直線運動ばかりでなく，回転運動，さらには振動運動にもあてはまる．運動を決めるポテンシャルの形にもよらないのである．熱運動という乱雑さが運動のすべての詳細を消し去ってしまう．

重要事項 2.1 エネルギー等分配則

熱平衡では，粒子のエネルギーの平均値 ε は，

$$\varepsilon = \frac{f}{2} k_{\mathrm{B}} T \tag{2.9}$$

となる．f は粒子の運動の自由度である．これをエネルギー等分配則という．

運動の自由度とは粒子の運動を記述する独立した座標の数である．単純な粒子の場合は位置座標 x, y, z の 3 つである．

この証明には統計力学の長々とした数学が必要となるが，それは統計力学で行うとして，ここではこれを認めよう．これは非常に簡単な法則でありながら物質を選ばない，かつ適用範囲が非常に広い（我々の日常生活の温度スケールではほとんど成立する）．このような有用な式を統計力学を学ぶまでとっておくのはもったいない．証明は先延ばししてでも，差しあたり経験則として認め，その有用性を甘受することにしよう．

空気分子のように目に見えないものでも，我々は何らかの方法で初期速度を意図して与えることはできるだろう．平均値よりもはるかに大きな速度を与えることはできる．しかし，大多数の他の分子との衝突を繰り返したあとに，結局は式 (2.8) で与えられる熱運動に落ち着く．それが熱平衡状態と呼ばれるものである．物事は急速に熱平衡状態を取り戻そうとし，熱平衡状態になってしまえばエネルギー等分配則が成り立つ事実を認めよう．

式 (2.8) は広範囲の条件で成り立つ法則であるから，ここで数値計算に便利な公式を与えておく．

$$v\,[\mathrm{m/s}] = 1.58 \times 10^2 \left(\frac{T_{[\mathrm{K}]}}{M_{[\mathrm{au}]}} \right)^{\frac{1}{2}} \tag{2.10}$$

au は原子質量単位（amu），$1.66057 \times 10^{-24}\,\mathrm{g}$ を単位とした原子質量である．

例題 2.2 窒素分子の速度

室温での窒素分子の速度を求めよ．

$$v = 520\,\mathrm{m/s}$$

例題 2.3 ボールの熱速度

1 g のボールの室温での熱速度を求めよ．

$$v = 3.5 \times 10^{-9}\,\mathrm{m/s}$$

これでは我々の目には止まっているようにしか見えない．

2.3 理想気体の内部エネルギー

2.3.1 内部エネルギー

1個の粒子の平均エネルギーが熱運動 (2.9) で与えられるということがわかると，N 個の分子からなる物質のエネルギーは個々の粒子の平均エネルギーの和で与えられるから，我々は物質の内部エネルギー U について非常に一般的な法則，

$$U = U_0 + \frac{f}{2} N k_B T \tag{2.11}$$

を得る．U_0 は T に依存しない項である．U_0 がなければどのような物質であろうとその内部エネルギーは温度 T だけにより，他の V や p といった状態量には依存しないばかりか，まったく物質の個性が入らないという驚くべき結果を得たことになる．実際には U_0 の部分が複雑な物質の個性を示すものとして入ってくるが，その温度変化だけをみると，1モルの分子あたり，

$$C = \frac{dU}{dT} = \frac{f}{2} R \tag{2.12}$$

となり，まったく物質の個性はなくなる．$k_B N_a$ については後述するが，R と等しいことを使っている．また，理想気体の場合は U_0 は 0 とおける．つまり，U は T のみの関数となる．運動の自由度 f，および，あとで説明される比熱比 γ は気体分子の内部構造で異なり，典型的な場合について**表 2.1** に示されている．この法則にしたがうと，3原子の分子では 6 となりそうであるが，ここからは複雑になる．

■ **固体の内部エネルギー** ■

式 (2.11) は固体に対しても適応することができる．固体の場合は，運動エネルギーだけでなくポテンシャルエネルギー u が入ってくる．ポテンシャルエネルギー u は一般には大変複雑であるが，よい近似で，図 1.2 で示されるバネの弾性エネルギー

$$u = \frac{1}{2} k x^2 \tag{2.13}$$

で近似できる．k はバネ定数である．そして，これにもエネルギー等分配則 (2.6) があてはめられる．つまり，

$$\frac{1}{2} k x^2 = \frac{1}{2} k_B T \tag{2.14}$$

表 2.1 自由度 f の比較

物質	f	γ
気体		
単原子気体	3	$\frac{5}{3} = 1.66$
2原子分子	5	$\frac{7}{5} = 1.40$
固体		
単原子固体	6	

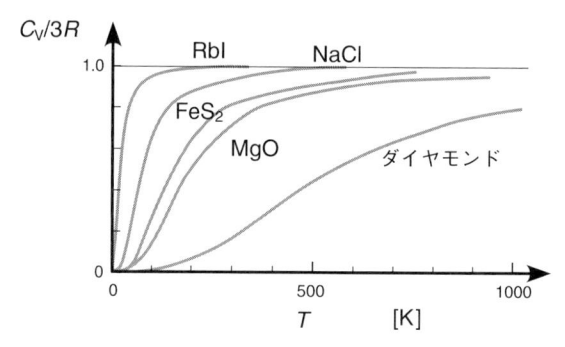

図 2.2 固体のモルあたり比熱の温度依存性

したがって固体の場合，その自由度 f は運動エネルギーの 3 と，ポテンシャルエネルギーとしての振動エネルギーの 3 を足しあわせて 6 である．つまり，1 原子からのみなる単純固体では，

$$C = 3R \tag{2.15}$$

となる．式 (2.15) はデュロン–プティ（Dulong-Petit）の法則として知られている．図 2.2 には，典型的な固体のモルあたりの比熱が温度の関数としてプロットされている．いずれも，高温側ではほぼ一定の $3R$ となっていることがわかるだろう．式 (2.15) はよく成り立っている．この例だけでなく，式 (2.12) は非常に広範囲に適応できる関係式である[†]．

しかし，この簡単な法則は低温になるにつれ外れてくる．$3R$ より小さくなり，絶対 0 度では値は 0 に近づく．これは低温ではまだ習っていない量子効果が効いてくるためである．物質は低温になるにつれ比熱は 0 に近づくということは一般的な性質である（6.4 節参照）．

どうしてエネルギー等分配則が破れてくるかということをいまの段階で議論するわけにはいかないが，図 2.2 からみて，物質には何か固有の特性温度というものがあり，それ以上の温度領域では式 (2.11) が成り立つといえそうだ．この特性温度はデバイ温度 Θ_D と呼ばれる．それ以上の温度で原子のエネルギーは古典的な等分配則にしたがい，それ以下の温度では量子領域となる．固体だけでなく，気体や液体でも物質を特徴づけるある特性温度というものがあり，その温度以下の低温になると量子的効果が現れてくる．

■ 例題 2.4　金属の比熱

銅，鉄の単位質量あたりの比熱を計算せよ．実験では，銅は $C = 0.386 \, \text{J}/(\text{K}\cdot\text{g})$，鉄は $C = 0.450 \, \text{J}/(\text{K}\cdot\text{g})$ である．上述の理論式で計算してそれがどれくらいあっているだろうか？銅，鉄の原子量はそれぞれ $63.55\,\text{g}$，$55.85\,\text{g}$ である．

[†] 正確を期すために述べておくと，気体の場合の式 (2.12) は正しいが，固体の場合の式 (2.15) はあくまで近似式で，高温でも式 (2.15) から少しずれる．これは実際の固体では式 (2.13) で与えられるポテンシャルから少しずれているからである．非調和効果といわれる．金属の場合はさらに電子からの寄与が入ってくる．

2.3 理想気体の内部エネルギー

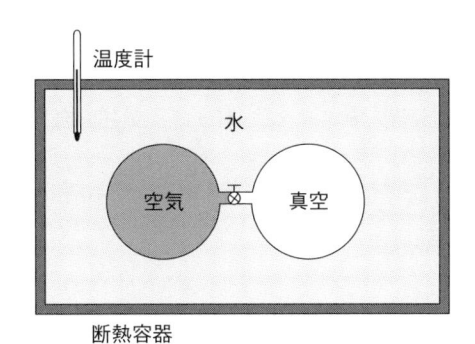

図 2.3 ジュールによる自由膨張の実験

■ **理想気体の内部エネルギーの実証実験** ■

理想気体の内部エネルギー U が，V や p によらず，T だけによるということは，ジュールにより 1843 年に実証された．図 2.3 に示されるように，バルブで連結した 2 つの容器を水槽に沈める．最初，一方の容器には高圧の空気が満たされ，他方の容器は真空となっている．バルブを開けて圧力が等しくなるまで待ったのち，水槽の温度を測定してそれが変化しないことを観測し，空気の U は変化しなかったと結論した．

2.3.2 状態方程式の微視的理論

体積 V の容器の中に密度 n の気体分子が入っている．1 つの分子（i 番目）が右から壁を打つとき，その衝突前後の運動量の変化は，

$$\Delta p_{ix} = f_{ix} \Delta t = 2 p_{ix} \tag{2.16}$$

である．f_{ix} は壁に右からはたらく力である．空間的に等方的であるので，平均として，密度 n の気体分子のうち $1/3$ が x 方向，$1/3$ が y 方向，残り $1/3$ が z 方向に動くと考えてよい．x 方向に動く分子のうち，その半分が右側に運動すると考えられる．どの分子も平均速度 $\bar{v}$ をもっているとして，単位時間 Δt あたり $An\bar{v}\Delta t$ 個の分子が壁を右側から打つ．したがって全部で，

$$\bar{f} An\bar{v}\Delta t = \frac{1}{6}\frac{2\bar{p}}{\Delta t} An\bar{v}\Delta t \tag{2.17}$$

の力がかかることになる．単位面積あたりで評価して，圧力 P は，

$$P = \frac{1}{3}\bar{p}n\bar{v} = \frac{1}{3}nm\bar{v}^2 = \frac{2}{3}n\bar{\varepsilon} \tag{2.18}$$

ε は運動エネルギーである．この運動エネルギーの粒子全体の和がとりもなおさずこの気体の内部エネルギー U である．$n = N/V$ であるから，

$$PV = \frac{2}{3}U \tag{2.19}$$

ということになる．

1 モルであれば，式 (2.19) で N は N_a とでき，かつエネルギー等分配則 (2.8) を用いると，

$$PV = \frac{2}{3}N_a \frac{3}{2}k_B T = N_a k_B T \tag{2.20}$$

となり，理想気体の状態方程式が得られる．したがって，気体定数 R は，

$$R = N_a k_B \tag{2.21}$$

ということになる．

則問 2

式 (2.21) により，実際，式 (2.3) の値になることを示せ．

2.3.3 物質の静的性質

物質の熱力学的性質は無数にあるが，本書の中で現れる重要なものを挙げる．偏微分に慣れていなくともここでひるむ必要はない．$(\partial Y/\partial X)_Z$ は，X, Z の関数としての $Y(X, Z)$ について，Z を固定して，X だけを変えたときの Y の変化と読めばよい．

- 圧縮率

$$\kappa_T = -\frac{1}{V}\left(\frac{dV}{dp}\right)_T \tag{2.22}$$

圧縮率の逆数は体積弾性率 $B_T = 1/\kappa_T$ と呼ばれる．

- 熱膨張

単位温度変化あたりの体積変化が体積熱膨張係数 β である．

$$\beta = \frac{1}{V}\left(\frac{dV}{dT}\right)_p \tag{2.23}$$

同様に，単位温度変化あたりの長さ変化が線熱膨張係数 α である．等方的物質では $\beta = 3\alpha$．

- 比熱

$$c_p = -T\left(\frac{\partial S}{\partial T}\right)_p \tag{2.24}$$

これは重要なので次節で詳しく議論する．

表 2.2 には，さらに付加的な表式とともに，理想気体，単純固体に対する表式を示した．γ_G はグリューナイゼン定数と呼ばれる無次元の物質定数で，ほぼ 1 のオーダーの数である．表 2.3 には，実際の物質についての数値例が示されている．

これらの量の選択は任意であるが，次の点で共通点がある．それは，系の状態量 X の外場 F に

2.3 理想気体の内部エネルギー

表 2.2 物質の性質

性質	定義	F, G との関係	理想気体	単純固体
比熱 C_v	$-T\left(\frac{\partial S}{\partial T}\right)_V$	$-T\left(\frac{\partial^2 F}{\partial T^2}\right)_V$	cR	cR
		$C_p - C_v =$	R	$\frac{TV}{N\kappa_T}\beta^2$
圧縮率 κ_T	$-\frac{1}{V}\left(\frac{\partial V}{\partial p}\right)_T$	$\left[-V\left(\frac{\partial^2 F}{\partial p^2}\right)_V\right]^{-1}$	$\frac{1}{p}$	$\approx const$
		$\kappa_T - \kappa_S =$		$\frac{TV}{Nc_p}\beta^2$
熱膨張率 β	$\frac{1}{V}\left(\frac{\partial V}{\partial T}\right)_p$	$-V\left(\frac{\partial^2 G}{\partial p \partial T}\right)$	$\frac{1}{T}$	$\frac{1}{3}\gamma_G C\kappa$

添字は，たとえば T は等温過程の値と読む．S は断熱過程を表す．

表 2.3 液体および固体の体積膨張率 β と等温圧縮率 κ_T

物質	β 10^{-4} (/K)	κ_T 10^{-6} (/atm)
水	2.1	49.6
水銀	1.8	38.7
四塩化炭素	12.4	90.5
銅	0.501	0.735
ダイヤモンド	0.030	0.187
鉄	0.354	0.597
鉛	0.861	2.21

対する応答であるということである．すなわち，

$$X = \chi F \tag{2.25}$$

言葉を換えれば，自由エネルギーの2次微分に関係した量といえる．自由エネルギーはまだ学んでいないので，いまの段階では気にする必要はない．単に，これらは「外部場に対する応答のしやすさ，感受率」を表すと理解すればよい．自由エネルギーを学んだあとで振り返る機会があるだろう．

2.3.4 比熱

比熱の定義はすでに第1章で述べたが，ここでもう少し掘り下げて論じる．比熱とは，ある物質の一定量あたりその温度を 1°C 上げるのに要する熱量である．この定義自体はむずかしくないだろう．しかし，比熱とは状態量かどうか，と問われるとどう答えるだろうか？ 比熱の定義，

$$C = \frac{\delta Q}{dT} \tag{2.26}$$

によると，右辺の δQ は状態量ではないので，温度変化させる過程に依存する．すると，比熱も同

じく過程による．体積を一定に保った条件では，

$$C_V = \left(\frac{\delta Q}{dT}\right)_V \tag{2.27}$$

と定積比熱となる．添字の V は一定体積の下で変化させるという意味である．一方，圧力を一定に保った条件では，

$$C_p = \left(\frac{\delta Q}{dT}\right)_p \tag{2.28}$$

と定圧比熱となる．

それでは，比熱は状態量ではないのだろうか？しかし物理のデータ表などでは，比熱は物質固有の値として表にされている．たしかに定積か定圧かでは違うが，その条件が決まれば値は決まる．つまり，測定条件さえ区別したら状態量のようだ．実際にその通りである．比熱の測定で，我々は直接的には熱を計っているのだが，式 (2.27) にしろ式 (2.28) にしろ，それらの式の背後にある重要な条件は「仕事をしない」ということである．これにより $\Delta U = Q$ が成り立つ．したがって，熱を測定することで実はその物質の内部エネルギーの変化 ΔU をみているのである．

比熱のまたの名を「熱容量」という．熱容量という名前はさらに誤解を生む名前である．参考文献 [3] の p.83 では「誤った名前」であると述べている．確かにこれだと，ある物質が熱というものを内部にもっていて，それをどれくらいもっているかということを表しているように思える．正しくは，物質がもっているものは熱でなく内部エネルギーであるから，「内部エネルギー容量」とでもすればよかった．より正確には，後述する物質の状態量，エントロピー S というものを測定していることに相当する．

$$C = T\frac{dS}{dT} \tag{2.29}$$

ともかくも，現在では「熱容量」という言葉は広く使われているので，本書でもそのまま使う．

比熱を出入りするときの熱で測定する場合，「仕事をしない」という条件は実際のところ重い条件ではない．普通の実験ではむしろ意図しない限り仕事をすることはないので，意識せず「熱の測定＝内部エネルギー測定」という図式ができ，両者を不注意に混同する原因となっている．逆に，「熱を使わずに比熱を測定する」こともできるのである（問 2.7 参照）．

比熱を Q で測定する以上，状態変数をどのように拘束するかで場合分けが生じる．それでは次に，それぞれの比熱を具体的に計算してみよう．

まず，体積を一定に保った条件では仕事は 0 なので，$Q = \Delta U$．それゆえ，式 (2.27) は，

$$C_V = \left(\frac{\partial U}{\partial T}\right)_V \tag{2.30}$$

となる．式 (2.30) の右辺の意味は，いくつもの変数があるとき「V は固定し，T だけを変化させたときの U の変化」と理解する．エネルギー等分配則 (2.12) は，理想気体に限らず，ほとんどの物質で成り立つ．体積一定という条件でモルあたりの比熱は，

$$C_V = cR \tag{2.31}$$

となる．$c = f/2$ である．

一方，一定圧力では体積が変化するので，$\delta Q = dU + pdV$ より，式 (2.28) は，

$$C_p = \left(\frac{dU}{dT}\right)_p + p\left(\frac{dV}{dT}\right)_p \tag{2.32}$$

こちらには物質固有の性質が入ってくる．一般にはそれほど簡単でない．しかし，物質の両極端では簡単である．理想気体では，式 (2.11) において U_0 の部分は完全に無視でき，U は T のみで決まるので p には依存しない．それゆえ，式 (2.32) の右辺第一項は C_v と同じである．また，右辺第二項は即座に R と求まるので，

$$C_p = C_v + R = (c+1)R \tag{2.33}$$

となる．これは C_p は C_v より大きいことを示す．定圧条件下では，体積は膨張するが，そのため余計に熱を使わねばならないと理解できる．

理想気体以外の場合はこのような簡単な関係はみつからないが，固体の場合は第一近似として体積変化は無視でき，

$$C_p \approx C_v$$

とできる．より正確には，表 2.2 の関係式が成り立つことが知られている．

■ 則問 3

比熱は示量性状態量か示強性状態量か？

2.4 理想気体における種々の熱力学的過程

ここで，外部から系のある状態変数を変えたとき，他の状態変数がどのように変わるかを具体例で示しておこう．熱機関の解析をするとき必須となるからである．本節では，すべての過程は非常にゆっくりと進めるという暗黙の仮定を行う．これは準静的過程といわれ，次章でもう少し詳しく述べられるが，ここでは早く計算を行いたいため，ともかく前提とする．また便宜上，扱う理想気体はすべて 1 モルとする．

● 等温膨張

温度を一定に保ちながらの膨張．$T = const$ であるから，$pV = RT$ より，p と V は反比例の関係にある．仕事は，

$$W = -\int_{V_1}^{V_2} pdV = -RT\int_{V_1}^{V_2} \frac{dV}{V} = -RT\ln\left(\frac{V_2}{V_1}\right) \tag{2.34}$$

体積が増えると，気体のエネルギーは下がり温度は下がろうとする．それにもかかわらず温度を一定に保つには，外から熱が供給されなければならない．$Q = -W$．T は変わらないので，気体の内部エネルギーは変わらない．

- 等圧膨張

圧力を一定に保ちながらの膨張．V と T は比例するので，T は増加する．

$$W = -\int_{V_1}^{V_2} pdV = -p(V_2 - V_1) \tag{2.35}$$

膨張するとそのままでは圧力が下がる．圧力を一定に保つためには，外から熱 Q が供給されなければならない．しかも Q は，ΔU の増加と pV の増加の両方をまかなわなければならない．$Q = C_p \Delta T$．

- 等容昇圧

体積を一定に保ちながら圧力を上げる．定義より仕事はない．外からの熱 Q はすべて気体の内部エネルギーの増加 $\Delta U = C_v \Delta T = Q$ に使われ，T は上がる．

- 断熱膨張

外界との熱交換を断つ．熱の出入りは 0 なので，$dU = -pdV$ より，

$$C_v dT = -RT\frac{dV}{V}$$

つまり，

$$C_v \frac{dT}{T} = -R\frac{dV}{V}$$

これを積分して，

$$C_v \ln T = -R \ln V + const$$

すなわち，

$$VT^{C_v/R} = VT^c = const$$

これより，$V(pV)^c = const$，すなわち，

$$pV^\gamma = const$$

γ は比熱比と呼ばれ，1 より大きい．体積変化の寄与の大きさを表す．

$$\gamma = \frac{c+1}{c} = \frac{C_v + R}{C_v} = \frac{C_p}{C_v} \tag{2.36}$$

C_v は式 (2.31) で与えられ，$c = f/2$，かつ，

$$c = \frac{1}{\gamma - 1} \tag{2.37}$$

■ **さまざまな熱力学的過程のまとめ：ポリトロープ過程** ■

準静的な過程では常に気体の状態方程式が成り立つが，それは 3 つの変数 (p, V, T) に対して 1 つの条件を与えるので，うち 2 つが独立変数となる．熱力学的過程はさらにそのうちの 1 つを決める．

2.5 ファン・デル・ワールス気体

表 2.4 さまざまな過程での仕事と熱

	等圧	等容	等温	断熱
関係式	$p = const$	$V = const$	$T = const$	$pV^\gamma = const$
	$\frac{T}{V} = const$	$\frac{p}{T} = const$	$pV = const$	$TV^{\gamma-1} = const$
				$Tp^{(1-\gamma)/\gamma} = const$
指数 n	0	∞	1	γ
比熱	$C_p = \gamma C_v$	$C_v = cR$	—	0
外部から得る熱 Q	$C_p(T_2 - T_1)$	$C_v(T_2 - T_1)$	$p_1 V_1 \ln(V_2/V_1)$	0
			$\equiv Q_T$	
密閉系での仕事 W	$p(V_2 - V_1)$	0	Q_T	$c(p_1 V_1 - p_2 V_2)$
開放系での仕事 W'	0	$V(p_1 - p_2)$	Q_T	$c\gamma(p_1 V_1 - p_2 V_2)$
内部エネルギーの変化 ΔU	$C_v(T_2 - T_1)$	$C_v(T_2 - T_1)$	0	$C_v(T_2 - T_1)$
	$= Q/\gamma$	$= Q$		$= -W$
エンタルピーの変化 ΔH	$C_p(T_2 - T_1)$	$C_p(T_2 - T_1)$	0	$C_p(T_2 - T_1)$
	Q	γQ		$= -\gamma W$
エントロピーの変化 ΔS	$C_p \ln(T_2/T_1)$	$C_v \ln(T_2/T_1)$	$R \ln(V_2/V_1)$	0

$c = 1/(\gamma - 1)$

たとえば，定圧圧縮であれば $p = const$ として残りの 1 つが独立変数となる．一般の熱力学的過程は，ポリトロープ過程と呼ばれ，

$$pV^n = const \tag{2.38}$$

と表される．表 2.4 にさまざまな過程での熱力学的諸量がどのように変わるかをまとめてある．すべての結果をすぐ導けるよう訓練しなければならない．

2.5 ファン・デル・ワールス気体

これまでは理想気体を述べてきたが，一般に，低温，高圧になるにしたがい，理想気体の状態方程式から外れてくる．どのような場合にも通じる一般的な記述は存在しない．近似あるいは実験値が利用可能であればその数値表に頼る．

近似式として最もよく知られているものは，ファン・デル・ワールス気体の状態方程式である．

$$p = \frac{RT}{v-b} - \frac{a}{v^2} \tag{2.39}$$

その内部エネルギーは，

$$u = cRT - \frac{a}{v} \tag{2.40}$$

で与えられる．便宜上，体積は $v = V/N$ とモルあたりの体積を用いた．高密度になると，それまでどの分子も他と独立していると仮定していたものがそうならなくなる．式 (2.39) で，体積のところで b だけ減じているのは，分子の有限サイズの効果を取り入れている．また，右辺第二項で a/v^2 を引いているのは，分子間の引力の効果を取り入れている．それらは物質に依存しているが，それらの例を表 2.5 に示す．

表 2.5 ファン・デル・ワールス気体のパラメータ

気体	$a\,(\mathrm{Pa\cdot m^6})$	$b\,(10^{-6}\,\mathrm{m^3})$	c
He	0.00346	23.7	1.5
Ne	0.0215	17.1	1.5
H_2	0.0248	26.6	2.5
Ar	0.132	30.2	1.5
N_2	0.136	38.5	2.5
O_2	0.138	32.6	2.5
CO	0.151	39.9	2.5
CO_2	0.401	42.7	3.5
N_2O	0.384	44.2	3.5
H_2O	0.544	30.5	3.1
Cl_2	0.659	56.3	2.8
SO_2	0.608	56.4	3.5

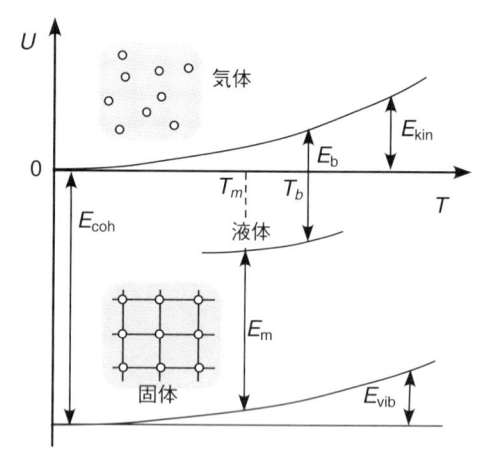

図 2.4 物質の気相，液相，固相の 3 つの相のエネルギー図　融点 T_m，沸点 T_b で融解エネルギー E_m と蒸発エネルギー E_b が定義される．

2.6 物質の相

　物質には，気相，液相，固相の 3 つの相がある．これらの状態を正確に記述することは大変むずかしいことである．しかし，エネルギーの違いを感覚的に理解することは可能に思えるので，非常にラフではあるが，エネルギーダイヤグラムを図 2.4 に示す．絶対 0 度では，気体はまったくバラバラの分子の集まりで，その内部エネルギー U は 0 となる．固体はそれを規則正しく配列したものであるが，バラバラの気体状態に比べて凝集エネルギー E_{coh} と呼ばれる結合エネルギーの分だけエネルギー的に低い．有限温度では，気体には運動エネルギー，固体には固体原子の振動エネルギーが加わる．それは先に述べたエネルギー等分配則にしたがい，自由度あたり $(1/2)k_\mathrm{B}T$ の割り振りがある．

2.6 物質の相

表 2.6 気体の1気圧での融点 (T_m),沸点 (T_b),および関連したデータ

		^{4}He	H$_2$	N$_2$	O$_2$
T_m	[K]	-	13.98	63.14	54.36
T_b	[K]	4.22	20.39	77.35	90.19
ρ_l at T_b	[g/cc]	0.125	0.071	0.808	1.14
ρ_g at T_b	[g/cc]	17.0	1.286	4.415	4.75
L at T_b	[J/g]	20.9	443	198	212.5

ρ_l:液体密度,ρ_g:気体密度,L:蒸発潜熱

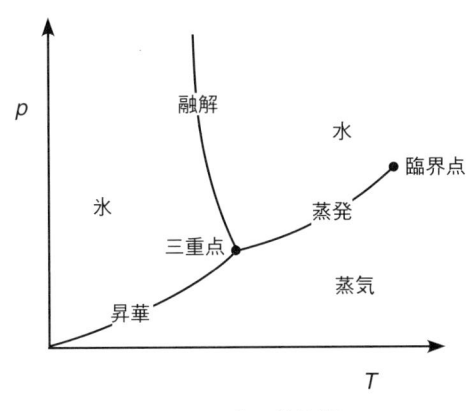

図 2.5 水の状態図

大ざっぱにいえば,凝集エネルギー E_{coh} は固体の融解エネルギー E_m と蒸発エネルギー E_b の和くらいで与えられる.

液体と気体の区別は誰でも簡単にわかると思うが,液体の状態を正確に述べることはややむずかしい.理論が遅れているのが液体状態である.

気体は冷やすと理想気体から外れて,やがては液体となる.液体をさらに冷やすと固体となる.それぞれの転移では体積が不連続に変わるので,相転移が起こったかどうかは体積を測定していればわかる.相転移では体積 V に不連続的な変化が生じる.表 2.6 には代表的な気体の沸点,融点に関するデータがまとめられている.挙げられている物質は低温実験での寒剤としてしばしば用いられるものである.

2.6.1 水の相転移

日常生活でもっともなじみ深い物質の1つが水である.これは我々の体験できる温度圧力の範囲で,固体,液体,気体と3つの相に変わることができるめずらしい例である.図 2.5 に水の状態図を示す.氷,水,水蒸気の状態が3つとも共存するところは三重点と呼ばれており,点($\bullet$)で示した.$T = 273.16\,\text{K}$ で $p = 0.61\,\text{kPa}$ である.水はなじみ深い物質でありながら,調べれば調べるほど他の物質とは違った異常がみられる.たとえば,液体の密度が固体より大きいことはよく知られている.もし他の物質のようであったなら,氷はすべて海や湖の底に沈み,そのような環境では

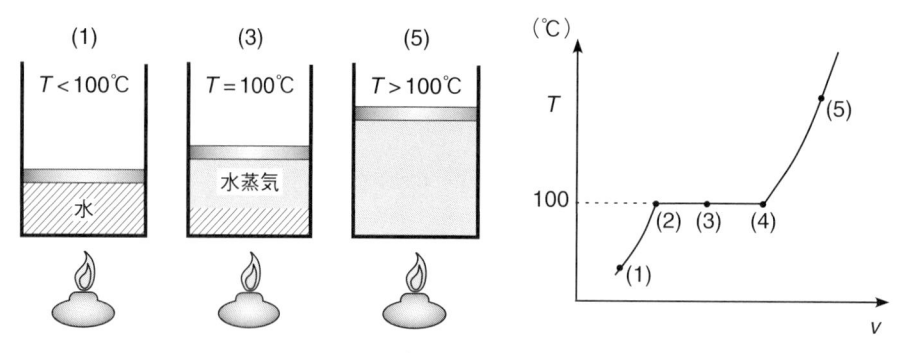

図 2.6 密閉系での水の蒸発

現在とはまったく違う生命が誕生したであろう†．

相転移はこのような，3つの相の間だけで起こるものではない．同じ固体でも結晶構造の違ったもののなかで転移するものが多数ある．氷には少なくとも9つの違った結晶構造がある．また，幾何学的な構造だけでなく，電気的，磁気的相転移は応用面からも重要である．

2.6.2 蒸気圧

後述する工学的応用の重要性に鑑み，水の蒸気について述べる．水を加熱すると100°Cで蒸発することは誰でも知っているが，100°Cに至る前でも蒸気はある．そこで，図2.6のように水の上を重さを無視できるふたで密封する．周囲が大気圧の状態で水を加熱すると，100°Cまでは水だけである．100°Cに達すると水は水蒸気に変わるが，全部が一気に変わるのではなく，水と水蒸気がしばらくは共存する．水が残っている限り100°Cは保たれ，そのなかで水蒸気の割合が増えていく．ついにはすべての水が水蒸気に変わり，その瞬間から温度は100°Cから上昇しはじめる．

これを水蒸気の圧力という観点からみると，100°Cまでは水蒸気の圧力（分圧）は1 atm以下でふたを押し上げることはできない．100°Cで大気圧と等しくなり気化した分だけふたを押し上げることができる．100°C以上では蒸気圧は1 atm以上で気体の膨張となる．

図2.6を圧力を変え，さまざまな圧力でとったものを$T-v$図でプロットしたものが，図2.7である．水は飽和水（その蒸気圧が全圧力に達した状態）になるまで，圧縮水として存在する．「圧縮水」というのは少し誤解される名前である．大気圧以下で押す場合，「圧縮」というのは違和感があるかもしれないが，図2.6で示されるように，圧力の大きさによらず，ふたをしてということが「圧縮水」の肝要なことである．温度を上げていき，蒸発温度に達すると，水が蒸気に転移する領域で水と蒸気の2相が共存し温度は一定に保たれる．この場合の蒸気は湿り蒸気と呼ばれる．平衡にある水と蒸気の質量比により，かわき度（quality）x，

$$x = \frac{m_{\text{vapor}}}{m_{\text{tot}}} \tag{2.41}$$

---

† 最近の研究では，木星のガリレオ惑星のうちには水をもっているものがあるという．生命の存在の可能性がある．しかし，水の性質はこのように圧力・温度で微妙に違うので，そこに大気あるいは海があったとして，それがどのような状態のものかを知る必要がある．

2.6 物質の相

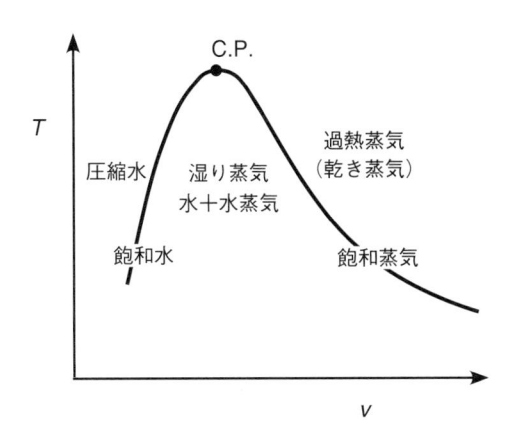

図 2.7 水の T-v 図における蒸発過程 C.P. は臨界点.

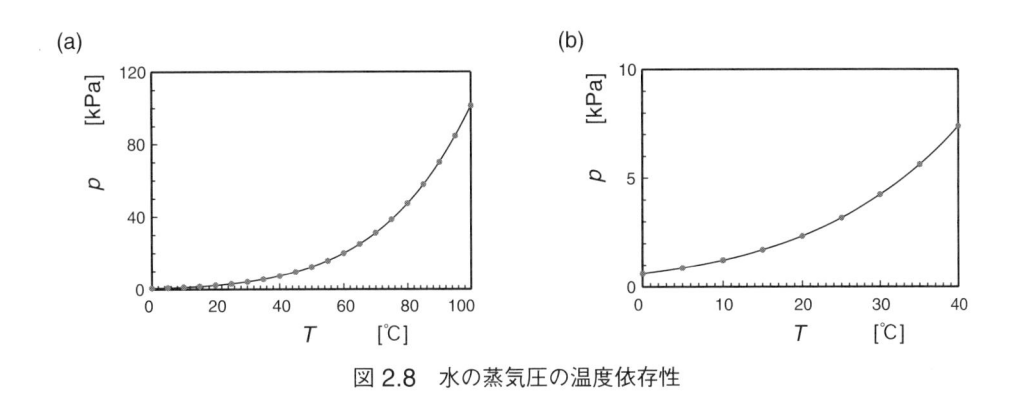

図 2.8 水の蒸気圧の温度依存性

が定義される．定義により，飽和水は $x = 0$ である．

図 2.8 には蒸気圧の温度依存性が示される．水が完全に蒸気に転移した瞬間を飽和蒸気といい，$x = 1$ となる．加熱すると温度は再び上昇し，蒸気は過熱蒸気あるいは乾き蒸気と呼ばれる．

水–水蒸気共存領域は，圧力の増加とともに狭まり，ついには消えてしまう．つまり，液体と気体の区別，体積差 $\Delta v = v_g - v_l$ がなくなる．その転移点を臨界点と呼ぶ．水の臨界点は，$T_c = 374.1°\mathrm{C}$，$p_c = 218.5\,\mathrm{atm}$ である．

水蒸気を理想気体として扱えるかどうかは問題によるが，蒸気機関のようなまさに水と水蒸気の間を行き来するような場合はよくない近似である．その場合，前節のファン・デル・ワールス気体として扱うことは可能であるが，究極的に液体となる状況ではやはり使えない．そこで，液体–気体の間を切れ目なく使えるように数値表にしたものが付録 C の表 C.1〜表 C.3 である．

■ 例題 2.5

容量 $V = 6.0\,\mathrm{m}^3$ のタンクの中に 90°C の水が 10 kg 入っている．10 kg の水のうち，どれだけが液体で残り，どれだけが気体となるか？

💡 $T = 90°C$ の飽和蒸気圧は，図 2.8 より，$p = 70.14\,\text{kPa}$ である．このときの液体と気体の水の比体積は，$v_l = 1.036 \times 10^{-3}$, $v_g = 2.361\,\text{m}^3/\text{kg}$ である．全体積は，

$$V = V_l + V_g = 6.0\,\text{m}^3$$

また全質量は，

$$m = m_l + m_g = 10\,\text{kg}$$

気体の割合，すなわち，かわき度 $x = m_g/m$ は，

$$\frac{V}{m} = xv_g + (1-x)v_l$$
$$= x(v_g - v_l) + v_l$$

数値を代入し，

$$0.6 = 2.360x + 0.001$$

より，$x = 0.25$．

臨界点を超える圧力，温度では，通常の液体，気体の性質とは異なった性質を有し，超臨界流体と呼ばれている．これは，気体のように高い拡散性と，液体のように高い溶解性，反応性をもち，工業的には従来の有害な有機溶媒に代わるものとして注目されている．

■ 例題 2.6

CO_2 の臨界点は $T_c = 31.1°C$, $p_c = 73.0\,\text{atm}$ である．超臨界流体 CO_2 はさまざまな物質に対して高い溶解力を示す．超臨界流体 CO_2 に目的とする物質を溶かしたあと，臨界点以下に下げると，CO_2 は気化し目的物だけが残る．気化した CO_2 はまた回収し再利用される．

■ 蒸気圧の温度依存性 ■

ところで，蒸気圧と温度の間の関係にはどのような物理が潜んでいるのだろうか？ 図 2.9 に蒸気

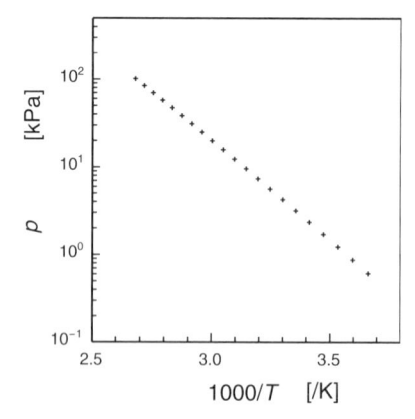

図 2.9 水の蒸気圧のアレニウスプロット

2.7 動的性質

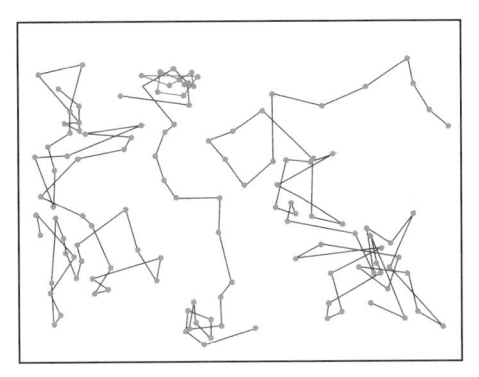

図2.10 ブラウンが観察した花粉の微視的運動

圧の温度依存性を，温度を $1/T$，蒸気圧を対数表示でプロットしたものを示す．これからわかるように，$\ln p$ と $1/T$ はほぼ線形の関係にある．すなわち，

$$p = p_0 \exp(-E_a/kT) \tag{2.42}$$

の関係がある．この傾きより E_a を求めてみると，$E_a = 2.35\,\mathrm{kJ/g}$ である（この値を図2.9より確かめてみよ）．これは水の蒸発熱が $2.26\,\mathrm{kJ/g}$（100℃）にほぼ相当する．これはうしろで説明されるクラウジウス–クラペイロンの式として相転移を支配する関係式である（6.2節参照）．

2.7 動的性質

2.7.1 乱雑な運動とエネルギー緩和

2.2節で述べた熱運動 (2.9) は，粒子のサイズが小さくなると次第に顕著となる．しかし一方で，それを直接観測することはむずかしくなる．それを目で見える形に示したものがブラウン運動である．これにより多数の粒子の動的な性質の研究が進んだ．

ブラウン（R. Brown）が1827年に植物の花粉を水の上に浮かべて顕微鏡観察したとき，花粉がたえず振動的な運動を行っていることに気付いた†．図2.10にそのジグザグ運動の例を示す．これがのちにブラウン運動と呼ばれるものである．この運動は水分子の激しい熱運動のためたえず衝突を受けた結果である．空気中のほこりと同じであり，まさに第1章の冒頭で述べた「ゆらぎ」というものの実体である．

このブラウン運動は空気分子に比べて，目で観察できるし，また空気分子ほど早くないので，観察するのにいろいろと便利である．特に，平衡に達する過程（緩和過程）を見るのに都合がよい．コップの水の中にインクを1滴垂らすと，インクの粒子はブラウン運動をしながら広がっていき，やがては一様な密度の混合溶液となるだろう．この観察から明らかなことは，

---

† 正しくは，花粉そのものではなく，花粉に含まれるデンプン粒などさらに小さな微粒子ということである．花粉のサイズは $30\sim50\,\mu\mathrm{m}$ で，ブラウン運動が観察されたのは $\mu\mathrm{m}$ より小さいサイズのものである（問2.27参照）．

> **重要事項 2.2　乱雑な運動の効果**
> 平衡状態では多数の粒子の集まりはいかなる運動の偏りもなくす.

ということであろう．一見この平凡にみえる性質は，いったん微視的な現象に入ると決して自明とはならない（第 5 章の Topics「ナノテクノロジー——ゆらぎを制する爪歯」参照）．

これと並行していえることは，拡散というのは濃度という示強性変数に偏りがある場合に生じるものであるが，濃度勾配がある限り拡散をしようとする．この観察より，

> **重要事項 2.3　平衡への回復**
> 示強性変数が一様でなければそれは平衡状態ではない．乱雑な運動はそれを一様にするようにはたらく．つまり，乱雑な運動は平衡を回復させる方向にはたらく．

ということもいえるだろう．温度に差があれば，自然は放っておけばその差を縮めようとする方向に動く．これが平衡というもののもっている普遍的性質である．

インク粒子の運動，つまり拡散は，明らかにニュートンの運動方程式のような加速度に比例した運動とはなっていない．このジグザグ運動の平均移動距離 $\bar{\mathbf{r}}$ は確率論的に扱える．図 2.10 に示されるジグザグ運動の合成ベクトルは，1 つ 1 つのベクトル $\mathbf{r}_i$ の和である．

$$\overline{\mathbf{r}^2} = \sum_i \overline{\mathbf{r}_i^2} = \overline{\mathbf{r}_i^2} N \tag{2.43}$$

衝突回数 N は時間に比例するので，結局，

$$\overline{r^2} = Dt \tag{2.44}$$

と移動距離の 2 乗は時間に比例する．これが拡散運動の特徴である．比例定数 D は拡散定数と呼ばれるものである．この拡散ののち，多数個の粒子の状態は平衡状態の性質（重要事項 2.2）により，空間的に密度は一様，そして，速度分布にも偏りがなくなる．

一方で，多数の粒子に一様な力を加えることもできる．空気中の雨粒がそうである．この場合は一定速度になっているようにみえる．雨では速くてなかなか肉眼ではむずかしければ，パラシュートで降下している飛行士をみよう．明らかに重力加速度がはたらいているが，ニュートンの運動方程式にしたがっていない．ほぼ定速度で落下しているのがわかる（もし加速度運動になるならば，飛行士はとても助からないだろう）．

一般的に粘性のある環境では，粒子に外から加えられた力 F とその結果である速度 v の間は線形関係となる．その比例係数が易動度 μ と呼ばれるものとなる．

$$v = \mu F \tag{2.45}$$

この移動度は，逆読みして，

$$F = fv \tag{2.46}$$

2.7 動的性質

となるが，つまり $f = 1/\mu$ は，粘性係数あるいは摩擦係数という解釈もできる[†]．

半径 a の球形の粒子が粘性率 η（2.7.2 節で導入される）の媒体のなかで受ける易動度 μ は，

$$\mu = 1/(6\pi\eta a) \tag{2.47}$$

となる．この証明は本書の筋から外れるので省く．

拡散と摩擦運動は一見違ったもののようにみえるが，実は深く関係していることをアインシュタインがみつけた．アインシュタインが発見した拡散と易動度の間の一般的な関係は，

$$\frac{D}{\mu} = kT \tag{2.48}$$

である．このアインシュタインの関係式は示唆するところ大で，第 8 章の揺動散逸定理とかかわるのである．

■ 摩擦のある運動 ■

摩擦があるときの運動方程式は，

$$M\dot{v} = F - \frac{M}{\tau}v \tag{2.49}$$

で表される．右辺第二項が摩擦を表し，τ は 1.3.2 節で導入された緩和時間と呼ばれるものである．易動度 μ は τ を使い，

$$\mu = \frac{\tau}{M} \tag{2.50}$$

で与えられる．

以下は，微分方程式に慣れていない人ならばその結果だけを注視してほしい．式 (2.49) を

$$\dot{v} = -\frac{1}{\tau}(v - \mu F) \tag{2.51}$$

と変形し積分する．初期速度 $v(0)$ を使うと，

$$v(t) = (v(0) - \mu F)e^{-t/\tau} + \mu F \tag{2.52}$$

が解となる．

解 (2.52) の特性を調べる．$t \ll \tau$ である運動の初期は，$e^{-t/\tau} \cong 1 - t/\tau$ を使い，

$$v(t) \cong v(0) - (v(0) - \mu F)\frac{t}{\tau} = v(0)\left(1 - \frac{t}{\tau}\right) + \frac{F}{M}t \tag{2.53}$$

右辺第二項は見慣れた加速度項である．非常に短い間はニュートンの運動法則にしたがう．一方，τ 以上の時間を経ると式 (2.49) の左辺の時間変化項は消えてしまい，定常状態

$$F = \frac{M}{\tau}v \tag{2.54}$$

[†] 摩擦係数というと力学では無次元の量を指す．ここでは少し違った定義となるが，粘性係数という概念より広い意味で使いたいためそのような使い方をした．

となる．もはや加速度の項は効かず摩擦力だけが残る．式 (2.54) は易動度の定義式 (2.45) を与えるものである．

もう 1 つ，式 (2.49) に戻ってわかることがある．外力がない場合を考える．今度はベクトル量として扱い，かつ $\mathbf{v} = \dot{\mathbf{r}}$ を使い，

$$\mathbf{r} \cdot \ddot{\mathbf{r}} = -\frac{1}{\tau} \mathbf{r} \cdot \dot{\mathbf{r}} = -\frac{1}{2\tau} \frac{d}{dt} r^2 \tag{2.55}$$

$\frac{d}{dt}(\mathbf{r} \cdot \dot{\mathbf{r}}) = v^2 + \mathbf{r} \cdot \ddot{\mathbf{r}}$ かつ $\mathbf{r} \cdot \dot{\mathbf{r}} = \frac{1}{2} \frac{d}{dt} r^2$ を使い，

$$\left(\frac{1}{2} \frac{d^2}{dt^2} + \frac{1}{2\tau} \frac{d}{dt} \right) r^2 - v^2 = 0 \tag{2.56}$$

式 (2.56) を t について積分し，そして t で割り，時間平均をとる．すると，

$$\frac{1}{2t} \frac{dr^2}{dt} + \frac{1}{2\tau t} \langle r^2 \rangle = \langle v^2 \rangle \tag{2.57}$$

定常状態では左辺第一項は無視できる．右辺の $\langle v^2 \rangle$ はエネルギー等分配則 (2.9) より $3k_\mathrm{B}T/M$ であるから，

$$\langle r^2 \rangle = \frac{6k_\mathrm{B}T\tau}{M} t = (6k_\mathrm{B}T\mu)t \tag{2.58}$$

3 次元では拡散は $(1/6)\langle r^2 \rangle = Dt$ なので，式 (2.58) より，

$$D = \mu k_\mathrm{B} T \tag{2.59}$$

となり，これは式 (2.48) の関係を与える．

以上の考察により，緩和時間以上が経った平衡状態に関して次のことがいえる．

> **重要事項 2.4 乱雑な運動のなかの移動速度**
> 乱雑な熱運動は，そのなかの粒子にはたらく外場があればそれに比例した速度をもたらす．外場とその結果の速度を関係づけるものが易動度あるいは摩擦係数であるが，それは緩和時間により決定される．

拡散も粘性運動も，緩和過程において同じエネルギー散逸機構をもつ．

2.7.2 物質の動的性質

2.3.3 節でみた物質の性質は静的性質である．それ以外に，1.3.1 節で出てきた熱伝導度 κ などの輸送係数という広いクラスの動的な性質がある．輸送係数 μ とは流速 v と力 F を関係づけるものである．

$$v = \mu F \tag{2.60}$$

これは先述した関係 (2.45) である．F と v はもはやニュートンの運動法則にしたがうのではなく，ブラウン運動で決まることに注意．

2.7 動的性質

- **粘性係数, η**

細長い管内を流れる液体は，それが流れる液層間で流速に分布をもつ．管の方向 x の速度 u_x は径方向 z の関数である．z 面にはたらく x 方向へのずれ応力 P_{xz} は du_x/dz と比例関係にある．

$$P_{xz} = \eta \frac{du_x}{dz} \tag{2.61}$$

η の単位は Pa·s であるが，特別にポイズ，1 poise = 1 g/(cm·s) が使われる．たとえば，水の η は標準状態で $\eta = 0.0101$ poise.

- **熱伝導度, κ**

温度差があるところを熱が伝わることを熱伝導という．熱の移動速度 dQ/dt は温度差，あるいは温度勾配 dT/dx に比例する．その比例係数が熱伝導度 κ と呼ばれるものである．

$$\frac{dQ}{dt} = \kappa \frac{dT}{dx} \tag{2.62}$$

熱は単位面積で計られるので，dQ/dt の単位は J/(m²·s) である．それゆえ，κ の単位は W/(K·m) となる．

- **電気伝導度, σ**

電流 $J = dq/dt$ と電圧の勾配，すなわち電場 $\mathcal{E}$ の間の比例係数．

$$J = \sigma \mathcal{E} \tag{2.63}$$

単位は，電磁気学で学ぶ $J\,[\text{A/m}^2]$ と電場 $\mathcal{E}\,[\text{V/m}]$ および $\sigma\,[1/(\Omega \cdot \text{m})]$．

熱力学で最もなじみ深い熱伝導度に関して述べると，非金属のなかでダイヤモンドは1番 κ の大きなものである．熱伝導度は物質の性質であるから物理定数表のハンドブックに載っている．しかしながら，物質固有の熱伝導度がどれだけの値かはそれほど簡単ではない．わずかに含まれる不純物が κ の値を下げる．同じダイヤモンドでありながら，自然同位体をより純化することで κ はかなり増加する．完全な結晶でダイヤモンドの κ がどこまで上がるかは興味あることである[†]．

熱伝導度の温度依存性はちょっと一筋縄ではいかない．熱伝導度の温度依存性を図 2.11 に示す．はじめは温度とともに増加し，その後，減少する．そのピーク温度は，物質にだけでなく，試料の幾何形状にもよる．

■ 例題 2.7　ガラス板の温度差

厚さ $d = 3$ mm のガラスの窓がある．その熱伝導度は $\kappa = 1.2 \times 10^{-2}$ W/(K·cm) である．このガラスを通して室内から室外へ熱流 $J = 0.01$ W/cm² が横切る．このときのガラス板の両面の間でできる温度差 ΔT を求めよ．

[†] たとえば，ゲルマニウムの κ は同位体の純度を上げることでケタ違いに大きくなることが最近わかった[(1)]．

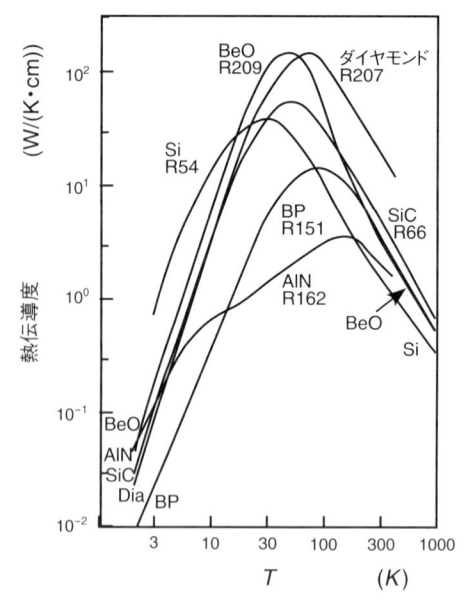

図 2.11 非金属の熱伝導度の温度依存性[2]

💡 $J = -\kappa(\Delta T/d)$ より，

$$\Delta T = \frac{Jd}{\kappa} = \frac{(0.01\,\mathrm{W/cm^2})(0.3\,\mathrm{cm})}{1.2 \times 10^{-2}\,\mathrm{W/(K \cdot cm)}} = 0.25\,\mathrm{K}$$

■ 演習問題 ■

問 2.1 比熱の比較

容積が同じ $1000\,\mathrm{cm^3}$ の空気と銅がある．空気のはじめの温度は $100\,°\mathrm{C}$，銅は $23\,°\mathrm{C}$ である．それらを断熱容器に入れ，2 つの間の熱交換だけが可能な状況にすると，最終温度はいくらになるか？銅の原子数密度は，$n = 8.97 \times 10^{22}\,\mathrm{cm^{-3}}$．

💡 空気と銅をそれぞれ 1, 2 の添字で表す．容積 $1000\,\mathrm{cm^3}$ に対し，空気は $N_1 = 1/22.4 = 0.0446\,\mathrm{mol}$，銅は $N_2 = 1000\frac{8.97 \times 10^{22}\,\mathrm{cm^{-3}}}{6.02 \times 10^{23}} = 149\,\mathrm{mol}$ であるので，全比熱は，$C_1 = (5/2)0.0446 \times 8.314 = 0.927\,\mathrm{J/K}$，$C_2 = 3 \times 149 \times 8.314 = 3716\,\mathrm{J/K}$ となる．系の最終温度を T_f とすると，

$$0.927(100 - T_f) = 3716(T_f - 23)$$

より，$T_f = 23.019\,°\mathrm{C}$．銅はまったく温度変化しない．

この問は，比熱はエネルギー等分配則にしたがいすべての物質で同じになるとはいえ，その熱的な効果はまったく違うことを示している．示強性変数としては同じ温度となるが，どれくらいの熱エネルギーが推移するかということは示量性変数としての全熱量が決める．

演習問題

問 2.2 温度と熱

お湯を思い浮かべればわかる通り，我々の日常感覚では $T = 50$°C でも火傷をするくらい熱い．しかし，蛍光灯の中の電離気体の温度は $T = 20000$ K であると聞くと驚く．火傷をするどころかすべての物質が溶けてしまう温度である．ところが，ちょっとくらい触っても大丈夫である（といっても，生体実験をすることは勧められないが）．この大きな感覚の違いは何であろうか？

> 我々が感じている熱さは，温度そのものより皮膚の中に伝わってくる全エネルギーである．1 個 1 個の分子の平均エネルギーだけでなく，それが何個あるかが重要となる．問 2.1 と同じである．

問 2.3 低温の冷たさ

低温実験ではしばしば液体窒素を使う．これは -196°C という極めて低い温度で，地球上のほとんどの物質は凍りついてしまう．しかしその温度の割には，液体窒素の水滴に触ったくらいでは大丈夫である．なぜだろうか？ これも生体実験をすることは勧められない．くれぐれも液体の中に指を突っ込むことのないように．

> 表 2.6 に示されるように，液体窒素の蒸発熱は沸点で 198 J/g である．たとえばこれを表 1.2 の水の蒸発熱と比較してみよう．比較で注意すべきは，単位をどう揃えるかである．この場合は一定容積あたりで比較するのが妥当であろう．また，低温固有の問題として，2.3.1 節で述べられたように，一般に低温になると比熱自体が小さくなるということも原因する．

問 2.4 電子の速度

銅線を流れる電流は電子の流れである．常温で 1 mm^2 の断面積に 1 A の電流を考える．このときの電子の熱速度と電流から得られる移動速度を求め，比較せよ．銅の原子数密度は，$n = 8.97 \times 10^{22}$ cm^{-3}．

> 電子の速度は式 (2.10) より直接求められる．電子の質量は $m_e = 9.11 \times 10^{-28}$ g であるので，原子質量単位では $m_e = (9.11 \times 10^{-28})/(1.66 \times 10^{-24}) = 5.48 \times 10^{-4}$.
>
> $$v_{th} = 1.58 \times 10^2 \left(\frac{300}{5.48 \times 10^{-4}}\right)^{\frac{1}{2}} = 1.17 \times 10^5 \,\text{m/s} = 1.17 \times 10^7 \,\text{cm/s} \tag{2.64}$$
>
> 一方，電流密度は $J = env_e$ である．
>
> $$(1.6 \times 10^{-19} \,\text{C})(8.97 \times 10^{22} \,\text{cm}^{-3}) \times v_e = \frac{1 \,\text{A}}{1 \times 10^{-2} \,\text{cm}^2}$$
>
> より，
>
> $$v_e = 7.0 \times 10^{-3} \,\text{cm/s} \tag{2.65}$$
>
> これより，電子の 1 個 1 個の速度は全体の平均速度に比べて大変大きいことがわかる．大きな速度も平均的に右向きと左向きでキャンセルし，ほとんど巨視的な電流としては寄与しない．巨視的な電流には，右向きと左向きの速度のほんのわずかの差が表れる．電子の作る電流というのは，あたかもミツバチの大群のようである．1 つ 1 つのミツバチは早く動くが，大群として移動するときは極めてゆっくりとした動きである．

固体中の電子は非常に高密度に詰まっており，その場合は量子効果が出てくる．それをここで議論するわけにはいかないが，簡単にいって，乱雑な熱速度は上記で求めた古典的な値よりもっと大きくなる．

問 2.5　水の比熱

水の g あたりの比熱を求めよ．実験値と比較して自由度 f がどれだけであればあうだろうか？

水分子は H_2O で 3 原子分子，それゆえ，$f = 3 + 3 = 6$ となりそうである．

$$(6/2)R/18 = 1.386\,\text{J}/(\text{K} \cdot \text{g}) = 0.331\,\text{cal}/(\text{K} \cdot \text{g})$$

実験値は $1\,\text{cal}/(\text{K} \cdot \text{g})$ であるからあわない．f にして 3 倍の 18 が必要となる．それは原子あたり 6 を与える固体の場合のデュロン-プティ則に合致するようにみえる．これは，水では固体と同じように内部振動が寄与していることを意味するのだろうか？[†]

問 2.6　比熱の分解能

グラスゴー大学の研究者がタンパク分子の変質における比熱変化を測定したとき，大きさが $\Delta C = 1.2\,\text{nJ/mK}$ 程度の変化をとらえたという．このような小さな変化をとらえるため，C の絶対値ではなく，何か参照を置き，それとの差 ΔC に敏感な測定方法を採用する（図 8.9 参照）．$v = 1\,\text{K/min}$ のゆっくりした速度で昇温し，比熱のわずかの変化による熱の移動を測定した．この比熱変化を測定するため，熱測定装置は 1 秒間あたりどれだけのパワーを検出することが求められるか？

時間 Δt あたり $v \Delta t$ の温度差が生じ，それによる参照側との間に流れる熱流は，

$$J = \Delta C v = (1.2\,\text{nJ/mK}) \frac{1\,\text{K}}{60\,\text{s}} = 20\,\text{nW}$$

問 2.7　断熱比熱

断熱比熱という言葉はない．定義により断熱では熱の出入りがないので意味をなさない．しかし，断熱過程でも単位温度変化 ΔT を内部エネルギー変化 ΔU に対応させることはできる．ΔU はその間になされた仕事 W で測定できる．$C_S = \Delta U/\Delta T$ という量を定義したとして，理想気体の場合どれだけになるか？

[†] それならば，なぜ 2 原子分子では内部振動の自由度が入らないのか？とこの首尾一貫性に欠く説明に気が付いた読者は立派である．ここからは物質の微視的理論に立ち入らねばならない．より複雑な分子に関する問題はランダウなどの上級教科書で議論される．それを読んでさえも水の問題は決して自明ではない．水の比熱は上記のように内部振動を考えることで一見説明できるように思えるが，デュロン-プティ則にあうのはおそらく偶然だろう．氷ではおおよそ 6，蒸気ではまた 6 となる．液体の場合の比熱の理論は大変むずかしい．これは液体の場合，エネルギー等分配則が破れるからではなく，分子間に相関がある場合，独立した自由度というものが定義できなくなるからである．興味ある読者は第 8 章の文献 (11) を参照．

演習問題

💡 表 2.4 より，$W = c(p_1V_1 - p_2V_2)$，これは $W = cR(T_1 - T_2)$ と書き換えられる．つまり，$C_S = C_v$.

問 2.8　断熱膨張による気体の冷却

断熱膨張過程により気体 N_2 を冷却させる．はじめの温度が $T_1 = 300\,\mathrm{K}$ で，圧力 $p_1 = 32\,\mathrm{atm}$ の高圧からはじめて常圧 $p_2 = 1\,\mathrm{atm}$ まで断熱膨張をさせる．これにより N_2 の温度はどれくらいまで下がるか？

💡 気体 N_2 は 2 原子分子であるから，$\gamma = 7/5$ である．$(1-\gamma)/\gamma = -2/7$ であるから，

$$T_2 = T_1 \left(\frac{p_1}{p_2}\right)^{\frac{2}{7}} = 300 \left(\frac{1}{32}\right)^{\frac{2}{7}} = 111\,\mathrm{K}$$

実際には，低温になるほど断熱膨張の効率は落ちる．

問 2.9　蒸気の体積

付録 C の表 C.1 を眺めてほしい．100°C を超えた領域で飽和蒸気の比体積 v_g（kg あたりの体積）は T の増加にともない減少している．気体は，通常温度が上がると膨張するものであるが，それと反対のようにみえる．なぜか？

💡 表 C.1 で示されているものは T の変化だけではない．圧力はどう変化しているか？

問 2.10　蒸気と水の共存状態

体積 $V = 5\,\mathrm{m}^3$ の剛体容器の中に質量 $M = 40\,\mathrm{kg}$ の水が入っており，$T = 150$°C に保たれ，水と蒸気の 2 相共存状態となっている．付録 C の表 C.1 を用いて，この状態の圧力 p，かわき度 x，水の体積 V_l，水蒸気の体積 V_g を求めよ．

💡 表 C.1 より，$T = 150$°C での飽和蒸気圧は $p_{\mathrm{sat}} = 0.4758\,\mathrm{MPa}$ となっている．この状態の比体積は，水が $v_l = 0.001091\,\mathrm{m}^3/\mathrm{kg}$，水蒸気が $v_g = 0.3928\,\mathrm{m}^3/\mathrm{kg}$ である．まず，容器内の水-水蒸気の平均の比体積は，$v = 5/40 = 0.125\,\mathrm{m}^3/\mathrm{kg}$ である．平均の比体積 v は $v = (1-x)v_l + xv_g$ で与えられるので，

$$x = \frac{v - v_l}{v_g - v_l} = \frac{0.125 - 0.00109}{0.3928 - 0.00109} = 0.316$$

水の体積 V_l は，

$$V_l = M(1-x)v_l = 40 \times 0.684 \times 0.00109 = 0.0298\,\mathrm{m}^3$$

水蒸気の体積 V_g は，

$$V_g = Mxv_g = 40 \times 0.316 \times 0.3928 = 4.965\,\mathrm{m}^3$$

問 2.11 冷媒

冷蔵庫や冷房などには作業流体としての冷媒が使われている．冷媒として使われる物質には，熱力学の観点から，どのような性質が要求されるだろうか？

> 蒸発熱と比熱を比べて熱を奪うのにどちらが有効かを考えると，断然，液体を気化する相転移を利用するのが効果的である．これについては，本書に散在する具体的な値で確認してほしい．そのためには，想定している温度領域，圧力領域で液相–気相転移をする，すなわち，実現可能な圧力の範囲内で圧縮して液体になるものでなければならない．

問 2.12 液体の比熱

気体以外では等容比熱と等圧比熱の差はそれほど大きいものではない．通常，実験で測定する比熱は等圧比熱である．水銀は標準状態で等圧比熱 $c_p = 28.0\,\mathrm{J/(K\cdot mol)}$ である．そのモル体積 $v = 14.72\,\mathrm{cm^3/mol}$，体積膨張率 $\beta = 1.81\times 10^{-4}\,\mathrm{deg}^{-1}$，圧縮率 $\kappa = 3.88\times 10^{-12}\,\mathrm{cm^2/dyn}$ を使い，等容比熱 c_v を求めよ．比 $\gamma = c_p/c_v$ を計算せよ．

> 表 2.2 の公式，$C_p - C_v = \dfrac{TV}{N\kappa_T}\beta^2$ を使う．

問 2.13 体積弾性率

体積弾性率 B の単位は圧力と同じである．おおまかな見積もりでは，B くらいの大きさの圧力で結晶はつぶれる（つぶれたあとに何になるかは明らかではない）．ダイヤモンドの体積弾性率は $B = 443\,\mathrm{GPa}$ で[†]，知られている物質のなかで最高の値をもつ．ダイヤモンドの熱膨張率を求めよ．ダイヤモンドの密度は $\rho = 3.516\,\mathrm{g/cm^3}$ である．

> ダイヤモンド 1 モルの体積は，$V = M/\rho = 12\,\mathrm{g}/3.516\,\mathrm{cm^3/g} = 3.41\,\mathrm{cm^3}$ である．比熱を 1 モルの体積あたりにする．（常温でのダイヤモンドの比熱は，図 2.2 でみるとおり，古典極限よりは小さいが），$\gamma_G = 1$ として，
> $$\beta = \gamma_G \frac{C}{3B} = \frac{3R}{3BV} = \frac{R}{BV}$$
> $$= \frac{8.31\,\mathrm{J/K}}{(4.43\times 10^{11}\,\mathrm{GPa})(3.41\times 10^{-6}\,\mathrm{m^3})} = 5.5\times 10^{-6}\,\mathrm{K^{-1}}$$

問 2.14 銅の熱膨張

同じ計算を銅でやってみよう．体積弾性率 $B = 137\,\mathrm{GPa}$ で，密度は $\rho = 8.9\,\mathrm{g/cm^3}$ である．

問 2.15 雨粒の速度

雨粒の速度を求めよ．雨粒は半径 $r = 1\,\mathrm{mm}$ の球とし，空気の粘性率は $\eta = 0.018\,\mathrm{mPa\cdot s} = 0.18\,\mathrm{mPoise}$ である．

[†] この値は文献 (3) による．キッテルの「固体物理学入門」のようなよく知られている教科書でも，ダイヤモンドの体積弾性率は $B = 545\,\mathrm{GPa}$ とかなり違っている．最近の教科書の多くは，$B = 443\,\mathrm{GPa}$ を採用している．

速度 v をもつ雨粒にはたらく力は，下向きに重力 Mg とそれと反対方向の摩擦力 $F = fv$ である．それらがつりあったところで一定速度となる．したがって，$v = \frac{Mg}{f}$．M は $(4\pi/3)a^3\rho = 4.18 \times 10^{-3}$ g，$f = 1/\mu$ は η を使って式 (2.47) より計算できる．

$$f = 6\pi\eta a = 3.39 \times 10^{-4} \text{ g/s}$$

これより，

$$v = \frac{4.18 \times 10^{-3} \times 980}{3.39 \times 10^{-4}} = 1.2 \times 10^4 \text{ cm/s} = 120 \text{ m/s}$$

問 2.16 固体の粘性係数

固体の変わった定義の仕方として，粘性係数によるものがある．固体になったかどうかの判断基準として，$\eta = 10^{14.6}$ poise より大きいかどうかというものがある．どうしてこのような奇異な表現をするのだろうか？ これは $1\,\text{cm}^3$ の角形の試料表面に $100\,\text{N}$ の歪み力（z 面に x 方向からかかる力）を加える．それを 1 日続けて，表面の変位が $0.02\,\text{mm}$ になることに相当する．この長さは通常の検出限界であるので，この値を基準にしている．これを確かめよ．

問 2.17 大気の温度降下

大気の高さ h による温度降下を考察する．地表で暖められた空気が上方に対流する．上方では圧力が下がりモルあたりの空気の体積は増える．対流を断熱膨張とみなし，高さ $1\,\text{km}$ あたりの温度降下を求めよ．

大気の圧力は上方へいくにしたがって減少する．問 1.5 あるいは問題 6.1 により，$1\,\text{km}$ あたり圧力は $11.7\,\text{kPa}$ 減少する．断熱膨張では $Tp^{(1-\gamma)/\gamma} = const$ であるから，

$$\frac{\Delta T}{T} = \frac{\gamma - 1}{\gamma}\frac{\Delta p}{p} = \frac{2}{7}\frac{11.7}{101} = 0.033$$

$T = 300\,\text{K}$ として，これは $1\,\text{km}$ あたり $\Delta T = 10\,\text{K}$ に相当する．

フェーン現象は $1\,\text{km}$ あたりの温度変化が $10\,\text{K}$ とされている．この一致によりフェーン現象を断熱膨張で説明しているものがあるが，しかし，いまみたように，通常の大気の対流による温度減少と同じ大きさであり，フェーン現象特有の説明にならない[†]．

例題 2.8 地球中心の温度

上記の気体の場合に比べて，固体の場合は，通常，断熱膨張による温度変化は顕著ではない（例題 3.2 参照）．しかし，それも程度問題である．地球サイズでは十分な大きさとなる．地球は太陽と異なり，自分自身は熱源をもっていない．それにもかかわらず，地球内部の温度はかなり高い（〜5000 K くらい）と考えられている．それはどこから来たのであろうか？ 大気の断熱膨張と同じく，地球内部では固体の断熱圧縮と考えることができる．固体の断熱圧縮を記述する数学的道具立てが整っ

[†] フェーン現象を理解するとき重要となるのは大気中の水蒸気成分である．これにより温度変化 $\Delta T/\Delta h$ が変わる．この効果はアドラーの教科書[(4)] に書かれている．もっとも，その説明は複雑で，説明されればされるほどわからなくなる例である．

ていないのでここでは詳細は省くが，気体の断熱圧縮と同じ原理で固体も断熱圧縮で温度が上がる．その結果，地球内部の圧力 400 GPa に相当するところでは $T = 6000$ K にも達すると見積もられている！ 固体を圧縮するだけで太陽表面温度まで加熱されるなんて信じられるだろうか？

💡 断熱圧縮による温度変化は付録 B の式 (B.18) にあるが，それを使うと，

$$\frac{dT}{T} = -\frac{\beta V}{c_p} dp$$

β, V, c_p がすべて一定として（あまり感心しないが），上の式を積分し，

$$\ln \frac{T_2}{T_1} = -\frac{\beta V}{c_p}(p_2 - p_1)$$

数値的には，地球をすべて鉄として代用し，鉄の密度 $\rho = 7.87$ g/cm^3，比熱 $c_p = 0.45$ J/(K·g)，$\beta = 0.354 \times 10^{-4}$ /K を使い，地球内部の圧力を 400 GPa として，

$$\frac{\beta V}{c_p} p_2 = \frac{0.354 \times 10^{-4} \cdot 4 \times 10^{11}}{7.87 \times 10^6 \cdot 0.450} = 4.0$$

より，$T_1 = 300$ K に対し，

$$T_2 = 300 e^{4.0} = 16400 \text{ K}$$

問 2.18 大気中の CO$_2$

大気中において，CO$_2$ は体積濃度 360 ppm で存在する．地球大気は 10 km の厚さとして CO$_2$ 総量を求めよ．地球の半径は $R = 6370$ km である．

💡 8.2×10^{16} mol

問 2.19 金星の大気

金星の大気はほとんど（98%）が CO$_2$ である．その温度は $T = 750$ K，圧力 $p = 90$ atm と観測されている．金星の大気 1 モルの体積を，CO$_2$ を，(a) 理想気体として，(b) ファン・デル・ワールス気体として求めよ．

問 2.20 液体 CO$_2$

大気圧下で，CO$_2$ は固体から液相を経ずに気体に相変化する（昇華）．CO$_2$ の三重点は $T = 216.58$ K，$p = 518.0$ kPa である．液体の CO$_2$ を得る方法を述べよ．

問 2.21 結露

冷たい日には室内の窓ガラスが曇ることがある．つまり，水蒸気がガラス表面に凝縮するのである．これは室内全体として水蒸気の圧力は一様であるが，温度に関しては図 1.9 のように分布が生じていることから起こる．室内の温度が 20 °C で，相対的湿度が 75% であったとする．このときの窓ガラスの温度はどれだけ低くなると曇りだすだろうか？

演習問題

💡 飽和蒸気圧曲線（図 2.8）より，20°C での飽和蒸気圧 p_{sat} は 2.34 kPa である．したがって，実際の水蒸気の分圧 p_v は，

$$\Delta p_v = 0.75 \times 2.34\,(\mathrm{kPa}) = 1.75\,(\mathrm{kPa})$$

である．この圧力に相当する飽和蒸気圧は，やはり飽和蒸気圧曲線より 15.4 °C で実現している．つまり，$T_2 = 15.4$ °C 以下．

問 2.22　露

同じことは朝の露についてもいえる．夜，雨も降っていないのに，明け方，草に露がついていることを目にする．なぜだろうか？

問 2.23　湖の上の温度差

風のない静かな夏の日，ある湖の上の気温は $T_{air} = 25$°C で，相対湿度 $h = 80$% であった．相対湿度とは，その温度での飽和蒸気圧に対する実際の蒸気の分圧の割合である．このとき湖の表面の温度 T_w は何 °C だろうか？

💡 飽和蒸気圧曲線（図 2.8）より，25°C での飽和蒸気圧 $p_{\mathrm{sat@25°C}}$ は 3.17 kPa である．したがって，実際の蒸気の分圧は，$p_v = 3.17 \times 0.8 = 2.54$ kPa．これが水面からの蒸気の圧力と同じである．対応する飽和温度は，$T_w = 21.2$°C．

問 2.24　最初の冷凍機

真空ポンプを利用して氷を作る製氷機は，1775 年にスコットランドのカレン（W. Cullen）によって発明された．これは図 2.12 のように，水が半分満たされた容器を単に真空ポンプで引くだけである（0.61 kPa にする）．なぜ氷ができるのだろうか？

💡 図 2.8 の蒸気圧の温度依存性をみよう．室温 $T = 25$°C からはじめたとして，それに対応する蒸気圧 $p = 3.1$ kPa になるまでは何も変化しない．それ以下の圧力になると，蒸気圧が容器の圧力を上回るので，蒸発がはじまる．蒸発がはじまると，自らの熱を奪い平衡が達成されるまで温度は下がる．つまり，温度は到達圧力が蒸気圧となる温度まで下がることになる．図 2.8 より，0.61 kPa の蒸気圧は $T = 0$°C に対応する．

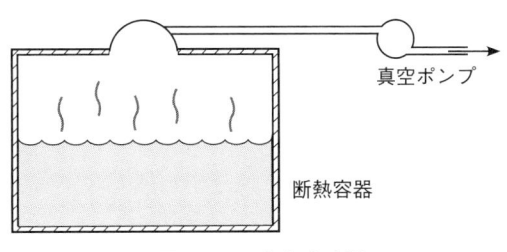

図 2.12　真空冷凍機

問 2.25 クライオポンプ

真空ポンプのなかには，多孔質の物質が詰められた容器を液体窒素で冷やすだけのものもある．なぜ真空引きができるのだろうか？

問 2.26 エネルギー貯蔵物質

グラバー塩 $Na_2SO_4 \cdot 10H_2O$ はエネルギー貯蔵物質として使われている．融点が $T_m = 32°C$ とちょうど日常温度くらいなので，日中の暑いときは液体状態になり，夜間，気温が下がったときは固化し融解熱を放出する．その融解熱は $\Delta H_f = 107\,kJ/mol$ である．g あたりの cal 値に直し，水の場合と比較せよ．グラバー塩の分子量は $322.2\,g$．

💡 $\Delta H_f = 83\,cal/g$ で，これは表 1.2 の氷の融解熱とほぼ同じである．しかし，この動作温度では水は相転移せずに単に 1°C あたり 1 J/g の変化しかしない．

問 2.27 コロイド粒子の大きさ

ブラウン運動を観察して，コロイド粒子の大きさを見積もることができる．ゴムから採れるラテックス粒子を顕微鏡観察したところ，室温で拡散について，$D = 0.9 \times 10^{-8}\,cm^2/s$ のデータを得た．この粒子の大きさを推定せよ．

💡 アインシュタインの関係 (2.48) より，易動度は $\mu = 2.5 \times 10^5\,s \cdot cm/g$ となる．粒子の大きさ a は，

$$a = \frac{1}{6\pi\eta\mu} = \frac{1}{6\pi(0.01\,\text{poise})(2.5 \times 10^5\,s \cdot cm/g)} = 0.21\,\mu m$$

文　献

(1) M. Asen-Palmer, K. Bartkowski, E. Gmelin, M. Cardona, A. P. Zhernov, A. V. Inyushkin, A. Taldenkov, V. I. Ozhogin, K. M. Ito and E. E. Haller, *Phys. Rev. B*, **56**, 9431 (1997)
(2) G. A. Slack, *J. Phys. Chem. Solids*, **34**, 321 (1973)
(3) H. J. McSkimin, P. Andreatch, Jr. and P. Glynn, *J. Appl. Phys.*, **43**, 985 (1972)
(4) D. アドラー 著，菊池 誠・飯田昌隆・白石 正訳，『MIT の統計力学および熱力学』，現代工学社，p.99 (1983)

熱雑音

花粉の運動にみられるブラウン運動は，乱雑さが本質である．ブラウン運動は花粉だけがもっている性質ではなく，すべてのものがもっている性質である．熱運動はその乱雑さゆえ，雑音と同じである．すべての意味ある情報，特定方向などのあらゆる情報を失わせてしまう．熱雑音は有限温度である限り不可避であり，すべての測定，情報処理はいずれこの限界を超えての性能を発揮できない．扱うサイズが小さくなればなるほどこの熱雑音の影響は厳しくなるので，ナノスケールでの工学的デバイスは熱雑音との戦いとなる．このスケールの微生物活動についても同じであるが，ただ面白いことに生物はそれを利用してさえもいるという．

生物の熱雑音の利用については別に議論するが，ここではナノスケールでの熱雑音がどれくらいなのかを評価してみよう．まず，熱雑音の明らかな効果として，位置がぼやかされることの効果を調べる．

■ 指針の分解能 ■

アナログ電圧計の分解能が究極的には指針の熱ゆらぎで決まることは，エーレンフェストによって最初に指摘された．実際の例で評価してみよう．

電圧計ではないが，日常生活に使われる程度の質量（つまり，1 kg 程度）間にはたらく万有引力は非常に弱く，日常生活では感じることはないが，非常に高感度の捩ればかりを使って測定できる．1798 年にキャベンデッシュがこのようにして万有引力定数を測定した．2つのおもりの間にはたらくトルク N は捩ればかりの捩れ角 θ を測ることで得ることができる．$N = \alpha\theta$ の関係がある．α はバネ定数に相当する剛性率である．その回転振動数 ω は，$\omega^2 = \alpha/I$ となる．I は捩ればかりの慣性モーメントである．その回転のエネルギーおよび弾性エネルギーには，やはりエネルギー等分配則により $(1/2)k_\mathrm{B}T$ が割り振られるので，

$$\frac{1}{2}\alpha\theta^2 = \frac{1}{2}k_\mathrm{B}T \tag{2.66}$$

したがって，

$$\theta^2 = \frac{k_\mathrm{B}T}{\alpha} \tag{2.67}$$

より小さな振れは読めない．

数値例：実際の万有引力定数測定用の実験装置に用いられている捩ればかりは，$\alpha = 100\,\mathrm{erg}$ である．室温の熱エネルギーは $k_\mathrm{B}T_0 = 4.0 \times 10^{-14}\,\mathrm{erg}$ なので，式 (2.67) より，

$$\Delta\theta = 2.0 \times 10^{-8}$$

これはまったく問題とならない．

■ 単電子トランジスター ■

トランジスターのサイズはどんどん小さくなる．このまま小さくしていくとどうなるのだろう？

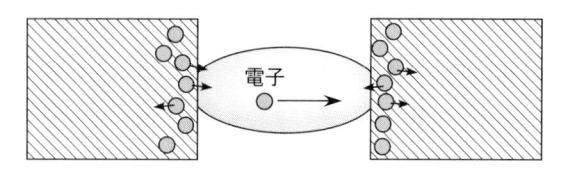

図 2.13 単電子トランジスター

極限では，トランジスターに含まれる電子がたった 1 つになったとき（単電子トランジスターという），動作するのだろうか？

これに答えるには，トランジスターの動作に対して専門的な知識が必要となるが，ここではそのような詳細を考慮せず，図 2.13 のように，トランジスターを単に小さな箱に流れる電流を測るものとしよう．ともかくも，トランジスターから出力される電流を測っていることには違いない．通常はその電流は巨視的な電子の数が含まれている．しかし，その電子数を減らしていき究極的に 1 つにしたときどうなるだろうか？

たった 1 つの電子で作られる電流とは我々の感覚ではちょっと想像しがたい．どうやって測定するのか？などいろんな疑問はあるかもしれないが，とりあえず 1 つの電子の作る電流は測れるとしよう．ここは雑音の問題だけに焦点を絞る．単電子トランジスターを挟む左右の電極には電子は大量に含まれていて，常にブラウン運動を行っている．したがって，左右の電極から常に電流のゆらぎが生じる．問 2.4 で，その大きさを見積もってみてほしい．電流計が 1 つの電子の作る電流を分解できるものであるならば，その他の電子の作る電流も感知してしまう．結局，注目している 1 つの電子の運動はかき消されてしまうだろう．

単電子トランジスターが意図した通りに動作するには，この大多数の他の粒子によるゆらぎを抑えなければならない．古典的に考えても，動作温度としては非常な極低温が必要となることは容易に想像できる．かつてはこのような動作は不可能と考えられていたが，最近の技術はついに単電子の動作を電流で測定することができるようになった[1]！ それには 1 K 以下の極低温，20 T の強磁場が必要となるが，ともかくも可能となったことは驚きである．

エネルギーのバランスという観点では，この実験において，動かした電子のエネルギーに比べて装置の使ったエネルギーがケタ違いに大きいということは興味深いことである．これは，ノイズに打ち勝ってデバイスが動作するためには，単なるエネルギー的な大小関係より，エネルギーとは何か別の物理量が重要ということを暗示している．それは雑音（無秩序）のなかでいかに信号（秩序）を保つか，そのための代償が何かという問題になるが，それはエントロピーの章で議論することとなる．

たった 1 つの電子を動作させるのに，極低温，強磁場という大変なエネルギーを支払っていることを冷笑すべきでない．原子力発電も，開発の当初は，豆電球たった 1 つを灯すために研究所の全電力を使い果たすほどの効率であったのだから．

■ **パワーノイズ** ■

熱雑音の効果はいつも kT だけで評価できるわけではない．問 2.2，および問 2.3 でみたように，問題が平均値としての示強性変数によって決まるのか，それとも全体の値，示量性変数によって決

Topics

まるのかを知らなければならない．熱雑音の効果も同じで，kT という 1 個の自由度あたりの平均エネルギーではなく，それが何個あるかが重要になることがある．通信，情報処理分野では，パワーノイズが問題となる．この分野での原理は統計力学を使い，ちょっと込み入った数学を要するので，本書で扱うのは適切ではない．しかしここでも，厳密さよりも直感的，有用性というものを重視する立場から少し述べてみたい．

熱雑音の大きさという場合，kT のエネルギーをもつ自由度がどれくらい多いか，さらにより実用的な立場では，それが単位時間どれくらい起こっているか，という熱雑音のパワーが重要となる．パワー $\mathcal{P}$ は，

$$\mathcal{P} = \langle v \cdot F \rangle = M \left\langle v \cdot \frac{\delta v}{\delta t} \right\rangle \tag{2.68}$$

で表されるが，ここで δt を緩和時間 τ にとると，その間では相関 $\langle v \delta v \rangle$ はよくとれており（いまは相関という言葉はあまり気にしないでほしい），それを Mv^2 と置き換えてもよい．そして，$1/\tau = \Delta \nu$ を測定の分解時間として，

$$\mathcal{P} = M \langle v^2 \rangle \Delta \nu \tag{2.69}$$

とできる．ここにエネルギー等分配則 (2.9) を使うことで，

$$\mathcal{P} = k_\mathrm{B} T \Delta \nu \tag{2.70}$$

を得ることができる．

一方，式 (2.68) で今度は速度の方を易動度の式 (2.45) を使って力に変えて，

$$\mathcal{P} = \mu \langle F^2 \rangle \tag{2.71}$$

これと式 (2.70) をあわせて，

$$\langle F^2 \rangle = \gamma k_\mathrm{B} T \Delta \nu \tag{2.72}$$

ここに $\gamma = 1/\mu$ で式 (2.47) の $\mu = 1/(6\pi \eta a)$ を使った．これは力のゆらぎが粘性係数と関係することを述べているが，一般にゆらぎと輸送係数の間を関係づける一般的関係へと発展することができる．それは揺動散逸定理と呼ばれるものであり，第 8 章でふれる．

文　献

(1) J. M. Elzerman, R. Hanson, L. H. Willems van Beveren, B. Witkamp, L. M. K. Vandersypen and L. P. Kouwenhoven, *Nature*, **430**, 431 (2004)

Topics

生物におけるゆらぎ

図 2.14 大腸菌の運動

例題 2.9 バクテリアの運動

大腸菌は，長さが約 $1\,\mu$m の細長い単細胞の微生物である（図 2.14）．重さは $1\,$pg しかない．バクテリアの運動も花粉のようにジグザグ運動であるが，直線運動を続ける平均的な時間は数秒である．10秒も経つとほぼ完全に以前の運動は消し去られる．その間の速度の観測値はだいたい $21\,\mu$m/s である．この大腸菌の熱運動 v を求めよ．

式 (2.10) より，$v = 35\,\mu$m/s．これは上記の観測値とほぼ一致する．バクテリアは 1 秒間に自分の体長の数十倍程度の距離を泳ぐ．

バクテリアの運動は，巨視的な時間では花粉と同じブラウン運動で乱雑である．しかし，その緩和時間 $\tau = 10\,$s のオーダーの間では，バクテリアははっきりとした意図をもって運動している．明らかに「おいしい」場所に向かって進んでいるのである．およそ数十 μm の範囲内で，彼らにとっての栄養分の濃度差があれば，その判断は的確なものとなろう．それが彼らの「視界」を与えるものであり，つまるところ彼らは近視である．

バクテリアの運動はこうして，移動距離は熱雑音によって制限されている．しかし，熱雑音の影響はそればかりではない．むしろ熱雑音パワーの方が深刻な問題である．

熱雑音パワー (2.70) は，室温で $k_\mathrm{B}T = 4 \times 10^{-21}\,$J で，かつ典型的な熱緩和時間 $\tau \sim 10^{-13}\,$s を加味すると，$\mathcal{P}_\mathrm{th} \sim 10^{-8}\,$W となる．一方で，バクテリアのもつ分子モーターは典型的には 1 秒間に 100〜1000 個の ATP（生物のエネルギー資源）を消費する．その消費量は $\mathcal{P}_\mathrm{chem} \sim 10^{-16}\,$W である[1]．したがって，その比は，

$$\frac{\mathcal{P}_\mathrm{th}}{\mathcal{P}_\mathrm{chem}} = 10^8 \tag{2.73}$$

となる．力にするとだいたいエネルギーの平方となるので，その比は 10^4 くらいに減少するが，それにしても圧倒的に熱雑音の大きさは大きい．これは，バクテリアにとって目的地に向かっての運動は砂漠の砂嵐のなかをさまように等しいことで，このようななかで目的地にたどり着くということは奇跡的なことのようにみえる．どうしてこのようなことができるのだろうか？（第 5 章の Topics 「ナノテクノロジー——ゆらぎを制する爪歯」参照）．

Topics

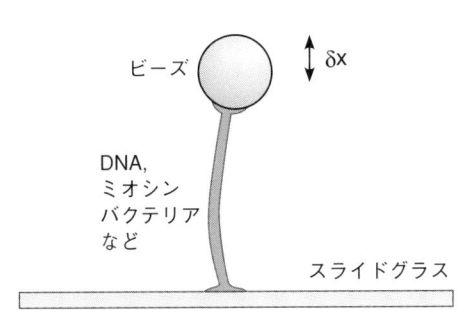

図 2.15 筋肉組織にはたらく力の測定

例題 2.10 微生物の力測定

ブラウン運動は微視的な生物の力の測定に利用できる．微生物あるいはタンパク質レベルでの活動に使われる力は一般的にオーダーとして pN であるが，そのような微弱の力を直接測定することはむずかしい．しかし，ゆらぎを利用して力を測定することができる．

たとえば，ミオシンなど筋肉の収縮運動を担う組織のタンパク分子にはたらく力を求めるのに，図 2.15 のように組織の一端をスライドグラスに固定し，もう一方にはビーズをつける．ビーズのはたらきは外から加える力に反応するためのもので，それが磁場であれば磁性体にする．ビーズのもう 1 つの役割は，顕微鏡で観察するときのマーカーである．このタンパク分子は力学的にはバネ定数 k をもつバネとみなせる．外部から力 F をかけられたとき，自然長からの変化を l とする．$F = kl$．組織はその変化した長さを保ちながらもブラウン運動によりふらついている．その長さのゆらぎを δx とする．弾性エネルギーにもエネルギー等分配側が成り立つので，

$$\frac{1}{2}k(\delta x)^2 = \frac{1}{2}k_B T \tag{2.74}$$

である．それを $F = kl$ に代入し，

$$F = \frac{k_B T}{(\delta x)^2} l \tag{2.75}$$

を得る．バネ定数の値を知る必要はない．すべて長さの測定ですむ．

数値例：平衡位置よりの変位 $l = 1\mu m$，ゆらぎ幅が $\delta x = 10\,\mathrm{nm}$ のとき，室温は $k_B T_0 = 4.0 \times 10^{-14}\,\mathrm{erg}$ なので，式 (2.75) より，

$$F = \frac{4.0 \times 10^{-14} \cdot 10^{-4}}{(1. \times 10^{-3})^2} = 4.0 \times 10^{-12}\,\mathrm{N} = 4.0\,\mathrm{pN} \tag{2.76}$$

これがバクテリア運動に付随する力の典型的な値である．

問題 2.1 筋肉の力

タンパク分子にはたらく力を推定する．ヒトの筋肉組織はいくつかの階層構造をとる複雑なものであるが，一番下部のタンパク分子のレベルでは細長いアクチン分子とミオシン分子が交互に束ねられたもので，それらが滑ることで筋肉の伸縮を行う．ざっと筋肉 $1\,\mathrm{cm}^2$ あたり 10^{12} 本のミ

オシン分子がはたらいている．これにより $0.1\,\mathrm{kg/cm^2}$ の重さを持ち上げることができるとすると，1本のミオシン分子には $10^{-12}\,\mathrm{N} = 1\,\mathrm{pN}$ の力がはたらいていることになる．ミオシン分子の伸縮の1ステップはATPの加水分解1回に対応するとして，ミオシン分子の伸縮距離を推定せよ．

ATP1回の加水分解で $50\,\mathrm{kJ/mol}$ の自由エネルギーが開放される．1分子あたりに直すと，$8 \times 10^{-21}\,\mathrm{J}$．それゆえ，

$$x = \frac{8 \times 10^{-21}}{10^{-12}} = 1. \times 10^{-9}\,\mathrm{m} \tag{2.77}$$

すなわち，1 nm の伸縮になる．

文　献

(1) R. D. Astumian and P. Hänggi, *Phys. Today*, Nov., 33 (2002)

第3章
熱力学第一法則

ここまでに問題や例題などを通じて何回か熱力学の第一法則を初等レベルで使ってきていたが，ここで改めて第一法則の意味を正確に議論する．その際，準静的過程の意味が重要となるが，その理解のうえではじめて広範な応用への指針がたつ．

3.1 第一法則

図 3.1 のように，ある巨視的系 A が熱浴 A' と接触している．それに仕事 W あるいは熱 Q を加えると，いずれの結果も系の内部エネルギーを増加させることになる．

> **重要事項 3.1 熱力学第一法則**
> ある巨視的系に加えられた仕事および熱はその内部エネルギーの変化をもたらし，量的には，
> $$\Delta U = Q + W \tag{3.1}$$
> と，流入した仕事と熱の総和は内部エネルギーの変化と同じになる．

シリンダー内の理想気体の例でいえば，断熱圧縮では純粋に W だけが，等容加熱では純粋に Q だけが，シリンダー内の気体の内部エネルギーに転換される．同時に，外部系 A' はその分だけエネルギーを減少させている．その結果，A と A' をあわせた全体の系 $A^{(0)} = A + A'$ はエネルギーの変化はない．エネルギーは生成も消滅もされず保存される．しかし，そのエネルギーの形態は変わりうる．熱や仕事は系 A の内部に移動したあとは A の内部エネルギーとなる．いったん内部エネルギーに転換されたあとでは，その実体は系の膨大な数の粒子の乱雑な運動エネルギーであるから，元が仕事だったのか熱だったのか区別はできない．

式 (3.1) を逆読みすると，巨視系の内部エネルギーを変化させることで，外界に仕事あるいは熱を供給することができる，と読める．あとでの応用も考え，式 (3.1) の拡張を与えておく．式 (3.1) は系を動いていないものとして考えていたが，それを外部場の下で，巨視的運動をしている場合にもあてはめることができる．たとえば，水力発電における水がそうである．外部場ポテンシャル（位置エネルギーなど）を $\mathcal{U}$，系全体の運動エネルギーを $\mathcal{K}$ として，

```
           ┌─────────────────────────────┐
           │    U^(0) = U + U'           │
           │       = 一定                │
           │                             │
           │         Q                   │
           │    ⬤ ⇄                      │
           │    A       A'               │
           │       W                     │
           │                             │
           └─────────────────────────────┘
```

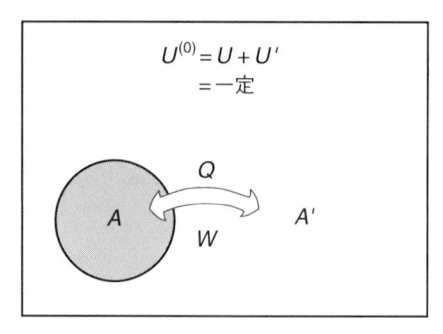

図 3.1　環境も含めたエネルギーの保存

$$\Delta U + \Delta \mathcal{U} + \Delta \mathcal{K} = Q + W \tag{3.2}$$

とできる．

　もう1つ，符号について述べておく．問題とする系に入る方を正，出る方を負とする．$W = -p\delta V$ は，体積が増える方が負の仕事，すなわち外に仕事をし，体積が減少する方が正の仕事，つまり外から系の内部に仕事がなされると解釈する．

エネルギー保存則とエネルギー問題

　エネルギー問題として，近い将来，エネルギー資源が枯渇することがいわれている．しかし，単にエネルギーというだけであれば，エネルギーは消えてなくなるわけではない．あるというだけであれば，すべての物質がもっているもので，道に転がっている石や鉄でもエネルギーをもっており，石油や石炭だけがエネルギーをもっているのではない．しかし，誰も石ころをエネルギー資源とはみなさない[†]．これは単にエネルギーというだけでは不十分で，エネルギーにも質があり，いわゆるエネルギー資源として役に立つエネルギーは限られていることを示している．どういうエネルギーが資源として役に立つかは，第4章以降で議論されることになる．

　第一法則はエネルギー保存則のことを主張しているだけであるからむずかしくない．おそらく誰でも困難なく理解できると思う．しかし現実の適応にあたっては，いろいろ戸惑いが生じるというのが著者の経験である．「第一法則はエネルギー保存則のことだ」と理解するだけでは不十分である．もう少し式 (3.1) の背後にある物理を説明しておく．

　まず，仕事 W の意味についてである．第1章で述べたように，一口に仕事といっても，機械的仕事だけでなく，電気的仕事や化学的仕事などがある．そういうものをひっくるめて仕事として指している．これらは工学的に有用な仕事である．仕事以外のものはすべて熱 Q である．

　しかし，この区別は過程の最初と最後のところだけに適用されるものであることに注意しよう．その途中については言及していないのである．第0章で述べたタービンの中の過程をみてみよう（図 2）．そこには熱い気体あるいは液体が吹きかけられ，羽根が回っている．気体の流れは羽根に

[†] 石それ自体は熱を発生しないが，いったん高温に加熱されればエネルギー資源として活用できる．地熱発電がその例である（例題 7.14 参照）．

3.1 第一法則

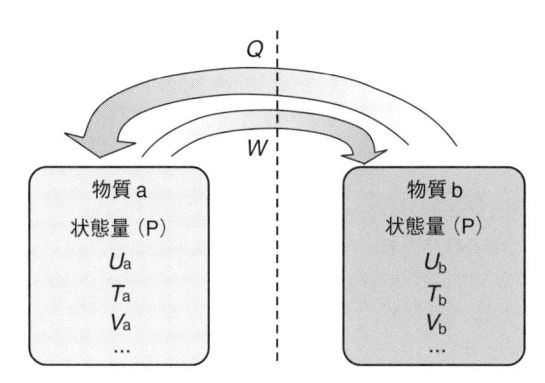

図 3.2 状態量としての内部エネルギーと，境界移動量としての仕事，熱

対して仕事をしている．しかし，この激しい運動のなかでは気体の運動は極めて複雑で，ときには羽根を意図する方向とは反対向きに動かそうとするかもしれない．その逆方向の力は最終的には外界には有用な仕事として伝わらないが，一瞬なりとも内部ではそのような仕事としてはたらく．その成分は最終的には熱として転換するが，その途中過程では，それが熱なのか仕事なのか区別することさえむずかしい．式 (3.1) でいう W とは，すべての過程が終了し，最後に残った外界に対してなされた仕事である．逆に，そこで仕事として残らなかったものはすべて熱ということになる．

閉じ込められた金属容器に勢いよく高速の気体を流し込もう（たとえば，左の小さな入口から右に向かって）．高速で壁に衝突した気体は運動エネルギーのいくらかを壁に伝え，したがって微視的にみれば，ほんのわずかであっても容器の壁は反跳を受ける．つまり，壁は右に動こうとする．しかし，気体は右に壁を打つだけではない．そこで反射した気体の流れは左側の壁に到達し，今度は左に動こうとする．こうして，容器の壁は方向の乱雑な多数回の衝突で，平均としては動かないが，振動することとなる．これは，究極的には固体の熱振動へと転換し，やがて容器の温度のわずかの上昇となって現れる．こうして，過程の途中では気体はわずかであっても仕事をしているが，結果として，我々が観測する外界に対する巨視的な仕事としては現れない．容器は相変わらず位置やその容量を変えていないからである．そうすると，はじめに入力された気体の運動エネルギーはすべて熱に転換されたことになる．

もう 1 つ第一法則の意義として大切なことは，状態量とそうでない量との結びつきを教えてくれることであろう．式 (3.1) をもう一度よく見ると，左辺は ΔU でこれは状態量である (property という意味で P と表す)．一方，右辺は Q, W とも状態量ではない (NP と表す)．この観点から式 (3.1) を眺めてみると，

$$(\mathrm{P}) = (\mathrm{NP}) + (\mathrm{NP})$$

となるのである．つまり，状態量でないものを 2 つ足すと状態量となるということをいっているようにみえる．

しかし，これは状態量と状態量でないものとが同じになるといっているのではない．「量的な関係が等しくなる」といっているにすぎない．一方から他方の値を知る手段を与えているのである．我々は，物質の状態量というものは物質の状態により一意的に決まり，経路にはよらないことを知っている．したがって，その内部エネルギーを知りたければ，その状態を指定すればよい．過去の経過

表 3.1 仕事（W）および熱（Q）と内部エネルギー（U）の比較

U	Q, W
状態量	状態量でない
物質の性質	物質間の境界を移動する量
物質の状態により一意的に決まる．原理上，物質の状態を測定すれば関係式 $U = U(T, V)$ からわかる．しかし，ほとんどの場合，その関係式がわからない．	過程の経路によるので，物質の性質を測っただけではわからない．
直接に観測できない	直接の観測量
数学的表現にむいている	工学的に興味がある

を知る必要はなく，現在の状態の情報だけでよいので，これは物理としてはありがたいことである．簡単なものであれば $U = U(T, V)$ の関係がわかっており，その物質の体積と温度を測定すればその内部エネルギーを知ることができる．しかし残念ながら，$U(T, V)$ の形がわかっているものはごく限られている．また，たとえ知られていても状態量が複数ある多次元関数なので，状態を指定するにしても測定をいくつも行わねばならない．一方で，仕事や熱は「直接の観測量」である．また，工学的に興味のあるのはこちらの方である．表 3.1 にこれらの関係をまとめる．

例題 3.1　等温圧縮

質量 $2.4\,\mathrm{kg}$ の空気が $150\,\mathrm{kPa}$, $12°\mathrm{C}$ で摩擦のないピストンに詰められている．この空気を $600\,\mathrm{kPa}$ までゆっくりと圧縮する．この過程でピストン内の温度は一定に保たれるとすると，ピストンに対してなされる仕事はどれだけか？

等温過程では，

$$\begin{aligned}
W &= mRT \ln\left(\frac{p_2}{p_1}\right) \\
&= (2.4\,\mathrm{kg})(0.287\,\mathrm{kJ/(K \cdot kg)})(285\,\mathrm{K}) \ln\left(\frac{600\,\mathrm{kPa}}{150\,\mathrm{kPa}}\right) \\
&= 272\,\mathrm{kJ}
\end{aligned} \tag{3.3}$$

空気を理想気体とみなせば，この過程では空気の内部エネルギーには変化がない．したがって，この空気の温度が一定に保たれるように使われた仕事はすべて熱としてピストンの外へ逃がれる．

例題 3.2　液体の圧縮　（参考文献 [3], p.265）

今度は液体の等温圧縮を考える．この場合は理想気体ではないので，等温でも内部エネルギーが変わる．体積 $15\,\mathrm{cm}^3$ の水銀を $20°\mathrm{C}$ において，等温的に 1 気圧から 1000 気圧まで圧縮するこ

とを考える．この過程で圧縮に要する仕事および発生する熱はどれだけか？

> 理想気体と違って，液体や固体を等温的に圧縮したとき，熱の発生（あるいは吸収）があるかにわかにはわからないだろう．いまこの計算をするための十分な予備知識はないが，計算結果だけに興味があるので，詳しい導出は省き，どうやったら計算できるか，そして，その結果はどうなるのかだけに絞って議論しよう．
> 液体，固体の体積変化はわずかである．圧縮率 κ が一定として（値は表 2.3 参照），
>
> $$\begin{aligned} W &= -\int pdV = \int p\kappa V dp \\ &\simeq \kappa V \int pdp = \frac{1}{2}\kappa V p^2 \\ &= \frac{1}{2}(4.01\times 10^{-11}\,\mathrm{Pa^{-1}})(1.5\times 10^{-5}\,\mathrm{m^3})(1.01\times 10^8\,\mathrm{Pa})^2 \\ &= 3.07\,\mathrm{J} \end{aligned} \tag{3.4}$$
>
> この圧縮により水銀の内部エネルギーは増加する．それで温度は上がろうとするが，一定温度になるようゆっくり変化させるので，水銀から熱が放出される．その熱 Q は，現時点で導出はわからなくてもよいが，次のようになる（式の導出は付録 B の例題 B.2 にある）．
>
> $$\begin{aligned} Q &= -TV\alpha_V\Delta p \\ &= (293\,\mathrm{K})(1.5\times 10^{-5}\,\mathrm{m^3})(1.81\times 10^{-4}\,\mathrm{K})(1.01\times 10^8\,\mathrm{Pa}) \\ &= 80.3\,\mathrm{J} \end{aligned} \tag{3.5}$$
>
> こうして水銀から大量の熱が発生する．そしてその熱は，
>
> $$\Delta U = Q + W = -80.3 + 3.1 = -72.2\,\mathrm{J}$$
>
> からわかるように，大半は水銀の内部エネルギーの減少からくるものである．この結果で興味深いことは，圧縮を受けて内部エネルギーはかえって下がっていることである．

読者には，液体あるいは固体と，理想気体での W, Q, ΔU の大幅な違いをみてほしい．熱を仕事に換えるのに液体や固体はむかない．

3.2 準静的過程

3.2.1 状態量が定義できる条件

第一法則に関してさらに重要な事項を述べる．

よく，熱力学の応用として（特に化学反応を扱う物理化学の教科書などではそうであるが），第一法則は微小変化の関係として，

$$dU = \delta Q - pdV \tag{3.6}$$

と表されている．これは式 (3.1) と等価のものであろうか？

物理化学の教科書などではあまりにも式 (3.6) が使われるので，学生はこれが成立している前提を超えていつでも成り立つと思い込んでしまう．しかし，式 (3.1) は完全に一般的に正しい式であ

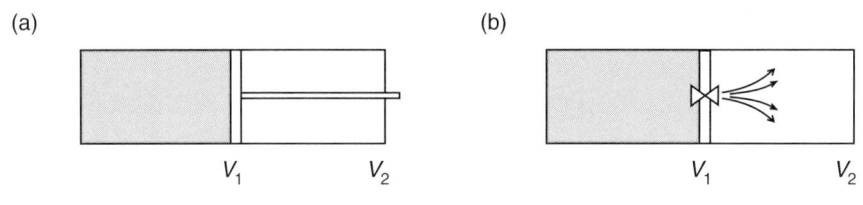

図 3.3 断熱膨張 (a) と自由膨張 (b) の比較.

るが，式 (3.6) は限定的に成り立つだけである．成り立つ条件は「準静的過程」ということである．相平衡などの議論ではほとんど準静的過程を仮定しているが，一般には，必ずしもこの準静的過程は成り立たない．自由膨張やジュール・トムソン過程が代表であるが，さらに開放系の多くの問題では式 (3.6) はやはり成り立たない．その場合には，一般の式 (3.1) に立ち戻らねばならない．このことをもう少し説明する．

式 (3.6) と式 (3.1) の違いは，W のところを $-pdV$ と置き換えているだけである．この式をよく見ると，

$$\delta W = -pdV \tag{3.7}$$
$$(\text{NP}) = (\text{P}) \times (\text{P})$$

となっている．左辺は状態量でないものとしての W である．つまり，物質の境界をまたぐ量である．一方，右辺で登場する量はすべて状態量であるから，その積も状態量であり，それは物質の内部の量である．よって本来は違う量である．違う量であるが，一方から他方の量が知れると主張しているわけである．

例を挙げよう．断熱壁で仕切られた気体を考えよう．図 3.3(a) のように，壁はピストンで摩擦のないように動くことができる．気体をゆっくり膨張させよう．ピストンは押し広げられ，この気体は外界に対して仕事 $p\Delta V$ をする．断熱膨張であるから，なした仕事はすべて気体の内部エネルギーの変化からくる．それゆえ，気体の温度は下がる．一方，壁で仕切られた容器の一方だけに気体が充満していて，あるときその仕切りを開けたとする（図 3.3(b)）．するとたちまち気体は他方の部屋に流れ込み，やがて同じ密度となって平衡に達する．これは自由膨張という．

どちらも断熱で外から熱が入らない点は同じである．問題は自由膨張で仕事がなされるかどうかだが，読者はどう答えるか．この問題では，一見，バルブを開けた瞬間，気体は右の方に押しやられるので仕事をしたように思う人もいるかもしれない．本章の最初で述べたように，熱力学で問題とする仕事 W とは，気体がその途中どのように仕事をしたかによらず，最終的に外界にどういう影響を与えたかで判断するものである．その観点でいえば，この自由膨張の過程では，この容器の外へのはたらきはまったくない．容器の体積は相変わらず同じであるし，またタービンのような仕事は何ら取り出せていない．つまり，$W=0$ と結論せざるをえない．そうすると，$Q=0$ もあわせて考えると $\Delta U=0$ で，理想気体では $\Delta T=0$ と結論される．

$W=0$ という結論は一見おかしく思えるかもしれない．自由膨張でも体積は明らかに増加している．いったい次の式

$$-pdV = ?$$

3.2 準静的過程

はどうなるのだろうか？

答えは，このような場合，そもそも式 (3.7) は成り立たないのである．自由膨張のように準静的でない場合，状態量でない仕事と状態量であるところの pdV は「量的にも」等しくなくなる．バルブを開けた直後，気体の濃度勾配が激しく起こり，もはや平均密度や平均圧力という概念が意味をもたなくなる．状態量というものが定義できない以上，式 (3.7) を適用することはできない．

> **重要事項 3.2　準静的過程の仕事**
> 準静的過程（QS）でのみ，仕事は対象物質の状態から，
> $$W = -\int_{(\mathrm{QS})} pdV \tag{3.8}$$
> と計算することができる．

問題 3.1

$W=0$ の結果，理想気体では $\Delta T=0$ と結論されることを述べた．膨張したにもかかわらず温度は変わらないのである．なぜだろうか？　単にエネルギーが保存されたためという一般的な言い方ではなく，気体内部で何が起こっているのだろうか？

> 自由膨張の場合，弁を空けた瞬間，その付近の分子はランダムな熱エネルギーのいくらかをマクロな（右方向への）流れの運動エネルギーに転換する．それで弁の右側全体に広がるが，分子どうしの摩擦はそれらのマクロの流れの運動エネルギーをまた乱雑な熱エネルギーに戻すし，また，壁との衝突も乱雑な熱エネルギーへと転換させる．こうした衝突を繰り返して，究極的にはマクロの流れは消失し，分子は乱雑な平均的運動エネルギー状態に戻される．この間のエネルギー損失はないので，結局はじめの温度が復活する．

■ 仕事は観測量 ■

上記の自由膨張の例は，式 (3.7) が成り立たない典型的な例であるが，これは仕事が定義できない，あるいは測定できないといっているのではない．仕事あるいは熱は相変わらず観測量である．単にそれが作用する物質の状態量としては表せないといっているだけである．作用する系の中でいかに複雑な過程を経ようが，外部に伝わる仕事は外部で測定できる．たとえばピパードの教科書[1]の p.125 の脚注では，仕事は "not well-defined quantity" と述べられているが，それは仕事が物質の状態量では一意的に表されないということを強調するため述べられたもので，仕事自体は物質の外で明確に測定できる．むしろ，仕事や熱こそ直接的な観測量であることを肝に銘じよう．

■ 急変過程 ■

準静的でないとき，仕事は式 (3.7) では与えられないことを述べたが，そのとき何が起こるのかを考察しよう．熱平衡が維持できないほど速い動きで変化させる．気体の動きは速いので，気体の動きを上回るほどの早さで変化させることは容易ではないが，ともかく可能なことである．あるい

(a) (b)

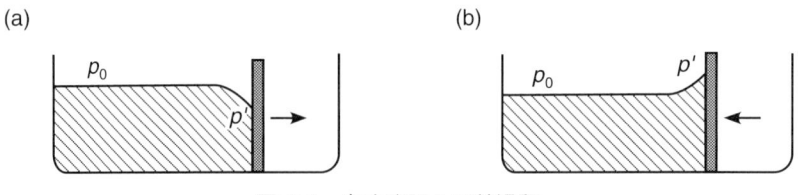

図 3.4 急変膨張と圧縮過程

は系の応答を遅くするため，粘性のある液体を使えばより容易になる．大きな容器に仕切りを入れ，その一方にだけその液体を入れる．ゆっくり動かせば常に準静的過程として扱うことができる．では，早く動かすとどうなるだろうか？ 図 3.4 に示されるように，壁を急に引き離すと，液体はその動きに追従できず，壁の近くの密度 p' は小さくなる．すなわち，実効的に壁への圧力は平均値 p_0 より小さいので，壁になした仕事は $p_0 \Delta V$ で評価したものより小さくなる．逆に，収縮過程ではどうなるか？ 今度は壁の動きがあまりに速いので壁の直前では液体分子が溜まり，平均圧力 p_0 より大きくなる．したがって，この過程で外から壁になす仕事は $p_0 \Delta V$ で評価される量より大きくなる．

> 上記の議論に対する反論があるかもしれない．たとえば，急激に膨張させるとき，確かにはじめは気体は壁の動きについていけず図 3.4 (a) の状況が生じるが，しかしいつかは壁は止まる．そのとき，逆に揺れ戻りで壁を過剰に押すこともあるのではないかと．確かに，このような揺れ戻りは生じるだろう．しかし，それはまた元の「遅れ」の状態まで戻り，こうして「遅れ」と過剰「進行」の間を振動することになる．振動は乱雑な熱運動のはじまりである．振動はある特定方向への仕事に寄与しない．振動が長時間を経たのち収まる過程は摩擦による緩和過程であり，その振動エネルギーは最終的には気体の内部の摩擦熱，あるいは容器との摩擦熱として転換され，その分だけ仕事は減少してしまう．

この例は，外界に対する仕事 W_{out} という観点では，準静的過程でない場合は準静的過程で行う仕事に比べて小さい，すなわち，

$$W_{\mathrm{out}} < W_{\mathrm{QS}} \tag{3.9}$$

また，同じ圧縮をするのに要する仕事 W_{in} という観点では，準静的過程で行うより多くの仕事が必要である，すなわち，

$$W_{\mathrm{in}} > W_{\mathrm{QS}} \tag{3.10}$$

ということを示していて極めて示唆的である．つまり，準静的過程でない場合は準静的過程で行う仕事に比べて常に損していることが示唆されるが，これは一般的に成り立つことである．エントロピーの項でより一般的に議論されるが，式 (3.9)，式 (3.10) どちらの場合でもその差が熱として現れる．

3.3 定常状態

本節は授業ではスキップすることが可能である．伝統的な熱力学の課程には入っていないので，たとえば，大学院入試の準備には必要ないかもしれない．しかし，実験室ではいやでも直面するだろう．それゆえ，微分方程式などの数学的道具に捕われない範囲で説明する．

3.3.1 パワーのつりあい

何度も繰り返し強調してきた通り，熱力学は，過程の途中，激しく変化する状態を直接には扱わない．過程の入口と出口の測定だけで済ませるアプローチをとる．しかし，これは文字通り，途中は一切手がつけられないということを意味するわけではない．「ゆっくりした」変化であれば時間変化を議論することは可能である．どれくらい「ゆっくりした」ものであるかは，瞬間瞬間，熱平衡が保たれているものと考えればよい．このとき，過程の最初と最後だけでなく，その途中も平均量としての温度や圧力などの状態量を測定することができる．これは図 3.5(a) にあるように，全過程を時間に関して細かく区切り，その1つ1つの区分に対して，その間，熱平衡が保たれていると考えてエネルギーの変化を調べたことに対応する．

第一法則 (3.1) を単位時間の変化で考え，系の内部エネルギーの時間変化は単位時間内にその系に流れ込む熱と仕事率，すなわちパワーの和，

$$\begin{pmatrix} 系の内部エネルギー \\ の時間変化 \end{pmatrix} = \begin{pmatrix} 単位時間に系に \\ 流れ込む熱 \, J \end{pmatrix} + \begin{pmatrix} 単位時間に系に \\ なされる仕事 \, \mathcal{P} \end{pmatrix} \tag{3.11}$$

と与えられる（図 3.6）．特に，熱の流れ J および仕事率 $\mathcal{P}$ に時間依存性がない場合は定常流状態と呼ばれ，応用の広いものである．時間依存性がないので，系の内部にエネルギーの蓄積，損失が

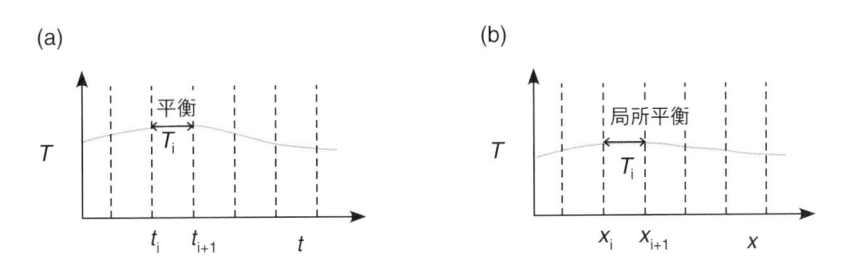

図 3.5 (a) 時間変化のある状態，(b) 空間変化のある状態．

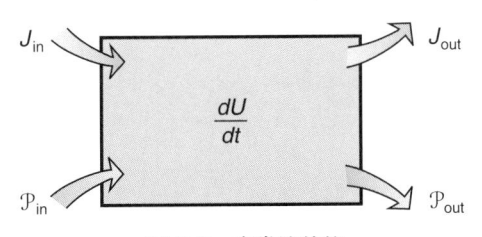

図 3.6 定常流状態

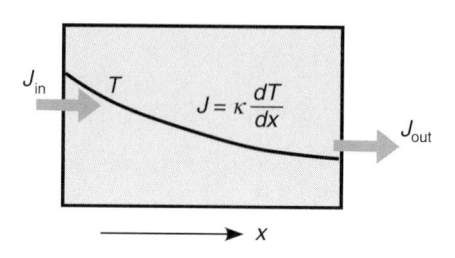

図 3.7 熱伝導による温度分布

なく，U は一定に保たれる．熱流と仕事率のバランスだけを考えればよい．

$$J_\mathrm{in} + \mathcal{P}_\mathrm{in} = J_\mathrm{out} + \mathcal{P}_\mathrm{out} = 0 \tag{3.12}$$

正味の仕事以外に熱として流失するものはすべて J_out となる．

たとえば暖房の問題では，暖房として役立つ熱の流出が J_out となるが，タービンにおいては J_out は摩擦熱による損失分と解釈される．一定速度で走行している車は駆動車輪の部分だけをみると，入力側はトルクによる回転仕事 $\mathcal{P}_\mathrm{in}$ で，出力側 J_out はタイヤの摩擦による熱エネルギーの流失分となる．

定常状態の特徴の1つとして，定常状態はエネルギーの利得と損失のつりあいで決まり，その状態にいかに早く，あるいは遅く達したかという過程とは無関係となることが挙げられる．車の加速段階では，目標速度まで達成するのに要する時間は加速度で決定される．しかし，いったん目標速度を達成したあとでは，一定速度を決めるものは摩擦である（53ページ「摩擦のある運動」参照）．

3.3.2 熱伝導

熱流 J のあるところ常に温度分布がある．これは式 (2.62) で定義されるところの熱伝導の問題となる．温度分布があるということは熱平衡でなくなり，厳密にいうと古典熱力学の枠外となり，熱平衡に基本を置く教科書ではしばしば省かれる．しかし熱現象を扱う限り，遅かれ早かれこの問題に直面することになる．

温度分布がある場合も，図 3.5(b) にあるように空間を細かく分割し，各空間要素のなかでは T は一定とみなすことができ，そこでは局所的に熱平衡と考えることは自然である．特に仕事がない場合は，典型的な熱伝導の問題となる．簡単のため，考えている系の内部で熱の発生・損失がない場合を考える．すると，

$$J_\mathrm{in} = J_\mathrm{out} \tag{3.13}$$

と熱流は保存される．系の内部での温度分布は，

$$J_x = \kappa \frac{dT}{dx} \tag{3.14}$$

で決定される．

3.3 定常状態

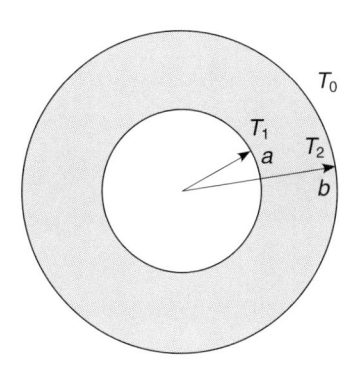

図3.8 球殻状の壁からの熱伝導

■ 例題3.3 球対称の容器からの熱伝導

図3.8のような半径 a の球状の熱源（温度 T_1）が，厚さ $d = b - a$ の球殻の断熱材で覆われている．断熱材の熱伝導度は κ である．内側の熱源から流れ出る熱流が J のとき，この断熱材の中の温度分布，また外側表面の温度 T_2 を求めよ．

断熱材の中で新たに熱は発生しないので，熱流は保存する．半径 r の球殻での熱勾配より，

$$-4\pi r^2 \kappa \frac{dT}{dr} = J$$

これを積分して，

$$T_2 - T_1 = \frac{J}{4\pi\kappa}\left(\frac{1}{b} - \frac{1}{a}\right) \tag{3.15}$$

このようにして温度差 ΔT を求めることはできる．しかし，T_1, T_2 とも求めようとするともう1つ境界条件が要る．それは，容器の外側から周囲への熱の流失速度 Q_{loss} である．周囲温度を T_0 とすると，Q_{loss} は，

$$Q_{\text{loss}} = h(T_2 - T_0) \tag{3.16}$$

で与えられる．h はこの境界での熱伝達率と呼ばれる現象論的量である．熱伝導度 κ は物質固有のもので，物理・化学ハンドブックを調べれば出ている．しかし，h は異なる材料の接合部での値であるから，材料の組合せにより，またそれだけでなく，接触流体の速度などでも容易に変わりうる量なので，物理・化学ハンドブックには載っていない．

定常状態の例を今度は粒子交換の場合から引く．体積 V の真空系を排気速度 S の真空ポンプで引くことを考える．この真空系内の残留分子数を N（その密度は n）とする．粒子数のつりあいは $p = nk_{\text{B}}T$ なので，適当な定数を用いて n を p に読み替え，

$$-\frac{dp}{dt}V = S - J \tag{3.17}$$

となる．J は真空系内に発生する気体の時間あたりの数である．漏れがないようどんなに上手に作られた真空系でも J をなくすことはできない．金属のように固い材料でさえ水と同じく蒸気を発生

する．定常状態では，

$$p = \frac{J}{S} \tag{3.18}$$

と，到達圧力は直接的に J で決められることがわかる．

これらの例からわかることは，次のことである．

> **重要事項 3.3　定常状態**
> 定常状態はエネルギーのつりあいで決まり，エネルギー損失は摩擦や熱拡散などのエネルギー散逸構造で決まる．

通常，摩擦熱などのエネルギー散逸機構は非常に小さいものであるが，それがいかに小さかろうが，最終的には熱損失が定常状態の性質を決定するものである．

あなたが電気炉などの実験装置の熱設計を意図しているとしよう．考えることは，断熱材の幾何構造や断熱材の選択をし，望ましい温度分布を作ることであろう．最初に期待することは，伝導方程式を解き，それに断熱材のデータを用いることで温度分布を計算することではないだろうか．熱伝導度や比熱のデータはたいていのものについて，物性値のデータベースで検索可能である．しかし上記のように，肝心の温度の絶対値を計算するには，熱伝達率，あるいはより広くいえば周囲環境（熱浴）との熱交換を知る必要がある．真空ポンプの例では真空系の中のガス放出や得体の知れないリーク（つまり，粒子浴との粒子交換）が到達圧力を決める．こうした量は物性値ハンドブックのデータベースを探してもみつからない．また，それを理論的に計算することも大変むずかしい．最初の意図は失敗する．それでたいていの実験家のやることは，逆を辿ることである．すなわち，温度分布から逆算して熱伝達率などの境界量を求めるのである．だからデータが重要となる．世界に少数しかないスーパーコンピュータの熱設計においては技術者はデータを知りたがっている．

> **例題 3.4　湖の蒸発速度**

問 2.23 で扱った湖の上での蒸気圧の問題は，風のないときの話である．風があると空気中の蒸気分圧 p_v と水面直上の蒸気圧 $p_{v,sat}$ は違ったものになる（図 3.9）．風が一部の蒸気をもち去ってしまうからである．湖の上の大気全体として，流入する蒸気量，つまり湖からの蒸発量 J_{in} と風でもち去られる蒸気量 J_{out} はつりあわねばならない．それにより大気中の蒸気分圧が求まるはずであるが，問題は J_{in} をなかなか定量化できないことである．直感的にいって，蒸気分圧の差 $p_{v,sat} - p_v$ が風がもち去っていく量 J_{out} に比例するということは理解できるだろう．また，J_{out} は風速 c にも比例する．つまり，水の蒸発量 E は $p_{v,sat} - p_v$ と c に比例することは予測できる．しかし，その比例定数の値はそう簡単にはわからない．図 3.9 の J'_{in} や J'_{out} がなかなか定量化できないからだ．そこで，ダルトンは実験から，1 日あたりの水面の水位変化量 $E(\mathrm{mm/day})$ を測定し，経験式

$$E = 1.22(p_{v,sat} - p_v)c \tag{3.19}$$

を導いた．蒸気の分圧は kPa 単位で，風の速度 c は m/s 単位で与えられる．

3.4 エンタルピー

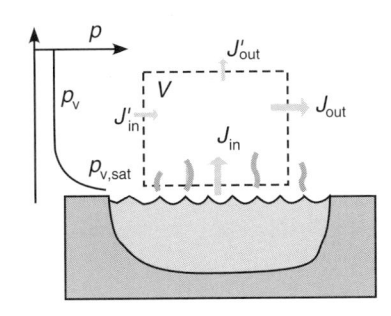

図 3.9 湖からの蒸発と蒸気分圧の分布　体積要素に対して，風がもち込む蒸気量 J'_in や上昇方向への蒸発損失 J'_out がわからない．

式 (3.19) により，水温 $T_w = 10{}^\circ\text{C}$ の湖の上で，気温 $T = 20{}^\circ\text{C}$ で相対湿度 $h = 30\%$，風速 $c = 4.0\,\text{m/s}$ であるとき，この湖からの水の蒸発速度 E を求めよ．

💡　飽和蒸気圧曲線（図 2.8）より，空気中の蒸気の分圧は $p_v = 2.34 \times 0.30 = 0.70\,\text{kPa}$．水温 $T_w = 10{}^\circ\text{C}$ の水面直上の飽和蒸気圧は $p_{v,\text{sat}} = 1.28\,\text{kPa}$．それゆえ，

$$E = 1.22(1.28 - 0.70)4.0 = 2.83\,\text{mm/day}$$

3.4 エンタルピー

定圧比熱を考えるとき，

$$\delta Q = dU + pdV \tag{3.20}$$

という量を評価したが，それで，

$$H = U + pV \tag{3.21}$$

という量を定義し，U と pV をひとまとめに扱うのがいろいろ便利である．このような複合エネルギー H をエンタルピーという．等圧過程では，エンタルピーの変化 ΔH はちょうどこの間の出入りする熱 δQ に相当する．

$$dH = \delta Q \tag{3.22}$$

エンタルピーは式 (3.21) で定義されたから，それは物質の性質，状態量である．一方，式 (3.22) は，(P)=(NP) という形になっているが，特定の条件で成立する量的な関係を述べているにすぎない．エンタルピーの概念は，定圧という範囲を超えて，物質の流入のあるとき有用な量となる．

■ **例題 3.5　水の蒸発熱**

常圧において，水は 100°C で蒸発する．1 モルあたりその蒸発熱は 9828 cal である．水が蒸発するときの内部エネルギーの変化はいくらか？

水 1 モルは 18.015 g である．付録 C の表 C.1 より，1 気圧での水（飽和水）1 kg の体積は 0.001 m^3 で，飽和蒸気の体積は 1.6729 m^3 である．この体積変化は，

$$\Delta v = (1.6729 - 0.0010) \times 18.015 \times 10^{-3} = 30.120 \times 10^{-3} \text{ m}^3$$

に相当する．したがって，$p\Delta v = 101.3 \times 10^3 \times 30.120 \times 10^{-3} = 3051$ J で，これは 729.0 cal である．定圧変化ではその物質に出入りする熱がエンタルピーに相当するので，

$$\Delta U = \Delta H - pV$$
$$= 9828 - 729 = 9099 \text{ cal}$$

これが内部潜熱に相当し，残り 729 cal が体積を増加させる力学的仕事に使われる．我々が大気圧のもとで測定している水の蒸発熱というものは ΔH であり，ΔU ではない！

■ 問題 3.2 断熱圧縮

断熱圧縮において，エンタルピーは変化するか？ Yes/No いずれの場合でもその理由を述べよ．

答えは，表 2.4 にある．

■ エンタルピーは状態量 ■

エンタルピーが状態量であることはいろいろな実験で示されている．

アンモニアと塩化水素から塩化アンモニウムを作るには 2 つの経路がある．1 つは，気体状態のアンモニアと塩化水素を反応させ，生成した塩化アンモニウムを水に溶かす．kJ 単位で，

$$(\text{I}) = \begin{cases} \text{NH}_{3(g)} + \text{HCl}_{(g)} \to \text{NH}_4\text{Cl}_{(s)} + 42.1 \\ \text{NH}_4\text{Cl}_{(s)} + \text{aq} \to \text{NH}_4\text{Cl}_{(aq)} - 3.9 \end{cases}$$

この一連の反応を 1 つにまとめると，

$$\text{NH}_{3(g)} + \text{HCl}_{(g)} \to \text{NH}_4\text{Cl}_{(aq)} + 38.2 \tag{3.23}$$

もう 1 つは，まずアンモニアと塩化水素おのおのを水に溶かしてから，それらの水溶液を混合する．

$$(\text{II}) = \begin{cases} \text{NH}_{3(g)} + \text{aq} \to \text{NH}_{3(aq)} + 8.4 \\ \text{HCl}_{(g)} + \text{aq} \to \text{HCl}_{(aq)} + 17.3 \\ \text{NH}_4\text{Cl}_{(aq)} + \text{HCl}_{(aq)} \to \text{NH}_4\text{Cl}_{(aq)} + 12.3 \end{cases}$$

これは，

$$\text{NH}_{3(g)} + \text{HCl}_{(g)} + \text{aq} \to \text{NH}_4\text{Cl}_{(aq)} + 38.0 \tag{3.24}$$

と表せる．式 (3.23)，式 (3.24) どちらの経路でも結果の反応熱は一致している（わずかに違うのは数値誤差）．このように，化学反応にはお互い加減算できる性質がある．図 3.10 にはこの 2 つの経

3.4 エンタルピー

```
(I)                                    (II)
NH₃(g) + HCl(g)                        NH₃(g) + HCl(g)
                                         NH₃(aq) + HCl(g)  ↓8.4
     ↓42.1    ↓38.2                              ↓17.3         ↓38.0
                                         NH₃(aq) + HCl(aq)
   NH₄Cl(aq)                                     ↓12.3
     ↓     ↑3.9                             NH₄Cl(aq)
   NH₄Cl(s)
```

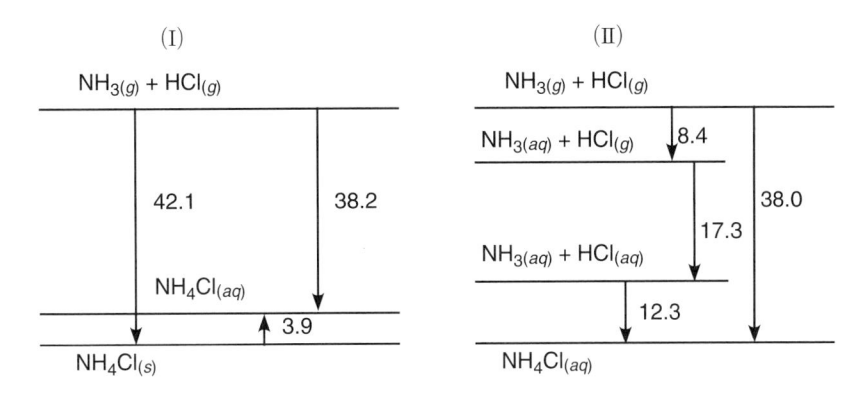

図 3.10 アンモニアと塩化水素から塩化アンモニウムを作る 2 つの経路

路を図式化したものを示しているが，このようにしてみると，反応の各段階の内部エネルギーは経路によらず状態量であると考えてはじめて理解できる．

則問 4

反応熱も熱であるので，経路によるため状態量とはならないはずである．言葉を変えていえば，物質の性質にはならないはずである．それにもかかわらず，上記で示したように，特定の反応には反応熱があたかも状態量として付随しているようにみえる．なぜだろうか？

例題 3.6 化学結合の計算

化学結合では，この化学反応に加減算則が成り立つことを最大限に活用している．たとえば，ポーリングの教科書[2]によると，C-H 結合は 98.8 kcal/mol と引用されている．これは，自由原子状態の $C_{(g)}$ と $H_{(g)}$ からメタン分子が作られるときの生成熱から計算される．

$$C_{(g)} + 4H_{(g)} \rightarrow CH_{4(g)} + Q \tag{3.25}$$

この反応は，次の 3 つの反応に分解できる．

$$C_{(s)} \rightarrow C_{(g)} + 170.9 \tag{3.26a}$$

$$2H_{2(g)} \rightarrow 4H_{(g)} + 208.4 \tag{3.26b}$$

$$C_{(s)} + 2H_{2(g)} \rightarrow CH_{4(g)} - 17.9 \tag{3.26c}$$

反応式 (3.25) は反応素過程 (3.26) を用いて，

$$(3.25) = (3.26c) - \{(3.26a) + (3.26b)\} \tag{3.27}$$

と表されるので，そのようにそれぞれの反応熱を足し合わせることで，$CH_{4(g)}$ の生成熱 $Q =$

397.2 kcal/mol が求まる．C-H の結合エネルギーは 1 本あたりの結合エネルギーなので，397.2/4 = 99.3 kcal/mol が求まる．ポーリングの引用値とは少し違うようだが，許容範囲であろう．

例題 3.7　CH_4 の生成熱

例題 3.6 で CH_4 の生成熱は $Q' = 397.2$ kcal/mol と求めた．ところが，文献によるとメタンの生成熱は $Q = 17.9$ kcal/mol である．この大きな差は何であろうか？

生成熱というとき，系の初期状態（参照状態）を何に選ぶかで違う．通常，生成熱というとき，系の参照状態はその原子の標準状態で最も安定な状態を基準に選んでいる．メタンであれば，

$$C_{(s)} + 2H_{2(g)} \to CH_{4(g)} + Q \tag{3.28}$$

つまり，反応 (3.26c) がメタンの生成熱の定義である．

3.5　開放系

3.5.1　開放系でのエンタルピーの役割

これまで我々は，考えている系は動かないものと暗黙のうちに仮定してきた．ピストンの中の気体ははじめからピストンの中にあった．しかし，実際の応用においては，そこに気体を詰めるために要する仕事も加味しなくてはならないことが多い．原因と結果まで含めた仕事を考えると，これまでの仕事（絶対的仕事と呼ばれる）$W = p\Delta V$ とは違ったものとなる．たとえば，密封されたボンベの中の気体を加熱し圧力を高める（図 3.11 (a)）．体積は変わらないので $W = 0$ であるが，圧力が高い状態で，それだけ外に対して有用な仕事をできる能力を備えたことになり，工業的には有用となる．一方で，やかんの水を沸騰させることを考えると（図 3.11 (b)），確かに体積は増えているので，加熱の熱のうちいくらかの部分は体積膨張に使われるが，しかしそれは系から逃げてしまうだけで，工業的に有用な仕事とはなっていない．こうした例から，工業的な目的では，ピストン

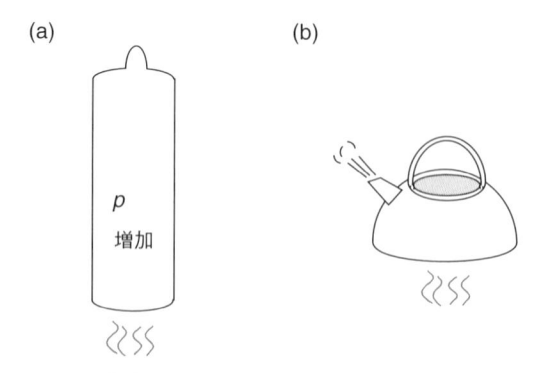

図 3.11　(a) 密封されたボンベの中の気体を加熱し圧力を高める．体積は変わらないが圧力が高い状態で，工業的には有用となる．(b) やかんの水を沸騰させて体積を増やしても有用な仕事は得られない．

3.5 開放系

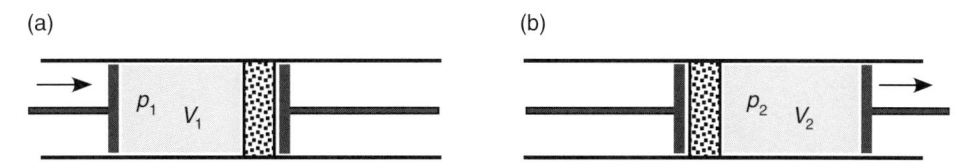

図 3.12 細孔をもった壁で仕切られたピストン内で，左側から圧力 p_1 を保ちながら初期体積 V_1 の気体を徐々に押し込む．

の中に気体を入れたり出したりする仕事まで含めて評価する必要がある．

そこで，図 3.12 にあるように，細孔をもった壁で仕切られたピストン内で左から気体を押し込むことを考える．すべて断熱的に行われるとしよう．はじめは，気体は圧力 p_1，体積 V_1 の状態ですべて仕切り壁の左側にある．それを左側の圧力をそのまま保ちながらピストンを静かに押していく．右側のピストンははじめは仕切り壁にぴったり接しているが，気体が右に押されるにつれ右側に動く．右側の圧力は常に p_2 に保たれる．こうして左側の気体がすべて押し出されたあとでは，右側に押し出された気体の体積は V_2 となる．

断熱過程であるから，この気体の内部エネルギーの変化 $\Delta U = U_2 - U_1$ は，この間になされた全仕事 W_{tot} と等しい．

$$\Delta U = U_2 - U_1 = W_{\text{tot}}$$

左側のピストンの気体に対してなした仕事は，$W_1 = p_1(V_1 - 0) = p_1 V_1$ である．同様に，右側のピストンになされた仕事は，$W_2 = p_2(V_2 - 0) = p_2 V_2$ である．それゆえ，

$$U_2 - U_1 = p_1 V_1 - p_2 V_2$$

となる．これを並べ替えると，

$$U_1 + p_1 V_1 = U_2 + p_2 V_2$$

すなわち，

$$H_2 = H_1 \tag{3.29}$$

を得る．すなわち，過程の前後ではエンタルピーは同じである．

いま断熱過程を仮定したが，もし熱の出入りを許せば，この間に出入りした全熱量 Q_{tot} を加味し，

$$\Delta H = Q_{\text{tot}} \tag{3.30}$$

となる．さらに，いまはこの過程を細孔をもった仕切り壁を通したものとして考えたが，それは細孔をもつ仕切り壁に限る必要もない．一般的な熱機関に置き換えることができる．その中身はブラックボックスでかまわない．そのなかでどんな複雑な過程が起こっていようが，最終的に気体が左から H_1 の状態で入ってきて，右に H_2 の状態で出ていくことさえわかっておれば十分である．その熱機関がどのようなものであれ，この過程を通じて（気体の出し入れに使う仕事以外の）正味の仕事が W であること，正味の熱の出入りが Q であることで熱機関の特性を記述できる．したがって，

$$\Delta H = Q_{\text{tot}} + W_{\text{ext}} \tag{3.31}$$

となる．$W_{\text{tot}} = W + W'$ で，W' はこの気体の出し入れに使う仕事である．

もし，この過程で流体に巨視的運動エネルギー $\Delta\mathcal{K}$，あるいは外部場のポテンシャルエネルギー $\Delta\mathcal{U}$ があれば，さらに，

$$\Delta H = Q + W + \Delta\mathcal{K} + \Delta\mathcal{U} \tag{3.32}$$

となる．なお，簡略さのため，式 (3.32) から添字の tot は省いている．

■ **工業的仕事** ■

工学的な応用分野では，

$$W^* = V dp \tag{3.33}$$

を使うことがある．これは，上記で議論した容器に気体を詰め込む，および放出する過程も含めた仕事を加味したものである．

$$W^* = (p_1 V_1 - p_2 V_2) - p dV$$

則問 5

図 3.11 の場合，W^* がその説明通りになっていることを確かめよ．

本書では，この工業的仕事という言葉で特に区別することなく，すべて W を使うこととする．ただし，H を使って求まる W というものの解釈に注意する必要がある．ピストンのする仕事という使い方はよいが，ピストンのなす ΔH という言葉はない．エンタルピーというものはあくまで物質に付随した性質である．

重要事項 3.4 エンタルピーの有用性

開放系では，動いている一定量，つまり一定モル数あるいは一定質量の流体にエンタルピー H が付随しており，この変化はその間に流体になされる仕事と熱の和となる．その仕事には流体が入口から入り，出口から出るための仕事も含まれる．

流体の出し入れに使う仕事 W' は，多くの場合，入る方（正の仕事）と出る方（負の仕事）とでほぼキャンセルする．したがって，全仕事 W_{tot} が正味の仕事 W とみなされる．

例題 3.8

外部とよく熱絶縁されたシリンダーがある．図 3.13 にあるように，左右のピストンが連動して動くように連結されている．したがって，この 2 つのピストンの間の体積 V は常に一定に保たれている．その間にある理想気体が細孔壁を通じて右方向に押し込まれる．もしこの間になされる仕事を $\Delta U = Q - p dV$ で評価したならば，ピストンが一番左側にあるときと一番右側にあると

3.5 開放系

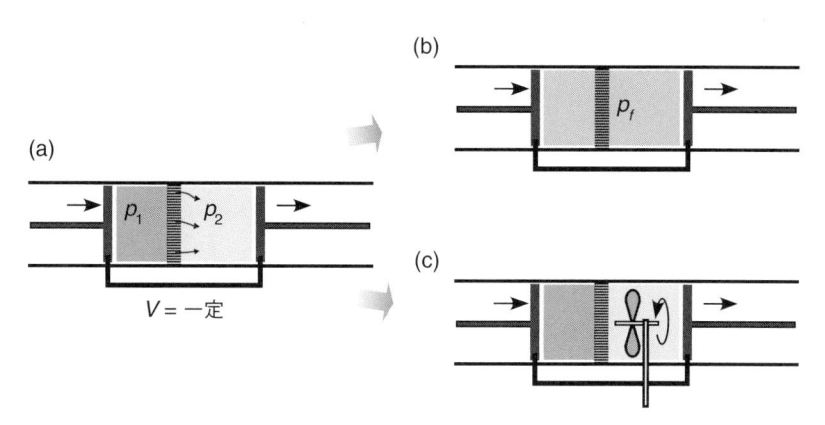

図 3.13　一定体積に拘束された 2 つのピストン内の気体のする仕事とエンタルピー変化の関係　(a) ピストン内には細孔壁があり圧力差を作る. (b) ピストン内に動力変換装置がない場合. (c) タービンによる動力変換装置がある場合.

きを比較して体積変化がないので仕事はないという結論となるだろう．しかし，我々はこの気体とともに動く系（慣性系）で，一定モル数の気体が外部との間でやり取りする仕事を計算しなければならない．気体は細孔を通ることで，当初は壁の前後で圧力差が生じる（図 3.13(a) の状況では，$p_2 < p_1$）．しかし，少し時間が経ったあとでどうなるかが問題である．

もしこの 2 つのピストン内に何の動力変換装置もなければ，やがて左右の部屋の圧力は同じになる（図 3.13(b)）．なぜならば，当初 $p_2 < p_1$ と圧力が減少した分は気体の右方向の運動量成分として補われる．しかし，何の動力変換装置もなければ，この右方向の運動量はいずれ壁での反射や分子どうしの衝突により乱雑な熱運動に換えられ，結局は元の熱運動に戻る．$p_f = p_1$ で，$W = 0$ かつ $\Delta H = 0$．

もしこの 2 つのピストン内にタービンがあれば，右方向の気体の運動量は羽根を回し仕事に変換される（図 3.13(c)）．残りの分がやがて乱雑な熱運動に換えられるが，それは左の熱エネルギーより減少している．$\Delta H = W$．

3.5.2　流れのある系

気体をピストン内に押し込んだり出したりするところまで考慮した．この自然な拡張として，次に流れのある系を扱う．ほとんどの熱機関では，液体であれ気体であれ，作業流体は常にシリンダーなりタービンを出入りする．流れのある過程を扱わねばならない．このような状況をシリンダー内にある気体だけをみていたのでは明らかに不十分である．流体（簡単のため気体とする）とともに動く座標系で考えるのがよい（図 3.14 参照）．この場合，場所場所で圧力が異なる．それに応じて体積も変化する．このとき，この気体の分量をどう規定するか？という問題がある．単純系，1 成分気体では 1 モルの気体を考えればよい．もちろん，1 モルの体積で気体が囲まれているわけではないが，思考上はそう考えても差し支えない．しかし，考えている作業流体が多成分で，かつ内部で反応するようなものであるとモル数も変化するので，これでは困る．実際の内燃機関ではそのような場合に相当する．こういう場合も考え，流体のユニットをモル数でなく質量単位で与えるのが

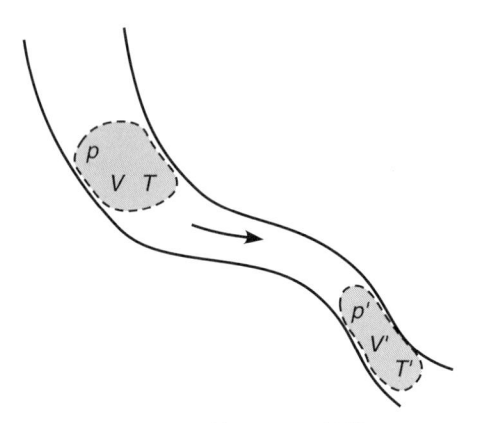

図 3.14 流れのある物質

よい．どのような化学反応であれ原子は消えることはなく，反応の前後での質量の和は等しいからである．たとえば，反応

$$\frac{1}{2}C_2 + O_2 \to CO_2$$

において，CとOの原子の数は反応の前後で変わらない．したがって，系の内部に流れ込む量と流れ出る量の差は，系に溜まる量となる．

$$\begin{pmatrix} 単位時間に系に \\ 溜まる質量 \end{pmatrix} = \begin{pmatrix} 単位時間に系に \\ 流れ込む質量 \end{pmatrix} - \begin{pmatrix} 単位時間に系から \\ 流れ出る質量 \end{pmatrix} \tag{3.34}$$

もし時間変化のない定常状態であれば，式 (3.34) の左辺は 0 となり，系の内部に流入する総質量は，系から流出する質量とつりあわなければならない．多成分系では，それぞれの原子種で式 (3.34) が成り立たねばならない．

質量の保存は厳密には成り立たない
アインシュタインの特殊相対性理論でもっとも驚くことは，おそらく「物質のいかなるエネルギー変化 ΔE もその慣性質量の変化 Δm に対応する」ということではないだろうか？

$$\Delta E = \Delta m c^2 \tag{3.35}$$

この原理によると，ピッチャーの投げたボールは静止していたときより大きな質量となるはずである．あるいは，空気を加熱すると空気分子の質量は増加することをいう．こんなこと信じられるだろうか？

化学反応の熱の例：炭素 C と酸素 O から一酸化炭素 CO が生成される．このとき反応熱 Q が放出され，$Q = 26\,\mathrm{kcal/mol}$ である．この熱を追い出すと一酸化炭素は元の原子の質量の和よりどれだけ軽くなるか？

$$\Delta m = Q/c^2 \text{ より，} \Delta m/m = 3.3 \times 10^{-11}$$

つまり，核反応以外ではこのような質量変化は完全に無視できる．

3.5 開放系

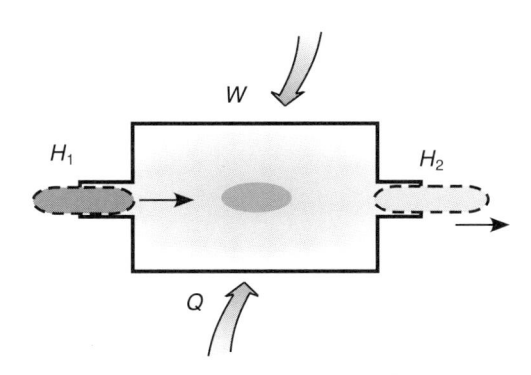

図 3.15 流体の出入りのある一般的な熱機関のモデル

■ **物質の出入りがある系のエネルギー保存則** ■

物質の出入りがある系を一般的に記述するため，系を図 3.15 のようにモデル化する．気体が左から H_1 の状態で入ってきて，右に H_2 の状態で出ていく．系の内部でどのように複雑な過程が生じようが，この過程を通じて外部に対して正味の仕事 W がなされるならば，その差し引きのエネルギーはすべて熱の流れ $J = \dot{Q}$ となる．その入出力バランスは式 (3.31) より，単位時間あたり，

$$\frac{d\Delta H}{dt} \equiv \frac{dH_2}{dt} - \frac{dH_1}{dt} = J + \mathcal{P} \tag{3.36}$$

となる．$\mathcal{P}$ は正味の外部からの仕事率である．左辺にはエンタルピー以外に，式 (3.32) のように，もしあれば気体の巨視的運動エネルギー（一様流れの成分）$\Delta \mathcal{K}$ や位置エネルギーの変化 $\Delta \mathcal{U}$ も含める．タービンのような高速で流入する機関の場合は一様流れの速度は無視できないし，水力発電のような場合は水の位置エネルギーが支配的となる．

さらに，質量保存則 (3.34) を加味して，式 (3.36) の各エネルギーは質量あたりで評価したものを使うと便利である．1 成分系では特に簡単になる．全エネルギー U は，単位質量あたりのエネルギー u を用いて，

$$U = mu$$

となり，他のエネルギーも同じであるので，

$$\frac{d\Delta h}{dt} = j + p_w \tag{3.37}$$

と書き換えられる．ただし，$j = \dot{q}$, $p_w = \dot{w}$ である．小文字記号はすべて単位質量あたりの量である．仕事 $-p\Delta V$ も単位質量あたりの体積 v を用いて評価される．

3.5.3 絞り過程——ジュール・トムソン効果

図 3.12 の直接的な応用例として，絞り過程を取り上げる．これは気体の液化に使われている．今日の物質科学の発展は低温技術の発展なしには不可能である．気体を冷却させるには，はじめは断熱膨張がとられる（問 2.8）．しかし，断熱膨張による冷却はやがて低温になると効率が落ちてきて，液化がはじまる直前の温度ではうまくはたらかない．それに代わるものが絞り弁を用いたジュール・

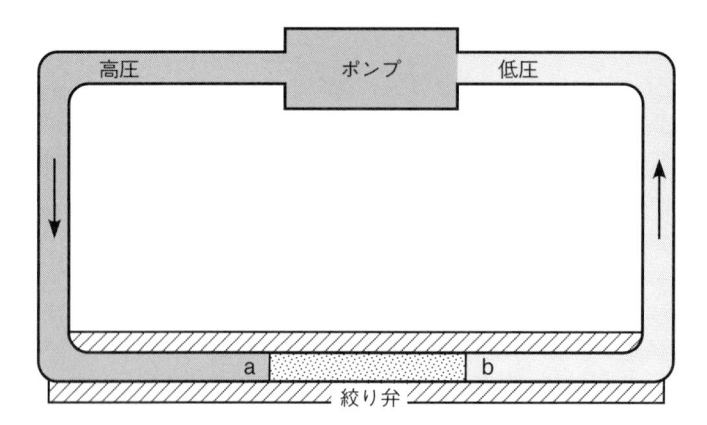

図 3.16 絞り弁による液化機　a と b の間に絞り弁が挟まれる．

トムソン過程である．

この原理は図 3.16 に示される．高温側の気体を細孔あるいは膨張バルブを通じて膨張させる．この過程で，これから述べるジュール・トムソン効果により，気体温度は少し下がる．そしてそれをまた高圧に断熱圧縮し，高温にさせ次の入力とする．実際には，さらに高圧側と定圧側の気体を熱交換させて冷却効率を上げているが，いまは原理の部分だけに注意を払う．

この絞り過程の前後での気体の温度変化を調べる．絞り過程では外部に対して機械的仕事をしていない．系が断熱されているので，やはり，

$$H_2 = H_1 \tag{3.38}$$

である．理想気体であれば，

$$H = U + pV = (C_v + R)T = C_p T \tag{3.39}$$

と T だけの関数となるので，この過程の前後での温度は変化しない．絞り弁による冷却の機構は理想気体でははたらかない．理想気体でない場合は，H は T だけでなく V（あるいは p）の関数ともなるので，

$$H(T_2, V_2) = H(T_1, V_1) \tag{3.40}$$

を満たすような温度差が生じる．理想気体でない場合は H の解析解がないので，数値表，あるいはグラフから求める．図 3.17 には窒素ガスに関する等エンタルピー曲線が p-T 座標軸上でプロットされている．室温より低い温度では，等エンタルピー曲線は左下がりになっている．すなわち，圧力の降下にともない温度は下がる．逆に，温度が高いと，あるいは圧力が大きいと，圧力の降下にともない温度は上がる（図 3.17 ではそれほどはっきりしないが，右の部分でわずかに下がっている）．温度が上がるか下がるかの境界線が反転曲線と呼ばれるものである．絞り弁による温度の下がり方は，低温になるほど大きくなっている．すなわち，曲線 4 より曲線 5 の方がより温度の下がりが大きい．

この液化装置におけるどこか固定された位置で H を測定すると，図 3.17 の p-T 曲線のどれかを

3.5 開放系

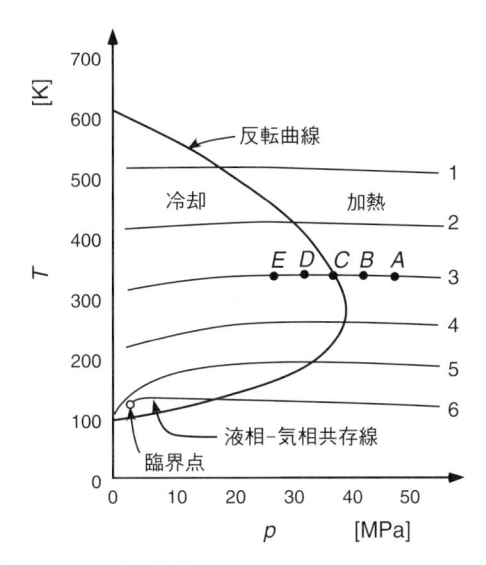

図 3.17 窒素ガスの等エンタルピー曲線　等エンタルピー曲線が数字付きの曲線で示されている．

描くだろう．たとえば，曲線 3 の線上で，A → B → C → … というように．しかしそれだからといって，動作気体とともに移動する座標系で H を測定したときエンタルピーが一定であるとは限らないことに注意しよう．式 (3.38) は過程の最初と最後の H が等しいといっているだけで，決して「過程を通じて H が保存される」といっているのではない．実際に図 3.16 において，気体が a と b の間の絞り弁を通過している間は，H を定義することさえできない．気体が細孔の中に浸透したとき，気体の圧力，そして体積が何であるかさえわからなくなるだろう．

　熱力学で自由エネルギーというものを使いこなせるようになると，この過程についても dH なる微分量を計算し，つい過程を逐次解析したくなる．しかし，この絞り過程に dH は使えないのである．

■ 則問 6

ジュール・トムソン効果も断熱でかつ膨張により冷却する過程である．それでは断熱膨張過程とは違うものだろうか？

■ 反転温度 ■

　ファン・デル・ワールス気体は解析解があるので，気体が理想気体から外れたときの振る舞いを知るには恰好の題材である．ファン・デル・ワールス気体に対して，冷却されるのに必要な反転温度を求めてみる．ファン・デル・ワールス気体に対しては，状態方程式 (2.39) および内部エネルギーの式 (2.40) より，エンタルピーは，

$$H = (c+1)RT + \frac{1}{v}(bRT - 2a) \tag{3.41}$$

となる．ただし，$1/(v-b)$ は $1/v$ で展開し 1 次の項のみとっている．式 (3.41) の右辺第二項は分

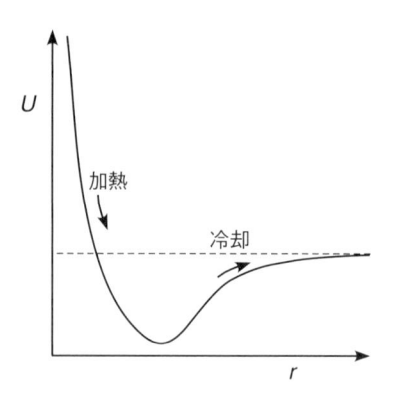

図 3.18　実在気体の原子位置付近でのポテンシャル　膨張により，ポテンシャルエネルギーが下がるところと上がるところがある．それに応じて運動エネルギーが上がる（あるいは下がる）．

子間力による補正項である．温度 T が $bRT > 2a$ を満たす高温の場合，この補正項は正となり，体積が増えると第二項は減少する．エンタルピーが一定となるためには，第一項の寄与が増加しなければならない．すなわち，温度が上がる．一方で，温度 T が $bRT < 2a$ を満たす低温の場合，この補正項は負となり，体積が増えると第二項は増加する．エンタルピーが一定となるためには第一項の寄与が減少しなければならない．すなわち，温度が下がる．この温度変化が反転する臨界温度 T_{inv} は，

$$T_{\mathrm{inv}} = \frac{2a}{Rb} \tag{3.42}$$

である．

■ 例題 3.9

実際の窒素気体で T_{inv} を評価してみよ．

ファン・デル・ワールス気体の定数表（表 2.5）より，

$$T_{\mathrm{inv}} = \frac{2 \times 0.136}{8.31 \times 3.85 \times 10^{-5}} = 850\,\mathrm{K} \tag{3.43}$$

これは室温よりはるかに高いので，室温からはじめる限り，常に温度係数が負で，安全に下げることができる．

■ なぜ冷却されるのか？ ■

そもそも，絞り弁を通じてなぜ気体は冷却されるのだろうか？ これは，気体が理想気体でないことが本質的である．つまり，気体分子どうしの引力的相互作用が重要となる．低温になると気体分子どうしにも引力が効いてきて，互いに引きあう．この引力に抗して気体を引き離すには仕事が必要である（図 3.18 参照）．ジュール・トムソン過程では実効的な仕事はない．それゆえ，その仕事は気体自身の内部エネルギーからこなければならない．しかし，分子間距離があまりにも近づくと，今度は逆に運動エネルギーは上がる．

3.5.4 工業的応用例

さらに工業的に重要ないくつかの例を解析する．

■ 熱交換 ■

2つの流体を混ざらないように別々の経路で循環させる．熱交換器では2つの経路を熱的によく接触させ，熱の交換をさせる．それにより，一方の温度を下げる，あるいは上げることを実現する．熱交換器に入る2つの流体の単位時間あたり質量流量を I_a, I_b とする．熱交換の過程を通じて物質の反応はないので，熱交換器から流出する液体の量も同じく I_a, I_b である．この過程で外部には何ら仕事をしていないので，入力エンタルピーと出力エンタルピーはつりあわなければならない．つりあいの条件は，それぞれの流体の単位質量あたりのエンタルピー h_a, h_b を用いて，

$$I_a h_{a,1} + I_b h_{b,1} = I_a h_{a,2} + I_b h_{b,2} + J_h \tag{3.44}$$

となる．$J_h = \dot{Q}_l$ は熱交換器から系の外へ流出する熱損失率である．損失熱 J_h が無視できるなら，式 (3.44) より，

$$I_a \Delta h_a = -I_b \Delta h_b \tag{3.45}$$

である．そして，この間に2つの流体の間で交換された熱 J_{ex} は，

$$J_{\text{ex}} = I_a \Delta h_a \tag{3.46}$$

で与えられる．

◧ 例題 3.10

質量流速 $I_R = 6\,\text{kg/min}$ で動作している冷媒 R-134a（テトラフルオロエタン，CF_3CH_2F）の熱を循環水で取り除く熱交換器がある．その入口と出口でのそれぞれの流体の状態を測定したところ，図 3.19 のような結果が得られた．これから以下の①，②に答えよ．ただし，熱交換の過程で圧力降下は無視できるとせよ．

① 水の流量 I_w はいくらか？ kg/min で答えよ．
② 熱交換率 $J_h = \dot{Q}$ はいくらか？ kJ/min で答えよ．

💡 ① 熱交換器全体として，その外に逃げる熱は無視し，かつ仕事もしないので，式 (3.44) より，

$$I_w(h_1 - h_2) = I_R(h_4 - h_3) \tag{3.47}$$

それぞれの質量あたりのエンタルピーの変化（kJ/kg 単位）は，水に関しては圧縮水の状態であるのでその値を使うべきであるが，このような圧力範囲であれば圧力変化はごくわずかなので飽和水とみなして計算してもよい．飽和水のデータを使うと，付録 C の表 C.1 より，

$$h_1 = 62.99 \text{ at } 15°C$$
$$h_2 = 104.89 \text{ at } 25°C$$

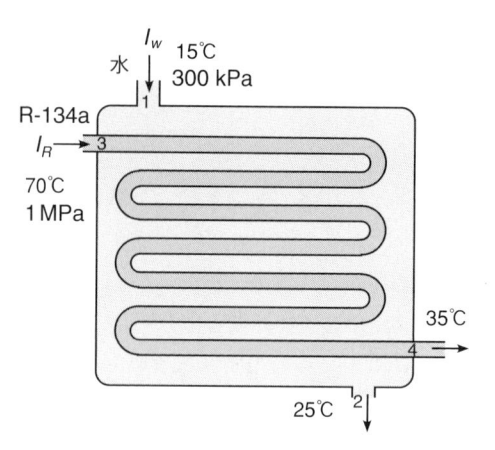

図 3.19 冷媒 R-134a と水の熱交換器

R-134a に関しては，本書には数値は載せていない．参考文献 [2] の付録にあるデータを参照にして，入口では，

$$\left.\begin{array}{l} T_3 = 70°C \\ p_3 = 1\,\text{MPa} \end{array}\right\} \quad T_{\text{sat}} = 39.39°C$$

で，飽和蒸気温度より高いので，気体の値を使い，

$$h_3 = 302.34$$

一方，出口では液体の値を使い，

$$\left.\begin{array}{l} T_4 = 35°C \\ p_4 = 1\,\text{MPa} \end{array}\right\} \quad T_4 < T_{\text{sat}}$$

なので，

$$h_4 = 98.78$$

となる．これを式 (3.47) に入れ，

$$(6\,\text{kg/min}) \times 203.56 = I_w \times 41.90$$

したがって，

$$I_w = 29.15\,\text{kg/min} \tag{3.48}$$

② 交換する熱量は，

$$\begin{aligned} J_w &= I_w(h_2 - h_1) \\ &= (29.15\,\text{kg/min}) \times (41.90\,\text{kJ/kg}) \\ &= 1221\,\text{kJ/min} \end{aligned} \tag{3.49}$$

■ 流速の変換 ■

巨視的な流れがあるときのエンタルピー差は，式 (3.32) で流体の巨視的運動エネルギー $\Delta \mathcal{K}$ を入れたものに相当する．この過程で熱の出入りがなく，かつ仕事をしなければ，

$$H_2 - H_1 = \Delta \mathcal{K} \tag{3.50}$$

3.5 開放系

となる.

初期の圧力 p_1, 温度 T_1 の気体が流速 $\mathcal{V}$ で流れている. それを管の径が変化する装置をくぐらせると, 気体の圧力, 速度は変わる. 流速 $\mathcal{V}$ のものを出口でほぼ 0 とするものがディフィーザー, 逆に, ほぼ速度 0 のものを高速の速度 $\mathcal{V}$ に変換するものがノズルである.

ディフィーザーについて考える. 流体の単位質量あたりの量で表し, 式 (3.50) より,

$$h_2 - h_1 = \frac{1}{2}\mathcal{V}^2$$

例題 3.11 (参考文献 [2], Ex. 4-1)

図 3.20 のような入力条件が与えられている. ①流体の質量速度を求めよ. ②出口での温度変化を求めよ.

① 入力側の体積 V_1 は,

$$\begin{aligned} V_1 &= \frac{RT_1}{p_1} = \frac{0.287 \times 283}{80} \\ &= 1.015\,\mathrm{m^3/kg} = 1/\rho_1 \end{aligned} \tag{3.51}$$

である. それゆえ,

$$\begin{aligned} \dot{m} &= \frac{A_1 \mathcal{V}_1}{V_1} = \rho_1 A_1 \mathcal{V}_1 \\ &= \frac{0.4 \times 200}{1.015} = 78.8\,\mathrm{kg/s} \end{aligned} \tag{3.52}$$

② 熱交換は無視できる. その場合, 入口と出口のエンタルピー差は, 運動エネルギーの差で与えられるので,

$$\Delta h = 0.5 \times 4 \times 10^4 = 2 \times 10^4\,\mathrm{J/kg} \tag{3.53}$$

空気を理想気体として温度差を求める. その場合は $\Delta h = C_p \Delta T$ より,

$$\Delta h = \frac{5}{2} \times 0.287 \times 10^3 \Delta T$$

から,

$$\Delta T = +37\,\mathrm{K} \tag{3.54}$$

を得る. すなわち温度は増加し, $T_2 = 47$°C. 空気を理想気体として仮定せず, すべて数値表から読むやり方は参考文献 [2] にある. それによると $\Delta T = 19.9\,\mathrm{K}$ となり, 有意な差が出る.

則問 7

この過程は断熱で膨張している. それにもかかわらず温度が上昇しているのはなぜか？

$p_1 = 80\,\text{kPa}$
$T_1 = 10\,°\text{C}$
空気
$V_1 = 200\,\text{m/s}$
$V_2 = 0$
$A_1 = 0.4\,\text{m}^2$

図 3.20 デフィーザー

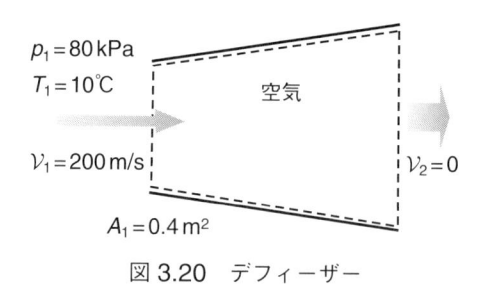

こうして巨視的運動エネルギーが乱雑な方向性のない熱運動に転換したり，あるいは逆に，無秩序の熱運動を巨視的運動エネルギーに変換したりできる．

例題 3.12

一応例題 3.11 は解けたが，別の角度からこの問題を眺めてみたい．熱力学の基本的方針は，内部で激しい動きをしているものでも，その入口・出口で抑えれば知りたいことはわかるということであった．しかし，内部過程を知りたいという場面も出てくるだろう．いつでもわかるというものではないが，例題 3.11 ではよい近似で内部過程まで熱平衡の理論の枠内で記述することができる．熱や仕事の出入りはないので，この過程は断熱膨張過程である．巨視的流れがあってもそれが一様なものである限り（乱流がなければ）やはり局所的な平衡を仮定し，場所ごとに状態方程式を使うことができる．

この管を通じて温度が場所の関数 $T(x)$ と考え，その場所ごとに状態方程式 $p(x)V(x) = RT(x)$ を考える．以下，場所依存を明示することを省略する．断熱膨張であるから，

$$pV^\gamma = const = C \tag{3.55}$$

よって，管に沿った方向でのエンタルピー変化は，

$$dh = vdp = Cp^{-1/\gamma}dp \tag{3.56}$$

これを積分して，

$$h(x) - h_1 = C\frac{\gamma}{\gamma - 1}\left(\frac{p}{p_1}\right)^{\frac{\gamma-1}{\gamma}} \tag{3.57}$$

というように，各位置での圧力さえわかればその位置のエンタルピーがわかる．圧力と温度には，

$$Tp^{\frac{1-\gamma}{\gamma}} = const \tag{3.58}$$

の関係があるので T で決まる．表 2.1 より 2 原子気体では $\gamma = 1.4$ であるから，

$$\left(\frac{p_2}{80}\right)^{0.4} = \left(\frac{320}{283}\right)^{1.4}$$

より，

$$p_2 = 123\,\text{kPa}$$

3.5 開放系

すなわち，膨張により圧力はむしろ上がっている．

■ 動力への変換 ■

タービンは高圧の流体の流れを仕事に，逆に，コンプレッサーは外から仕事を加えて流れのある流体を高圧にする装置である．この場合も，通常，作業流体は1種類で，内部での反応はないので，

$$I_1 = I_2 = \dot{m} = I \tag{3.59}$$

それゆえ，エンタルピーのバランスは，

$$I(h_1 - h_2) = \mathcal{P} \tag{3.60}$$

■ 例題 3.13 コンプレッサーの問題 （参考文献 [2]，Ex. 4-3）

100 kPa，280 K の空気が定常的に 600 kPa，400 K に圧縮される（図 3.21）．空気の質量流量は 0.02 kg/s で，この過程の間に 16 kJ/kg の熱損失が生じる．運動エネルギーとポテンシャルエネルギーの変化が無視できるとして，コンプレッサーに必要な入力動力を求めよ．

空気の質量流量は $J_m = 0.02$ kg/s で，エネルギーのつりあいより，

$$J_m h_1 + W_{\text{in}} = J_m h_2 + J_m q_{\text{out}} \tag{3.61}$$

理想気体では，

$$h = u + pv = c_p T \tag{3.62}$$

により h が求められる．空気では $R_m = 0.2870$ kJ/(K·kg) を用いて表 3.2 のように求められる．これより，

$$\begin{aligned} W_{\text{in}} &= J_m(h_2 - h_1 + q_{\text{out}}) \\ &= (0.02\,\text{kg/s})(120.85\,\text{kJ/kg} + 16\,\text{kJ/kg}) \\ &= 2.74\,\text{kW} \end{aligned}$$

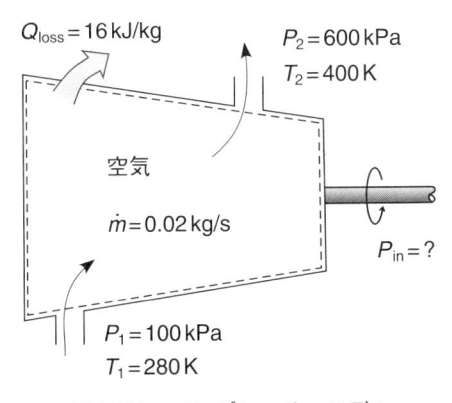

図 3.21 コンプレッサーモデル

表 3.2　理想気体と実在気体によるエンタルピー（kJ/kg 単位）の比較

T [K]	$(7/2)RT$	h
280	281.2	280.13
400	401.8	400.98

表 3.2 には空気の実際の値も載せているが，理想気体と仮定してもほとんど同じである．

例題 3.14　タービンの問題　（参考文献 [2]，Ex. 4-4）

出力動力が 5 MW の断熱された蒸気タービンがある．その蒸気の入口と出口の状態を測定したところ，図 3.22 の値を得ている．

① 質量あたりのエンタルピー変化 Δh，運動エネルギー変化 $\Delta \varepsilon_k$，ポテンシャルエネルギー変化 $\Delta \varepsilon_p$ を求めよ．
② タービンを流れる蒸気によって単位質量あたりになされる仕事 W を求めよ．
③ 蒸気の質量流量 I を計算せよ．

① 付録 C の表 C.1 は温度を基準にした蒸気表であり，いまの目的では圧力を基準にした表を使いたいところである．本書ではそれは収めていないが参考文献 [2] の付録などにあり，一般に利用可能である．ここではその値を引用しておく．$P = 15$ kPa の飽和蒸気圧に対し，飽和温度 $T_2 = 53.97$°C が対応し，

$$\left(\begin{array}{l} h_l = 225.94 \\ h_{lg} = 2373.1 \\ h_g = 2599.1 \end{array} \right.$$

という値を引用しておく．しかし，表 C.1 だけでも $T = 50$°C と 55°C のデータから線形内挿することで得ることができる．

$$\begin{aligned} h_2 &= h_l + x_2 h_{lg} \\ &= 225.94 + 0.9 \times 2373.1 \\ &= 2361.73 \, \text{kJ/kg} \end{aligned}$$

より，

$$\begin{aligned} \Delta h &= h_2 - h_1 = -885.87 \, (\text{kJ/kg}) \\ \Delta \varepsilon_k &= \frac{1}{2} \left[\mathcal{V}_2^2 - \mathcal{V}_1^2 \right] = 14.95 \, (\text{kJ/kg}) \\ \Delta \varepsilon_p &= g(z_2 - z_1) = 9.81 \frac{6 - 10}{1000} = -0.04 \, (\text{kJ/kg}) \end{aligned} \tag{3.63}$$

これでみる通り，蒸気の運動エネルギーの変化は小さい．

②
$$I(\Delta h + \Delta \varepsilon_k + \Delta \varepsilon_p) = -W_{\text{out}}$$

より，

$$\frac{W_{\text{out}}}{I} = 870.96 \, \text{kJ/kg}$$

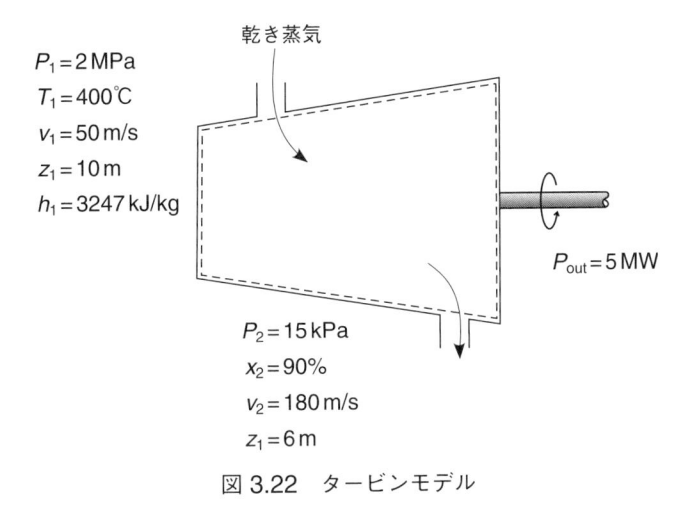

$P_1 = 2\,\text{MPa}$
$T_1 = 400\,°\text{C}$
$v_1 = 50\,\text{m/s}$
$z_1 = 10\,\text{m}$
$h_1 = 3247\,\text{kJ/kg}$

乾き蒸気

$P_\text{out} = 5\,\text{MW}$

$P_2 = 15\,\text{kPa}$
$x_2 = 90\%$
$v_2 = 180\,\text{m/s}$
$z_1 = 6\,\text{m}$

図 3.22　タービンモデル

③ $W_\text{out} = 5\,\text{MW}$ より

$$I = \frac{5000}{870.96} = 5.74\,\text{kg/s}$$

演習問題

問 3.1

理想気体がシリンダーの中で初期体積 $V_1 = 5\,\ell$ で 0.4 モル詰められ，$T_1 = 20\,°\text{C}$ の状態である．この気体を $T_2 = 300\,°\text{C}$ まで等圧的に加熱した．このときピストンのなす仕事はどれだけか？　また，体積はどれだけになるか？

問 3.2

理想気体 1.2 モルがシリンダーの中で初期体積 $V_1 = 1.2\,\ell$ で詰められ，$T_1 = 200\,°\text{C}$ の状態である．この気体を $V_2 = 8.0\,\ell$ まで断熱膨張させた．このときピストンのなす仕事はどれだけか？　また，温度はどれだけになるか？

問 3.3　水の沸騰

体積 $2\,\ell$ の水をやかんに入れ，$1\,\text{kW}$ の電熱器でお湯を沸かす．加えた熱がすべて水の加熱に使われるとして，沸騰するまでどれくらい時間がかかるか．

💡　はじめの水の温度を $T = 15\,°\text{C}$ として，$2\,\ell$ の水を $\Delta T = 85\,°\text{C}$ 上昇させるためには，

$$(2000\,\text{cc}) \times (1\,\text{cal}/(\text{cc}\cdot\text{deg}))(85\,\text{deg}) = 820\,\text{kJ}$$

が必要となる．これを $1\,\text{kW}$ の電熱器で供給するには 820 秒，すなわち，約 14 分かかる．

問 3.4　扇風機

体積 $4 \times 6 \times 6\,\mathrm{m}^3$ の部屋に学生が住んでいる．ある夏の日，帰宅時に涼しい部屋を期待して出がけに $150\,\mathrm{W}$ の扇風機を回した．部屋を閉め切り，かつ壁からの熱の流出は無視したとして，10 時間後に帰宅したとき，部屋の温度はどれだけ変化しているだろうか？　部屋の圧力は大気圧 $100\,\mathrm{kPa}$ とする．

問 3.5　理想気体の断熱圧縮

理想気体の断熱圧縮におけるエンタルピー変化は，表 2.4 に示されているように，$\Delta H = C_p(T_2-T_1)$ である．これは開放系での仕事を与えるものでもある．断熱変化では圧力は変化する．それにもかかわらず定圧比熱 C_p によって与えられるのはなぜか？

> この問題に関しては「解いていったらそうなった」という答えもありだ．なぜかということを問うより覚えることの方が早いこともある．等圧過程でないにもかかわらず，エンタルピー変化がそうなるということを理解すれば OK．

問 3.6　部屋の暖房の問題

$4\,\mathrm{m} \times 5\,\mathrm{m} \times 6\,\mathrm{m}$ の部屋をヒーターで暖めることを考える．部屋の温度を 7℃ から 23℃ まで 15 分で上げたい．部屋からの熱損失はないとして，ヒーターに要求される電力を求めよ．なお，大気圧は $100\,\mathrm{kPa}$ とする．

> 体積 $V = 120\,\mathrm{m}^3$，温度変化 $\Delta T = 16\,\mathrm{deg}$ である．この間に気体を加熱するのに要する熱量 Q は，
> $$Q = C_p \Delta T \tag{3.64}$$
> で[†]，これが入力全エネルギー $P\Delta t$ と等しくなる．1 モルの空気の比熱 C_p は，$C_p = (7/2)R$ で与えられる．
>
> $$C_p = (7/2) \times (0.287\,\mathrm{kJ/(K \cdot kg)})\,(1.176\,\mathrm{kg/m^3})$$
> $$Q = C_p \Delta T = (141.6\,\mathrm{kJ/K}) \times (16\,\mathrm{K}) = 2265\,\mathrm{kJ}$$
>
> よって，
> $$P = \frac{Q}{t} = \frac{2265\,\mathrm{kJ}}{60 \times 15\,\mathrm{s}} = 2.5\,\mathrm{kW}$$

問 3.7　電子レンジの加熱

電子レンジは，マイクロ波を用いた加熱で，食物に含まれる水分子がマイクロ波領域でよく吸収することを利用したものである．加熱しようとする肉を水 $1\,\mathrm{kg}$ で代用して加熱に要するパワーを見積もる．水 $1\,\mathrm{kg}$ を 5 分間で $\Delta T = 80$℃ 上げたい．これに要される電子レンジの出力パワーを見積もれ．マイクロ波出力はすべて水に吸収されるとする．これはよい近似である．一方で，オーブン

[†] ここで比熱は C_p であり C_v ではないことに注意．日本の教科書では同じような問題を考えるとき C_v を使っているものをよくみるが，少なくとも人間が住める部屋を考える以上，空気は出入りできるものと考えて C_p の方が正しい．もちろん，この加熱中に部屋の空気は多少なりとも流出してしまい，モル変化も考慮すべきであるが，少しの温度変化であれば後者は無視できる．こういった考察は参考文献 [4] で議論されている．

出力のいくらかの部分は外へ逃げるだろう．

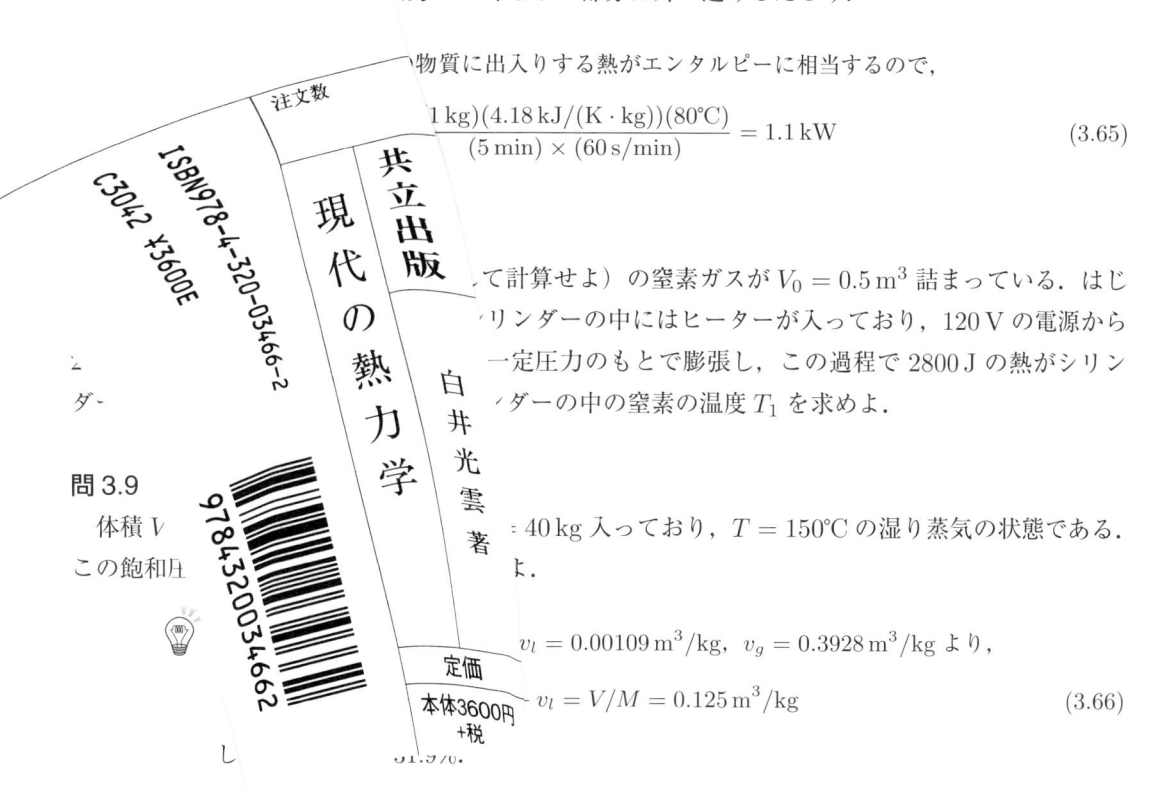

物質に出入りする熱がエンタルピーに相当するので，

$$\frac{(1\,\text{kg})(4.18\,\text{kJ}/(\text{K}\cdot\text{kg}))(80°\text{C})}{(5\,\text{min})\times(60\,\text{s}/\text{min})} = 1.1\,\text{kW} \tag{3.65}$$

（て計算せよ）の窒素ガスが $V_0 = 0.5\,\text{m}^3$ 詰まっている．はじ（…）リンダーの中にはヒーターが入っており，120 V の電源から（…）一定圧力のもとで膨張し，この過程で 2800 J の熱がシリン（…）ダーの中の窒素の温度 T_1 を求めよ．

問 3.9

体積 V（…）この飽和圧（…）

40 kg 入っており，$T = 150°\text{C}$ の湿り蒸気の状態である．

$v_l = 0.00109\,\text{m}^3/\text{kg}$, $v_g = 0.3928\,\text{m}^3/\text{kg}$ より，

$$v_l = V/M = 0.125\,\text{m}^3/\text{kg} \tag{3.66}$$

問 3.10

密閉容器の中に水が入っており，圧力 0.20 MPa，かわき度 0.64 の湿り蒸気の状態である．この容器を加熱して圧力 0.27 MPa にしたとき，かわき度はいくらか？

付録 C の表 C.1 を用いて，飽和蒸気圧が 0.20 MPa および 0.27 MPa に対応する体積を求める．いずれにせよ体積のほとんどは気体であるから，

$$v_{g,1}x_1 \approx v_{g,2}x_2 \tag{3.67}$$

を使い，$x = 85\%$.

問 3.11　2 相混合状態

ボイラーの中に質量 $M = 5\,\text{kg}$ の水が入っており，$p = 1.9\,\text{MPa}$ でかわき度 $x = 0.3$ の湿り蒸気の状態となっている．この水を加熱し，かわき度 $x = 0.8$ までに変化させた．この間に水と蒸気の 2 相共存状態の平均比体積は何倍になったか？　また，それに要した熱 Q，および膨張に使われた仕事 W を求めよ．

付録 C の表 C.1 より必要なデータを集めよ．

$$v_1 = xv_g + (1-x)v_l = 0.03214$$

$$v_2 = 0.08376$$

したがって，$v_2/v_1 = 2.60$．また，加熱に要した熱量 Q は，定

$$Q = 5 \times (0.8 - 0.3) \times 1900.74 = 4751.8\,\mathrm{J}$$

膨張に使われた仕事 W は，

$$W = m(x_2 - x_1)\Delta v_{lg}p = 5 \times 0.5 \times 0.103237 \times (1.9 \times 10^6) =$$

問 3.12　湿り蒸気

剛体容器の中に質量 $M = 10\,\mathrm{kg}$ の水が入っており，$p_1 = 2.1\,\mathrm{MPa}$ で，か
り蒸気の状態である．これを加熱し，$p_2 = 3.1\,\mathrm{MPa}$ に達した．このときのか
また，この加熱に要した熱量 Q，エンタルピー変化 ΔH を求めよ．それらは，
なければその差はどうなったか？

付録 C の表 C.1 より，はじめの状態は $T_1 = 215\,{}^\circ\mathrm{C}$ で，

$$\begin{pmatrix} v_l = 0.001181 \\ v_g = 0.09479 \end{pmatrix} \begin{pmatrix} u_l = 918.14 \\ u_g = 2601.1 \end{pmatrix} \begin{pmatrix} h_l = 920.62 \\ h_g = 2800.5 \end{pmatrix}$$

おわりの状態は $T_1 = 235\,{}^\circ\mathrm{C}$ に対応し，

$$\begin{pmatrix} v_l = 0.001219 \\ v_g = 0.06537 \end{pmatrix} \begin{pmatrix} u_l = 1009.89 \\ u_g = 2604.1 \end{pmatrix} \begin{pmatrix} h_l = 1013.62 \\ h_g = 2804.2 \end{pmatrix}$$

これらの値より，

$$v_1 = v_{l,1} + x_1(v_{g,1} - v_{l,1}) = 0.001181 + 0.64 \times 0.09361 = 0.06109$$
$$= 0.001219 + x_2 0.06415$$

よって，$x_2 = 0.9333$．

内部エネルギーは，$U = M[(1-x)u_l + xu_g]$ を計算して，$U_1 = 19952\,\mathrm{kJ}$, $U_2 = 24924.9\,\mathrm{kJ}$ より，

$$\Delta U = 4972.9\,\mathrm{kJ}$$

この間，体積は変化していないので，ΔU がそのまま吸熱量に相当する．エンタルピーは同じように計算して，$H_1 = 21237.4\,\mathrm{kJ}$, $H_2 = 26788.6\,\mathrm{kJ}$ より，

$$\Delta H = 5551.2\,\mathrm{kJ}$$

この差，$\Delta H - \Delta U = 578.3\,\mathrm{kJ}$ が気体を高圧に押し込む仕事 $V\Delta p$ を与える．

問 3.13　ジュール・トムソン効果

ジュール・トムソン過程によりどれくらい冷却されるだろうか？　それはジュール・トムソン係数，$\mu = (\partial T/\partial p)_H$，と呼ばれる単位圧力減少に対する温度変化，

$$\mu = \frac{v}{C_p}\left[\frac{T}{v}\left(\frac{\partial v}{\partial T}\right)_p - 1\right]$$

によって評価される．ファン・デル・ワールス気体では，

$$\mu = -\frac{1}{C_p}\left[b - \frac{2a}{RT}\right]$$

となる．この式を使って CO_2 の場合の，平均圧力が 1 atm，平均温度を 0°C の条件での μ を求めよ．CO_2 の比熱は $C_p = 6.85\,\text{cal}/(\text{K}\cdot\text{mol})$ である．数学に強い読者は自らこれらの式を導出されたい（その導出は参考文献 [1] などにある）．ここでの意図は導出ではなく，大きさの程度を知ることにある．

> 表 2.5 のデータを使い，$\mu = 1.37\,\text{K/atm}$．

問 3.14　水力発電

全米で最も大きなダムはコロラド川にかかるハーバーダムである．その最大の高さは 223 m，貯水容量は $3.7 \times 10^{16}\,\text{m}^3$ である．ハーバーダムのポテンシャルエネルギーは最大いくらか？　もし最大放水量が $950\,\text{m}^3/\text{s}$ のとき，それがすべて電気に変換できたとして発電量はいくらか？

問 3.15　真空ポンプの仕事

真空ポンプは単位時間あたり一定の体積 $S = dV/dt$ を掃く．しかし，同じ体積を掃いても，そのなかの濃度や圧力が異なればそれに要する仕事 W は違ってくる．圧力 p の気体を V の体積だけ掃くのに要する仕事 W は $W = pV$ であるから，圧力 p で動作している排気速度 S の真空ポンプのなす仕事率は $\mathcal{P} = pS$ である．実験室で用いられている典型的な真空ポンプには次のものがある．① 油回転ポンプ，排気速度 $S = 10^3\,\ell/\text{min}$，動作圧 $p = 10^{-1}\,\text{Torr}$．② 油拡散ポンプ，$S = 10^4\,\ell/\text{s}$，$p = 10^{-6}\,\text{Torr}$．排気速度においては油拡散ポンプの方が圧倒的に大きいことに注意せよ．この2つのポンプの仕事率 $\mathcal{P}$ を比較せよ．

> ① $\mathcal{P} = pS = (1.33 \times 10\,\text{Pa})(10^3\,\ell/\text{min}) = 0.21\,\text{W}$
> ② $\mathcal{P} = (1.33 \times 10^{-4}\,\text{Pa})(10^4\,\ell/\text{s}) = 1.33 \times 10^{-3}\,\text{W}$
>
> つまり，油拡散ポンプの方は排気速度は大きいにもかかわらず，なした仕事率は小さい．

問 3.16　真空ポンプ到達圧力

排気速度 $S = 10^4\,\ell/\text{s}$ の油回転ポンプで真空引きをしている．引いている真空装置は1辺が 1 m の立方体のステンレス容器である．ステンレス表面からは恒常的にガスが $S = 1\,\text{cm}^2$ あたり $j = 2 \times 10^{-8}\,\text{Torr}\cdot\ell/\text{s}$ 放出されている．この真空系の到達圧力を求めよ．

> 到達圧力は，
>
> $$p = \frac{J}{S} = \frac{(2 \times 10^{-8}\,\text{Torr}\cdot\ell/\text{s}\cdot\text{cm}^2)(6 \times 10^4\,\text{cm}^2)}{10^4\,\ell/\text{s}} = 1.2 \times 10^{-7}\,\text{Torr}$$

問 3.17　車のエネルギー消費

$M = 1.6\,\text{ton}$ の重さの車が $v = 60\,\text{km/h}$ の定常速度に達している．この車の動摩擦係数が 0.25 として，摩擦による時間あたりの熱損失を求めよ．また，これを問 1.11 の動力パワーと比較せよ．

💡　摩擦力 F は，

$$F = fN = 0.25 \times 1.6 \times 10^3 \times 9.8 = 3.92 \times 10^3\,\text{N}$$

$v = 60\,\text{km/h} = 60 \times 10^3/3600 = 16\,\text{m/s}$ であるので，

$$\mathcal{P} = Fv = (3.92 \times 10^3)(16) = 62\,\text{kW}$$

となる．これがちょうど車の仕事率とつりあう．

問 3.18　雨粒の摩擦熱

問 2.15 を参照にして，雨粒がどれくらいの高さ以下であれば摩擦熱で蒸発してしまわずに地上に降りてこられるか？

💡　半径 $a\,(\text{cm})$ の球状の雨粒（質量 $M = 4.18a^3\,(\text{g})$）では，摩擦係数は問 2.15 により $f = 3.39 \times 10^{-3}a\,(\text{g/s})$ である．その終速度 v は，$v = Mg/f = 1.2 \times 10^6 a^2\,(\text{cm/s})$. この速度での時間あたりの発生摩擦熱は，

$$\mathcal{P} = Fv = (4.10 \times 10^3 a^3)(1.2 \times 10^6 a^2) = 4.92 \times 10^2 a^5\,(\text{erg/s})$$

また，高さ $H\,(\text{cm})$ を降下する時間は $t = H/v$ であるので，降下するまでに発生する摩擦熱は，

$$Q = \mathcal{P}t = FH = (4.10 \times 10^3 a^3)H\,(\text{erg}) = 4.10 \times 10^{-4} a^3 H\,(\text{J}) \tag{3.68}$$

一方，水の蒸発熱は，表 1.2 より，$q_m = 9.72\,\text{kcal/mol} = 40.6\,\text{kJ/mol} = 2.26\,\text{kJ/g}$ であるので，質量 $M = 4.18a^3$ の水を蒸発させるには，

$$Q_{\text{vap}} = q_m M = 2.26 \times 4.18 a^3 = 9.43 a^3\,\text{kJ} \tag{3.69}$$

が必要となる．式 (3.68) と式 (3.69) がつりあうのは，

$$4.10 \times 10^{-4} H = 9.43 \times 10^3$$

これより，$H = 2.3 \times 10^7\,\text{cm} = 2.3 \times 10^2\,\text{km}$．これであれば落下する前になくなる心配はない．

問 3.19　大気圏突入による発熱

大気圏に突入した隕石の多くは大気との摩擦熱で燃え尽きる．隕石は半径 a の鉄でできているとして，またそれが地球の脱出速度[†] $v = 11\,\text{km/s}$ をもって大気圏を斜めに入射するとして，$\Delta t = 10\,\text{s}$ の間に燃え尽きずに残る最小の大きさ a はどれだけか？　鉄のデータは，原子量 $A = 55.85\,\text{g}$，密度

[†] たいていの力学の教科書で紹介されているが，地球の脱出速度とは地球の重力圏を振り切る速度で，$(1/2)mv^2 = G(mM/R)$ より，$v = \sqrt{2gR}$ で与えられる．M は地球の質量，R は地球の半径．

$\rho = 7.87\,\mathrm{g/cm^3}$, 融点 $T_m = 1536°\mathrm{C}$, 融解エンタルピー $\Delta H_m = 15.1\,\mathrm{kJ/mol}$, 比熱は例題 2.4 を参照.

半径 $a\,(\mathrm{cm})$ の球では摩擦係数は問 2.15 で行った通り, $f = 3.39 \times 10^{-3} a\,(\mathrm{g/s})$. 速度 $v = 11\,\mathrm{km/s}$ での時間あたり発生摩擦熱は,

$$\mathcal{P} = (fv)v = 4.1 \times 10^2 a\,(\mathrm{J/s})$$

一方, この隕石の質量は $M = (4\pi/3)a^3\rho = 32.9a^3\,(\mathrm{g})$ で, これを融点まで上げるのに要する熱量 $C\Delta T = (0.450\,\mathrm{J/(K\cdot g)})(1536\,\mathrm{K}) = 691\,(\mathrm{J/g})$, これを溶かすのに要する熱量 $\Delta H_m = (15.1\,\mathrm{kJ/mol})/(55.85\,\mathrm{g/mol}) = 270\,(\mathrm{J/g})$ なので, 要する全熱量 Q は,

$$Q = M(C\Delta T + \Delta H_m) = 3.1 \times 10^4 a^3\,(\mathrm{J})$$

これが $\mathcal{P}\Delta t$ とつりあわねばならない. この条件より, $a = 0.36\,(\mathrm{cm})$.

問 3.20 スペースシャトルの断熱

スペースシャトルは大気圏に突入したとき大きな摩擦熱を生じる. 問 3.19 でみた通り, 固体も溶かすほどなので, スペースシャトル表面の断熱材は非常に重要である. NASA ではシリカのファイバーによる特殊な耐火レンガを用いている. これは 1200°C でも非常に低い熱伝導度 $\kappa = 0.5\,\mathrm{W/(K\cdot m)}$ を保つ. 表面温度 1200°C として, この耐火レンガはどれだけの厚さ d であれば内側の温度を 50°C に保てるか? スペースシャトルを半径 $a = 1.5\,\mathrm{m}$ の球として考えよ.

摩擦係数は, $f = 6\pi\eta a = 0.62 \times 10^{-3}\,\mathrm{kg/s}$ である. やはり地球の脱出速度 $v = 11\,\mathrm{km/s}$ をもって大気圏を通過するとする. すると, 摩擦力は $F = fv = 6.82\,\mathrm{N}$. それによる発生熱は, 単位時間あたり $\mathcal{P} = Fv = 75\,\mathrm{kW}$, 単位面積あたり $J = 0.26\,\mathrm{W/cm^2}$ となる. $\Delta T = 1200 - 50 = 1150\,\mathrm{K}$ を保つには,

$$0.26\,\mathrm{W/cm^2} = 0.5 \times 10^{-2}\,\mathrm{W/(K\cdot cm)} \frac{1150\,\mathrm{K}}{d\,\mathrm{cm}}$$

より, $d = 22.1\,\mathrm{cm}$ である.

問 3.21 アンモニアの生成熱

アンモニアの標準生成エンタルピーは, $\Delta H_f^0 = -46.11\,\mathrm{kJ/mol}$ である.

$$\mathrm{N_2 + 3H_2 \rightarrow 2NH_3}$$

いずれの分子も気体である. 体積を一定に保ち, 1 mol の $\mathrm{N_2}$ と 3 mol の $\mathrm{H_2}$ が反応したとき発生する熱は同じであろうか? もし違うとしたらどれだけになるか?

$\Delta H_f^0 = -46.11\,\mathrm{kJ/mol}$ という値は定圧状態での発熱量である. 反応が完全に進んだとして, 4 モルの気体が 2 モルになったので,

$$\Delta H = \Delta U + p\Delta V = -46.11$$

つまり,

$$\Delta U + \Delta NRT = \Delta U - 2RT = -46.11$$

より，$\Delta U = -41.15\,\text{kJ/mol}$．これが一定体積での発熱量である．

例題 3.15 固体 PCl_5 の生成

固体の P は，十分な量の気体塩素があるときは固体 PCl_5 を生成する．

$$P_{(s)} + 5Cl_{2(g)} \rightarrow 2PCl_{5(s)} + 886\,\text{kJ} \tag{3.70}$$

気体塩素が十分な量ないときは，液体 PCl_3 を介して，2 段階で固体 PCl_5 を生成する．

$$P_{(s)} + 3Cl_{2(g)} \rightarrow 2PCl_{3(l)} + 640\,\text{kJ} \tag{3.71a}$$

$$PCl_{3(l)} + 2Cl_{2(g)} \rightarrow 2PCl_{5(s)} + 246\,\text{kJ} \tag{3.71b}$$

反応 (3.70) も反応 (3.71) も始状態，終状態は同じである．その間に生じた反応エンタルピーの総和は反応 (3.70) も反応 (3.71) も同じである．つまり，途中経路によらない．反応 (3.71) には反応 (3.70) では現れない液相状態 $PCl_{3(l)}$ が含まれているにもかかわらずである．この比較を図 3.10 のようなダイヤグラムで行え．

問 3.22 電力の貯蔵

今日の発電の大きな問題の 1 つは，単純なことであるが，電気というものは発電した瞬間に使うしかなく，貯蔵することができないことであろう．需要がなければせっかく生成した電力も無駄に捨てられるだけである．この余剰の電力を「貯蔵」するためには，他のエネルギー形態に転換するしかない．最も単純なものは，余剰の電力で水を高い位置まで汲み上げ，水力発電の源とすることである．1 kWh の電気エネルギーをそのような方式で貯蔵するとして，1 ton の水をどれくらいの高さ H まで持ち上げなければならないか？

$$3600\,\text{kJ} = 10^3 \cdot (9.8\,\text{N}) \cdot H \text{ より，} H = 367\,\text{m}.$$

問 3.23 CO_2 発生量

質量保存は複雑な計算をまったく簡単なものにしてくれる．日本の原油輸入量は，毎日 20 万トンタンカー 3 隻分といわれる．これがさまざまな燃焼形態でエネルギー源となる．その結果，どれだけの CO_2 を排出するかを見積もれ．

これを石油の使われ方ごとに追跡して計算していたのではたまったものではないし，その必要もない．完全に燃焼したとして，C の原子数は保存されるので，原料のなかの C 1 個あたり最終的に CO_2 1 個に転換する．石油の平均組成は $CH_{1.8}$ である．おおまかな見積もりであれば重量ではすべて C とみなしても悪くない．重量比では $CO_2/C = 44/12 = 3.66$ である．それゆえ，

$$3.66 \times 3 \times 2 \times 10^5\,\text{ton} = 2.2\,\text{Mton}$$

これがたった 1 日で排出される．

問 3.24 ポンプ

地下 20 m の井戸から地上 30 m の高さに水を送りたい．水の送り出す流量を $1.5\,\mathrm{m^3/min}$ とするにはポンプに必要な仕事率は最低いくらか？

> 💡 $12.2\,\mathrm{kW}$

問 3.25 乾き蒸気の平衡

$p = 300\,\mathrm{kPa}$ の一定圧のピストンで閉じられたシリンダーの中に，$m = 25\,\mathrm{g}$ の飽和蒸気が満たされている．$T_1 = T_\mathrm{sat@300\,kPa} = 133°\mathrm{C}$．これをヒーターで加熱し，$3.5\,\mathrm{kJ}$ 加えた．この乾き蒸気の最終温度は何 °C になるだろうか？

> 💡 この問題を 2 通りで答えてみる．
>
> まず，乾き蒸気を理想気体として扱う．この加熱以外に系に加えられた熱や仕事はない．それゆえそのエンタルピー変化は，
>
> $$H_2 - H_1 = 3.5\,\mathrm{kJ}$$
>
> 理想気体であれば，$\Delta H = C_p \Delta T$，$C_p = (25/18) \times 2.5 \times 8.31 = 28.85\,\mathrm{J/K}$ であるから，
>
> $$\Delta T = \frac{3.5\,\mathrm{kJ}}{28.85\,\mathrm{J/K}} = 121\,\mathrm{deg}$$
>
> したがって，
>
> $$T_2 = 254°\mathrm{C}$$
>
> 次に，乾き蒸気を実在気体として扱う．$300\,\mathrm{kPa}$ の飽和蒸気のエンタルピーは付録 C の表 C.1 より $h_1 = 2725.3\,\mathrm{J/g}$ である．したがって，最終状態のエンタルピーは，
>
> $$h_2 = 2725.3 + \frac{3500}{25} = 2865.3\,\mathrm{J/g}$$
>
> これは表 C.1 の飽和蒸気のエンタルピーより，$T_2 = 200°\mathrm{C}$ に対応する．したがって，理想気体と仮定すると 54°C もの誤差が生じる．

問 3.26 レーザー加工

金属の微細加工にレーザーが使われている．CO_2 レーザーを使うと $10^4\,\mathrm{W}$ の出力が得られる．これを $0.3\,\mathrm{mm}$ 径のビームに絞って照射することで，mm の厚さのものであればわずか 0.1 秒で掘れるという．本当かどうか数値的に確かめてみよ．金属では入射光の数%，かつ表面の非常に薄い厚さ δ の領域にしか吸収されないことを考慮せよ．

> 💡 レーザービームが $d = 0.3\,\mathrm{mm}$ の径に絞られたとしよう．ビーム強度は $I_0 = 10^4/(\pi 0.015^2) = 1.4 \times 10^7\,\mathrm{W/cm^2}$ となる．このうちの 1% だけが表面層 δ に吸収される．すなわち，体積 $V = (\pi 0.015^2)\delta = 7.07 \times 10^{-4}\delta\,\mathrm{cm^3}$ の領域に $10^2\,\mathrm{W}$ のエネルギーが吸収される．Δt 時間の間にこの領域の金属が溶けたとすると，その間に $Q = V C_v \Delta T$ のエネルギーが注がれなければならない．ΔT は室温から融点までの温度差である．
>
> 金属の密度はだいたい $0.2\,\mathrm{mol/cm^3}$ くらいであるから，体積あたりの比熱は $C_v = 0.2 \times 3R = 5.0\,\mathrm{J/(K\cdot cm^3)}$．金属の融点に対して $\Delta T = 10^3\,\mathrm{K}$ として，

$$Q = VC_v\Delta T = 3.5\delta\,(\text{J})$$

の熱が Δt 秒の間に金属に入り溶かす．したがって，

$$Q = 0.01 I_0 \Delta t$$

2つをあわせて，溶解速度 v は，

$$v = \frac{\delta}{\Delta t} = \frac{10^2\,\text{W}}{3.5\,\text{J/cm}} = 28\,\text{cm/s}$$

問 3.27 電気炉の断熱

電気炉の断熱の効果を評価してみよう．熱出力 $J = 1\,\text{kW}$ の電気炉がある．その容器の形状を例題 3.3 のように球殻で近似する．$a = 40\,\text{cm}$, $b = 50\,\text{cm}$ とする．断熱壁外側の温度が $T_2 = 300\,\text{K}$ として，この断熱壁内側の温度 T_1 は何度となるか？ 断熱壁の材料を，鉄（熱伝導度 $\kappa = 46.9\,\text{W/(K·m)}$），グラファイト (5.0)，耐火断熱レンガ (0.025) で比較せよ．

💡 式 (3.15) に数値を代入し，

$$\Delta T = \frac{39.8}{\kappa}$$

ΔT として，鉄 $0.84\,\text{K}$, グラファイト $8.0\,\text{K}$, 耐火断熱レンガ $1600\,\text{K}$ となる．

✏️ 実際問題として，耐火断熱レンガを用いてこれくらいの高温にすることはむずかしい．第1に，このような高温になると熱伝導度は温度によって変わってくるので，この評価では不十分．第2に，多くの断熱材はポーラス構造で空気は多少なりとも流失するが，この空気を伝わった熱流失が無視できなくなる．常圧での空気の熱伝導度は $\kappa = 0.023\,\text{W/(K·m)}$ とほぼ耐火断熱レンガの値と同じであるが，気体の κ は温度とともに増加する（$\sqrt{T}$ に比例）．第3に，放射損失によっても熱が運ばれる．

問 3.28 液体酸素の容器

液体酸素は沸点が $T_b = 90.9\,\text{K}$ で，蒸発熱が $\Delta H_\text{vap} = 213\,\text{J/g}$（密度は沸点温度で $\rho = 1.14\,\text{g/cc}$）である．図 3.23 のような容器に格納されている．容器の壁は発泡スチロールでできており，その熱伝導度は $\kappa = 1.1 \times 10^{-4}\,\text{W/(K·cm)}$ である．容器のサイズは $a = 30\,\text{cm}$, $b = 50\,\text{cm}$ である．外気は室温として，この容器の中に流入する熱流はどれだけか？ この液体酸素がすべて蒸発するまでの時間はいくらか？

💡 与えられた値を使うと，$\Delta T = 202.1\,\text{K}$, 式 (3.15) より，

$$J = 4\pi \kappa L \Delta T = 4\pi (1.1 \times 10^{-4}\,\text{W/(K·cm)})(75\,\text{cm})(202.1\,\text{K}) = 20.9\,\text{W}$$

$V = 1.13 \times 10^5\,\text{cm}^3$ の酸素液体は $M = 1.288 \times 10^5\,\text{g}$ の質量で，すべてを蒸発させるには $M\Delta H_\text{vap} = 27.4\,\text{MJ}$ の熱量が必要である．ゆえに，

$$t = \frac{27.4\,\text{MJ}}{20.9\,\text{W}} = 1.31 \times 10^6\,\text{s} = 15\,\text{d} \tag{3.72}$$

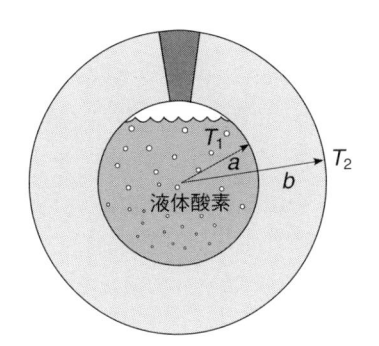

図 3.23　液体酸素の容器，デュワー瓶

実際のところ，この見積もりは楽観的すぎる．ポーラスな断熱材では蒸発した O_2 分子が壁を通じて外へ漏れ出る．物質の流失は熱の流失でもある．

問 3.29　ヒトの熱力学

体重 70.0 kg の人は最低限の生命活動に平均 2000 kcal のエネルギーが要される（基礎代謝）．食べ物から得られたエネルギーはさまざまなサイクルを介して最終的には熱となる．この熱のうち，いくらかは体温を 36°C に保つために使われる．周囲温度は 20°C として 2000 kcal の摂取エネルギーのうちどれだけが体温を保つために使われるか？　人の比熱は $3.47\,\mathrm{kJ/(K\cdot kg)}$ とせよ．

$$C\Delta T = (3.47\,\mathrm{kJ/(K\cdot kg)}) \times (16\,\mathrm{K}) \times (70\,\mathrm{kg})$$
$$= 3886\,\mathrm{kJ} = 929\,\mathrm{kcal}$$

より，基礎代謝のうち 50% が体温を保つために使われる．残りの熱は捨て去らねばならない．汗，尿などの排出による．

文　献

(1) A. B. Pippard, *Elements of Classical Thermodynamics for Advanced Students of Physics*, Cambridge (1957)
(2) L. Pauling, *The Nature of the Chemical Bond*, 3rd ed., Cornell Univ. Press, p.85 (1960)

反応温度

 温度とエネルギーは同じものではない．しかしながら，エネルギー等分配則が成り立つ限り，温度は平均運動エネルギーという解釈が成り立ち，示量性変数であるところの内部エネルギーに対応した示強性変数となる．式 (2.6) により，ボルツマン定数を乗じると温度はエネルギーと同じ単位になる．単位を揃えることができるので，しばしばオーダを評価するとき便利である．よく使われる換算として，

$$1\,\mathrm{eV} = 11600\,\mathrm{K} \tag{3.73}$$

を併記しておく．

 我々が使う燃料は，通常，表 1.2 にあるような燃焼反応を利用する．プロパンは酸素とあわせて燃焼することにより二酸化炭素と水になるが，反応物と反応生成物との間には図 3.24 に示されるように内部エネルギーに差があり，発生する熱 $Q = 50330\,\mathrm{kJ}/\ell$ の分だけ，反応終状態の方がエネルギーが低い．エネルギーの低い方へ反応が進むのは自然なことである．

 しかしだからといって，プロパンと酸素をあわせただけで反応するわけではない．そうでなかったら燃料として使用する前になくなってしまっていただろう．我々のすることは，通常，マッチで点火することである．つまり，燃焼にはある一定の温度が必要となる．それが反応温度である．図 3.24 では反応が起こるため乗り越えるべき障壁エネルギー E_a が描かれているが，それが反応温度に相当する．この障壁は反応によって決まっているが，ある程度それを制御することが可能である．反応障壁を低めるものが触媒のはたらきである．触媒は反応熱を変えない．反応速度を変えるだけである．

 図 3.24 でわかる通り，反応熱と反応温度とは別物である．しかし，どちらも同じような起源をもっている場合は，それらはオーダーとしてほぼ同じ程度の値となる．ほとんどの化学反応は室温より 1000°C くらいの領域で起こっていることは，分子結合の入れ替えが 0.1 eV のオーダーで行われていることを示し，それより高い 1000～10000°C では，分子の原子への解離，あるいは電離（1 eV オーダ）が進むことを示している．

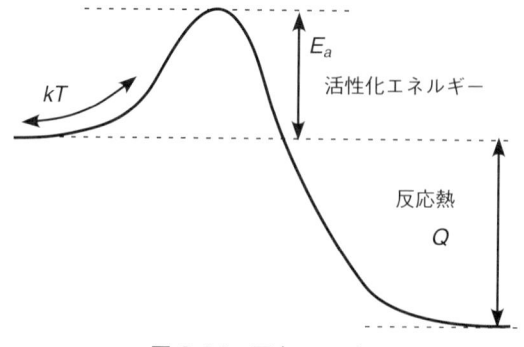

図 3.24 反応のモデル

しかし，現在の原子力発電の主力である核分裂反応では，結合エネルギーが示すような温度は必要としない．Q と E_a がかけ離れたものである例となっている．もともと分裂寸前の重い核を用いて，かつ透過性に優れた中性子をあてるので，何ら特別の高温を必要としない．さらに有利なことに，中性子が核分裂反応を起こす確率は中性子のエネルギーが低いほど高くなる事情が効いてくる．

一方，核融合の場合は，Q と E_a は値としては近づいたものとなる．核融合を起こすためには，荷電粒子である D と T の原子核どうしを衝突させなければならない．当然，近づけば近づくほど強烈なクーロン反発力が起こる．加速器を使って高速 D をぶつければよいと思うかもしれない．しかし，加速した粒子のエネルギーの大半は電離やその他の弾性散乱で使われてしまう．また，たとえ稀に核反応が起こったとしても，反応素過程を調べる素粒子実験と違って，反応1つを稀に起こしたとしてもダメで，反応が連鎖し持続できなければならない．そのためにある密度が必要となる．そこで熱核融合は，プラズマ全体を高温の熱平衡にし，そのエネルギー分布の高エネルギー側，裾野部分がクーロン障壁を超えて核融合を起こすようにしている．D と T のクーロン障壁はだいたい 100 keV でピークとなる．

問題 3.1 核融合反応の障壁

核融合が起こるため乗り越えるべきエネルギー障壁を見積もる．電荷 $+e$ をもつ陽子と陽子が原子核程度 ($a \sim 10^{-14}$ m) の大きさまで近づいたときのクーロン反発エネルギーはどれくらか？eV 単位で答えよ．

💡 100 keV

問題 3.2 核融合の反応温度

この観点で，核融合が起こる温度を評価してみよ．実際には D の平均温度というより，そのエネルギーの裾野の部分だけ 100 keV を超えればよいので，平均温度は 10 keV 相当として考えよ．

💡 10 keV はおよそ 1 億 °C．

これからいって，何か特別の理由がない限り，常温では核融合はありえない．

第4章
熱力学第二法則

　第1章のジュールの実験（例題1.2，例題1.3）を思い出してほしい．1kgのおもりを10mから落としても，水の温度はほとんど変わらなかった．大きな仕事をしても熱的にはほとんど温度変化がない．これは逆に使えば，わずかの温度変化の間の熱エネルギーは大きな仕事をする能力があるということだ．第1章のTopics「さまざまなエネルギー資源の比較」の表1.2を比較してほしい．熱エネルギーというものは，工学的には非常に魅力的である．そこで，熱を仕事に換えることが本章の目的である．

　ジュールの実験でもわかるように，力学的仕事は容易に熱に換えられる．自然に起こっている現象の大半はこの仕事を熱に換える方で，逆の熱を仕事に換える方は簡単には起こらない．自然に起こる過程には方向性があり，熱を仕事に換えるには工夫が要る．それがエンジニアに課せられた仕事である．

4.1　熱機関

4.1.1　熱機関の必要性

　まず，最も素朴な過程，加熱することで熱を仕事に換える過程を，シリンダー内の気体について考えてみよう（図4.1）．周囲の熱浴から熱Qを奪い，ピストンを動かして仕事をする．シリンダー内の気体の温度をT，熱浴の温度をT_0とする．どうしたら周囲からシリンダー内に熱を吸収できるだろうか？　まず，$T_0 < T$であれば自然には熱を吸収できない．何か仕事をして熱を吸収するしかないが，熱を利用しようとしているのにその熱を得るために仕事が要されるのでは意味がないだろう．そうすると，$T_0 \geq T$でなければならない．特に，$T_0 > T$であれば自然に放っておいても熱は流入するので，我々の目的には望ましいようにみえる．以下に理想気体を考え，準静的過程を仮定して解析する．

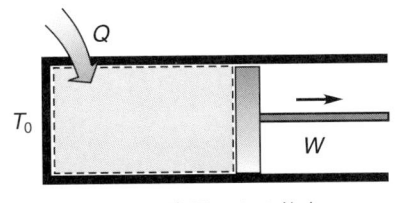

図4.1　膨張による仕事

• $T_0 > T_1$ の場合

この場合，シリンダー内の気体は初期温度 T_1 から最終的には周囲温度 T_0 まで上がって過程はおわる．この間に体積は V_1 から V_2 まで膨張する．この過程での気体の内部エネルギーの増加は，

$$\Delta U = C_v \Delta T \tag{4.1}$$

である．膨張による仕事は，

$$W = -\int p dV \tag{4.2}$$

であるが，この場合，等温でも等圧でも断熱過程でもなく一般的な過程なので，解析的な解はない．その具体的な表式はわからないが，ともかく気体は熱浴からこの仕事と内部エネルギーの増加をあわせた熱を受け取らなければならない．

$$Q = \Delta U + W \tag{4.3}$$

これより，この過程で受け取った熱が仕事に使われる割合は，

$$\frac{W}{Q} = \frac{Q - C_v \Delta T}{Q} = 1 - \frac{C_v}{Q}\Delta T < 1 \tag{4.4}$$

と 1 より小さい．

• $T_0 = T_1$ の場合

周囲と同じ温度であれば，熱平衡であり，そこでは何も起こらない．熱は勝手には出入りしない．しかし，$T_0 > T_1$ の場合の式 (4.4) において，極限操作 $T_0 \to T_1$ としての熱の出入りを考えることはできる．その場合，式 (4.4) は $W \to Q$．その吸収熱 Q は，

$$Q = |W| = R \ln \left(\frac{V_2}{V_1}\right) \tag{4.5}$$

となる．等温膨張過程の効率は 100%である．ここで効率という言葉を直感的に使ったが，あとで

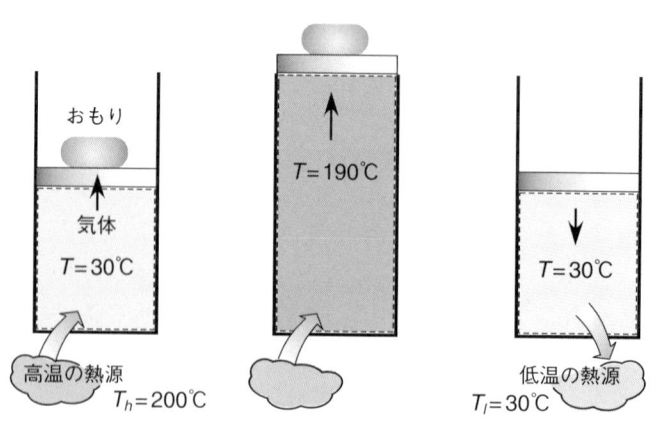

図 4.2 冷却過程の必要性

4.1 熱機関

熱機関の効率という言葉でもう少し正確に定義される．

上記の2つの場合を比較すると，効率に関する何か一般則が暗示される．$T_0 > T_1$ の場合，温度に有限の差がある．この場合，熱の流入は熱浴からシリンダーへ不可逆的に起こる．逆の方向には移動しない．このことは一般化できるのではないだろうか？ つまり，「不可逆過程は常に可逆過程の効率よりも悪い」ということがいえるのではないだろうか？ いろいろな実例を調べてみると，この推測は正しいことがわかる．それが熱力学的第二法則ということになるが，それに進む前に熱機関に関してきちんとした定義を述べておく．

■ 熱機関 ■

こうして等温膨張過程は熱を仕事に完全に換えることはわかったが，これは実際上は使い物にならない．仕事をするのは膨張している過程のみだからである．我々が目的とするものは半永続的に動作する機関であり，一時的にしかはたらかないものではない．使っている間中，エンジン室が膨張を続けているエンジンなど車に搭載できない．

この目的には，動作物質が元の状態に戻ることが必要である．動作物質が元の状態に戻りながらも，なおかつ外に対して仕事をするものが我々の考察の対象となる．これを熱機関という．

熱機関としては，まず外部から熱を取り入れなければならない．そのためには，前述したように，高温の熱源（温度 T_h）に接触させ吸熱する（吸収熱量 Q_h）．図 4.2 をみよ．これにより作業流体は高温に加熱され，かつ同時に膨張して仕事 W を行う．仕事をした直後は，作業流体の温度はほぼ高温の熱源の温度 T_h と同じ高温の状態となっている．それを元の状態（低温，かつ小さな体積）に戻さなければならない．低温に戻すためだけであれば，たとえば，断熱膨張で下げることはできる．しかしそれでは体積はいっそう増加し，元の状態とはならない．どうしても作業流体から熱を奪うことが必要である．そのためには，作業流体を低温の熱源（温度 T_l）で冷却しなければならない．低温の熱源に接触することで熱量 Q_l を放出し，元の状態に戻る．この1サイクルが熱サイクルとなる．

熱機関をモデル的に記述したものが，図 4.3 である．外部への仕事 W_out は，

$$W_\text{out} = Q_h - Q_l \tag{4.6}$$

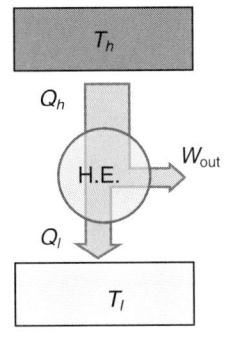

図 4.3 抽象化された熱機関のモデル

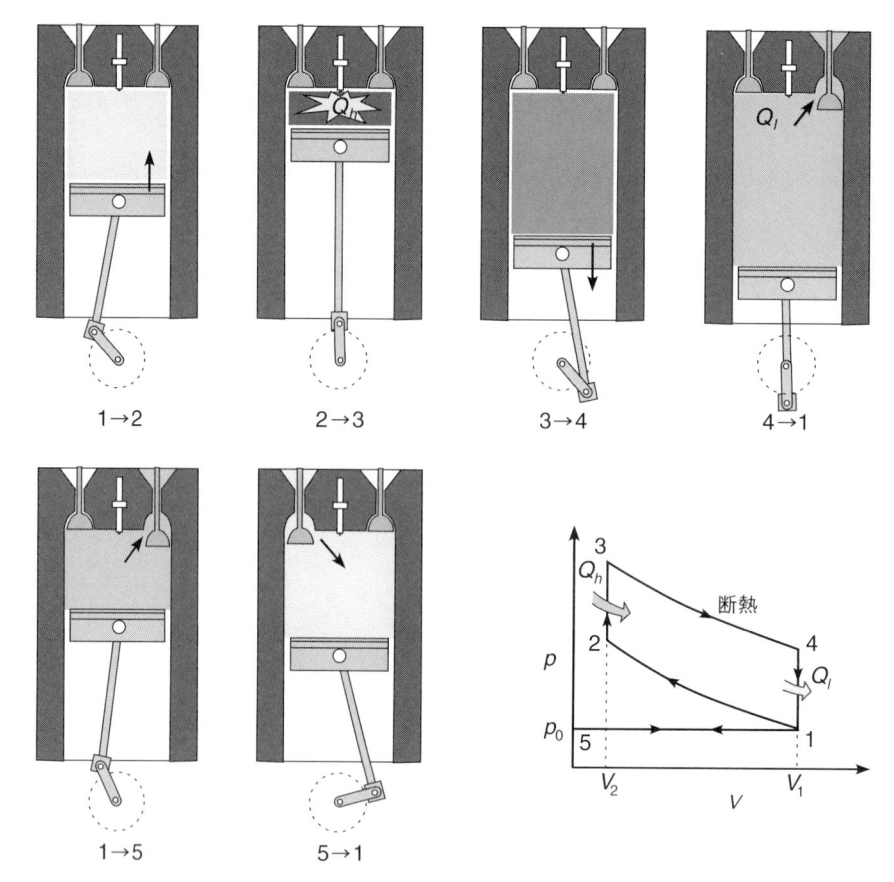

図 4.4 ガソリン機関とその理想化されたモデル

と，熱の出入りの差し引き分となる．

4.1.2 熱機関の例

もう少し現実の熱機関の例をみてみよう．これらは人類が長い期間をかけ，改良に改良を積み重ねた精緻に満ちた創造物である．内部を覗くことで先人の知恵を学ばせてもらうことにしよう．熱機関として，その内部で発熱があるものを内燃機関，外部から熱を供給するものを外燃機関と大別する．熱をいかに有用な仕事に換えるかというポジティブなところだけでなく，先に述べたように，仕事をおえた作業流体をいかに元の状態に戻すかということにも注意を払ってほしい．

■ ガソリン機関 ■

内燃機関の代表例である．図 4.4 にはその動作を示している．また，あとで説明されるが，図 4.4 の右下のグラフは，その理想化されたモデルを p-V 上で示したものである．

① 吸入過程 $(5 \to 1)$：ガソリンと空気の混合気体をシリンダー内に吸入．
② 圧縮過程 $(1 \to 2)$：混合気体の圧縮．それにより圧力，温度ともに増加．
③ 燃焼過程 $(2 \to 3)$：火花発火による燃焼．燃焼により圧力，温度ともに急激に増加するが，発

4.1 熱機関

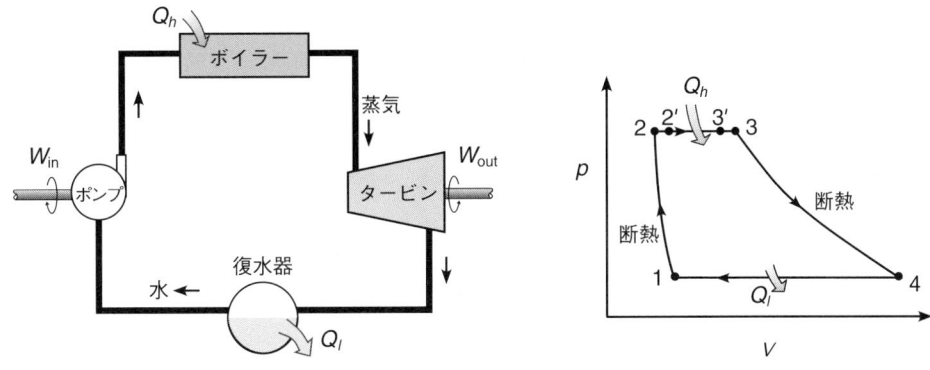

図 4.5 蒸気機関とその理想化されたモデル

火時間が短いので燃焼の間は体積は一定とみなせる．
④ 膨張過程 $(3 \rightarrow 4)$：燃焼により圧力，温度ともに増加した気体は膨張し，ピストンを押し広げて外に仕事をする．
⑤ 排熱過程 $(4 \rightarrow 1)$：燃焼後の生成気体は仕事をしたあとも依然として高温，高圧状態なので，熱を周囲に捨てる．実際には，排気バルブを開けて生成気体を捨てることで，圧力，温度ともに下げる．この間ピストンは静止したままで，外気圧になるまで圧力は下がる．
⑥ 排気過程 $(1 \rightarrow 5)$：シリンダー内が大気圧になったあとも残留している燃焼生成気体を，ピストンを押し出すことにより完全に排気する．

吸入過程と排気過程は同じ経路の往復なのでキャンセルすると考え，熱力学的解析からは外すことができる．

■ 蒸気機関 ■

外燃機関の代表例である．作業流体は水である．ある一定質量あたりの水とともに，図 4.5 を参照にしながらその動きをみよう．復水器を出発点としてみよう．そこでは，水は常圧より圧力が少し低く，かつ沸点より少し低い温度の状態である．
① 圧縮過程 $(1 \rightarrow 2)$：復水器からの水を高い圧力まで圧縮する．この圧縮過程では水は液体状態なので，気体に比べて温度，体積の変化はほとんどない．
② 加熱過程 $(2 \rightarrow 3)$：ボイラーに入った水は加熱される．まず沸点まで温度が上昇し $(2 \rightarrow 2')$，それから一定温度ですべての水が蒸発するまで蒸発過程が続く $(2' \rightarrow 3')$．すべての水が蒸発しきったあとは，温度は急激に上がる $(3' \rightarrow 3)$．この一連の過程を通じて圧力は一定に保たれる．
③ 膨張過程 $(3 \rightarrow 4)$：高温，高圧になった蒸気はタービン室に入り，急激に膨張しながらタービンを回す．
④ 排熱過程 $(4 \rightarrow 1)$：タービン室を出たあとの蒸気は依然として高温，高圧状態なので，熱を周囲に捨てる．冷却には河川の水などが使われる．

その p-V 図上での軌跡が図 4.5 のグラフに示されている．気体と液体の 2 つの相からなる系で，気体 1 相の図 4.4 のものとはだいぶ様子が違う．

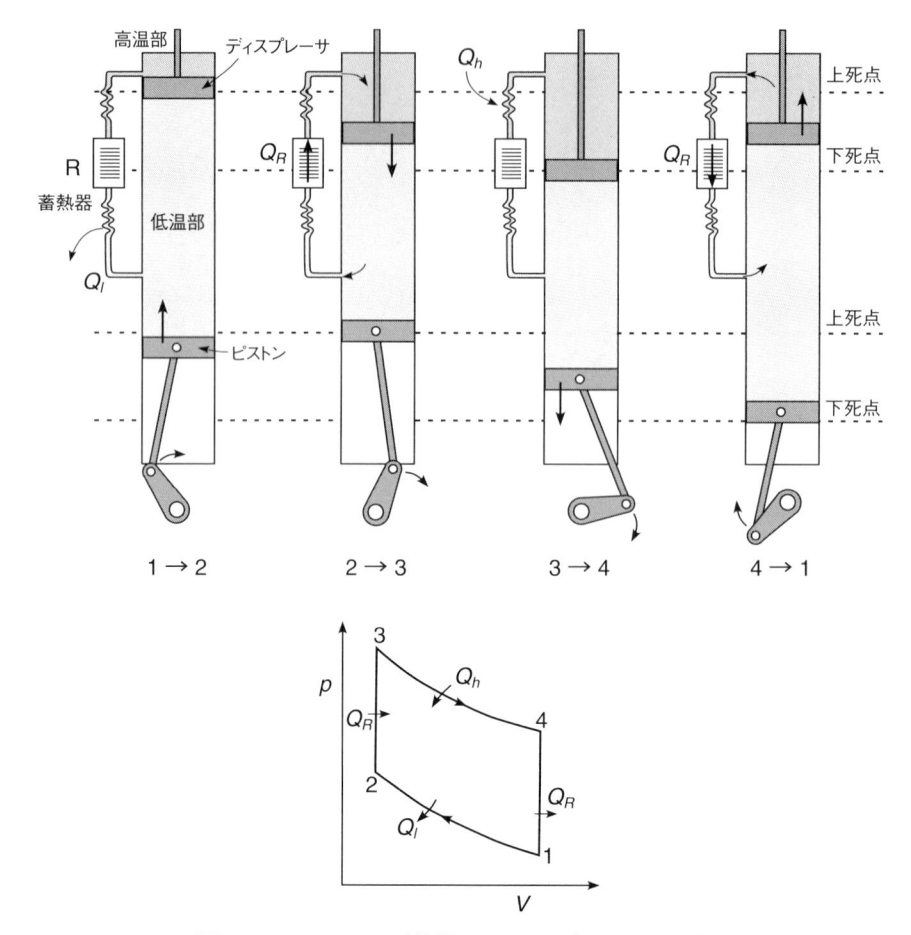

図 4.6 スターリング機関とその理想化されたモデル

■ スターリング機関 ■

ちょっと変わった熱機関として，スターリング機関というものがある．図 4.6 に示されるように，1 つのシリンダー内に 2 つのピストン（上のピストンをディスプレーサと呼ぶ）があり，その間にある気体は蓄熱器と呼ばれるスポンジのように表面積の大きい金属（典型的には，細いワイヤ状の金属細線を押し込んだもの）を介して行き来する．

① 等温圧縮過程 $(1 \to 2)$：ディスプレーサは上死点に達しており静止したまま．圧力が低い状態なので，下のピストンは押し上げられ気体は圧縮される．等温となるように気体から Q_l を放熱．

② 等容昇圧過程 $(2 \to 3)$：さらにピストンは押し上げられ上死点に達すると，気体はもはや圧縮されず，蓄熱器を介して上方の高温部へ流れディスプレーサを押し下げる．蓄熱器を介することで，それまで蓄熱器に溜められていた熱 Q_R を気体が吸収し加熱される．この間は気体全体の体積は不変．

③ 等温膨張過程 $(3 \to 4)$：今度はディスプレーサが下死点に達し，それ以上は下がらない．しかし外部から熱 Q_h を吸収し等温的に変化するため，気体は膨張する．そのため下のピストンは

さらに下がる.
④ 等容降圧過程 (4 → 1)：ピストンは下死点に達して静止．それでも上部の高温部の気体は蓄熱器を介して下部の低温部に流れ込む．この間は全体として等容変化で，蓄熱器を通過することで高温部の気体から熱 Q_R が蓄熱器に蓄えられる．

1 サイクルを通じて，蓄熱器に流れる熱はキャンセルして収支には影響しない．全体として外部からの吸熱 Q_h と低温部での放熱 Q_l との差が仕事となる．

スターリング機関は，1816 年スコットランドのスターリング（R. Stirling）により非常に古くに提案されていたが，ガソリン機関などが実用化されたため棄てられた．しかし，これは外燃機関で，熱源は原理上は何でもよく，したがって，低公害のバイオマスエネルギーなどを利用できる．さらに低騒音などのメリットもあり，最近見直されている．本章の Topics でふれられる熱音響エンジンに応用されている．おそらく，自然エネルギーを利用する動力機関として今後活用されるだろう．

4.1.3 熱効率

作業流体の得た熱量は Q_h で，捨てた熱量は Q_l である．その間に外部になした仕事は W である．1 サイクルを経たあとでは元の状態に戻るので，流体の内部エネルギーは元に戻る．すなわち，

$$\Delta U = Q_h - Q_l - W = 0 \tag{4.7}$$

である．この 1 サイクルを経たあとでの吸収熱量 Q_h に対する仕事 W の割合を熱効率 η と呼ぶ．

$$\eta = \frac{W}{Q_h} = 1 - \frac{Q_l}{Q_h} \tag{4.8}$$

式 (4.8) をみればわかる通り，Q_l がある限り η は 1 にはならない．Q_l をどれくらい 0 に近づけられるかが我々に問われている課題である．

■ **現実の熱機関** ■

図 4.3 の熱機関のモデルは抽象的すぎる．まず，得られる仕事に関しては，正味の仕事というものを考えなければならない．現実の過程では，たとえば図 4.5 に示されるように，高温熱源に戻すためポンプで作業流体を送り出す（多くの場合，高圧状態にする）のにも仕事 W_{in} が要される．したがって，タービンから得られる仕事 W_{out} がすべて外部へもたらされる仕事とはならず，W_{in} の分を差し引かねばならない．したがって，この熱機関の正味の仕事 W_{net} は，

$$W_{\text{net}} = W_{\text{out}} - W_{\text{in}} \tag{4.9}$$

である．熱効率 (4.8) を計算する場合の W として，タービンの出力 W_{out} ではなく W_{net} を使うべきである．さらに，この過程で壁などからの熱損失 Q_{loss} があれば，それも $Q_h - Q_l$ のなかから差し引いておかなければならない．

さらに現実的な問題についてふれておく．上記では 3 つの熱機関について，それぞれの過程を断熱圧縮や等温膨張などで区切って記述してきた．これはあくまで解析を容易にするための近似にすぎない．現実の熱機関はそのようにはっきり境界が定まっているわけではない．たとえば，スター

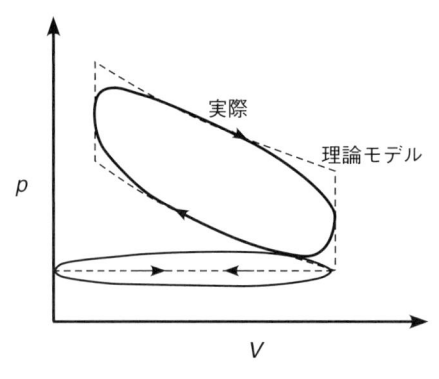

図 4.7　実際の熱機関

リング機関では，等温圧縮過程と等容昇圧過程は実際には混ざっている．はじめはディスプレサーは上死点に達しており静止したままと書いたが，実際には，上死点より下にあり少し上昇する．しかしそれより低温部の圧縮の方が大きく，それが過程を支配する．やがて低温部の圧力が高まってくると，今度は体積変化は少なく，その分だけ昇圧が大きくなる．したがって，現実の p-V 曲線は図 4.7 のように丸みを帯びたものとなる．こういう状況をつぶさに追跡していたのでは理論は途端に複雑なものとなる．

4.2　可逆過程，不可逆過程

4.2.1　熱力学的可逆性

ここで，熱効率を議論する際に重要となる可逆過程，不可逆過程について定義し，議論しておく．「可逆」という意味は，言葉の直感的な解釈から「逆に辿れる」と理解できる．しかし，力学における専門用語としての「速度」と日常会話での「速度」が若干違うように，熱力学のうえでもきちんとした定義のもとで議論しないと混乱することになる．

> **重要事項 4.1　熱力学的可逆性**
> ある巨視的系が最初の状態から変化したとする．それが外部からの影響であれ，自身の変化の結果，外部にも変化が及んだのであれ，外部の状態も含めてその系を初期の状態に戻せるとき可逆という．そうならないものはすべて不可逆である．

この定義によれば，自分自身が元に戻っても，外部環境が元に戻らないものは不可逆となる．この「外部の状態も含めて」というところが重要である．

おそらく，温度差がついた 2 つの物質の間で熱が伝わることは不可逆過程であることに異論をはさむ人はいないだろう．しかし，なぜ不可逆かというとちょっとした問題が生じる．もし「熱は低い温度の物質から高い温度の物質へは移動しないから」と答えるのであれば，正確な答えとはいえないだろう．熱が低い温度の物質から高い温度の物質へ移動しないこと自体は正しいが，不可逆と

4.2 可逆過程，不可逆過程

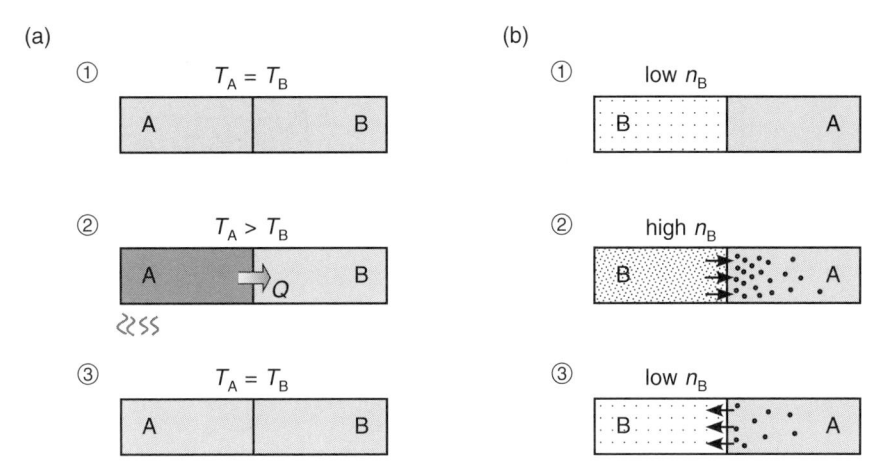

図 4.8 (a) 不可逆過程である熱の流れ．①等温であれば熱の流れはない．②A の温度を上げると A から B へ熱 Q が移動する．③しかし A の温度を元に戻しても移動した熱 Q は元に戻らない．(b) 可逆過程としての固体内の不純物拡散．①バルク固体 A に対して気体状態の不純物 B がある圧力で接している．②気体状態の不純物 B の圧力を高めると，固体 A のなかを浸透していく．③気体状態の B の圧力を再び元の値まで下げると，固体 A 中に拡散した B は気体に戻る．

いうには上記の定義にしたがった判定方法をとるべきである[†]．それには図 4.8 で示されるように考える．2 つの物質が熱接触している．はじめにどちらの温度も同じであれば熱の移動はない．一方，A を加熱し B より高い温度にしたとする．熱 Q は A から B に移動する．そこで再び A をはじめの温度，つまり B と同じ温度にしたとしても，B に移動した熱 Q は再び A に戻ってこない．A に戻すには A の温度を B より少し下げなければならない．それは当然，初期状態とは違うので，上記の定義に則して不可逆過程ということになる．

拡散は典型的な不可逆過程である．濃度差がある状況から拡散していく過程を考えると，それは逆には戻らない．ただこの場合も，濃度の低い方から高い方へ自然に移動しないことをもって不可逆というのでは不十分である．固体の片側表面に不純物を高濃度で付着させて温度を上げると，不純物は固体内に拡散していく．多くの場合，いったん拡散した不純物は元に戻らない．金属 Ti に対して，酸素は表面に付着すると酸化過程として固体内部に入り込み（酸化物 TiO_2 を形成する），表面の酸素濃度を下げても元には戻らない．しかし，水素の場合は違う．気体中の水素分圧を高くすると水素は Ti 固体中に多く拡散していくが，気体中の水素分圧を元に戻すと，固体中に拡散した水素分子は固体から放出されて元に戻る．可逆的拡散である．

またときどき，ちょうど鏡でみたときのように A と B の役割をそっくり入れ替え，過程が反対になることをもって（つまり，B を高温側にして今度は熱が A に流れるかどうか）可逆の判定をする記述もみることがあるが，やはり上記の定義にしたがい不可である．こんなことでは熱が伝わる現象はすべて可逆となってしまう．

[†]「逆方向に進行しない」ことと「元に戻らない」ということを区別すべきであろう．可逆なポテンシャルのなかでも，ボールは低いところから高いところへひとりでには上がらない（問 4.16 参照）．

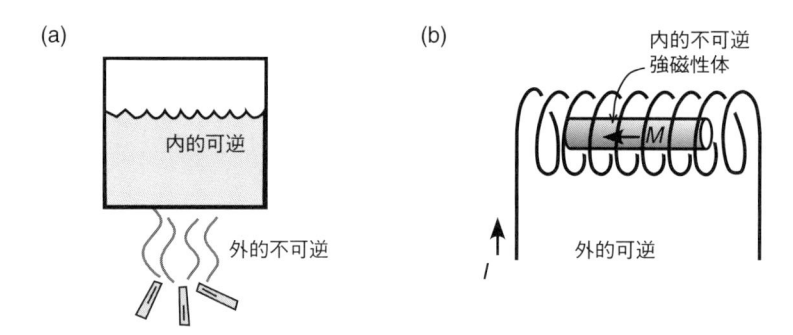

図 4.9 (a) 容器に閉じ込められた水の加熱・蒸発は内的に可逆，しかし，加熱過程は外的に不可逆．(b) 強磁性体の磁化は内的に不可逆．しかし，外部電流による磁気誘導自体は外的に可逆．

■ 内的可逆性 ■

水の蒸発は可逆的か？ この問いに対する答えは Yes とも No ともいえる．圧力一定の下で，水は温度を 100°C にすれば水蒸気になる．そして，その水蒸気を再び 100°C 以下に下げると水に戻る．この意味では「可逆」である．ところが，水の温度を 100°C にするのに 120°C の熱源に接触させて実現したのでは，有限温度差のため不可逆となる．また同じ蒸発でも，閉じた容器を使わずやかんなどを用いると，いったん蒸発して逃げた水蒸気は二度と戻らない．このように，対象とする水の周囲環境も含めて考えると違う答えになる．どちらが正しいかは何を問題にしているかによるが，一般的に，熱力学としては周囲環境も含めて元に戻ることが要求される．一方で，物質の科学では主に物質内部の変化に興味があるので，内部で可逆となってさえおれば「可逆」としている．これは立場の違いである．本書は熱力学を扱っているので，以後，周囲環境も含めたものとして可逆性を定義する．そして，物質内部の可逆性を「内的可逆性」と呼んで区別する．

■ ポイント ■

しばしば物質固有の性質を議論する場合は，熱的に接している外界と切り離し，物質本来の可逆性，すなわち内的可逆性を論じる．その場合，水の蒸発は内的に可逆で，加熱過程そのものは外的には不可逆となる．

このように，制限された領域のなかで可逆，不可逆を言及することはある．逆の例として，図 4.9 で示されるように，強磁性体の磁化は内的に不可逆である．しかし外部からの電流を流すことによる磁場印加は，抵抗が無視できる限り外的に可逆である．

■ 例題 4.1　水の固化は可逆か？

水の固化，すなわち氷に転化する結晶化過程は可逆か？

普通の意味では可逆である．$T = 0°C$ で氷となるし，また逆に，正確にその温度で溶ける．しかし，これもいつでもとは限らない．大気中で水滴が氷になるのは通常 0°C よりも低い温

4.2 可逆過程，不可逆過程

度である．いわゆる過冷却現象が起こる．この場合は不可逆過程となろう．結晶化するためにはきっかけとなる結晶核が必要で，それがないと準安定状態のままかなりの低温まで存在しうる†．

■ 実例 ■

可逆過程，不可逆過程をよりよく理解するためには実例が欠かせない．具体例が挙げられないものは理解していないということと等しい．以下に，参考文献 [3] にしたがい具体例を挙げる．ただし，化学反応に関しては少し説明が必要なので別に述べる．

◆外部からの機械的仕事による不可逆過程

等温で外部からの機械的仕事の転換．
- 水中で固体を擦りあわせ摩擦熱を発生させる
- 粘性液体の攪拌
- 粘土を壁にぶつけてかつ付着させる
- 熱浴に接した抵抗体に流した電流
- 熱浴に接した磁性体のヒステリシス

これらの場合は，加えられた仕事は最終的には熱に換わり周囲に逃げる．一方で，これらの過程を断熱的に行うこともできる．この場合は，加えられた仕事は考えている系の内部エネルギーに転換し，その温度を上げる．

◆内部機械的仕事による不可逆過程
- 気体の自由膨張
- 多孔質の栓を介した気体の流れ（絞り過程）
- 固体の機械的破断
- 風船の破裂
- 元に戻らないほど伸び切ったバネ

◆熱的不可逆過程
- 高温部から低温部への熱伝導
- 放射による熱伝導

こうしてみると，日常，我々が目にする現象のほとんどは不可逆過程である．しかしその不可逆過程を詳細に解析することで，可逆となる条件を導き出すことができる．これまでみてきた例では，
① 準静的でない過程では非平衡で，可逆となる保証がない
② いったん摩擦熱として逃げると不可逆となる
ということが共通の性質として導き出される．ピストンを急速に押すと，シリンダー内の気体に乱流が生じ，ピストンの壁にはたらく力は損をする．その分は最終的に摩擦熱として気体あるいは周

---
† きれいな空気中では $-40°C$ までは水滴は凍らずに残っていられるとのことである[1]．

囲に逃げる．したがって，可逆となるには必ず準静的でなければならない．しかし，どれだけ準静的であろうが，摩擦がある場合はやはりダメである．

以上の考察より，可逆過程となる条件は次のようにまとめられる[†]．

> **重要事項 4.2　可逆過程となる条件**
> ① 準静的過程であること
> ② 摩擦熱がないこと

■ 化学反応 ■

化学反応の多くは不可逆過程のようにみえる．急激に進む反応，燃焼反応，爆発反応はそうである．温度を発火温度に戻しても生成物は反応物には戻らない．燃焼反応の例として水素の燃焼がある．

$$H_2 + \frac{1}{2}O_2 \rightarrow H_2O \tag{4.10}$$

いったん水素が燃焼し水になると，元には戻らない．

一方，アンモニアの合成は高温で圧力変化に対し，穏やかに進み，可逆的である．

$$N_2 + 3H_2 \rightarrow 2NH_3 \tag{4.11}$$

反応物と生成物の濃度には温度ごとの平衡濃度というものがあり，温度を戻すと元の構成濃度比になる．化学反応におけるこの違いはどこから生じるのだろうか？

第 3 章の Topics「反応温度」で扱ったように，燃焼反応には反応の活性化障壁がある．一般に，このエネルギー障壁があると不可逆になる．図 4.10 に可逆反応と比較しているが，可逆反応の場合はこのエネルギー障壁がない．あとの章で説明されるが，反応の前の状態 A と後の状態 B の存在確率は，熱平衡状態ではボルツマン因子 $e^{-Q/kT}$ と呼ばれるもので決まる．これにしたがえば，ある

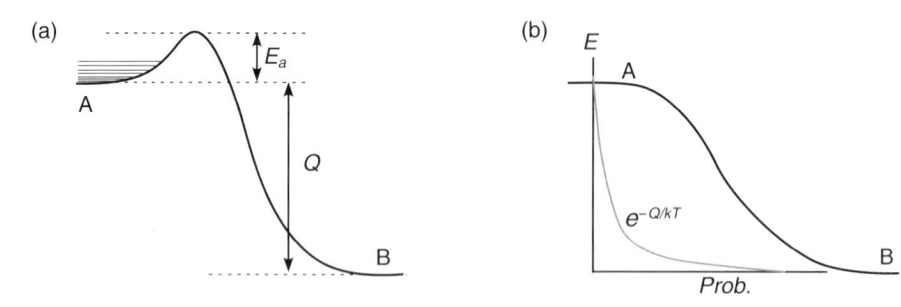

図 4.10　化学反応における可逆性　(a) 反応には活性化障壁 E_a があり，不可逆過程となる．A の状態は B の状態よりエネルギーが高いにもかかわらず障壁のおかげで安定に存在する．(b) 活性化障壁 E_a がなくなると可逆過程となる．グレーの線は状態の存在確率（$Prob.$）が過程によらず状態のエネルギーと温度だけの因子 $e^{-Q/kT}$ で決まることを示している．

[†] この 2 つの条件をきちんと議論しているものは案外少ない．ピパードの教科書[(2)]は小冊子ながら注意深い考察がなされている．参考文献 [3] にも記述がある．

温度 T_1 から T_2 に変え，A と B の存在割合を変えても，温度を T_1 に戻せば元の比に戻る．注意したいのは，A と B の存在割合はエネルギーの差 Q だけで決まることである．それはエネルギー障壁がある場合でも変わらない．長い時間を経たあと熱平衡状態が達成されれば，図 4.10 (a) の場合でも，A と B の存在割合はエネルギーの差 Q だけで決まり，温度を戻すとその状態が再現される．ここでエネルギー障壁 E_a がある大きさ以上になるとどうなるだろうか？ 図 4.10 (a) で，反応の始状態が A にあるとして，本来はこれは B よりエネルギーが高い状態なので不安定で，B へ落ち込むはずである．しかしそうならないのは，反応が進まないようせき止める障壁が存在するからである．こういう反応の始状態 A は「準安定状態」と呼ばれる．もしこのエネルギー障壁がなかったならば，燃料という燃料はたちまち燃え尽きて，この世は死んだ世界になっていただろう．

　化学反応の可逆性に関してもう 1 つ重要な事項を述べる．たとえば，水の合成反応 (4.10) に関して，それがいつでも不可逆反応と思ってよいだろうか？ 確かに燃焼反応としては不可逆であるが，これを燃料電池として穏やかに反応させ可逆とすることができる（第 7 章参照）．これは，通常，不可逆過程として実現している反応もたどる道を変えると可逆にできる可能性を示している．

　以上，可逆過程，不可逆過程について長々と議論してきたが，これからわかることは何か？ 結局のところ，状態 A から状態 B への変化が，可逆であるか不可逆であるかを先験的にいうことはできない．A と B をつなぐやり方は 1 通りではない．少なくとも状態変数として温度と圧力の 2 つはあり（もっと重要なパラメータはその変化速度であろう），その変化のさせ方で無限個の過程が存在し，そのなかで可逆，不可逆どちらもありうる．読者は，始状態と終状態を一にする可逆過程を見いだす訓練が必要になる．それは第 7 章で行われる．

4.2.2　可逆性，不可逆性についてのさらなる議論

　可逆過程，不可逆過程というものはむずかしい．理解したと思っていても，別の本を読むとまた違った解釈がしてあるのをみることがある．どちらが正しいのだろうか？ 初心者が迷うのは当然のことである．ここではそのようなものからいくつかを議論する．

■ **準静的は可逆か？** ■

　重要事項 4.2 で述べたことは，集合論的にいえば，図 4.11 に示されるように，可逆過程は準静的過程の集合に含まれるが，その逆ではないということである．ところが，いくつかの教科書では，この可逆過程と準静的過程の関係を逆にしているものがある．大変な違いである．初心者が可逆，不可逆を理解するうえで混乱をもたらす．そのような教科書を読むと，「可逆でありながら準静的で

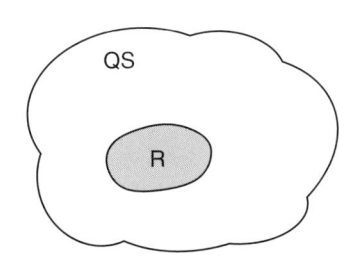

図 4.11　可逆過程（R）は準静的過程（QS）の一部

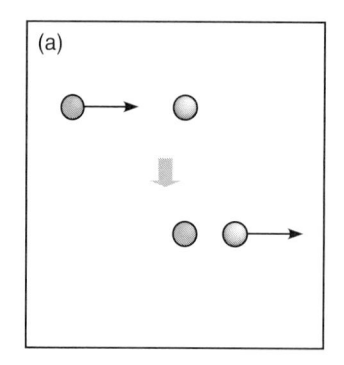

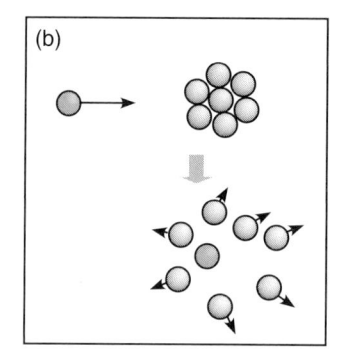

図4.12 可逆と不可逆性

ない例はいくらでもある」と書かれているが，実際の例を挙げているものはそれほど多くない．著者の知る限り，挙げられた例は摩擦のない振り子の運動のような類である．しかし，このような議論は主客転倒の議論であろう．圧倒的多数の粒子の作る系が確率的にどうなるかを知るのが熱力学の目的である．決定論的に記述できる1個の質点の運動など熱力学は対象としていない．

図4.12で示されるように，2個のビリヤード球があり，一方は静止しており，もう一方を左から初速vで正面衝突させる．このあと当てた球は静止し，当たった球は同じ速度vで飛び出すことは，初等的な力学で知っていることである．この過程をそっくり逆に辿ることは可能である．右の球を初速$-v$で左の球に正面衝突させればよい．

次に，衝突させるターゲットを1個から増やそう（図4.12(b)）．左からこの球の塊に衝突させると，ターゲットの球はいろんな方向に散乱するであろう．この過程を逆に再現できるだろうか？ 原理上は，飛び散ったあとの球の位置・速度をすべて正確に記録し，あとでその位置から出発して速度を正確に反転させれば可能である．多数個の球を中心に向かって放ち，中心で衝突させたあと，1個だけを左方向に飛ばしてその他の球はすべて静止するはずだ．しかし，現実問題としてこのような神業が起こった試しはない．これが熱力学でいうところの不可逆性の本質である．

多数個でなければ，たとえば，3個であればあるいは可能かもしれない（それでも，どれほど腕のよいプレーヤーでも至難の業であろう）．この場合を可逆というべきであろうか？ それとも不可逆というべきだろうか？ だんだんわからなくなるだろう．しかし，10個以上であれば確実に不可逆といえる．この場合でさえ，反転させる可能性はわずかなりとも否定はできない．しかし，我々の経験するなかでは絶望的に近いほど小さい．熱力学でいう不可逆とはこのことをいうのである．熱力学では，不可逆の判定は確率論的に述べられるべきものである．その点で，10個のビリヤード球を反転させることは「実現不可能」となる．1個だけのビリヤードの球の動きをみて熱力学を語ってはいけない．

図4.11の関係が正しいということを示すには，準静的でありながら可逆でない例を挙げればすむ．そのような例はそれこそたくさん挙げられる．たとえば，細孔を介して気体が左から右へ絞られる過程がそうである．細孔の目を細かくしていけば，この絞り速度をいくらでも遅くすることができる．しかしながら，圧力条件を元に戻しても拡散した気体は元には戻らない．あるいは，容量の非常に大きな物体2つを熱接触させよう．初期温度は一方が他方より高い．もちろん，熱伝導に

4.2 可逆過程，不可逆過程   129

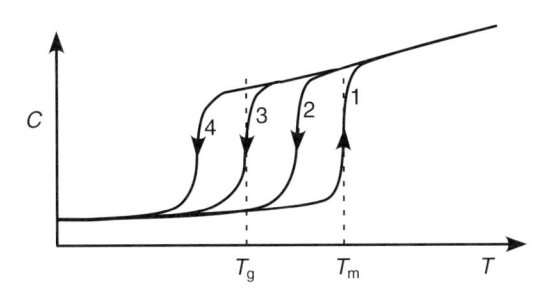

図 4.13 ガラス化過程 比熱 C を温度の関数として表している．比熱が連続的に変化するものは潜熱がないことを示す．ガラスへの固化は冷却速度による．

より高温側から低温側に熱が伝わり，最終的には同じ温度になる．典型的な不可逆過程である．しかし，物体の容量を非常に大きくとると，温度の変化速度は無限に小さくすることができる．それにもかかわらず，元の状態には戻せない．固体中の反応は，液体中や気体中のものに比べてケタ違いに遅い．金属表面の酸化，あるいは表面に付着した不純物は極めてゆっくりと固体内を拡散する．その速度があまりにも遅いので，通常の時間スケールでは平衡状態であり，反応は進行していないとみなすことができる．にもかかわらず，余分の仕事なしで元の状態には戻せない．このようにしてみると，ほとんどの場合は不可逆過程に属し，可逆過程というのはまったく限られたものだということがわかるだろう．

■ 可逆性と潜熱 ■

物質が関与すると物事は複雑になる．物質科学でよく問題とされる相転移に付随した熱の発生に関して述べる．

水の蒸発熱が示すように，潜熱の存在が可逆過程を示すもののようにいわれることがある．液体からガラスへの固化というものが潜熱をともなわない，という実験事実がその根拠となっている．しかし，ガラスへの固化の場合，潜熱がないことは固化過程が一定温度で行われているのではなく，ある温度範囲をもって徐々に行われていることの結果である．それを逆読みして，潜熱がないことが不可逆性の証拠であると拡大解釈してはいけない．図 4.13 にガラス化温度が冷却速度に依存することが示されているが，固化する温度が冷却速度に依存することこそ不可逆性を示すものである．事実，磁気転移の多くの場合がそうであるように，潜熱がなくとも可逆のものもある．潜熱の存在をもって可逆，不可逆の判定には使えない．

■ 熱に転換されると必ず不可逆か？ ■

もう 1 つ，ときどき見うけられるもので，誤解を与える，あるいは間違っている記述は，「仕事を熱に換える過程は不可逆である」というものである．摩擦による熱への転換は不可逆であるが，そうでなければ熱に転換すること自体は不可逆を意味しない．これまで何度か扱ってきた等温膨張過程がそれである．等温収縮過程ではピストンを押した仕事がすべて熱に換えられるが，方向を逆にして，熱を吸って仕事に換えることができる．あるいはもっと一般的にいって，物質に熱を加えると内部エネルギーの増加となるが，それをそっくり熱として外部に放出することができる．だから

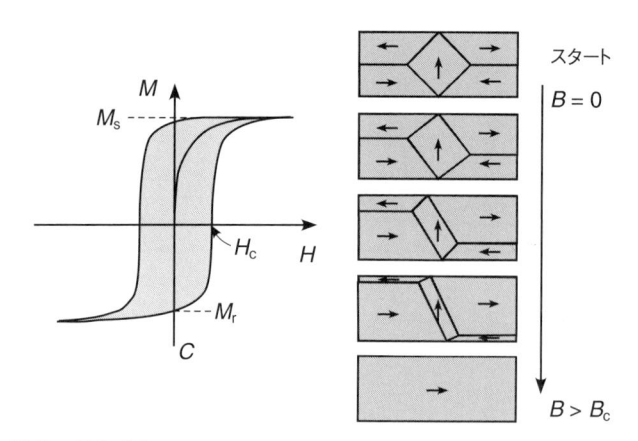

図 4.14 **強磁性体の磁化** 外部磁場 H に対して磁性体内部に誘起される磁化 M の変化はヒステリシスをもつ．それは磁性体内部では，右のように磁区と呼ばれるなかでは M が一様な微小領域が発達する．違う向きの磁区が向きを揃えるため内部摩擦が生じる．

こそ物質の比熱は何回測定しても再現されるのである．

熱の発生自身は不可逆性を意味しない．たとえば，水が蒸発するとき発生する潜熱は，可逆的に吸収して元の水に戻ることができる．逆に，この潜熱が発生しないのに，ガラス化は不可逆過程の典型例である．潜熱こそないが比熱自体が冷却速度に依存する．つまり，熱の発生自体をもって不可逆性とはできない．可逆性の熱の発生の場合もあれば，不可逆性の熱の発生の場合もある．不可逆性の発熱は，物質の外部，内部にかかわらず，常に摩擦熱という形をとる．それが摩擦熱によるものかどうかは，過程にヒステリシスがあるかをみる．

たとえば，磁性体の例をみる．図 4.14 の強磁性体を磁化する過程を考える．その過程で熱が発生するが，それは水が蒸発するときの潜熱と違って，内部摩擦によるものでエネルギーの散逸をともなう．それが内部摩擦によるものかどうか，熱をみていただけではわからない．磁化曲線を描いてみて，ヒステリシスがあれば内部摩擦が起こったことがわかる．結局のところ，不可逆かどうかはヒステリシスがあるかどうかである．ちょっと同議反復のようだが，それはまさに定義に沿った判定方法である．

ある外部拘束条件（温度や体積など）を a から b に変化させたとき，物質の状態が A から B に変化した．それが不可逆かどうかは次のように判断する．

> **重要事項 4.3 不可逆性の検証**
> 外部拘束条件を b から a に戻したとき，物質の状態が A に戻るならば可逆である．そうならないものはすべて不可逆である．別の状態 C になったことをもってヒステリシスがあったという．

ヒステリシスがあることは解析を困難にし，理論家にはまことに都合が悪いが，実用上は好ましいことである．ヒステリシスがなかったならば，永久磁石などの応用は不可能であっただろう．外部磁場を取り除いたら磁化が消えるようなものが磁石として役に立つだろうか．

4.3 第二法則

4.1.1 節で示した例が示唆していることは，熱機関に不可逆性が入ると必ず効率が落ちるということである．つまり，可逆機関が最高の効率をもつということである．これらはいろいろな事例で調べられ，例外がないことがわかると法則に格上げされる．

これまでの観察・経験から，すべてを可逆にした熱機関が理想的な効率をもっていると推測されるので，そのような熱機関のモデルを考える．そのうえで不可逆熱機関が可逆熱機関の効率を下回ることを示せれば，その推測は正しいということになる．

4.3.1 カルノー機関

可逆機関を以下のような道筋で考える．

① まず，熱源から熱を受けなければならない．熱は自然には高温部から低温部へと流れるので，熱を授ける熱源は高温（T_h）でなければならない．
② しかし，その高温熱源から熱を受けるとき，有限の温度差があっては不可逆性が出てくるので，限りなくその温度差をなくすようにすべきである．理想的には，T_h の熱源と同じ温度を保って膨張することで外部に仕事をする．
③ 次のサイクルを行うには元の状態に戻さなければならない．つまり，温度を下げ，かつ体積を減少させねばならない．温度を下げるためだけであれば低温熱源と接触させればよいが，それは有限温度差の熱伝導をともない，不可逆性が生じるので避けねばならない．
④ 可逆的に温度を下げるには，ゆっくり断熱膨張を行って下げる．しかし，体積はさらに膨張するのでこれだけでは元の状態には戻っていない．
⑤ 体積を戻すには，放熱して収縮させねばならない．これも温度差があるところでは不可逆過程となるので，低温熱源（T_l）と同じ温度で接触させて体積を元に戻す．
⑥ T_l の温度の作業流体を再び T_h の高温熱源にもっていかなければいけないが，そのためには断熱圧縮を使う．

以上の考察を経て理想的な可逆機関が考案された．これをカルノー機関という．上記の考察から明らかなように，カルノー機関とは，高温 T_h および低温 T_l の 2 つの熱源で動作する熱機関である．図 4.15 を使ってこれを解析する．解析にあたっては作業流体に理想気体 1 モルを仮定する．1 モルという分量に限定しても何ら一般性は失われない．一方，理想気体を仮定するのは解析が容易になるからであるが，そうでない場合でも結果は変わらない．次節で議論するが，熱効率 η 自体は，可逆機関であれば，作業流体の種類によらず温度だけで決まる．

まず，このサイクルを通じての正味の仕事は，エネルギー保存則より，

$$W = Q_h - Q_l \tag{4.12}$$

である．等温膨張過程あるいは等温収縮過程では，

$$Q_h = RT_h \ln\left(\frac{V_2}{V_1}\right)$$

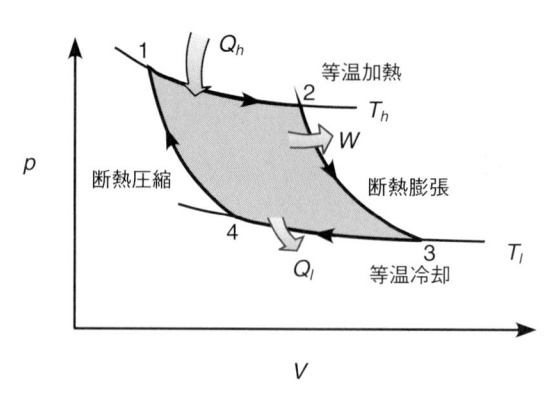

図 4.15 カルノー機関のサイクル

$$Q_l = RT_l \ln\left(\frac{V_3}{V_4}\right) \tag{4.13}$$

となる．これより，

$$\frac{Q_l}{Q_h} = \frac{T_l}{T_h} \frac{\ln\left(\frac{V_3}{V_4}\right)}{\ln\left(\frac{V_2}{V_1}\right)} \tag{4.14}$$

となる．

一方，断熱膨張あるいは収縮過程では，

$$T_h V_2^{\gamma-1} = T_l V_3^{\gamma-1} \tag{4.15}$$

であるから，

$$\frac{T_h}{T_l} = \left(\frac{V_3}{V_2}\right)^{\gamma-1} = \left(\frac{V_4}{V_1}\right)^{\gamma-1} \tag{4.16}$$

となるから，結局，式 (4.14) より，

$$\frac{Q_l}{Q_h} = \frac{T_l}{T_h} \tag{4.17}$$

となる．

これよりカルノー機関の効率 η_C は，

$$\eta_C = 1 - \frac{T_l}{T_h} \tag{4.18}$$

を得る．

例題 4.2 カルノー曲線

カルノー機関はよく模式的に図 4.15 のように描かれるが，これはかなり誇張されている．実際のものは非常に細長いものである．

4.3 第二法則

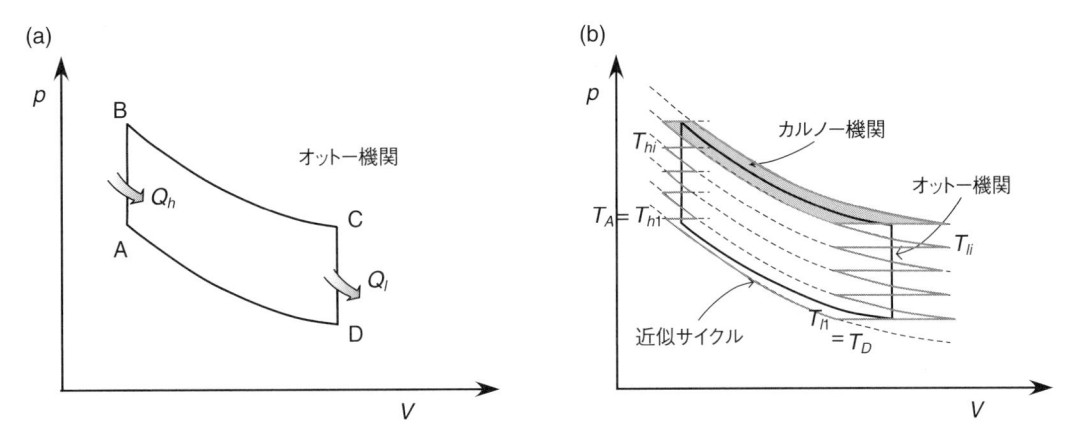

図 4.16 オットー機関の解析 (a) 理想化されたオットー機関. (b) カルノー機関の組合せで近似する.

■ 他の可逆機関 ■

カルノー機関は可逆熱機関であるが，逆に，可逆熱機関はすべてカルノー機関というわけではない．両者の関係について述べる.

カルノー機関では，熱源の温度は2種類だけであった．多くの熱機関では熱源の温度は変わる．たとえば，次に述べる理想化された可逆なオットー機関（図 4.16）では，等容過程 A → B で温度が T_A から T_B まで上がり，その間で熱 Q_h を吸収する．過程 B → C では断熱膨張により温度は T_C まで下がる．そして，等容過程 C → D を介して放熱 Q_l が行われる．系は過程 D → A で断熱圧縮により再び元の温度 T_A に戻る．このとき，

$$\frac{T_A}{T_B} = \frac{T_D}{T_C} \tag{4.19}$$

となるように設定されたものがオットー機関である．このように温度が連続的に変わる場合は，あとで示されるが，計算に工夫が必要となる.

カルノー機関では，実質上の仕事をする過程，パワーストローク（図 4.15 の 2 → 3）は断熱膨張を使っている．それ以外の方法もある．理想化されたスターリング機関は可逆過程である．しかし，パワーストロークは等温膨張過程を使って実現される．また，次のような磁化過程を使うものもある.

■ 磁気的可逆機関 ■

1モルの常磁性物質を作業物質として使うカルノー機関を考えよう（図 4.17）．はじめにこの常磁性体は T_h の温度で外場 H_i により磁化 M_i をもっているとしよう．T_h の熱浴に浸しながら外場 H を徐々に落としていくと M は小さくなる（A → B）．分子のもつ磁気モーメントが乱雑になるということだが，その磁気モーメントを乱すために熱浴から常磁性体に熱量 Q_h が移動しなければならない．同時に，$-W_1$ の仕事が可逆的になされる．この仕事とは系にかけられる外部磁場 H を変化させるのに要する仕事のことで，負はその磁場を保つのに要するエネルギーが小さくなることを意味する.

次に，断熱で外部磁場を下げる（B → C）．今度は外部から熱が流入しないので，磁気モーメン

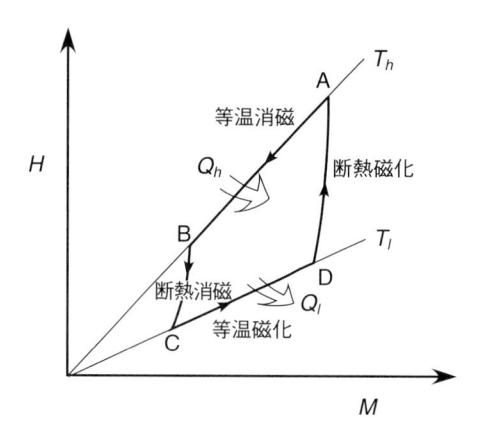

図4.17 常磁性体を用いたカルノー機関

トの減少は少なくなる（図 4.17 で H-M の傾きが急になることに注意せよ）．磁気モーメントの減少させる乱雑なエネルギーは常磁性体内部からこなければならない．そのためこの磁性体の温度は下がる．

残りの過程，C → D および D → A はこれとは逆になる．

■ 実際の熱機関のモデル ■

実際の熱機関は，多かれ少なかれ，不可逆過程が含まれる[†]．たとえば，ガソリン機関ではシリンダー内に取り込まれた燃料ガスが燃焼する．その過程では，混合気体には乱流が生じてそれは熱として損失する原因となるし，シリンダーの収縮にともなう摩擦，温度分布があることによる熱損失など，さまざまな不可逆過程が入り込む．それらはこの機関の解析を非常に複雑なものにする．そこで，熱力学では解析を容易にするため，実際の熱機関の動作をできるだけ準静的過程でシミュレーションしたモデルを考える．

ガソリン機関からすべての摩擦や乱流などのエネルギー散逸機構を取り除き，すべてを可逆としたモデルが図 4.16 に示したオットー機関である．オットー機関はあくまでもガソリン機関をモデル化したもので，実際は決してこのようなグラフでの変化をするのではない．

蒸気機関から，すべての摩擦や乱流などのエネルギー散逸機構を取り除き，すべてを準静的に可逆としたモデルが図 4.5 の右に示したランキン機関である．したがって，ランキン機関による解析は実際の蒸気機関の効率の上限を与えるだけである．とはいえ，それは解析を非常に複雑にする不可逆過程の記述よりもはるかに便利である．

オットー機関やランキン機関が可逆であるかどうかに関しては，文献によって違った記述を見いだし混乱するだろう．モデルの定義の問題であるが，たとえばオットー機関に関しては，それをガソリ

[†] この不可逆過程が含まれることは否定的なことばかりではなく，あとで議論されるが，むしろ積極的な意味がある．

ン機関と同一にみなす立場からは不可逆機関となる．たとえ内部摩擦などのエネルギー散逸機構をすべて排除しても，オットー機関では高温熱源から熱を受ける行程で温度は連続的に変わっている．有限の温度差をもつ境界での熱の移動は不可逆過程となるので，オットー機関は不可逆機関ということになる．このような一般的な意味でカルノー機関の効率より落ちるということはいえる．この立場のものが参考文献 [2] などにある．

一方，参考文献 [3] では近似をもう 1 つ進め，オットー機関を単に摩擦などがないばかりでなく，さらにこの連続的に温度変化がある熱源との接触を，多数の少しづつ温度が違う熱源との連続した熱交換に置き換えている（図 5.9 参照）．この置き換えにより「オットー機関は可逆機関」となる．この立場からはオットー機関の効率を上回ることはできないということになる．一見まったく違った結論となるようにみえるが，重要なことは比較するものを揃えるということである．第二法則の「カルノー機関の熱効率を上回ることができない」という主張は，熱源が T_h と T_l の 2 つだけではたらく熱機関のなかでという条件がある．一方，オットー機関では高温熱源の温度自体が連続的に分布しており，同じ条件で比較しようがない．

本書では，混乱を避けるため，「理想的な」という言葉を付け加えることで，このような可逆なモデルを意味するものとする．

4.3.2 第二法則の表し方

これだけの準備をしたうえで，第二法則について述べよう．第二法則の表し方は幾通りもある[†]．まず，これまで議論してきた熱機関に限定した記述では，次の 2 つがある．

重要事項 4.4 ケルビン・プランク定理
熱機関の 1 サイクルで熱源から熱 Q をもらい，その Q をすべて仕事 W に換え，なおかつ周りの環境にそれ以外の変化をもたらさないような熱機関は存在しない．

重要事項 4.5 クラウジウスの定理
低温の熱源 T_l から高温の熱源 T_h へ熱を移動させ，なおかつ周囲にまったく何の痕跡も残さないようにすることは不可能である．

ケルビン・プランク定理とクラウジウスの定理は，一見するとまったく違ったことが主張されているようにみえ，これが等価であるとはちょっと驚きである．証明は数学でいう背理法を使う．

ケルビン・プランク定理が破れているとすると，クラウジウスの定理も破れていなければならない．なぜなら，ケルビン・プランク定理が破れていれば，低温の熱源 T_l から熱 Q をもらい，それをすべて仕事 W に換え，なおかつ作業流体は元の状態に戻る熱機関があることになる．その仕事は高温の熱源 T_h のなかで摩擦熱により容易に熱に換えることができる．これにより熱を低温熱源から高温熱源へ移動させ，かつ周囲に何の変化も及ぼさなかったことになる．これはクラウジウスの定理に反する．

逆に，クラウジウスの定理が破れているとすると，ケルビン・プランク定理も破れていなければな

[†] なんでも 20 種類くらいに上るらしい[3]．

らない．クラウジウスの定理が破れていると，熱 Q を仕事の手助けなしに低温熱源 T_l から高温熱源 T_h へ移動させることができる．可逆熱機関において，高温熱源から得た熱 Q_h のうち，$W = Q_h - Q_l$ が仕事に転換でき，残りが低温熱源に捨てられることになる．低温熱源に捨てた熱 Q_l をそっくり高温熱源 T_h へ移動させることができるので，その過程をいまの可逆機関に付け加えて熱サイクルを完結させると，1 サイクルでは正味，低温熱源に排熱はなかったことになる．これは，高温熱源から得た正味の熱 $Q_h - Q_l$ はそっくり仕事に転換できたことを意味し，ケルビン・プランク定理に反することになる．

■ 重要事項 4.6　カルノー定理

2 つの熱源 T_h と T_l の間で動作するすべての熱機関の効率は，カルノー機関の効率 η_C を超えることはできない．また，その熱機関が可逆であれば，その効率はカルノー機関の効率 η_C に等しい．

この証明には再び背理法を使う．まず，カルノー定理（重要事項 4.6）のはじめの部分であるが，ある不可逆機関 HE1 の効率 η' がカルノー機関 HE2 の効率 η_C を超えるとしよう．そのとき何が起こるだろうか？　HE1 により高温熱源より Q'_h を得て，仕事 $W = \eta' Q'_h$ をし，低温熱源に $Q'_l = (1-\eta')Q'_h$ を捨てる．一方，可逆機関 HE2 は高温熱源から Q_h を得て，$\eta_C Q_h$ の仕事をし，低温熱源に Q_l を捨てる．HE2 は可逆機関なので，この動作をそっくり逆転することができる．

HE2 の動作を逆転させて冷凍機関として動作させ，HE1 のなした仕事 W をそっくり HE2 に入力してやる（図 4.18）．つまり，HE2 は HE1 の出力 W の仕事を使って低温熱源から Q_l を吸い，高温熱源に $Q_h = W + Q_l$ を捨てる．高温熱源に捨てる熱は，

$$Q_h = \frac{W}{\eta_C} = \frac{\eta'}{\eta_C} Q'_h > Q'_h \tag{4.20}$$

また，低温熱源から吸う熱は，

$$Q_l = \frac{1-\eta_C}{\eta_C} W = \frac{1-\eta_C}{\eta_C} \frac{\eta'}{1-\eta'} Q'_l$$

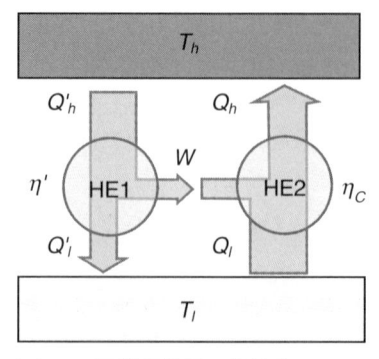

図 4.18　熱効率 η' をもつ不可逆熱機関と熱効率 η_C をもつ可逆機関の組合せ

4.3 第二法則

$$= \frac{\eta'}{\eta_C} \frac{1-\eta_C}{1-\eta'} Q_l' = \frac{\eta'}{\eta_C} \left\{ 1 + \frac{\eta' - \eta_C}{1-\eta'} \right\} Q_l' > Q_l' \tag{4.21}$$

となる．正味の結果は，外界には何の仕事もなく，かつ低温熱源から $Q_l - Q_l' > 0$ の熱を吸い，高温熱源に $Q_h - Q_h' > 0$ の熱を捨てたことに相当する．これはクラウジウスの定理に反するので，最初の仮定，不可逆機関の効率 η' がカルノー機関の効率 η_C を上回るとしたことが誤りだったのである．常に可逆機関のそれを超えてはいけない．

カルノー定理（重要事項 4.6）の後半の部分も同様に示せる．もし2つの可逆機関 HE1 と HE2 の熱効率 η_1 と η_2 が違ったならばどうなるか？ 仮に $\eta_1 > \eta_2$ としよう．HE1 により，高温熱源より Q_{h1} を得て，仕事 $W = \eta_1 Q_{h1}$ をし，低温熱源に $Q_{l1} = (1-\eta)Q_{h1}$ を捨てる．いまこの HE1 のなした仕事 W をそっくり HE2 に入力し，HE2 を逆動作させる．つまり，W の仕事を使って低温熱源から Q_{l2} を吸い，高温熱源に $Q_{h2} = W + Q_{l2}$ を捨てる．$\eta_2 = W/Q_{h2}$ なので，高温熱源に捨てる熱は，

$$Q_{h2} = \frac{W}{\eta_2} = \frac{\eta_1}{\eta_2} Q_{h1} > Q_{h1} \tag{4.22}$$

また，低温熱源から吸う熱は，

$$\begin{aligned} Q_{l2} &= \frac{1-\eta_2}{\eta_2} W = \frac{1-\eta_2}{\eta_2} \frac{\eta_1}{1-\eta_1} Q_l' \\ &= \frac{\eta_1}{\eta_2} \frac{1-\eta_1}{1-\eta_2} Q_{l1} = \frac{\eta_1}{\eta_2} \left\{ 1 + \frac{\eta_1 - \eta_2}{1-\eta_1} \right\} Q_{l1} > Q_{l1} \end{aligned} \tag{4.23}$$

となる．同様の議論により，やはり外部に痕跡を残さず低温部から高温部へ熱を移動させたことに相当し，これはクラウジウスの定理に反する．ゆえに，$\eta_1 = \eta_2$ でなければならない．

Q.E.D.

カルノー定理により，可逆機関では，

$$\frac{Q_h}{T_h} = \frac{Q_l}{T_l} \tag{4.24}$$

を得る．また不可逆機関であれば，$\eta < \eta_C$ より，

$$\frac{Q_h}{T_h} < \frac{Q_l}{T_l} \tag{4.25}$$

となる．これは，不可逆機関では可逆機関より常に熱としての損失が大きいということを主張している．

■ 熱力学的絶対温度 ■

式 (4.24) は，可逆熱機関での高温熱源側と低温熱源側からの移動熱量の比を与えるもので，それが両者の温度の比であることを主張している．そこには具体的な熱機関の詳細は入らない．その温度だけで決まる．それゆえ，式 (4.24) をもって温度を定義することができる．そうして定義されたものが「熱力学的絶対温度」と呼ばれるものである．それは熱機関の種類や作業物質にもよらないので，物理的な定義としてはふさわしい．実質的には，これまでに使われてきた理想気体の状態方

程式に現れる絶対温度と同じである．

熱力学的絶対温度という概念をこうして言及はしたが，ここではそれ以上の議論は行わない．何といっても，ほとんどの温度領域で他に適当な温度計があるのに，わざわざ熱機関を動かさないと温度が測定できないというのは不便である．しかし，現代物理学の最先端では，ボーズ・アインシュタイン凝縮という現象を見いだすため nK というオーダーの低温が実現されている．このような前人未到の領域では，実際的に役立つ温度計というものは存在しない．そのような場合は原理に戻らなければならない．興味ある読者は，温度の定義に関する文献を参照する必要がある．参考文献 [1] や文献 (4) にある．

■ 一般の熱機関の効率 ■

式 (4.24)，式 (4.25) をカルノー機関に限らず，一般の熱機関に対しても一般化しておこう．一般の熱機関のサイクルは，図 4.19 にあるように，状態図のなかで任意の閉じた曲線で表すことができる．

一般の過程を考える際に，まず素過程に分けて考える．状態図 p-V，あるいはもっと一般的に F-X を考える（図 4.20）．F は表 1.1 でいうところの一般化力，X は対応する一般化変位であり，その積が仕事を与えるものである．始状態 1 から終状態 2 までの過程を考える．これは一般的に不可逆である．この間になした仕事は，$W = \int_1^2 F dX$ である．この過程に対して，始状態と終状態

図 4.19　一般の熱機関

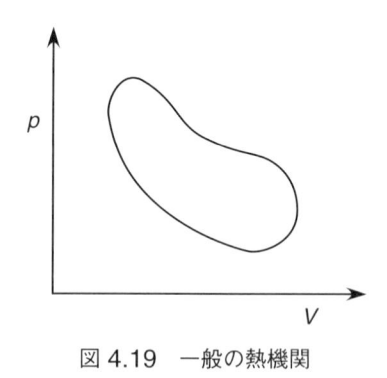

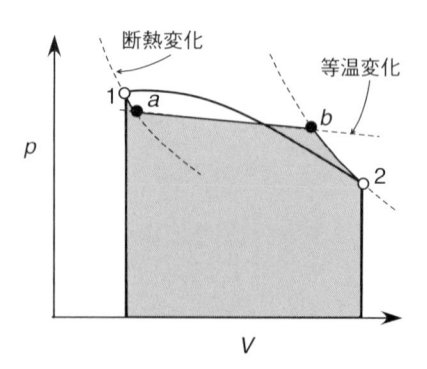

図 4.20　始状態 1 から終状態 2 への経路

4.3 第二法則

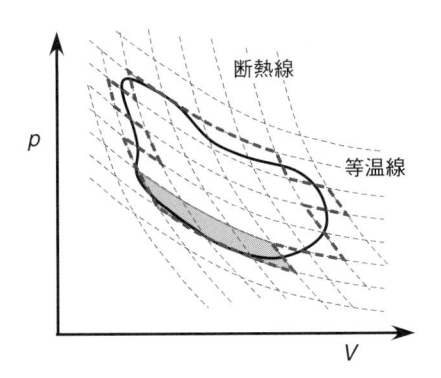

図 4.21 一般の熱機関のカルノー機関を使った計算　太い曲線が実際の経路で，太い点線がそれをカルノー機関で置き換えた経路．塗りつぶされた部分が 1 つのカルノーサイクル．

を一にする，断熱変化-等温変化-断熱変化 $1-a-b-2$ を描く．ただし，等温過程 $a-b$ はその間の積分 $\int_a^b F dX$ が元の仕事 $W = \int_1^2 F dX$ と同じようにとる．このような経路を辿ることが常に可能であることは，数学を使わずとも図をみて直感的に理解できるだろう．始状態と終状態が同じであるので，内部エネルギーの変化も同じである．その間になした仕事が同じであれば，出入りした熱も同じとなる．すなわち，熱力学的には元の経路 $1-2$ と新しい経路 $1-a-b-2$ はまったく同じはたらきをする．

以上の準備のもと，改めて一般の熱機関のサイクルに戻る．図 4.21 では，問題とする一般的な熱機関の 1 サイクルの経路が閉じた曲線で表されている．これを多数の断熱線で刻むことができる．そして，その 1 つ 1 つの部分に対して上述のような操作を施す．つまり，本当の経路を隣接する断熱線で挟まれる等温線で置き換える．こうして切り出された 1 つの部分（図 4.21 の塗りつぶされた部分）は，1 つのカルノー機関である．この部分で出入りした熱は対応する元の過程のそれに一致する．したがって，この細かな部分を足し合わせたものは元の過程の 1 サイクルと一致する．

i 番目の過程では，$T_{h,i}$ の高温熱源，$T_{l,i}$ の低温熱源に素早く切り替え，それらと熱 $\delta Q_{h,i}$, $-\delta Q_{l,i}$ を交換させる．その差が仕事 $\delta W_i = \delta Q_{h,i} - \delta Q_{l,i}$ になる．

それぞれの段階で，式 (4.24)，式 (4.25) より，

$$\frac{\delta Q_{h,i}}{T_{h,i}} - \frac{\delta Q_{l,i}}{T_{l,i}} \leq 0 \tag{4.26}$$

で，等号は可逆の場合のみである．

式 (4.26) の左辺第一項は行き，第二項は帰りの経路に対応させると，その和は経路積分として表すことができる．

■ 重要事項 4.7　クラウジウスの関係式
一般の熱機関では，

$$\oint \frac{\delta Q}{T} \leq 0 \tag{4.27}$$

となる．等号は可逆機関のときのみ成り立つ．

式 (4.27) はクラウジウスの不等式と呼ばれ，左辺の積分はクラウジウス積分と呼ばれる．つまり，クラウジウス積分は正にはならず，かつ可逆機関のときのみ 0 となる．

このクラウジウスの不等式についてはいくつか注意をしておく．
- Q は作業流体が受け取る方を正ととる
- T は作業流体の温度である
- 積分範囲は熱機関のちょうど 1 サイクルである

例題 4.3　オットー機関

ガソリン機関を理想化したモデル，オットー機関の効率を考える．

図 4.16 のように，オットー機関を細かく切って多くのカルノー機関の組合せで表すことができる．i 番目のカルノー機関は T_{hi} から熱量 Q_{hi} を吸収し，仕事 W_i をなし，T_{li} に Q_{li} の排熱を行う．このとき，式 (4.19) が成り立っているので，T_A と T_B の間を T_{li}/T_{hi} の比が一定（r とする）になるように分割することは常に可能である．

$$W_i = Q_{hi} - Q_{li} = Q_{hi}\left(1 - \frac{Q_{li}}{Q_{hi}}\right) = Q_{hi}\left(1 - \frac{T_{li}}{T_{hi}}\right) = Q_{hi}(1-r) \tag{4.28}$$

全体の効率は，

$$\begin{aligned}\eta_O &= \frac{\sum W_i}{\sum Q_{hi}} \\ &= \frac{(1-r)\sum Q_{hi}}{\sum Q_{hi}} = 1 - r \\ &= 1 - \frac{T_D}{T_A} = 1 - \frac{T_C}{T_B}\end{aligned} \tag{4.29}$$

A → D あるいは C → B は断熱過程であるので，$T_C/T_B = (V_B/V_C)^{\gamma-1}$ である．オットー機関の効率 η_O は，工業的には温度の比 (4.29) より，圧縮比と呼ばれる体積の比 $\varepsilon = V_C/V_B$ によって，

$$\eta_O = 1 - \frac{1}{\varepsilon^{\gamma-1}} \tag{4.30}$$

で与えられる式を用いる．V_C, V_B はそれぞれピストンの上死点，下死点と呼ばれる体積の限度である．ピストンはその間を動作する．上死点から下死点までのピストンの運動をストロークと呼ぶ．1 往復は 2 ストロークに相当し，したがって，ガソリン機関の標準サイクルは 2 往復，4 ストロークということになる．1 ストロークでのピストンの掃く体積を変位体積 $V_{\rm dsp}$ と呼ぶ．ガソリン機関のピストンの仕事を手っ取り早く求めるには，下死点の体積が小さいという近似の下，変位体積 $V_{\rm dsp}$ と 1 サイクルの平均圧力 $\bar{p}$ を使い，

$$W = \bar{p} V_{\rm dsp} \tag{4.31}$$

で評価できる．

4.3 第二法則

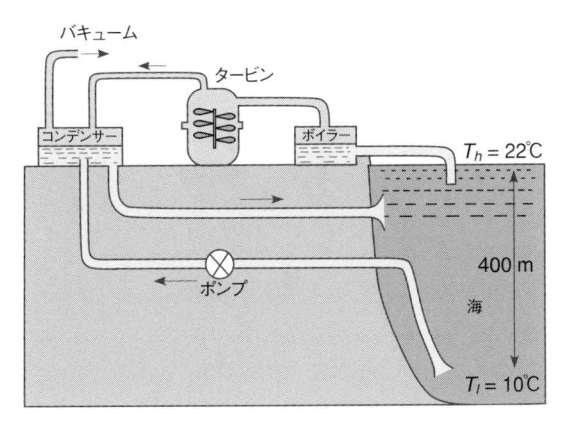

図 4.22 海洋温度差発電

例題 4.4 海洋温度差発電

海洋温度差発電（図 4.22）は，海の中の温度が深海と表面とでは違うことを利用して発電するものである．これでどれくらいの発電量が期待できるか見積もってみよう．

厚さ 100 m の海洋表層水の温度は 22°C とする．それに対し，水深 400 m の深層部の温度は 10°C とする．これを全海洋面積 $S = 3 \times 10^{14}\,\mathrm{m}^2$ に適用する．すなわち，海洋のもつ熱エネルギーは，体積 $V = 3 \times 10^{16}\,\mathrm{m}^3$ の海水を 12°C だけ水温を高めるのに要する熱量に等しく，$Q = 1.5 \times 10^{24}\,\mathrm{J}$ の値である．しかし，海洋から永続的にエネルギーを取り出すためには，ある程度以上にゆっくりとエネルギーを取り出さなければならない．そうしないと上記の温度差が保てないからである．その時間は，深海水が大洋循環によって入れ換わるのに要する時間，1000 年と考えよう．このとき利用可能な供給仕事率 P_1 は，

$$\frac{1.5 \times 10^{24}\,\mathrm{J}}{3 \times 10^{10}\,\mathrm{s}} = 5 \times 10^7\,\mathrm{MW} \tag{4.32}$$

となる．しかし，このパワーをすべて電力に換えることはできない．カルノー効率を用いて，実際に可能な電力の最大値を求めてみよ．

例題 4.5 熱電変換

今日，自然エネルギー利用という観点から，熱電変換の有効利用が叫ばれている．熱電気効果とは，図 4.23 に示されるように，温度差 ΔT のあるところに導体を挿入することで，その間に起電力，

$$V_{\mathrm{te}} = S\Delta T \tag{4.33}$$

が生じることを指す．実験室では熱電対で温度測定をすることが身近な例であろう．S はゼーベック係数と呼ばれている．この熱電効果による発電効率を求めてみる．

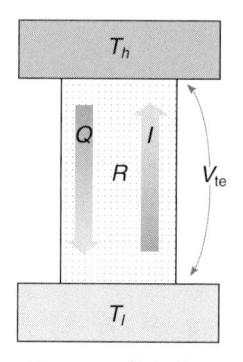

図 4.23 熱電効果

💡 表面積 A, 長さ L の導体に温度差 ΔT をつけると，高温側から，

$$J_h = A\frac{dQ}{dt} = A\kappa \frac{\Delta T}{L} \tag{4.34}$$

の熱が流入する．起電力 (4.33) による全電気的仕事は $\mathcal{P} = VI = V^2/R$ で，

$$\mathcal{P} = \frac{V_{\text{te}}^2}{\rho L/A} = \frac{\sigma A (S\Delta T)^2}{L} \tag{4.35}$$

それゆえ発電効率 η_{te} は，

$$\eta_{\text{te}} = \frac{\mathcal{P}}{J_q} = \frac{\sigma S^2}{\kappa}\Delta T \tag{4.36}$$

となる．式 (4.36) の右辺で ΔT の前にかかる量は物質定数である．それに T をかけ無次元化した量

$$Z = \frac{\sigma S^2}{\kappa} T \tag{4.37}$$

を性能指数として，熱電効率の評価に使われる．Z として 1 のオーダーが材料開発で目指すべき指標となっている．Z を用いれば発電効率は，

$$\eta_{\text{te}} = Z\frac{\Delta T}{T} \tag{4.38}$$

則問 8

Z が 1 を超えるものは第二法則に反していないか？

4.3.3 冷凍機関

熱機関は，高温熱源から熱を取り出し，外に仕事をする機関である．この過程を逆にし，外から仕事を入れ，低温熱源から熱を奪って高温熱源に移動させるものが，冷凍機関であり，ヒートポンプである．その基本的過程においては，図 4.24 にみられるように，両者に違いはない．興味が，どれだけ低温熱源から熱を奪えるか（冷凍機関），あるいはどれだけ高温熱源に熱を運べるか（ヒートポンプ），どちらの点にあるかで違うだけである．

4.3 第二法則

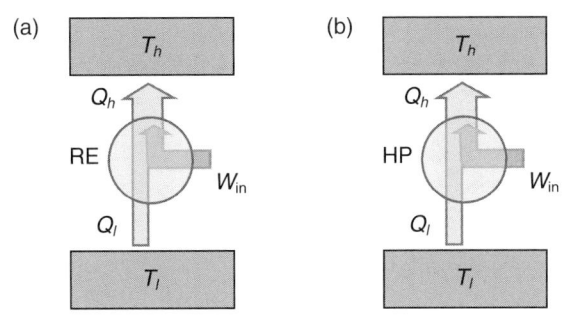

図 4.24 (a) 冷凍機関，(b) ヒートポンプ．

可逆機関であれば，やはりカルノー機関を用いて，関係式 (4.17) が成り立つ．その効率は冷凍機関については動作係数（COP）が使われる．

$$\mathrm{COP}_R = \frac{Q_l}{W} = \frac{1}{Q_h/Q_l - 1} \tag{4.39}$$

ヒートポンプについては，

$$\mathrm{COP}_{HP} = \frac{Q_h}{W} = \frac{1}{1 - Q_l/Q_h} \tag{4.40}$$

で評価する．注意したいのは，COP は熱効率と違って 1 を超えることがしばしばある量である．1 を超える量を効率と呼ぶと第二法則に反するように聞こえるので，動作係数という言葉を使っている．

4.3.4 実際の熱効率と内的可逆機関

ここで，実際の熱機関として無視できない時間に関する側面を強調しておこう．これまでの議論のなかには時間はあらわには入っていなかったものである．

現実の熱機関としてはカルノー機関は用いられていない．その理由は，理想的なカルノー機関は存在しないということばかりではない．内部摩擦を減らしたりすることで理想的なカルノー機関に近づけることはできる．にもかかわらず，現実にはカルノー機関が用いられていないのは，とりもなおさずカルノー機関が重大な欠点をもっているからである．カルノー機関は「エネルギー」効率という点では最大であるが，時間の観点がまったく入っていない．高温部で熱を吸入するが，そのとき準静的膨張過程を使う．つまり，ゆっくり，ゆっくりと膨張させるのである．どれくらいゆっくりかはものによるが，ともかくも吸熱過程に 1 日かけているようでは使い物にならない．したがって，工学的には単位時間あたりのエネルギー変換，「パワー」という観点でみる必要がある．熱の移動速度は温度差 ΔT を大きくした方が早い．ΔT を作ると必ずそこで不可逆過程が起こり熱効率は落ちるが，しかし，パワーの点では望ましい．

こうして，この熱伝達の点では外的には不可逆にし，それ以外の不可逆性，摩擦熱損失を究極的になくした熱機関を理想とする．これを内的可逆機関という．

このパワーという観点からの最大効率を考察したものが，参考文献 [1] の 4-9 節に述べられている内的可逆機関による効率である．これをみると，現実のパワープラントはカルノー効率よりこの

「パワー効率」の条件に近いことがわかる．

■演習問題■

問 4.1
「熱は 100% 仕事に換えられない」という主張は正しいか？

問 4.2 蒸気機関
蒸気機関は高温側で水を蒸発させ，その蒸気の熱流により動力を得るものである．したがって，高温熱源は $T_h = 100°C$ で，低温側は常温，たとえば，$T_l = 20°C$ となる．この蒸気機関の熱効率は最大でどれだけか？ またこの効率を上げるにはどうしたらよいか？

問 4.3
電気出力 $\mathcal{P}_e = 600\,\mathrm{MW}$ の火力発電所がある．熱効率は $\eta = 40\%$ という．その蒸気の冷却は側を流れる川である．どれだけの放熱を行っているか？

問 4.4
問 4.3 の発電所が石油で稼働しているとして，どれだけの石油を消費しているか？ 表 1.2 のデータを参考に，燃料の発熱は $44000\,\mathrm{kJ/kg}$ とせよ．

問 4.5
高温側が $T_h = 350°C$，低温側が $T_l = 20°C$ で動作する原子力発電がある．この発電所のエネルギー変換効率は最大でどれだけか？

問 4.6
ある実験家が測定した熱機関は，500 K の熱源から 320 kJ の熱を受け取り，そのうち 180 kJ を仕事に換え，残りを 300 K の低温熱源に捨てるという．これらの測定値は信用できるか？

問 4.7 ガソリン機関
あるガソリン機関は圧縮比が $\varepsilon = 8.5$ であったという．その熱効率 η_O を求めよ．燃焼気体として，空気 $\gamma = 1.4$ と，実際の例 $\gamma = 1.3$ を用いたときの η_O を比較せよ．

> それぞれ，$\eta_O = 0.574$ と $\eta_O = 0.474$．

問 4.8 蒸気機関車
重量 $M = 100\,\mathrm{ton}$ の蒸気機関車が速度 $v = 35\,\mathrm{km/h}$ で走っている．この機関車の動摩擦係数を $\mu = 0.1$ として，この蒸気機関車に要される出力パワー $\mathcal{P}$ を求めよ．蒸気機関がボイラー室

$T_h = 100°C$ で動作し，大気の温度は $T_l = 20°C$ として，この機関車が消費する石炭は毎時間どれだけか？ 蒸気機関の効率はカルノー効率の半分とせよ．

$$F = \mu M g = 0.1 \times 10^5 \times 9.8 = 9.8 \times 10^4 \text{ (N)}$$

$$\mathcal{P} = Fv = 9.8 \times 10^4 \times \frac{35 \times 10^3}{3600} = 9.5 \times 10^5 \text{ (W)}$$

$\eta_C = 80/373 = 21\%$ で実際の効率 $\eta = 10\%$．

$$\frac{dQ}{dt} = \frac{\mathcal{P}}{\eta} = \frac{0.95\,\text{MW}}{0.1} = 9.5\,(\text{MW})$$

$Q_m = 31.5\,\text{MJ/kg}$ なので，

$$\frac{dM}{dt} = \frac{9.5\,\text{MW}}{31.5\,\text{MJ/kg}} = 0.30\,(\text{kg/s}) = 1.1\,(\text{ton/h})$$

問 4.9 ヒトの熱効率

ヒトの体温は 36°C くらいである．周囲温度を 20°C として，もしヒトの生命が熱機関として維持されているならば，その熱効率はいくらとなるか？

$$\eta = \frac{16}{293} = 5.4\%$$

明らかに，ヒトの生命活動は熱機関とは別の機構によって支えられている．

問 4.10 大量に捨てられる熱

原子力発電所は海に大量の排熱をするため海岸に立地される．これを目撃した研究者は，排熱の有効利用を考え，国に研究助成金を申請した．うまくいくだろうか？

文字通りの海に捨てられる熱を利用しようとするのであれば不可である．周囲温度まで下がった熱はいくら大量にあっても仕事としての利用価値はない．ただし，作業流体を冷却する過程において，海水あるいは大気を使う代わりに，一部，熱を必要とするものに代用させるということはできる．食品や紙パルプ処理など熱を必要とする工程はいくらでもある．

問 4.11 石炭による火力発電

電気出力が $\mathcal{P}_e = 800\,\text{MW}$ の火力発電所が石炭を燃料として稼働している．その熱効率は $\eta = 31\%$ である．この発電所の稼働に必要な石炭の消費量を毎時あたりで求めよ．石炭の発熱量は，$Q_m = 31.5\,\text{MJ/kg}$ とせよ．

熱出力 $\mathcal{P}_t$ は，

$$\mathcal{P}_t = \frac{\mathcal{P}_e}{\eta} = \frac{800}{0.31} = 2580\,\text{MW}$$

必要な石炭量は，

$$\frac{dM}{dt} = \frac{\mathcal{P}_t}{Q_m} = \frac{2580}{31.5} = 81.9\,\text{kg/s}$$

問 4.12

問 4.11 で，石炭の燃焼後に大量の灰が発生する．原料石炭の質量比にして 6.9% が灰となる．いまではその 99.5% を燃焼室に設置された除去装置で回収できる．わずかの残りが大気に舞い上がることになるが，その量を 1 年間あたりで評価せよ．

💡 石炭の消費量は 81.9 kg/s であったから，それによる灰の生産量は，

$$\frac{dM_a}{dt} = 81.9 \times 0.069 = 5.65 \, \text{kg/s}$$

大気に放出される量は，$5.65 \times 0.005 = 0.028 \, \text{kg/s}$ である．1 年間では，

$$0.028 \times 3600 \times 24 \times 365 = 8.9 \times 10^5 \, \text{kg}$$

もちろん，残りの大部分の灰（それは $10^8 \, \text{kg}$ の大きさである）も回収されるとはいえ，なくなるのではなくどこかに処分しなければならない．

問 4.13

さらにこの火力発電所において，発生する熱の 15% は大気に，残り 85% は冷却器にいく．この冷却水の水温の上昇を 10℃ までに制限したとして，必要な流量を時間あたりの体積で求めよ．

💡 熱出力は，$\mathcal{P}_t = 2580 \, \text{MW}$ であった．それを流量 $J \, (\text{m}^3/\text{s})$ の水で $\Delta T = 10℃$ の範囲で吸収するためには，$\mathcal{P}_t = J C_w \Delta T$ より，

$$J = \frac{\mathcal{P}_t}{C_w \Delta T} = \frac{2.58 \times 10^9 \, \text{W}}{(1 \, \text{cal}/(\text{K} \cdot \text{cm}^3))(4.18 \, \text{J/cal})(10 \, \text{K})} = 61.7 \, \text{m}^3/\text{s}$$

これは膨大な量の水である．流速 1 m/s で深さ 2 m で幅 30 m の川の水を全部使うことに相当する．

問 4.14

地球表面からは太陽は 6000℃ の高温熱源とみなせ，表面積あたり 1.3 kW/m² のエネルギーを降り注いでいる．地表上で動作する太陽電池の理論上の最大効率を求めよ．我々の使っている電卓が表面積 10 cm² の理想的な太陽電池で動かされているとして，得られる最大電力を求めよ．

💡 太陽電池の内部では熱機関と違う機構（光起電力）によって発電されている．したがって，太陽電池表面の温度（たかだか数十℃）を高温源とする熱機関のモデルはあてはまらない．しかし，エネルギー源の太陽からみると，高温源からエネルギーをもらい究極的には熱として周囲に捨てられる熱機関の原理にしたがう．したがって，$\eta = 6000/6300 = 95\%$．

問 4.15

夏の日，気温が 28℃ である．5 m の深さに井戸水がある．水温は 7℃ と冷たい．そこで，これらの間で熱機関を動作させ，井戸水を汲み上げる．$M = 50 \, \text{kg}$ の水を汲み上げるのにどれだけの熱を使わなければならないか？

要される仕事は $W = Mgh = 2.45\,\text{kJ}$. 可逆機関を使ったとして，その効率 $\eta = 21/301 = 7\%$. よって $Q_h = W/\eta = 35\,\text{kJ}$.

問 4.16

「川の水は高いところから低いところへ流れ，その逆には流れない．したがって，水の流れは不可逆だ」という主張は正しいか，熱力学的な可逆性の定義に基づいて述べよ．

例題 4.6

熱が流れるときは必ず不可逆性がともなうとは限らない．熱電効果がその例で，銅線のジュール熱が無視できる限りにおいて可逆である．熱電効果は熱流を電気に換えているが，その逆も可能である．つまり，電流を流すことで温度差を作る．ペルチェ効果と呼ばれる．

例題 4.7

構造が変化するとき，履歴を示す固体はガラスのような特殊な例だけではない．多くの結晶で条件により履歴を示す．ダイヤモンドをある程度の温度で加熱するとグラファイトになる．しかし残念ながら，グラファイトを冷やしたからといってそのままではダイヤモンドにはならない．

問 4.17

通常の結晶固体は融点 T_m で液体になり，逆に，またその融点で固体に戻る．可逆的である．それを不可逆，履歴のあるものにする方法を考えよ．

この問題に対する正解は1つというものではない．おそらく，もっとも広く用いられている方法は，液体を結晶成長速度より早く急冷することであろう．

例題 4.8

たとえ徐冷してさえも，一般的に，2成分合金 $A_{1-x}B_x$ の結晶化過程は不可逆となる．$1-x : x$ の混合比で液体 $A_{1-x}B_x$ を準備し，ゆっくり冷やすと同じ組成の一様な合金 $A_{1-x}B_x$ が得られることは稀である．多くの場合，組成の違った相の混合物となる．

問 4.18　たき火による加熱

たき火がある．我々がそれを熱いと感じるのは，それから放出される光（輻射）を受け取るからだ．たき火を反射鏡で覆い，たき火 A から出ている光をすべて他の場所にある黒い物質 B に集めたとして（図 4.25），B の物質の温度 T_2 をたき火の温度 T_1 より高くすることはできるだろうか？
※この問題は野末泰夫先生（大阪大学）よりご教示いただいた．

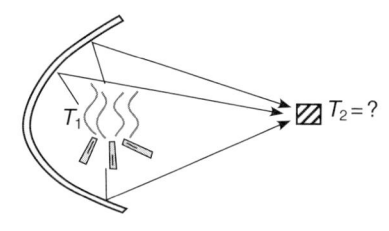

図 4.25 たき火からの放射熱を集光して元の温度 T_1 より高くできるだろうか？

熱力学第二法則を信じれば不可能というしかない．$T_2 > T_1$ にできたとすると，低温から高温に仕事をせずに熱が流れたことになるからだ．しかし，なぜかということになると，おそらくまだ教わっていないだろう熱輻射というものを知らなければ論理的に答えることができない．すべての物質は有限温度 T において T で決まるところの熱輻射というものをもつ．それは本質的に不可逆過程である．もし加熱を受けた物質 B が T_1 より高い温度になったならば，それは今度は A 以上の熱輻射をし，A にエネルギーを戻してしまう．つまり，A の輻射はそっくり元に戻されて熱輻射は可逆過程となってしまう．このように，熱力学は片方が一方的に得することを禁じている．

例題 4.9

太陽からの熱エネルギーは地表を暖め（温度 T_h），水蒸気を発生させ，上空に上げる．上げられた水蒸気はやがて上空の低い温度（温度 T_l）により再び水となり，雨を降らせる．こうして地球の大気循環は熱機関とみなせる（図 4.26）．

以下，具体的な数値を評価してみる．まず，エネルギー源としての太陽光による地球表面の入力エネルギーは，平均 $Q_h = 154\,\mathrm{W/m^2}$．海水の年間蒸発量は，$J = 453 \times 10^3\,\mathrm{km^3/y}$．海の表面積は，$S = 3 \times 10^{14}\,\mathrm{m^2}$ というデータがある．海水 $1\,\mathrm{m^2}$ あたりの 1 秒間の蒸発量は，

$$j = (453 \times 10^3\,\mathrm{km^3/y})(3 \times 10^{14}\,\mathrm{m^2}) = 4.2 \times 10^{-8}\,\mathrm{m/s}$$

これは，$j_m = 4.2 \times 10^{-2}\,\mathrm{g/s}$ に相当する．

この蒸発した水蒸気は平均して，対流圏の真ん中 $H = 4\,\mathrm{km}$ のところで雲となり，冷却され雨となって海に返ると考える．水蒸気がこの高さまで持ち上げらるのに要する仕事は 1 秒間あたり，

$$W = j_m g H = (4.2 \times 10^{-2}\,\mathrm{g/s}) \times (9.8\,\mathrm{m/s^2}) \times (4 \times 10^3\,\mathrm{m^3}) = 1.64\,\mathrm{J/s}$$

したがって，この大気循環の熱効率は，$\eta = 1.64/154 = 1\%$ ということになる．一方，理論的最高熱効率は，この高さでの温度降下を $40\,\mathrm{K}$ として（問 2.17 参照），$\eta_C = 40/300 = 13\%$ であるから，それよりはかなり悪い．

問 4.19

家庭用の冷房機のカタログで，消費電力 $1\,\mathrm{kW}$ で冷房能力が $3600\,\mathrm{kcal/h}$ とでている．この値は第二法則にしたがっているか？

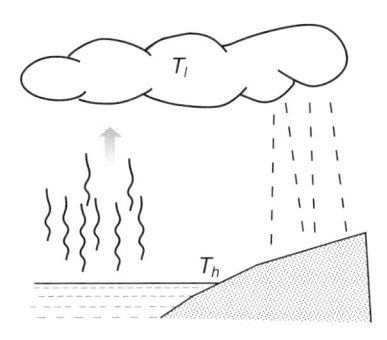

図 4.26 大気は熱機関

動作環境を外気の気温 30°C で室温 25°C と考える．$T_h/T_l = 303/298 = 1.016$ であるから，可逆機関であれば，$\mathrm{COP_R} = 60$．一方，カタログ値は，$Q_l = 3600\,\mathrm{kcal/h} = 1\,\mathrm{kcal/s} = 4.18\,\mathrm{kW}$，それゆえ，$\mathrm{COP} = 4.18/1 = 4.18$．理想値を超えていないので第二法則に反していない．

問 4.20　クライオスタット

低温実験装置として小型のガス冷凍機がよく使われている．ある製品のカタログ値では，高温熱源を室温として，動作温度 77 K で，冷凍に 20 W のコンプレッサーを使っている．この装置が理想的な可逆機関であるとして COP を求めよ．また，そのときの低温側から吸収する単位時間あたりの熱量 J_h を求めよ．

$$\mathrm{COP} = \frac{1}{\frac{300}{77} - 1} = 0.345$$

$$J_h = 20\,\mathrm{W} \times 0.345 = 6.9\,\mathrm{W}$$

問 4.21

冬の日にヒートポンプで部屋を暖める．家は常に 21°C に保ちたい．外気が −5°C のとき，この家の熱損失率は 135000 kJ/h である．このときヒートポンプに必要とされる最低パワーはいくらか？

問 4.22　スーパーコンピュータの冷房

ある大学のスーパーコンピュータは 200 kW の消費電力である．これを冷房するため COP=1.4 の空調を設置したとする．この空調を動かすためどれだけの電力が要されるか？　また，その 1 年の電気代はいくらか？

$W = Q_l/\mathrm{COP} = 200/1.4 = 143\,\mathrm{kW}$.
また，その電気代は，単価 12 yen/kWh とすると 1503 万円となる．もちろん，スーパーコンピュータをはたらかせるのにも電気代がかかるので，総額は 3605 万円．

問 4.23

問 4.22 で，COP = 4.0 に改善されたとすると，電気代はどれだけ節約できるか？

問 4.24 ガソリンエンジンのパワー

4 ストロークのガソリンエンジンがある．シリンダーの径は，$d = 15\,\text{cm}$，$l = 18\,\text{cm}$ のストロークをもって，$2000\,\text{rpm}$ で動作している．熱効率は $\eta_{th} = 28\%$ である．ガソリン-空気の重量比は 0.058 で，シリンダー内では空気は体積で 85% を占める．このエンジンの出力を馬力で求めよ．また，単位時間あたりの燃料の消費量を求めよ．

まず，ピストンが 1 ストロークの間に掃く体積 V_{dsp} を求める．

$$V_{\text{dsp}} = \pi(0.15/2)^2 \times 0.18 = 0.0127\,\text{m}^3$$

そのなかの空気は，

$$V_{\text{air}} = 0.85 \times V_{\text{dsp}} = 0.01081\,\text{m}^3$$

これは重量で $M_{\text{air}} = 0.01229\,\text{kg}$ に相当する．したがって，1 サイクルでの燃料の消費量は，

$$M_{\text{fuel}} = 0.058 \times 0.01229 = 0.712\,\text{g}$$

毎秒あたりでは，

$$\frac{dM_{\text{fuel}}}{dt} = \frac{1}{2} 2000\,(\text{rpm}) \times 0.712\,(\text{g}) \frac{1}{60\,(\text{s/min})} = 11.8\,(\text{g/s})$$

その発熱量は，

$$\frac{\delta Q_{\text{t}}}{dt} = 0.0118\,(\text{kg/s}) \times 44200\,(\text{kJ/kg}) = 524.5\,(\text{kJ/s})$$

その結果，出力は，

$$\mathcal{P} = \eta_{th} \frac{\delta Q_{\text{t}}}{dt} = 146.8\,(\text{kW}) = 196\,(\text{hp})$$

問 4.25

問 4.24 で，シリンダー内の平均圧力を求めよ．

問 4.24 より，$\mathcal{P} = 146.8\,(\text{kW})$，式 (4.31) を使い，

$$\mathcal{P} = \bar{p} V_{\text{dsp}} \frac{1}{2} 2000\,(\text{rpm}) \frac{1}{60\,(\text{s/min})} = 16.66\,\bar{p} V_{\text{dsp}}$$

よって，

$$\bar{p} = \frac{\mathcal{P}}{16.66 V_{\text{dsp}}} = \frac{146.8\,(\text{kW})}{16.66 \times 0.0127\,(\text{m}^3)} = 693\,(\text{kPa})$$

文　献

(1) B. J. メイソン 著，大田正次・内田英治 訳，『雲と雨の物理——雲の中のしくみと降水の人工制御』，総合科学出版 (1968)
(2) A. B. Pippard, *Elements of Classical Thermodynamics for Advanced Students of Physics*, Cambridge (1957)
(3) V. Capek and D. P. Sheehan, *Challenges to the Second Law of Thermodynamics: Theory and Experiment*, Springer (2005)
(4) F. Reif, *Fundamentals of Statistical and Thermal Physics*, McGraw-Hill (1965)；F. ライフ 著，中山寿夫・小林祐次 訳，『統計物理学の基礎』(上・中・下)，吉岡書店 (1977)

Topics

スピーカーで冷凍？

　空気中を伝わる音波は基本的に空気分子の密度の周期的変化，いわゆる疎密波である．しかし，密度の波だけでなく，それにともなった温度の波もできる．密度の高いところの温度は平均より少し高く，密度の低いところの温度は低くなる．この密度変化に応じた温度変化は，空気分子の断熱圧縮膨張で説明される．その説明をここで述べている余裕はないが，興味ある読者は，たとえば，バークレーの物理学教程『波動』に初等的な説明が与えられているので，ぜひ読んでみてほしい．温度変化といっても，それはほんのわずかである．しかし，そのわずかの温度変化を利用して熱機関が作られている．

　熱音響エンジンというものがそれである[1]．適当な長さのパイプの一端から勢いよく息を吹き込むとブォーという音が出ることは誰しも経験があるだろう．パイプが共振器となって，選ばれた波長の音波だけが空気中を伝わっていくのである．これだけであれば，出力音波のパワーは我々の入力パワーを越えるものではない．ところが面白いことに，これに高温熱源と低温熱源に接触させることで有用な仕事を取り出せるという．しかし，ただ高温熱源と低温熱源に接触させただけではダメである．やはり図 1.6 (4) のように，行きと帰りが同じ経路を辿ったのでは有用な仕事はできない．図 1.6 (3) のような履歴を作る必要がある．それにはまず，図 4.27 のような適当な温度勾配をつける．左側が高温で，右側が低温となる．重要な点は，この熱源の温度分布と空気分子の温度分布に差をつけることである．図 4.27 (b) のように，空気分子自体の温度分布が熱源の温度分布より小さいならば，高温部で空気分子は熱をもらい，低温部で熱を放出する．その差を仕事として供給する．この場合の仕事は音響振動パワーで，それは適当な圧電素子を挿入することで電気パワーと

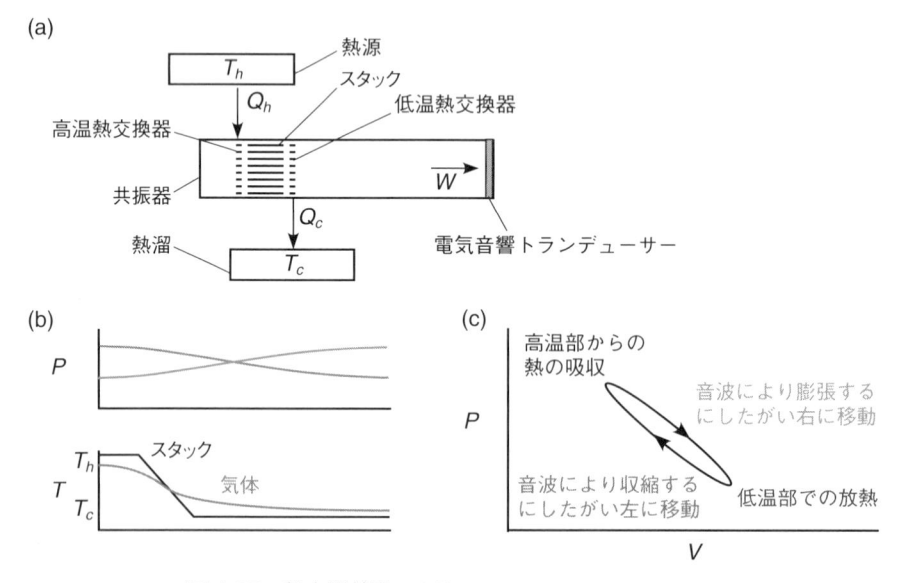

図 4.27　熱音響効果　文献 (1) の Fig. 2 に基づき作図．

して取り出せる．

逆に，図 4.27 (b) のように，空気分子の温度分布が熱源の温度分布より大きいならば，空気分子は低温部で熱を吸収し，高温部で熱を放出する．つまり，冷凍機としてはたらくことができる．

現在のこの熱音響エンジンの効率は，どんなによくても 20%を超えることはない．ところが，定在波ではなく，進行波を用いることでこの熱音響エンジンの効率が倍近く高められるという[2]．

文　献

(1) G. W. Swift, *Phys. Today*, July, 22 (1995)
(2) R. Fitzerald, *Phys. Today*, June, 18 (1999)

第5章
エントロピー

本章では，第4章で展開された熱力学第二法則のなかに潜んでいた重要な状態量，エントロピーという量に焦点をあて，その熱力学的意義をさまざまな観点より議論する．

5.1 エントロピー

5.1.1 状態量としてのエントロピー

カルノー定理（重要事項 4.6）をより一般化したクラウジウスの不等式 (4.27) の意味するものを考える．まず，可逆過程では次の等式が成り立つ．

$$\oint \frac{\delta Q}{T} = 0 \tag{5.1}$$

積分はちょうど1サイクルにわたる．熱機関の定義により，1サイクルのあとでは作業物質の状態は元に戻る．物質が元の状態に戻るということは，その物質のすべての状態量がはじめの値に戻るということを思い起こそう．式 (5.1) の意味するところは，被積分関数 $\delta Q/T$ は元に戻ったということで，この被積分関数 $\delta Q/T$ が状態量であることを示唆する．そこで，これを新たな状態量として認め，

$$dS = \left(\frac{\delta Q}{T}\right)_{(R)} \tag{5.2}$$

で定義される状態量 S をエントロピーと定義する．定義より，

$$\oint dS = 0 \tag{5.3}$$

となる．

いくつかの本では，式 (5.2) が状態量となることを，状態量でない量 Q を状態量である量 T で割ったことが原因だと説明しているのをみることがある．これは意味不明であろう．状態量である量 T で割る操作に，状態量でないものを状態量に変える不思議な力はない．「割ることで状態量になった」のではなく，単にそれら2つの量が等しくなるような状況で測定したから等しくなっただけである．

可逆過程で測定すれば，状態量でない右辺と状態量である左辺が量的に等しくなることを主張しているのであり，状態量でないものが変質したのではない．不可逆過程では等しくならない．

式 (5.2) より，$\delta Q = TdS$ とできるので，

$$dU = TdS - pdV \tag{5.4}$$

となる．これは熱力学第一法則 (3.1) の微分版である．ここに至ってはじめて，式は両辺とも状態量だけで表すことができた．物質の性質 V, S, U を結びつける方程式を得たわけである．しかし，75 ページで述べたように，式 (3.1) は完全に一般的に成立するが，式 (5.4) は限定的である．何よりも，右辺第一項が成り立つには可逆過程でなければならない．非常に限定的なのである．しかしながら，特に化学の応用ではそのような状況での計算に追われ，いつの間にか，第一法則というと元の式 (3.1) ではなく式 (5.4) のような錯覚をしてしまう．

■ 示量性状態量 ■

エントロピーは状態量だということはわかったが，それでは，それは示量性だろうか？ それとも示強性だろうか？ それを知るには，

$$\Delta U = TdS \tag{5.5}$$

をみればよい．U は示量性，T は示強性であるから，S は示量性でなければならない．

■ エントロピーの単位 ■

まず，エントロピーの単位とその大きさの程度を示す．図 1.4 (b) の実験をみよう．質量 $m = 29.9 \, \text{kg}$ のおもりを使って水を攪拌する．おもりが $1\,\text{m}$ 落下する間に位置エネルギーは，

$$W = 29.9 \, \text{kg} \cdot 9.8 \, \text{m/s}^2 \cdot 1 \, \text{m} = 293 \, \text{J}$$

だけ変化し，それがすべて熱となって変換されれば，$T = 293 \, \text{K}$ として，

$$\Delta S = 1.00 \, \text{J/K}$$

の大きさとなる．

エントロピーは全エネルギーと同じく示量性なので，系のなかの粒子数に比例する．そこで，内部エネルギーを分子あたりのエネルギーと書き表すのと同じように，分子あたりのエントロピーで表すことができる．特に化学の分野では，モルあたりの物質のエントロピーをエントロピー単位，

$$\text{cal}/(\text{K} \cdot \text{mol}) = \text{E.U.}$$

で表されている．

1 モルあたり $\Delta S = 1.0 \, \text{J/K}$ のエントロピーは，$R = N_a k$ で割ることで無次元量，

$$\frac{1.00 \, \text{J/K}}{8.31 \, \text{J/K}} = 0.12 \tag{5.6}$$

5.1 エントロピー

にできる．これは k を単位とした1分子あたりのエントロピーに相当するものである．エントロピーの測定に関しては，6.5.1 節で述べる．

5.1.2 エントロピー増大則

次に，クラウジウスの不等式 (4.27) のもう1つの主張，不等号の意味について述べる．クラウジウス積分は，不可逆の熱機関では不等号となる．

$$\oint \frac{\delta Q}{T} < 0 \tag{5.7}$$

このとき何が起こるのだろうか？

この不可逆機関の1サイクルの動きをゆっくりみていく．図 4.21 をもう一度みてみよう．そこでは熱機関の動作流体の温度を無数の区間で区切って調べている．i 番目のステップで動作流体の温度は T_i である．この区間ではこの系には熱 δQ_i が流れ込む．流れ出るのであれば δQ_i は負の符号をもつ．このときの外部環境を同じ温度 T_i をもつ熱浴にとり，同じ熱量 δQ_i を移動させる．このことは原理的に常に可能である．熱浴というのは任意の量の熱仕事を出し入れできるからだ．次の時点で系の温度が少し変化し T_{i+1} になれば，やはり同じ温度 T_{i+1} の熱浴に素早く取り換える．そして，やはり不可逆機関として動作しているときと同じ熱量 δQ_{i+1} を移動させる．こうしてこの熱機関の1サイクルを通じて連続的な無数の熱浴を取り換え，常に動作流体の温度と熱浴の温度が等しくなるようにすることができ，かつ1サイクルを通じての全熱量 Q を同じにすることができる．どのような不可逆機関であれ，定義により，1サイクルを経たのち系は正確に元に戻る．つまり，$\Delta U = 0$，したがって，この間になされた仕事も同じである．作業流体にとって，それが元の不可逆機関として動作していたのと熱力学的にまったく同じ状況が再現されている．このときクラウジウスの不等式 (5.7) は，

$$\sum_i \frac{\delta Q_i}{T_i} < 0 \tag{5.8}$$

と表現される．式 (5.8) の左辺は系 A のエントロピー変化とはなっていないことに注意（図 1.8 (b) あるいは図 3.1 の熱的相互作用系を考えていることに注意）．

次に周囲の熱源について考える．これを人為的な無限の数の熱源に置き換えたとき，これらの熱源のエントロピー変化 $\Delta S'$ は，

$$\Delta S' = \sum_i \frac{(-\delta Q_i)}{T_i} > 0 \tag{5.9}$$

である．式 (5.9) は系 A' のエントロピー変化を与える．系 A のエントロピー変化 ΔS は，状態量の性質から，1サイクルののち同じ状態に戻らねばならない．すなわち，

$$\Delta S = 0 \tag{5.10}$$

不可逆機関であろうと動作物質のエントロピーは元に戻らなければならない！ こうして式 (5.9)，式 (5.10) より全系のエントロピー変化 $\Delta S^{(0)}$ は，

$$\Delta S^{(0)} = \Delta S + \Delta S' > 0 \tag{5.11}$$

とならねばならない．すなわち，全系のエントロピー変化は正であるということである．このことを一般化すると次のようになる．

> **重要事項 5.1　エントロピー増大則**
> ある巨視的系の変化は，熱的に接触している環境の変化も含めて，全エントロピーは常に増加するか，あるいは極限として一定に保たれる．
> $$\Delta S^{(0)} \geq 0 \tag{5.12}$$
> 式 (5.12) で等号が成り立つのは可逆過程のときのみである．

ここで注意してほしいのは，今回は「熱機関の 1 サイクルにわたる」という制限がなくなったことである．導出は熱機関の 1 サイクルにわたって行われたにもかかわらず，導かれた結果は外界の熱浴に関してのもので，それは元に戻っていない．任意の過程に関して成り立つ．

参考書ではよく式 (5.12) の代わりに，より簡明な，

$$\Delta S > 0 \tag{5.13}$$

をとって書かれている．しかし初心者は，$\Delta S > 0$ の裏には式 (5.12) で表されるところの全エントロピー変化であることを肝に銘じるべきである．部分だけを取り出してみると，

$$\Delta S < 0 \tag{5.14}$$

となる例はいくらでもある．物質の性質を調べると，エントロピーが下がる例に頻繁に出くわす．しかし，それをもってエントロピー増大則に反していると考えてはならない．部分のエントロピーは下がっているが，そのかわり熱浴のエントロピーは増大し，結局，全エントロピーは増大するのである．

このエントロピー増大則により，過程の「不可逆性の大きさ」というものを定量化できる．エントロピーの変化 $\Delta S^{(0)}$ が大きいほど不可逆性が大きいといえる．問題はいかにしてエントロピーを計算するかである．

> **則問 9**
> 水が氷に変わるとき，$\Delta S = 1.2\,\mathrm{J/(K \cdot g)}$ だけエントロピーが減少する．この固化はエントロピー増大を主張する第二法則に反しないか？　反しないならばそれはなぜか？

5.1.3　エントロピーによる過程の記述

エントロピー S を使うことで，これまでの熱力学的過程の記述が飛躍的に豊かになる．まず，これまで p，V，T の関係で表したとき，比較的複雑な関係式で表されてきた可逆的断熱過程（表 2.4

5.1 エントロピー

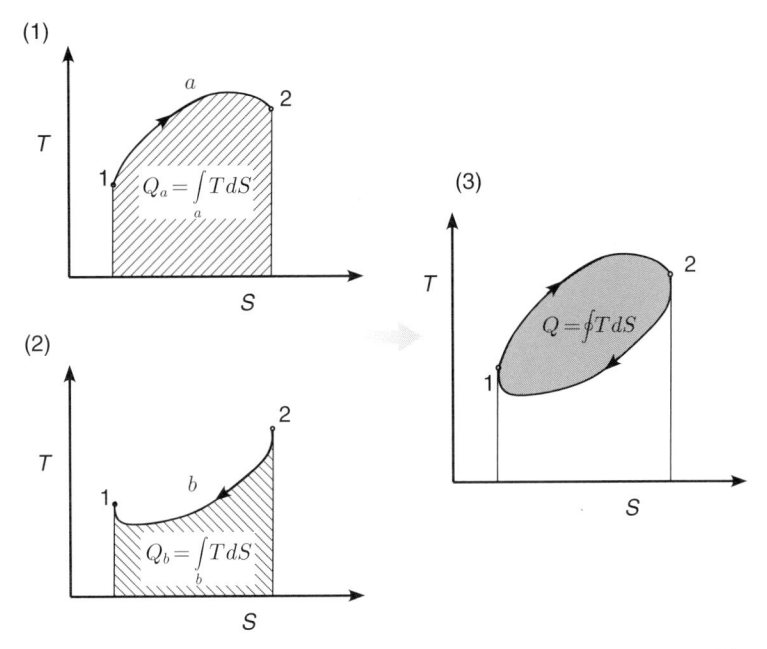

図 5.1 *T-S* 線図による熱の出入り　吸熱過程 (1) では斜線部が Q_a，放熱過程 (2) では斜線部が Q_b を与え，1 サイクル (3) では経路で囲まれた領域の面積が仕事 $Q_a - Q_b$ を与える．

参照）が，S を使うと $\delta Q = 0$ であるから，

$$\Delta S = 0 \quad \text{（断熱変化）} \tag{5.15}$$

とまったく簡単な表現となる．これまでみてきた通り，断熱過程はさまざまな熱機関において正味の仕事を得る過程としてしばしば登場しているので，この表現は特に重要である．

■ *T-S* 線図 ■

次に，可逆に熱の出入りがある場合は，$\delta Q = TdS$ であるから，始状態 1 から経路 a をたどり，終状態 2 までの間の熱の出入りは，

$$Q_a = \int_a TdS \tag{5.16}$$

となるが，この視覚的意味が T-S 線図をみることで明確になる（図 5.1）．T を S で積分したものが Q_a を与えるので，図 5.1 で示されるように，Q_a は始状態 1 から終状態 2 までの経路 a の $T(S)$ 曲線より下にある部分の面積となる．

これを逆にたどると，今度は熱の放出過程となる．2 から 1 へ経路 a と違った経路 b をたどると，放出熱 Q_b は吸収熱 Q_a とは違った値となり，その差を仕事，$W = Q_a - Q_b$ として使える．つまり，熱機関となる．これは図形としては，経路 $1-a-2-b-1$ で囲まれた面積が $Q_a - Q_b$ を与え，つまり，1 サイクルでなす仕事という意味を与える．

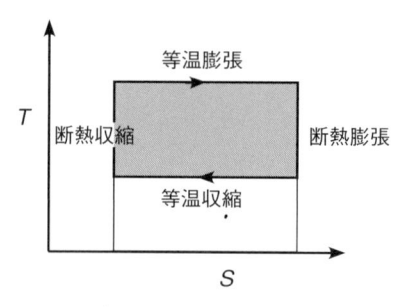

図 5.2 T-S 線図によるカルノー機関の過程記述

表 5.1 カルノー機関のエントロピー変化

過程	ΔS	$\Delta S'$	$\Delta S^{(0)}$
断熱圧縮	0	0	0
等温膨張	$\dfrac{Q_h}{T_h}$	$-\dfrac{Q_h}{T_h}$	0
断熱膨張	0	0	0
等温圧縮	$-\dfrac{Q_l}{T_l}$	$\dfrac{Q_l}{T_l}$	0
1サイクルの和	0	0	0

例題 5.1　カルノー機関

カルノー機関の T-S 線図を図 5.2 に示す．これは等温過程と断熱過程だけの組合せからなるので矩形をしており，特に簡単である．

カルノー機関の 1 サイクルでのエントロピー変化を，作業流体 S，熱浴 S' に分けて表 5.1 に示す．カルノー機関は可逆であるから，4 つの過程それぞれで，$\Delta S^{(0)} = 0$ でなければならない．一方，4 つの過程を通じての和 ΔS，$\Delta S'$ に関しては違う意味で 0 となる．$\Delta S = 0$ は熱機関の定義によりそうなる．熱機関というのは，1 サイクルののち，不可逆であっても作業流体を元の状態に戻すので常に 0 である．一方，熱浴の方は，1 サイクルののち，必ずしも $\Delta S' = 0$ になるとは限らないが，可逆機関という理由からそれは 0 となる．

■ 等エントロピー過程と断熱過程は同じものか？ ■

教科書ではしばしば $\Delta S = 0$ の変化を等エントロピー過程と呼んで，それを断熱過程の意味で使っている．これは間違いではないが，使う側が間違った解釈をしやすい表現であるので，ここで議論しておく．

まず，熱機関のなかで等エントロピー過程という場合，多くは，図 1.8 (b) あるいは図 3.1 の熱的相互作用系において，A について言及していることに注意する必要がある．つまり，$\Delta S = 0$ といっているが，熱浴の変化は必ずしも 0 ではなく，したがって，熱力学的に可逆過程とはならない．部分系 A についてのみ $\Delta S = 0$ となるものを「内的可逆性」と呼んだが，多くの場合はこの内的可逆性について述べているのである．

5.1 エントロピー

そこで，我々の興味をもつ部分系 A についてのみ考察する．その限定のうえで，再度，等エントロピー過程と断熱過程とは同じものかを問う．いや違う．同じ断熱でも断熱自由膨張は $\Delta S \neq 0$ なので等しくはない．断熱というだけではダメで，可逆的断熱過程と制限しなければならない．それでは，可逆的断熱過程と等エントロピー過程は同議だろうか？ 厳密にいうと等価ではない．可逆的断熱過程は必ず等エントロピー過程となるが，その逆は必ずしも成り立たない．A 内部で不可逆過程（たとえば，違う粒子の混合）が進行してエントロピーは増加するが，一方で，A から外へ熱が逃げ，そのエントロピーの減少分がはじめの増加分とキャンセルすれば $\Delta S = 0$ となりうる．しかし，ほとんどの教科書では，このようなキャンセルの例は偶発的なこととして無視し，可逆的断熱過程と等エントロピー過程は同義語として扱っている．

■ **H-S 線図** ■

もう1つ重要な表記法として，H-S 線図がある．

$$dH = TdS + Vdp \tag{5.17}$$

であるから，断熱過程では ΔH は気体の導入，流失を含めた仕事を表す．また，等圧過程では $dH = TdS$ より，H の差が出入りした熱となる．まとめると，

$$\Delta H = \begin{cases} Q & （等圧変化） \\ W & （断熱変化） \end{cases} \tag{5.18}$$

という関係がある．これは，熱機関の解析で H は非常に有用な量であることを示している．ほとんどの熱機関では，温度が変わる部分は断熱過程である．また，内燃機関では等温過程より等圧過程が実現しやすい．それらの過程で実用上興味がある熱や仕事がそのまま H の差で表せるので，状態変化を H-S 線図でプロットすれば，ただちに熱や仕事を知ることができる（図 5.3）．一方，S の方は，断熱過程に対してその可逆性を示すものである．ΔS が小さければ小さいほど可逆過程に近

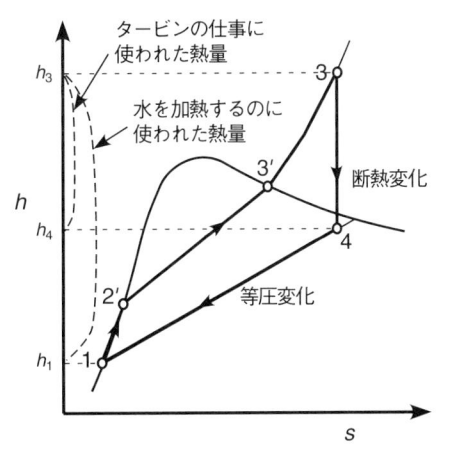

図 5.3 ランキン機関における H-S 線図における等圧変化とエンタルピー変化の解釈　エンタルピーおよびエントロピーは単位質量あたりの量 h, s で表す．

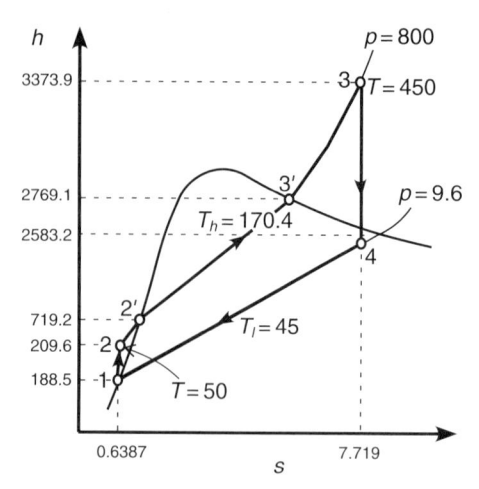

図 5.4 H-S 線図によるランキン機関の記述　圧力は kPa, 温度は ℃. エンタルピー, エントロピーとも単位質量あたり $h(\text{kJ/kg})$, $s(\text{kJ/(K·kg)})$ で表されている.

づいていることを示すので, 技術者が熱機関の効率を知るうえで便利である. こうして, H-S 線図は実際の熱機関で有用な表記法となっている. 具体的な例は第 7 章で与えられる. 逆に, H-S 線図の主な欠点は, p-V 線図のときのように膨張や圧縮という目で見える過程がわかりづらくなるということだろう.

カルノー機関に対しては T-S 線図がすでに最適なものであるから, H-S 線図はカルノー機関に対してはそれほど優れているというものではない. 等温過程は T-S 線図では水平線として表されるが, H-S 線図ではそうはならない. しかし, 現実の多くの熱機関ではこれは欠点とはならない. 多くの場合, 等温過程より等圧過程が使われる.

蒸気機関では, 高温熱源から吸熱する過程は等圧過程であるが, 4.1.2 節で説明したように, 内部的には, 図 4.5 の 2 → 3 は水の沸点までの加熱, 湿り蒸気の加熱, 乾き蒸気の加熱, と 3 つの違う相の加熱という段階を含む. しかしそれが液相であろうが気相であろうが, はたまたその共存状態であろうが, いちいち分けることなく H の差だけで吸熱量が計算できるということは大変ありがたいことである.

例題 5.2　ランキン機関

ランキン機関の例を図 5.4 に示す. 高温熱源側が $p = 800\,\text{kPa}$ で最高温度 $T_h = 450$℃, 低温の背圧側が $p = 9.6\,\text{kPa}$ で $T_l = 45$℃ で動作している. その間の状態表は付録 C の表 C.1～表 C.3 にあるので, それから読み取ったものをプロットしている. 図 5.4 から値を読み取り, 以下のように必要な量が計算できる.

- ボイラーの全加熱量：2 → 3′ の過程に対応. これは等圧過程なので, その間の Δh が加えられた熱量に対応する.

$$Q_h = 2769.1 - 209.6 = 2559.5\,\text{kJ/kg}$$

- 乾き蒸気への加熱量：$3' \to 3$ の過程に対応．やはり等圧過程なので，その間の Δh が加えられた熱量に対応する．

$$Q'_h = 3373.9 - 2769.1 = 604.8\,\text{kJ/kg}$$

- タービンへの仕事量：断熱過程である $3 \to 4$ の過程に対応．その間の Δh は仕事に対応．

$$W = 3373.9 - 2583.2 = 790.7\,\text{kJ/kg}$$

- タービン室出口のかわき度 x：4 の状態を指す．$p = 9.6\,\text{kPa}$ では，飽和水 $(x = 0)$ に対し，

$$h_l = 188.45\,\text{kJ/kg} \qquad s_l = 0.6387\,\text{J/(K·kg)}$$

飽和蒸気 $(x = 1)$ に対し，

$$h_g = 2583.2\,\text{kJ/kg} \qquad s_g = 8.1648\,\text{J/(K·kg)}$$

であるから，$s = 7.719\,\text{J/(K·kg)}$ に対応する x は，

$$x = \frac{s - s_l}{s_g - s_l} = \frac{7.719 - 0.6387}{8.1648 - 0.6387} = 0.94$$

- 復水器での放熱量：4 の状態のエンタルピーは，

$$h = (1-x)h_l + x h_g = 0.06 \cdot 188.45 + 0.94 \cdot 2583.2 = 2439.52\,\text{kJ/kg}$$

であるから，

$$Q_l = 2439.5 - 188.5 = 2251.0\,\text{kJ/kg}$$

以上の行程を介してランキン機関の熱効率を求めることができる．

$$\eta_R = \frac{(h_3 - h_4) - (h_2 - h_1)}{h_3 - h_2} \tag{5.19}$$

あるいは近似的に，

$$\eta_R \approx \frac{h_3 - h_4}{h_3 - h_1} \tag{5.20}$$

とできる．

5.2 エントロピーの計算

エントロピーというものは抽象的で，教えにくいものの代表とよくいわれる．その通りであるが，ただその原因は，抽象的な説明で終始する説明の仕方にも一因があるといえよう．どんなに抽象的な概念であれ，きちんと計算の仕方を教えられれば実際に使える．

5.2.1 可逆過程で結ぶ

エントロピーは式 (5.2) により，出入りした熱 Q で計算できる．積分で表示すると，

$$A^{(0)} = A + A'$$
$$S^{(0)} = S + S'$$

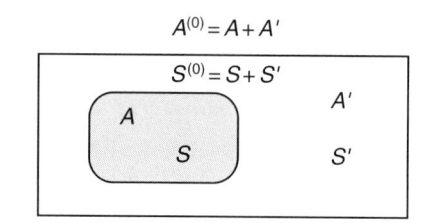

図 5.5　考えている系 A とその周囲環境 A'

$$\Delta S = \int_{(R)} \frac{\delta Q}{T} \tag{5.21}$$

である．最大の問題は，式 (5.21) の付加条件 (R)，すなわち「可逆過程で行う」ことにある．この式は可逆過程においてエントロピーがどのように計算できるかを教えてくれるが，そうでないときは教えてくれない．教科書によっては，

$$dS = \frac{\delta Q}{T} \tag{5.22}$$

と書いて，この重要な付加条件を強調しないまま，抽象的な議論を進めるものもあり，これではエントロピーの具体的な計算能力はほとんど養われないであろう．

不可逆過程に対してエントロピー変化を求める方策は，図 5.5 における分解 $S^{(0)} = S + S'$ の理解にある．不可逆過程ということは $\Delta S^{(0)} > 0$ ということであり，$\Delta S > 0$ ではない．

重要な点は，エントロピーは「状態量」であるということである．この系の初期状態 A と最終状態 B が与えられれば，それらの差 $\Delta S = S_B - S_A$ だけで与えられる．その途中経過にはよらない．それゆえ，次が成り立つ．

重要事項 5.2　エントロピーの計算方法
この系の初期状態 A と最終状態 B のエントロピーの差は，系の初期状態 A と最終状態 B を同じにする別の過程で可逆なものを探せばよい．そのような可逆過程 (R) さえみつかれば，エントロピー変化は式 (5.21) によって計算できる．

そうすると，問題は「系の初期状態 A と最終状態 B を同じにするような可逆過程を見いだすこと」に還元される．いかにそのような可逆過程をみつけるかはその人の物理的直感と訓練によるしかない．以下の章では，このことが随所で強調される．ただし，そのような可逆過程が常に存在するということは示しておかなければならない．

■ **任意の状態 2 点を可逆過程で結ぶことはできるか？** ■

ある物質のとりうるすべての状態 $\{X_j\}$ を考える．$\{X_j\}$ は系の状態変数を集合的に表すものであり，単純な系では，たとえば 2 つの示量性変数 $\{S, V\}$ の組みを独立変数ととることができる．このとき U や T は従属変数となる．このとり方は任意で，$\{S, T\}$ ととってもかまわない．その場合は U と V が従属変数となる．ともかく，任意状態はこの $\{S, T\}$ の組みで覆い尽くすことができる

5.2 エントロピーの計算

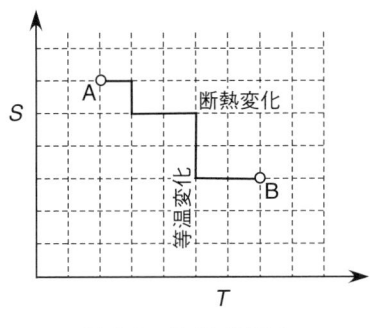

図 5.6 S-T 状態図

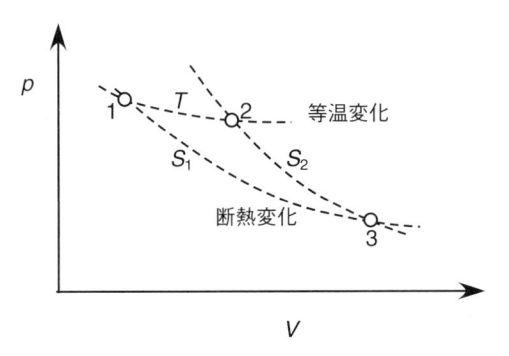

図 5.7 もし異なる断熱線が交わったならどうなるか？

ということが重要である．

すると，その物質のすべての状態は T と S の 2 次元座標空間でプロットできることになる（図 5.6）．物質の任意の状態はこのグラフのなかのどこかの点である．つまり，任意の 2 点 A と B はそのうちのどこかの 2 点である．この 2 点は，連続した，等温過程（$T = const$）と等エントロピー過程（$S = const$）の折れ線で結ぶことができる．等エントロピー過程は断熱変化で，ゆっくり変化させることで常に可逆過程にすることができる．また，等温過程も準静的に行うことで常に可逆過程とすることができる．したがって，任意の 2 点はこのようにして，等温過程と断熱過程の組合せによる可逆過程で結ぶことができる．

■ S と T に交差はないか？ ■

ただし，上述の議論は 2 つの断熱線に交わりがあるようだと成り立たない．それがないことは証明しなければならない．図 5.7 のように，もし異なる断熱線 S_1 と S_2 が点 3 で交わったとするならばどうなるだろうか？

そうすると，等温過程 $1 \rightarrow 2$ で熱浴から熱 Q をもらったとして，断熱過程 $2 \rightarrow 3$ で仕事 W_{23}（たとえば，断熱膨張）をする．点 3 に達したあと，すぐに断熱過程 $3 \rightarrow 1$ をたどることで仕事 W_{13}（たとえば，断熱圧縮）をなしてまた元の状態 1 に戻る．したがって，この間のエネルギー収支は，$Q = \Delta W = W_{23} - W_{31}$ で，もらった熱を損失することなくすべて仕事に変換したことになる．こ

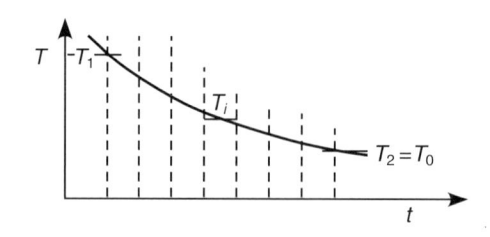

図 5.8　冷却過程を細かく分割する.

れは第二法則に反する．これより異なる断熱線は交わることはない．

■ **準静的過程でエントロピーは計算できるか？** ■

エントロピーの計算式 (5.21) は式 (3.8) に比べてより制限がきびしい．しかし，教科書によってはエントロピーの計算式は式 (5.21) ではなく，

$$\Delta S = \int_{(QS)} \frac{\delta Q}{T} \tag{5.23}$$

と書かれているものをみかける．つまり，可逆過程ではなく準静的過程でとると主張するものである．これは 4.2 節ですでに議論したように，準静的過程は必ずしも可逆とはならず，間違った議論である．何よりも，準静的過程をたどっても不可逆機関では 1 サイクルののち，クラウジウスの不等式より，

$$\int_{(IR)} \frac{\delta Q}{T} < 0 \tag{5.24}$$

である．しかし，エントロピーは状態量であるから，1 サイクルのあとは $\Delta S = 0$ でなければならない．繰り返し強調するが，クラウジウスの関係式が等式となるのは可逆過程においてのみである．以下に具体例を調べる．

■ **熱浴のエントロピー変化** ■

熱浴というものは，いくら熱や仕事の出入りがあっても，その示強性状態量は変わらないものである．熱浴は内的に可逆である．それゆえ，熱浴の温度を T_0 とし，それに熱 Q が流れたとして，

$$\Delta S = \frac{Q}{T_0} \tag{5.25}$$

このように，熱力学ではエントロピーについて熱浴の部分は常に可逆として計算するが，これは現実の過程で外部は常に可逆過程として扱ってよいといっているのではない．外部環境は限りなく複雑であるから，むしろほとんど不可逆である．しかし，熱力学で扱う熱浴とは，系の状態が温度や圧力の非常に少ない示強性変量だけで特徴づけられるということを前提としている (1.3.1 節参照)．その内部自由度を考えなくてよいという限りで可逆となる．容量の非常に大きい一様な水で取り囲んだようなものを考えればよい．

5.2 エントロピーの計算

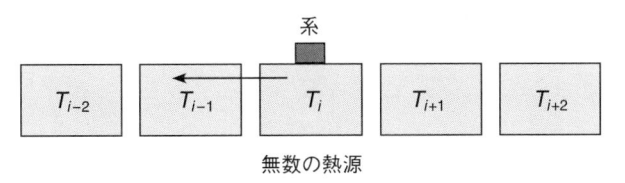

図 5.9 冷却過程を数多くの熱源と接触させる過程に置き換える．$\cdots T_{i-1} > T_i > T_{i+1} \cdots$．

■ 熱移動によるエントロピー変化 ■

大きな容量の 2 つの物質が異なる温度 T_h と T_l をもっている（$T_h > T_l$）．それが熱的に接触し，熱の移動が起こる．容量が大きいため，それぞれの物質の温度は変わらない．このとき移動した熱量 Q に対して，そのエントロピー変化は，

$$\Delta S = \frac{-Q}{T_h} + \frac{Q}{T_l} = Q\left(\frac{1}{T_l} - \frac{1}{T_h}\right) > 0 \tag{5.26}$$

であり，常に正となる．

■ ゆっくり冷却していくとき ■

ある固体がはじめ高温状態 T_1 にある．それを放置すればやがて室温 T_0 になる．有限温度差のあるところでの熱の移動は不可逆過程なので，この時点で式 (5.2) はそのままでは使えないことになる．どうするか？ このときのエントロピー変化は 139 ページのテクニックを使うことで求まる．

T_1 から T_0 に下ろす過程を，図 5.8 のように，できるだけ細かく分割する．i 番目の過程ではその温度は T_i で一定とみなせるくらい細かく分割することは可能である．そして，その間はその固体を T_i の熱源に接触させる（図 5.9）．その間の熱の出入りは δQ_i とする．拘束条件は，

$$Q = \sum_i \delta Q_i \tag{5.27}$$

と，そのようにしてとってきた δQ_i の和がはじめの冷却過程での全熱の移動量と等しくなるようにとればよい．その微小区間は可逆過程とみなせ，そこに式 (5.2) を適用する．微小区間の極限操作をとり，和を積分に変える．

$$\begin{aligned}\Delta S &= \int_{T_1}^{T_0} \frac{\delta Q}{T} = C \int_{T_1}^{T_0} \frac{dT}{T} \\ &= C \ln\left(\frac{T_0}{T_1}\right) < 0\end{aligned} \tag{5.28}$$

これは負の数である．つまり，エントロピーは減少している．同時に，このとき温度 T_0 の熱浴には全部で，

$$Q = C(T_1 - T_0) > 0$$

の熱が入るので，

$$\Delta S' = \frac{Q}{T_0} > 0 \tag{5.29}$$

したがって，全エントロピー変化は，

$$\Delta S^{(0)} = \Delta S + \Delta S' = C\left[\frac{T_1 - T_0}{T_0} - \ln\left(\frac{T_1}{T_0}\right)\right] \tag{5.30}$$

■ 問題 5.1　エントロピーの正値性

式 (5.30) で与えられる全エントロピーの変化は常に正であることを示せ．

■ 使った近似 ■

この計算でよく問われることは，使った近似についてである．図 5.8 の過程を振り返ると，ちょっと見た目には，「現実の冷却過程をできるだけゆっくり行い，可逆過程とした」と読める．しかしこれは「冷却速度を小さくしたら可逆過程になる」といっているのではない．可逆，不可逆のところで議論したように，いくら変化速度を落としても，不可逆は不可逆のままである．準静的過程は必ずしも可逆過程ではない．ここで行った近似は，過程全体として熱の出入り（必要ならば仕事も含めて）が元のものを再現するように「違った」経路をとったことにある（図 5.10）．

■ その他の可逆過程 ■
◆等温膨張

T は一定であるから，内部エネルギーは変化しない．$W = -\int p\,dV = -RT\ln(V_2/V_1)$ は負の値，つまり，外に仕事をする．その仕事はすべて熱浴から熱 $Q = -W$ で補われる．

$$\Delta S = \int \frac{\delta Q}{T} = \frac{Q}{T} = R\ln\left(\frac{V_2}{V_1}\right) > 0 \tag{5.31}$$

一方，周りの熱浴は同じ温度で同じ量の熱を奪われているので，正確にこれと同じ量のエントロピーを下げている．全体としてエントロピーの収支はとれていて，$\Delta S^{(0)} = 0$，すなわち可逆過程である．

◆断熱膨張

準静的な断熱膨張であれば，$\delta Q = 0$ で，$\Delta S = 0$．もちろん熱浴の方も $\Delta S' = 0$，それゆえ

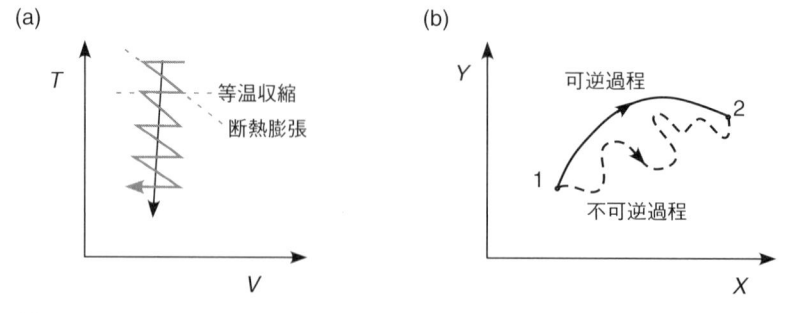

図 5.10 (a) 現実過程（直線）を可逆過程（折れ線）で近似する．(b) 経路を変えて近似する．

5.2 エントロピーの計算

$\Delta S^{(0)} = 0$, すなわち可逆過程である.

◆自由膨張

これは不可逆過程である．系 A の始状態および終状態は，上記の等温膨張と同じである．したがって，

$$\Delta S = R \ln\left(\frac{V_2}{V_1}\right) > 0 \tag{5.32}$$

となる．しかし，熱の出入りはないので，熱浴の方は $\Delta S' = 0$, したがって，全系では $\Delta S^{(0)} > 0$, すなわち不可逆過程ということに合致する．

則問 10

理想気体の自由膨張では，熱 Q の出入りは 0 である．したがって，

$$\Delta S = \frac{Q}{T} = 0$$

とエントロピーは変化しないと結論づけられる．この議論は正しいだろうか？

■ 熱が伝わっていく過程 ■

熱伝導過程は典型的な不可逆過程で，そのままでは式 (5.2) は使えない．このときの計算には特別のテクニックが要される．

図 5.11 のように，最初，金属棒の両端を 2 つの熱源 T_h と T_l に接触させておく．その間の金属棒のなかの温度分布は，位置に比例したもの，

$$T_i(x) = T_h - \frac{T_h - T_l}{L} x \tag{5.33}$$

となることは容易に想像できよう．次に，それら熱源を同時に切り離す．長時間が経ったあとの金

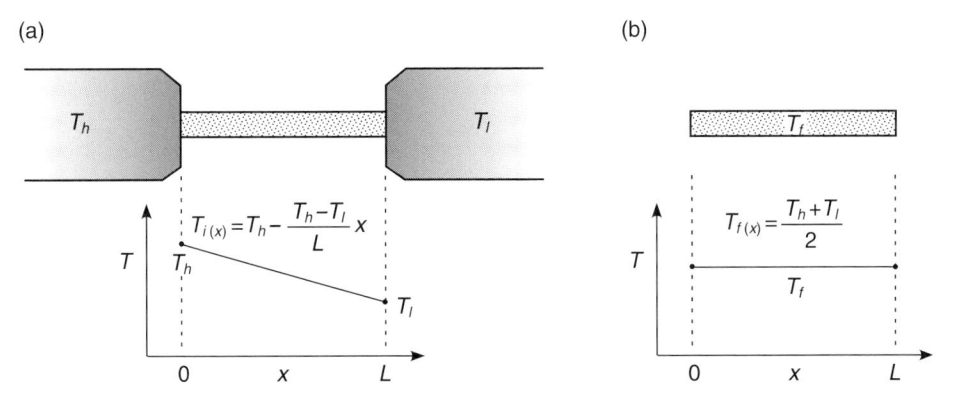

図 5.11 熱伝導過程 (a) 初期状態は金属棒の両端を 2 つの熱源 T_h と T_l に接触させておく．(b) 熱源を切り離してから長時間が経ったあとの金属棒のなかの温度分布は一様となる.

属棒のなかの温度分布は一様となることも容易に想像できよう．

$$T_f(x) = \frac{T_h + T_l}{2} \tag{5.34}$$

この間に金属棒のエントロピーはどのように変わっただろうか？

この問題を解くためには，長さ L の棒を，多数（N 個）の区間に分割し，$\Delta x = L/N$ の間での温度変化は無視できるくらい小さくする．j 番目の区間は左から $x_j = j\Delta x$ の位置で，はじめの温度は，

$$T_i(x_j) = T_h - \frac{T_h - T_l}{L}x_j = T_h - \frac{T_h - T_l}{N}j \tag{5.35}$$

である．これが T_f までゆっくり変化するときのエントロピー変化 ΔS_j は，

$$\Delta S_j = \int_{T_i(x_j)}^{T_f} \frac{\delta Q_j}{T_j} = C\Delta x \int \frac{dT_j}{T_j} = C\Delta x \ln \frac{T_f}{T_i(x_j)} \tag{5.36}$$

比熱 C はこの金属棒の単位長さあたりの比熱としている．金属棒全体では式 (5.36) を積分して，

$$\Delta S = \int_0^L \Delta S(x)dx = -C\int_0^L dx \ln\left(\frac{T_h}{T_f} - \frac{T_f - T_l}{T_f}\frac{x}{L}\right)$$
$$= C\left[1 - \ln\left(\frac{T_l}{T_f}\right) + \frac{T_h}{T_h - T_l}\ln\left(\frac{T_l}{T_h}\right)\right] \tag{5.37}$$

このエントロピー変化が正となることは式 (5.37) を眺めただけでは明白でない．数値的な例で示される．この最終的な結果には熱伝導度 κ が入らないことは注目に値する．

■ 則問 11

金属銅の棒で，$T_h = 400°C$，$T_l = 200°C$ のときの生成するエントロピーを求めよ．

5.2.2 エントロピーのつりあい

前節では，ある過程で変化するエントロピーというものを，その過程とは別の経路をたどり計算する方法を示した．問題となっている不可逆過程を避け，はじめとおわりの状態さえ一致しておればよいという考えだった．それはそれでうまくはたらくから問題はないが，しかし何かしっくりしないと感じるかもしれない．問題を回避によってではなく，正面から扱うことはできないものだろうか？ もしそう考える学生がいたら，それは称賛に値する．そういう扱いは存在する．

その議論の前に，もう一度，一般の熱力学的過程を考える．図 5.12 で示される状態 1 から状態 2 への経路 a は，一般に不可逆過程である．よって，これに沿った経路積分，

$$\int_a \frac{\delta Q}{T} \tag{5.38}$$

は 2 つの状態のエントロピー差 $\Delta S = S_2 - S_1$ とはならない．これまでの議論より，実験でこのような量を測定しても役に立たないことになる．しかし，本当にそうだろうか？ いま状態 2 から状

5.2 エントロピーの計算

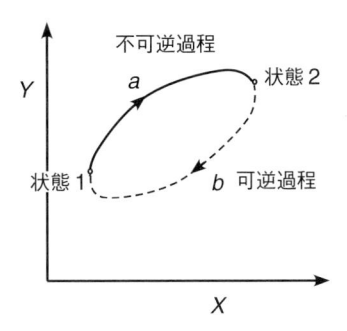

図 5.12 注目している状態 1 から状態 2 への経路 a は一般に不可逆過程である．それを可逆過程を介して戻る経路 b を探す．

態 1 へ，可逆となる過程 b をみつけて，それによりはじめの状態 1 に戻ったとしよう．クラウジウスの不等式より，

$$\oint \frac{\delta Q}{T} = \int_a \frac{\delta Q}{T} + \int_b \frac{\delta Q}{T} \leq 0 \tag{5.39}$$

経路 b は可逆なので，$\int_b \delta Q/T = S_1 - S_2$ とできるため，不等式 (5.39) は，

$$\Delta S = S_2 - S_1 \geq \int_a \frac{\delta Q}{T} \tag{5.40}$$

と書き換えられる．これにより，積分 (5.38) はエントロピーではなく，その下限を与えるものと考えることができる．ここに不満があるわけである．下限ではなくちゃんとした値がほしいのである．

ここにおいて，我々は一歩，重要な論理ステップを踏み出す．不可逆過程では境界を出入りする熱による積分 (5.38) をエントロピー変化の一部と考え，

$$\Delta S = \int_{(IR)} \frac{\delta Q}{T} + S_{\text{gen}} \tag{5.41}$$

とおけないだろうか？と考えるわけである．より正確に記述すると，熱浴と接触している系 A において，その境界を出入りする熱によるエントロピーの寄与と，その内部におけるエントロピーの増加 S_{gen} とに分ける．そして，後者が不可逆的な寄与を担うと考えるのである．

$$\Delta S = (S_{\text{in}} - S_{\text{out}}) + S_{\text{gen}} \tag{5.42}$$

図 5.13 に示されるように，式 (5.41) の右辺第一項は境界をまたぐ熱の移動によるもので，式 (5.42) では入るものと出るものを分けて表している．

参考文献 [8], [9] など非平衡熱力学の教科書では，式 (5.41) を

$$\Delta S = \Delta S_e + \Delta S_i \tag{5.43}$$

と表し，ΔS_e を外部との熱のやりとりによる部分，ΔS_i を系内部での不可逆的エントロピーの増加

$$\Delta S = S_{\text{in}} - S_{\text{out}} + S_{\text{gen}}$$

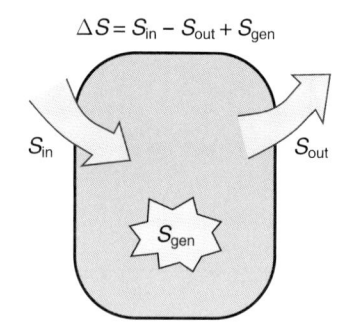

図 5.13 エントロピーのつりあい

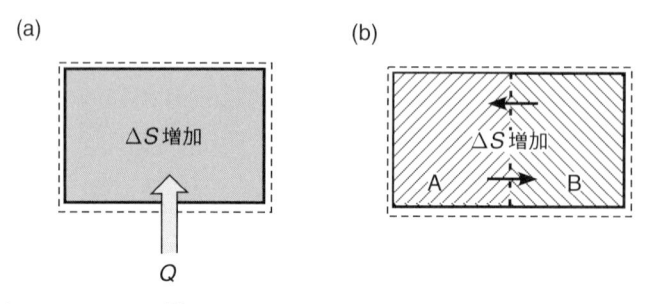

図 5.14 エントロピーのつりあいの例 (a) 閉じられた容器の中の水を加熱し蒸気に換える．(b) 断熱された容器の中ではじめ仕切りによって隔てられていた 2 種類の気体 A と B の混合．いずれも点線がエントロピーのつりあいを考える領域の境界線．

分という表し方をしている．本書ではより具体的な式 (5.42) を用いる．

　これはエントロピーというものを，エネルギーと同じように外から入るもの，外へ出ていくもの，その差として内部変化をみることを意味する．エントロピーは熱と同じように動いて，出入りすることができる（図 5.13）．しかしエネルギーの場合と違って，仕事に関してはエントロピーは変化しない．

　もう 1 つエネルギーと違って，エントロピーというものは保存される量ではない．それは常に全体として生成されるもので，決して減少しない．それが式 (5.41) の S_{gen} の部分に相当し，不可逆性の部分を表す．エントロピー増大則（重要事項 5.1）において，エントロピーが常に増加するというときのエントロピーとは，熱浴も含めた全エントロピー $\Delta S^{(0)}$ であった．しかし，式 (5.41) のようにエントロピーを分解すると，部分系でも S_{gen} は一方的に増加するか 0 に留まるかのどちらかで減少することはない．

　注意したいのは，式 (5.41) と式 (5.42) を見比べて，熱の移動にともなう $\int \delta Q/T$ がいつでも S_{in} および S_{out} を意味しているのではないということだ．式 (5.42) でいう S_{in} および S_{out} は，考えている系の境界をまたぐものとして，また，S_{gen} はその「境界で囲まれた領域の中」でのエントロピー生成を指している．境界は任意にとれるので，同じ現象でも境界を変えれば，S_{in} や S_{out} あるいは S_{gen} は異なってくる．

5.2 エントロピーの計算

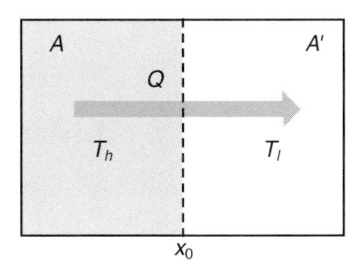

図 5.15 熱移動によるエントロピーの生成

具体的な例で示そう．図 5.14 (a) では，水の入った容器を加熱し蒸気にする．この場合の境界は点線で示される．それを横切る熱は容器を加熱する熱 Q である．それゆえ，この場合の式 (5.42) は，

$$\Delta S = S_{\text{in}} + S_{\text{gen}} \tag{5.44}$$

で，ゆっくり加熱している限り水の蒸気への転移は可逆なので，$S_{\text{gen}} = 0$ である．すなわち，内部では不可逆性はない．系のエントロピー増加 ΔS は S_{in} によってのみもたらされている．水の状態量としてのエントロピーは温度が上がれば増加する．しかし，式 (5.42) でいう S_{gen} には相当せず，S_{in} のなかに含まれる．

一方，図 5.14 (b) の例では，容器は断熱され，はじめ 2 種類の気体 A と B は仕切りによって隔てられていた．仕切りを取り除くことで混合する．明らかに内部で不可逆的エントロピー生成が発生する．一方で，この容器の境界をまたぐ熱はないので，

$$\Delta S = S_{\text{gen}} \tag{5.45}$$

となる．この場合の系のエントロピー増加は S_{gen} によってもたらされている．

次に，図 5.15 で示されるように，高温側 T_h の部屋 A から低温側 T_l の外部の部屋 A' に熱 Q が流れる場合を考えよう．典型的な不可逆過程である．部屋 A からみて境界を引くと，エントロピーのつりあい (5.42) は熱の流出 Q があるので，$S_{\text{out}} = Q/T_h$．部屋 A の内部では不可逆過程はないので，$S_{\text{gen}} = 0$．それゆえ系 A のエントロピー変化は，

$$\Delta S = -S_{\text{out}} = -\frac{Q}{T_h} \tag{5.46}$$

一方，外部の部屋 A' には熱の流入 Q があるので，$S'_{\text{in}} = Q/T_l$．その内部では不可逆過程はないので，$S'_{\text{gen}} = 0$，それゆえ，

$$\Delta S' = S'_{\text{in}} = \frac{Q}{T_l} \tag{5.47}$$

これを外部の部屋 A' を含めた全体の系 $A^{(0)} = A + A'$ で考え，$A^{(0)}$ の周りに境界を引くと，$A^{(0)}$ の境界では熱の出入りはない．つまり，$S^{(0)}_{\text{in}} = S^{(0)}_{\text{out}} = 0$．したがって，

$$\Delta S^{(0)} = \Delta S + \Delta S' = \Delta S_{\text{gen}} \tag{5.48}$$

そして，
$$\Delta S_{\text{gen}} = Q\left(\frac{1}{T_l} - \frac{1}{T_h}\right) > 0 \tag{5.49}$$

となる．これは，これまでみてきた熱移動に付随した不可逆的エントロピーの増加は，全系 $A^{(0)}$ の内部不可逆エントロピー生成と解釈できることを示している．こうして考える系の境界をどうとるかで，式 (5.42) の分解の仕方が決まることがわかった．

エントロピーのつりあい (5.42) というものを考えると，出入りする熱の流れを考えることになる．出入りする熱の総量よりも単位時間あたりの熱流 $J = dQ/dt$ を考えるのと同様，エントロピーにも単位時間あたりの移動量，エントロピー流 $\sigma = dS/dt$ を考えるのは自然である．系 A の内部での S の時間変化は，系 A の境界を横切る熱移動による S_h，物質移動による S_m，そして，その内部での不可逆的エントロピー生成による S_{gen}，以上の和として表される．

$$\sigma = \frac{dS}{dt} = \frac{dS_h}{dt} + \frac{dS_m}{dt} + \frac{dS_{\text{gen}}}{dt} \tag{5.50}$$

ここで，S_m という物質移動によってエントロピーが変化するという考えを先回りして取り入れたが，詳しくは第 6 章で議論される．いまは中身はわからなくとも，物質の移動にともないエントロピーも変化するのだと受けとってほしい．

これらの例を通して，式 (5.42) で不可逆過程のエントロピーを計算するメリットは，計算の容易な部分（S_{in} および S_{out}）を切り離し，計算することがむずかしい部分をできるだけ狭めていることである．多くの熱機関では熱の出入りは等温過程ではないし，熱浴との温度差もある．作業流体の動きをつぶさに観察し，そのときどきの T を測定しながらエントロピーの出入りを計算することは至難なことである．しかし，式 (5.42) の主張するところでは，考察している系のエントロピー変化は，その系と熱的に接触している熱浴のエントロピー変化の差し引きで知ることができるということである．S_{in} および S_{out} を温度が常に一定である熱源側で評価することは非常に簡単である．熱源側でその温度を測定し，かつ移動熱量を測ればすむ．

■ エントロピー生成はどこで起こっているのか？ ■

エントロピーが熱移動と同じように流れ，かつ生成するものと考えたとき，問題となるのは，不可逆的エントロピーの生成はいったいどこで起こっているのか？ ということである．図 5.15 の熱移動の問題で，A や A' の内部では $S_{\text{gen}} = 0$ であることをみてきた．それでは，どこでこの S_{gen} が生じているのだろうか？ それは A と A' の境界で起こるということになる．これを図示化すると図 5.16(a)

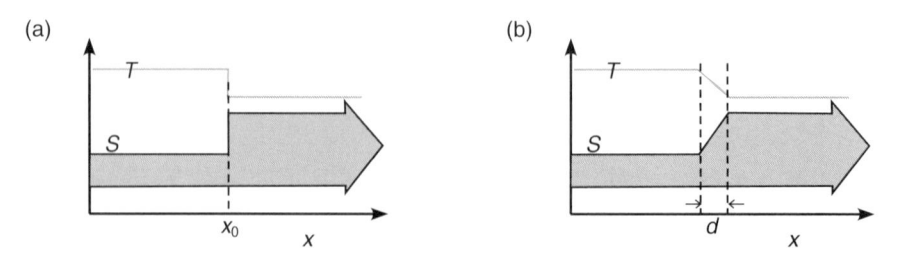

図 5.16 どこで S_{gen} が生まれているか？ (b) 壁の熱さが有限の値 d になった場合．

のようになる．現実には，このように不連続的に変化するということは物理的には考えにくい．実際には，有限の温度差を保つ境界というのは壁で，それは程度の差こそあれ必ず有限の厚さをもつ．そして，そのなかで温度勾配をもち，$-T_h$ から T_l へ連続的に変化するだろう．それにともない，S も図 5.16 (b) のように連続的に変化する．不可逆的エントロピーの生成はまさに温度差があるところで生じていることがわかるだろう．

5.3 理想気体の計算

理想気体でエントロピーを計算しておくことは，単に練習というばかりでなく，いろいろな応用にとって重要である．

5.3.1 同種分子からなる気体

N モルの理想気体のエントロピーを考える．温度 T，圧力 p の任意状態におけるエントロピーを求めたいが，まず変数を圧力 p から体積 V にとっておく．任意の T, V におけるエントロピーを求めたいが，いまのところその差だけが計算できるので，何か基準をとらなくてはいけない．T_0, V_0 を参照状態として計算する．任意状態のエントロピーは，状態変数の性質により，その途中過程にはよらない．よって，計算に便利な過程をとってきて計算すればよい．

(1) 等温過程で，体積を V_0 から V へもっていく（図 5.17 (a)）

(2) 等容過程で，温度を T_0 から T へもっていく（図 5.17 (b)）

(1) では，気体の内部エネルギーは変わらないので，仕事 $W = NRT \ln(V/V_0)$ はすべて熱 Q となり，

$$\Delta S_a = NR \ln\left(\frac{V}{V_0}\right) \tag{5.51}$$

(2) では，気体の内部エネルギー変化 $\Delta U = C_v \Delta T$ はすべて外部からの熱流入 Q から得られ，

$$\Delta S_b = NRc \ln\left(\frac{T}{T_0}\right) \tag{5.52}$$

これら 2 つの過程をあわせて，

$$S = NR\left\{c\ln\left(\frac{T}{T_0}\right) + \ln\left(\frac{V}{V_0}\right)\right\} + S_0 \tag{5.53}$$

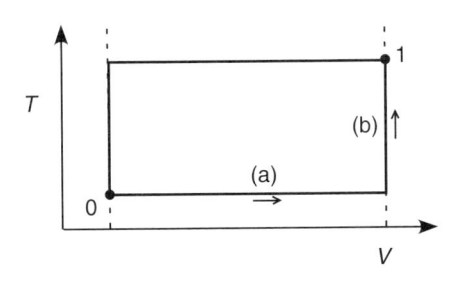

図 5.17 (a) 等温過程で体積を V_0 から V へもっていく．(b) 等容過程で温度を T_0 から T へもっていく．

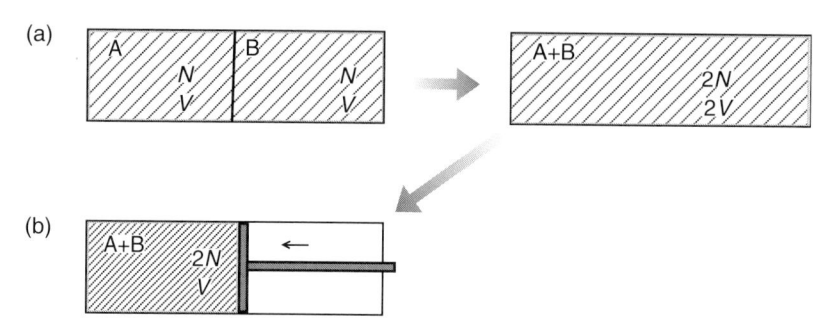

図 5.18 体積 V,温度 T ともまったく同じである,分子数 N の気体を 2 つ用意する (a). これは体積 $2V$,分子数 $2N$ の同種気体と同等である.壁を取り去ったあと,体積を半分にする (b).

となる.積分定数 S_0 は求まらないが,いまはしばらく棚上げにする.

さて,式 (5.53) はだいたいのところ正しいが,次のような欠陥がある.エントロピーは示量性変量である.この観点から式 (5.53) を眺めてみる.エントロピーが示量性変量であるということは,「系の全エントロピーは部分のエントロピーの和」ということである.体積 V の容器に閉じ込められた気体を仮想的な壁で部分系 $V_1 + V_2$ に分けてみよう.それでも気体の状態は同じでなければならない.体積 V のエントロピー S は,仮想的な部分系 $V_1 + V_2$ のエントロピーの和となるはずである.式 (5.53) の右辺第一項はその通りになっている.示量性変量を E,示強性変量を I で表すと,$N \ln T$ は E ln (I) なのでやはり全体として E となり,エントロピーが E であることに矛盾はない.一方,右辺第二項は,$N \ln V$ は E ln (E) という形をもつので,「全体は部分の和」という性質が成り立たない.

こういう問題が生じたのも,このエントロピーを計算した過程が不十分だったからである.何が不十分だったのか？ 問題は気体の分子数に関する依存性も考慮しなければならないのに,N を固定したことにある.そこで次に,気体エントロピーの粒子数依存性を計算する.そのため,式 (5.53) のなかの T 依存項は内部エネルギー U からきていることに注意し,

$$S = NR\left\{c\ln\left(\frac{U}{U_0}\right) + \ln\left(\frac{V}{V_0}\right)\right\} \tag{5.54}$$

としておく.これは右辺第一項さえも実は示量性変量であったことを明確にしておきたいからである.

式 (5.54) のなかでまだ考慮していなかった粒子数依存性項を $NRf(N)$ と仮定する.図 5.18 のように,分子数 N 個の気体を 2 つ用意する.体積 V,温度 T,したがって,圧力もまったく同じである.この 2 つを接触させる.2 つをあわせたエントロピーは単なる和であるから,

$$S = 2NR\left\{\ln(U^c V) + f(N)\right\} \tag{5.55}$$

となる.この接触面の壁を取り払っても気体のなかでの変化はない.つまり,熱力学的には見分けがつかない.見分けがつかない以上,この壁を取り払う前後の過程は可逆である.すると,このときの全エントロピーは同じでなければならない.

$$2NR\left\{\ln(U^c V) + f(N)\right\} = 2NR\left[\ln\left\{(2U)^c \cdot 2V\right\} + f(2N)\right] \tag{5.56}$$

5.3 理想気体の計算

となる．これは，
$$f(2N) - f(N) = -\ln 2^{c+1} \tag{5.57}$$
となる．式 (5.57) が成り立つのは，
$$f(N) = \ln\left(\frac{1}{N^{c+1}}\right) \tag{5.58}$$
のときである．

しかるのち，等温で静かに体積を半分まで減らす．
$$\Delta S = 2NR\ln\left(\frac{1}{2^{c+1}}\right) \tag{5.59}$$

こうして，元の別々であった 2 つの気体のエントロピー (5.55) と比較して，式 (5.59) は，対数のなかが $1/2^{c+1}$ となっているところだけが違う．

これでエントロピーの式は N^{c+1} 依存を 2 つに分け，
$$S = NR\left\{c\ln\left(\frac{T}{T_0}\frac{N_0}{N}\right) + \ln\left(\frac{V}{V_0}\frac{N_0}{N}\right)\right\} + S_0 \tag{5.60}$$
を得る．

最後にエントロピーの定数項 S_0 だが，これまでエントロピーを積分で求めていた以上，それだけでは定まらない．ただし，次章で学ぶ自由エネルギー
$$G = U + pV - TS \tag{5.61}$$
という積分形があり，それがエントロピーの定数項によらない，という条件から定めることができる．式 (5.61) において，エントロピーに S_0 という定数項を加えると，G には TS_0 という温度依存性が加わる．任意定数により物理的な内容が影響されないためにはこの温度依存項は消えなければならない．
$$S_0 = \left.\frac{\partial(U + pV)}{\partial T}\right|_{T_0} = (c+1)R \tag{5.62}$$
でなければならない．

こうして正しいエントロピーの式として，
$$\frac{S}{NR} = c + 1 + \ln\left\{\left(\frac{T}{T_0}\right)^c \left(\frac{V}{N}\right)\left(\frac{N_0}{V_0}\right)\right\} \tag{5.63}$$
を得る．式 (5.63) は粒子数 N で割っているので，1 個の粒子あたりのエントロピーと解釈できる．エントロピーは示量性変数なので，1 個あたりのエントロピーというものを定義できる．

　この粒子数依存性に関する議論は，いわゆるギブスのパラドックスとして知られ，量子統計ではじめて理解されるものとされている．しかし，同一粒子の識別不可能性を認めれば，このように古典熱力学の枠内で十分に導出が可能なものである．式 (5.63) の導出は，たとえば，参考文献 [1] にある．

これで理想気体のエントロピーは古典的に求められた．式 (5.63) のパラメータ依存性をみておくことが大事である．本章の最後にエントロピーの解釈が乱雑さという概念で説明されるが，それを先取りして，①温度が上がれば上がるほど S は大きくなる，すなわち，乱雑さが増したと解釈できる．②体積が大きくなればなるほど S は大きくなる，すなわち，より広い空間を占有でき，とれる状態の数が増えたと解釈できる．③粒子の数が増えるほど S は小さくなる，すなわち，より秩序状態になると解釈できる．

理想気体でない場合や液体や固体の場合では理想気体と違って解析解はないが，ここまでわかると，その場合にもエントロピーを求める見通しが立つ．定数項を除くと，

$$S(T,V) = N\left\{\frac{1}{N}\int \frac{C_v dT}{T} + \frac{1}{NT}\int p dV\right\} \tag{5.64}$$

にしたがって数値積分すればよい．

5.3.2 混合エントロピー

多成分の理想気体からなる系では，そのエントロピーは式 (5.63) に付加項

$$-\sum_j x_j \ln x_j \tag{5.65}$$

が現れる．x_j は j 成分のモル分率である．この項は特に混合エントロピー S_{mix} と呼ばれている．

式 (5.65) を証明する前に，この混合エントロピーの効果を先に調べてみよう．2 つの違った種類の理想気体 A と B が拡散する問題を考える．はじめに，A と B は同じ圧力 p，温度 T で，壁によりそれぞれ体積 V_1 と V_2 に仕切られている．A と B のモル数はそれぞれ N_1 と N_2 である．同じ圧力 p，温度 T であるので，どちらの密度も同じく，

$$n = \frac{N_1}{V_1} = \frac{N_2}{V_2}$$

である．

この壁を一気に取り払う．どちらの圧力，温度も同じなので，壁を取り払ったあともそれらは同じ値である．密度も同じである．つまり，

$$\frac{N}{V} = \frac{N_1 + N_2}{V_1 + V_2} = n$$

熱の出入りもない．

この気体の拡散過程の前後におけるエントロピー変化を式 (5.65) を使って計算してみよう．はじめの状態は，体積 V_1 にある気体 A と体積 V_2 にある気体 B はまったく独立しているので，全エントロピー S_i はそれぞれの和となる．それぞれの部分のエントロピーは，理想気体のエントロピーの式 (5.63) よりすぐ求まる．混合後も温度は同じであるので，以下，式 (5.63) の右辺第二項のみを取り上げる．

関係する項のみを取り出し，初期のエントロピーは，

$$S_i = R\left\{N_1 \ln\left(\frac{V_1}{N_1}\right) + N_2 \ln\left(\frac{V_2}{N_2}\right)\right\} = -NR \ln n \tag{5.66}$$

5.3 理想気体の計算

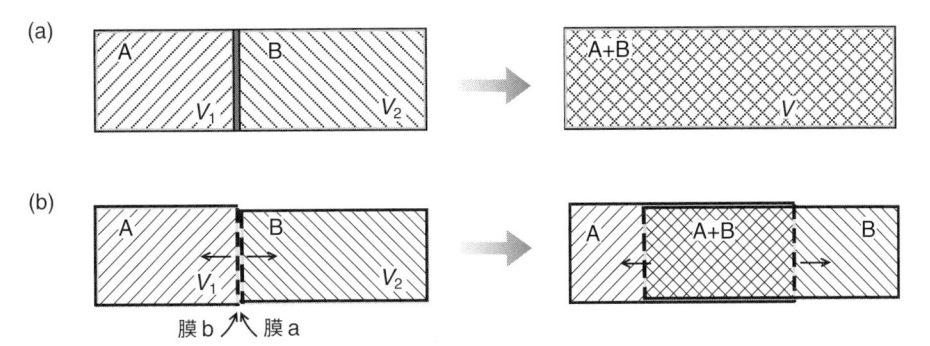

図 5.19 (a) 体積 V_1 と V_2 に分けられている理想気体 A と B を混合する．これは不可逆過程である．(b) この過程を，系の初期状態，最終状態が同じになるような可逆過程に置き換える．

となる．一方，混合したあとのエントロピーは，混合気体のエントロピーの式 (5.65) より，

$$S_f = NR\{-\ln n - (x_1 \ln x_1 + x_2 \ln x_2)\} \tag{5.67}$$

となる．したがって，過程の前後のエントロピー変化は，

$$\Delta S = S_f - S_i = -NR(x_1 \ln x_1 + x_2 \ln x_2) > 0 \tag{5.68}$$

で常に正となる．混合するとエントロピーは増加し，それは不可逆過程ということと合致していることが確認できる．

こうして，混合エントロピーの式 (5.65) を考えてはじめて混合が不可逆過程ということが記述できることをみてきた．それでは，次にこの混合エントロピーの式 (5.65) がどうやって導かれるかを考えよう．この過程には外部との熱の交換はない．したがって，単にその過程に沿って，

$$\Delta S = \int \frac{\delta Q}{T}$$

を実行しただけでは $\Delta S = 0$ という答えが返ってきてしまう．しかしこれは，いまみたように不可逆過程で $\Delta S > 0$ でなければならない．どうしたらよいか？

やはり重要事項 5.2 にしたがって，不可逆過程に対しては，系の最初と最後の状態が同じになるような可逆過程をみつけて，それに置き換えるという原則を適用する†．いまの問題では，A と B を混合する前と後をいかに可逆過程でつなげればよいか？

1つの方法は，はじめの壁を図 5.19 のような2つの半透明膜に置き換える．1つは A は透過し，B は透過しない（膜 b）．もう1つは逆に，B は透過し，A は透過しない（膜 a）．このような半透明膜を背中あわせにすれば初期の状態が実現できる．次に，これらの膜をゆっくり引き離し反対側の壁までもっていく．この過程で膜 b の右側は常に気体 B のみであるが，気体 B はどちらの側にもよく拡散する．つまり，膜 b は気体 B によっては圧力差を受けない．膜の左側の気体 A による

---

† 著者はこれを比喩的に「不可逆を可逆にする」といっているが，もちろん，言葉通りの「不可逆を可逆にする」ということではない．そのようなことは不可能である．はじめとおわりの状態を同じに保ちながら途中が違うものに置き換えるという意味である．

分圧 p_A のみを圧力差として感じる．

膜 b を初期位置から左端まで，準静的かつ等温的に動かす．つまり，これははじめの体積が V_1 で圧力 p_A の気体を，準静的等温過程で体積 V にまで膨張させる過程と同じである．等温に保つためには系には熱が流入する．もはやはじめの断熱過程とは違ってきていることに注意すべきである．理想気体では，等温過程であれば系に流入する熱量 δQ はそのときなされる仕事 δW に等しいので，この過程でのエントロピー変化は，

$$\int \frac{pdV}{T} = N_1 R \int \frac{dV}{V} = N_1 R \ln \frac{V}{V_1} \tag{5.69}$$

同様に，膜 a の移動にともなうエントロピー変化も求まり，これらをあわせて，

$$\begin{aligned}\Delta S &= N_1 R \ln \frac{V}{V_1} + N_2 R \ln \frac{V}{V_2} \\ &= -NR(x_1 \ln x_1 + x_2 \ln x_2)\end{aligned} \tag{5.70}$$

となり，これは式 (5.68) と一致する．

これに元の単成分理想気体のエントロピー (5.63) をあわせて，混合系の全エントロピーは，

$$\begin{aligned}S &= S_0 + R \sum_j N_j \left\{ \ln \left(\frac{u_j}{u_{0j}} \right) + \ln \left(\frac{V}{N} \right) \right\} - NR \sum_{j'} x_{j'} \ln x_{j'} \\ &= S_0 + R \sum_j N_j \left\{ \ln \left(\frac{u_j}{u_{0j}} \right) + \ln \left(\frac{V}{N} \right) - \ln x_j \right\}\end{aligned} \tag{5.71}$$

を得る．ここに参照状態 0 としてすべての種で 1 モルの標準状態をとった．この式で，全エントロピーは各成分分子の和であることがわかり，これはエントロピーは示量性であることと整合性がある．

エントロピーは熱の出入りがなくとも変化しうる．この混合エントロピーの計算における訓示の 1 つは，5.2.2 節で議論した S_{gen} の原因の 1 つに物質の出入りがあるということである．

5.4 エントロピーの物理的意味

ここでいったん議論を止め，$\delta Q/T$ で定義されてきたエントロピーとはいったい何であろうか？ということを述べておく．本当の意味を知るには微視的な統計力学を必要とするが，それまで引き延ばしにしておくと読者のフラストレーションが溜まるので，不完全でも，いま推測できる限りで述べておく[†]．

熱を温度で割ったものがどんな意味をもつであろうか？ Q/T だけを眺めて思案にふけってもわからない．熱は状態量でないので過程によるものである．しかし，エントロピーは状態量であることを思い起こそう．我々は熱移動という手段でエントロピーを測定しているが，そうして得られたエントロピーは物質の状態量である．ということは，熱そのものを解析するのではなく，その結果，物質の状態がどのように変わったかに注目すべきである．そこで理想気体を例にとり，エントロピーが外部条件でどのように変化するかをみてみよう．

[†] エントロピーの概念をゲームを使った確率現象から説明するユニークな本[(1),(2)]がある．

5.4 エントロピーの物理的意味

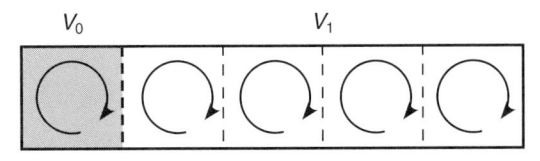

図 5.20　体積 V_0 の理想気体を 5 倍の体積 V_1 に膨張させる.

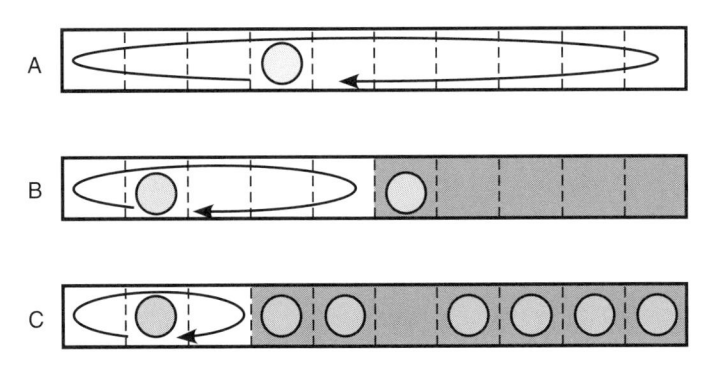

図 5.21　全部で 10 個の気体分子が，A，B，C の気体それぞれ 1，2，7 個で構成されている混合気体の状態数.

5.3 節で理想気体のエントロピーを求めてきた．175 ページの (1) の体積を変化させたときのエントロピー変化は視覚的に解釈しやすいので，図 5.20 に示す．図 5.20 では体積は 5 倍となっている．そのときのエントロピー増加は $R\ln 5$ であるが，これは $\Gamma = e^{S/R}$ という量は 5 倍となったことを意味し，それは気体のとれる範囲がちょうど $e^{S/R}$ に相当する量だけ増えたことを示している．1 つの気体分子についてみると，V_0 の体積要素を 1 つの部屋に見立てると，はじめは 1 番左の部屋だけに存在していたが，膨張後は 5 つの部屋のどれかにいる．つまり，エントロピーというものはその指数をとったものが系に許された場合の数を表しているのではないか，ということが示唆される．とれる場合の数が増えるということは，それだけ乱雑な状態となったことを意味する．

次は混合気体の例である．この場合のエントロピーで濃度依存性のところだけを抜き出し，適当な規格化を施すと，

$$\Delta S_{\mathrm{mix}} = \sum_j N_j \ln \frac{N}{N_j} = \sum_j \ln \left(\frac{N}{N_j}\right)^{N_j} \tag{5.72}$$

である．この意味するところは重要である．まず，さまざまな気体種ではエントロピーに関してはお互い独立して足し合わせられる「重ね合わせの原理」があるということである（気体分子どうしの相互作用が弱いという近似の下での話であるが）．ある気体種の計算には他の気体種がどうなっているか気にする必要はない．全体はそれぞれを単に足し合わせればよい．例として，図 5.21 に示されるように，全部で 10 個の気体分子が，A，B，C の 3 種類の気体それぞれ 1 個，2 個，7 個で構成されているものを考える．A の気体に関しては $N/N_j = 10$，すなわち 10 個の部屋に分割され，それぞれに A の気体を見いだす確率は 1/10 である．つまり，A の気体にとってとれる状態の数は 10 である．一方，B の気体に関しては $N/N_j = 5$ で，平均的に 1 分子が占有できる空間は半分に減り，すなわち，5 個の部屋が利用可能となる．そして B の気体は 2 個あるので，その 2 個のとれ

る状態の全数は 5^2 である．この数え方には同じ部屋に2個入ることもカウントされてしまうが，密度が小さい限りこのダブルカウントは問題でない．このように混合エントロピーの式 (5.72) の部分を解釈することができる．

エントロピーは示量性状態量であった．j 種のエントロピー寄与は $N_j \ln(N/N_j)$ はそれゆえ j 種の分子数に比例する．それを分子数で割り，1個あたりの分子のエントロピーは $s_j = -k \ln c_j$ と表せる．c_j は j 種の濃度である．

この分割される部屋の最小単位が何であるかという問題はあるが，それは差しあたり放っておいて，常に相対的な物差しで測ることにしよう．つまり，全粒子が N であれば最小単位の部屋は V/N の体積をもち，N 個の部屋に分割される．この仮想的な部屋の数を「微視的な場合の数」，さらには「微視的状態の数」と大胆に解釈することで次のようになる．

重要事項 5.3　エントロピーの微視的解釈

$$\begin{pmatrix} 1\text{個の分子あたりの} \\ \text{エントロピー} \end{pmatrix} = k_B \ln \begin{pmatrix} \text{その分子のとりうる} \\ \text{微視的状態の数} \end{pmatrix} \quad (5.73)$$

とりうる「部屋の数」が多いということは，それだけ乱雑になったとも解釈できる．すなわち，エントロピーとは「乱雑度」を表すとみることができる．粒子が広がる，混ざる，ということは，それだけとりうる微視的状態の数が増え，乱雑度が増えたと解釈できるが，それがエントロピーの増加として表されていることになる．理想気体のエントロピーの式 (5.63) では，V や N だけでなく，T の項もあり，その場合の解釈は第8章に譲るが，結局，V 依存と同じで，やはり場合の数という解釈が成り立つ．

こう考えるとエントロピー増大則というのは，「自然は放っておくと，より乱雑な状態になるが，その反対には移動しない」と読め，それは我々の日常感覚と一致している．図 4.12 (b) のはじめの状態は，多くのボールが1ヶ所に集まった秩序状態である．しかし，それに外部からボールを当てるだけですべてのボールは飛び散る．より乱雑な状態である．自然は放っておくと，必ず秩序状態から乱雑な状態に移る．放っておくと川の水は常に汚れ，利用価値を落とす．秩序状態を保とうとすると必ず何かしらの仕事をしなければならない．物事を整理し，利用価値の高い状態にしておくには努力が必要である．大量の書籍を所蔵する図書館で，もしそれらを分類し整理する図書館司書がいなかったら，やがて乱雑な配置になる．同じ百万冊の蔵書でも，乱雑になればなるほどその価値は低くなる．

同じエネルギーでも，それらには質があるということである．エントロピーの低い秩序状態にあるものがエネルギー資源としては有用である．同じ 10 J のエネルギーでも高温熱源にあるものは役立つ．しかし，低温熱源に捨てられたものはより無秩序状態となり利用価値がない．それらの間の流れには方向性があり，逆には進まない．使うことで価値は下がる一方で，決して高められない．

エントロピーの次元はその意味を理解するうえで役立つ．「熱を温度で割ったもの」という意味では，比熱と同じ次元の量であることは指摘しておく．

5.4 エントロピーの物理的意味

$$\frac{[Q]}{[T]} = [C] \tag{5.74}$$

比熱は，統計力学では内部エネルギーのゆらぎの程度を表すもので，ある種の乱雑さに対応する．確かに，乱雑な熱振動は「ゆらぎ」とみなせるので，比熱がある意味でゆらぎを表すということは何となく理解できる．しかし，熱振動の大きさといえばよいところを，なぜわざわざもったいぶったように「ゆらぎ」という言葉を使うのか，あまりしっくりとこない．第2章の導出からわかる通り，比熱は多数粒子のエネルギーの平均値で求めてきた．しかし，平均値とゆらぎは違う量である[†]．比熱は正確にはゆらぎに対応する．この問題は統計力学のところで議論する．

■ 例題 5.3 燃料の価値

表 1.2 にあるように，燃焼熱にはさまざまなものがある．同じ燃焼熱 $Q = 100$ kJ となるように燃やす量を調整することができる．同じ Q を発生してもそのエネルギー資源としての価値は同じではない．燃焼温度が違うからである．燃焼温度が $T = 1500°C$ と $T = 500°C$ のものではどちらが利用価値が高いか？

この燃焼により反応系のエントロピーは減少する．$T = 1500°C$ では，

$$\Delta S = \frac{-100 \times 10^3}{1500 + 273} = -56 \, \text{J/K}$$

一方，$T = 500°C$ では，

$$\Delta S = \frac{-100 \times 10^3}{500 + 273} = -129 \, \text{J/K}$$

$T = 1500°C$ で燃焼させる方がエントロピーの減少が少なく（つまり，それだけ周囲環境に放出するエントロピーが少なくすむ），それだけ価値が下がっていないことになる．この資源の価値については第 7 章で改めて論じる．

■ 例題 5.4 物質のエントロピー

エントロピーが乱雑さを表すということを数値で理解するため，水のエントロピーを調べる．少し数値に慣れてもらうため，段階を追って計算を示す．水の熱力学的パラメータは付録 C に示されているが，沸点での値に関して，モルあたりの値に直して改めて表 5.2 に抜き出した．表 5.2 の液体–気体のエンタルピー差 h_{lg} が例題 3.5 で計算した蒸発熱である（単位換算して両者が同じであることをチェックせよ）．これを蒸発温度 100°C で割ったものが蒸発のエントロピー s_{lg} である．

$$s_{lg} = \frac{h_{lg}}{T_{\text{vap}}} \tag{5.75}$$

表 5.3 に，エントロピーを R で割って無次元化した数値を示した．そこにはさらに，融点，あ

[†] ゆらぎと平均との違いは，受験生には「ゆらぎ」を偏差値と読み換えればすぐ納得できるのではないか．

表 5.2 水の蒸発温度での熱力学的性質

エンタルピー (J/mol)			エントロピー (J/(K·mol))		
h_l	h_{lg}	h_g	s_l	s_{lg}	s_g
7549	40660	48210	23.54	108.96	132.50

表 5.3 水のエントロピー

状態	ΔS J/(K·g)	$\Delta S/R$
融解	1.22	2.6
$T=0$ より 100℃ までの和	1.31	2.8
蒸発 ($T=100$℃)	6.05	13.1

るいは融点から沸点までの積分値も示している．表 5.3 に示されるように，温度が上がれば乱雑な熱振動が大きくなり，それだけ乱雑さが増してエントロピーは増加する．特に，蒸発において著しいことがわかる．物理的には，それまでは分子間程度の距離に収まっていたものが急に自由に空間を飛び回れるようになったので，無秩序の程度が大きく増加したと読みとれる．

　このエントロピーを気体定数 R で割り，分子あたりの無次元化した値で示すと，多くの化合物では蒸発のエントロピーは 10 くらいの大きさになることが知られている（Trouton の規則）．この普遍性には何か原理的なものが潜んでいるのかもしれない．ともかく，エントロピーというものは分子あたりではオーダーとして 0 から数十くらいの範囲で変わるものであるということは銘記しておこう．エントロピーの値で 1 違うということは実は大変な量なのである．読者はさらに問 5.17，問 5.19 を行ってみよ．

演習問題

問 5.1

初期状態 $T_1 = 17$℃，$p_1 = 100\,\mathrm{kPa}$ で 1 kg の空気を，$T_2 = 57$℃，$p_2 = 600\,\mathrm{kPa}$ の最終状態に圧縮する．このときのエントロピー変化を求めよ．空気は理想気体として，また空気はこの過程を通じて平均的な比熱をもつとして計算せよ．

問 5.2

500 K で鋳造された 50 kg の鉄の塊が，$T = 285\,\mathrm{K}$ の湖に投げ込まれた．この鉄の塊は最後には湖と熱平衡になる．鉄の平均比熱を $0.45\,\mathrm{kJ/(K \cdot kg)}$ として，鉄のエントロピー変化 ΔS，湖のエントロピー変化 $\Delta S'$，全エントロピー変化 $\Delta S^{(0)}$ を求めよ．

問 5.3

5 kg の水がタンクに入っている．はじめの状態が 20℃，5 MPa である．これをゆっくり 100 kPa

まで降圧する．このときの水のエントロピー変化を求めよ．

> 付録 C の表より（どれをみるべきかは考えられたい），
> $$\Delta S = (5\,\text{kg})(0.2966 - 0.2956\,\text{kJ/(K·kg)}) = 5\,\text{J/K}$$

問 5.4

ピストンの中に 300 K で水と蒸気の混合したものが入っている．一定圧で 750 kJ の熱が水に加えられた．その結果，水の一部は蒸気となった．この過程における水のエントロピー変化を求めよ．

> これは等圧であると同時に等温変化である．
> $$\Delta S = \frac{Q}{T} = \frac{750\,\text{kJ}}{300\,\text{K}} = 2.5\,\text{kJ/K}$$

問 5.5

標準状態の空気を 1 kg，体積 $V = 1\,\ell$ のボンベに同じ温度を保って詰めた．このときの空気のエントロピー変化を計算せよ．

> $$\Delta S = wR_w \ln \frac{V_2}{V_1} = (1\,\text{kg})(0.287\,\text{kJ/(K·kg)}) \ln \frac{1}{22.4} = -0.892\,\text{kJ/K}$$

問 5.6

等エントロピー変化と可逆過程は同じものだろうか？

> 条件による．どちらの概念も，注目している系 A についていっているのか，熱浴も含めた全系 $A^{(0)}$ についていっているのか，を問いただされねばならない．しばしば等エントロピーは系 A に，可逆性は全系 $A^{(0)}$ について言及されている．

問 5.7

例題 5.2 のランキン機関において，水を低温 T_l から高温 T_h へ断熱圧縮でもっていく行程 $1 \to 2$ において，なぜカルノー機関のように一気に T_h にもっていかないのだろうか？

問 5.8　冷媒

液体メタンは冷媒としてよく使われる．その三重点は 191 K であるので，液体として使うにはこの温度以下で使わねばならない．メタンのはじめの状態が 1 MPa で 110 K とし，その終状態が 5 MPa で 120 K とする．この過程でのメタンのエントロピー変化を，このときの比熱が平均値 3.478 kJ/(K·kg) で一定と仮定して求めよ．

問 5.9

初期温度 $T_1 = 10°C$ の水 15 kg を，圧力 $p_2 = 9$ atm，温度 $T_2 = 430°C$ の過熱蒸気にしたい．必要な熱量はいくらか？

💡 はじめとおわりのエンタルピーを求める．$T_1 = 10°C$ では，$h_1 = \int_0^{10} cdT = 10$ kcal/kg. $p_2 = 9$ atm では，付録 C の表 C.1～C.3 より，$T = 400°C$ で $h = 780.1$，$T = 500°C$ で $h = 831.1$ である．その間を線形補完し，

$$h_2 = 780.1 + \frac{30}{100}(831.1 - 780.1) = 795.4 \text{ kcal/kg}$$

$$Q = 15(795.4 - 10.0) = 11781 \text{ kcal}$$

問 5.10

例題 5.2 のランキン機関の熱効率を求めよ．また，それを T_h と T_l の間に動作するカルノー機関の熱効率と比べてみよ．

💡 式 (5.19) より，

$$\eta_R = \frac{(3373.9 - 2583.2) - (209.6 - 188.5)}{3373.9 - 209.6} = \frac{769.6}{3164.3} = 24.3\%$$

また，カルノー機関であれば，

$$\eta_C = \frac{450 - 50}{450 + 273} = 55\%$$

問 5.11

ランキン機関（図 5.4）において，タービン室での断熱膨張 $3 \to 4$ が正味，仕事を行う部分である．実際の機関は，この行程では等エントロピーとならず，少しエントロピーの増加がある．例題 5.2 のランキン機関において，断熱膨張 $3 \to 4$ の間に $\Delta S = 0.12$ J/(K·kg) であれば，この行程の効率 $\eta_T = w_a/w_s$ はどれだけ落ちるか？

問 5.12

90°C の熱湯がパイプで輸送されている．パイプは外径 5 cm，長さ 10 m である．パイプから周囲の空気へは熱伝達率 $h = 25$ W/(cm²·°C) の自然対流による熱の流出がある．周囲温度は 10°C である．この自然対流によるパイプからの単位時間あたりの放熱量を求めよ．また，これによるエントロピー生成速度を求めよ．

問 5.13

図 5.18 の気体の混合の問題を，今度は違う種類の気体 A と気体 B の場合で考えてみよう．はじめにそれぞれ 1 モルずつ同じ体積 V としてこれを混合し，やはり同じ体積 V に保つとき，エントロピーは変化するか？

問 5.14

標準状態の1モルの空気のエントロピーを求めよ．窒素および酸素の標準状態のエントロピーは付録Aの表A.2参照．

💡 窒素および酸素の1モルの標準状態のエントロピーは，それぞれ $191.61\,\mathrm{J/(K\cdot mol)}$，$205.04\,\mathrm{J/(K\cdot mol)}$．これより単なる和は，

$$0.8 \times 191.61 + 0.2 \times 205.04 = 194.3\,\mathrm{J/(K\cdot mol)}$$

これに混合エントロピーの寄与

$$-R(0.8\ln 0.8 + 0.2\ln 0.2) = 4.16\,\mathrm{J/(K\cdot mol)}$$

を足して，$198.5\,\mathrm{J/(K\cdot mol)}$．

問 5.15

体積 $V = 5.5 \times 10^{-2}\,\mathrm{m}^3$ のボンベに窒素ガスが $100\,\mathrm{atm}$ 詰められている．この詰められた窒素ガスのエントロピーは，標準状態のものに比べてどれくらい違うか？

💡 この窒素のモル数は，$55 \times 100/22.4 = 245.5$．標準状態のエントロピー S_0 は，$S_0 = 245.5 \times 191.61 = 47\,\mathrm{kJ/K}$．一方，このボンベに詰め込まれると，

$$-NR\ln(100) = -245.5 \times 8.314 \times 4.61 = -9.4\,\mathrm{kJ/K}$$

だけ下がる．

問 5.16

$100\,\mathrm{V}$ で $1.5\,\mathrm{A}$ の電流が流れているコイルがある．ヒーターの温度が $250\,°\mathrm{C}$ のとき毎秒生成するエントロピーを求めよ．

問 5.17 　蒸発によるエントロピー増加

水の蒸発にともなうエントロピー増加 $\Delta S/R$ は，分子あたり 13.1 であった．この値が何か簡単なモデルで説明できるものかは明らかではない．非常に悪いモデルであるが，水を理想気体とみなして，エントロピー増加を体積変化だけによるものとして計算してみよ．

💡 水の蒸発において，例題 3.5 で計算したように，体積はおよそ 1700 倍に膨張する．これより単なる膨張のエントロピーへの寄与を求めると，

$$\frac{\Delta S}{R} = \ln(1700) = 7.43$$

これは 13.1 よりはるかに小さい．つまり，水の蒸発は体積膨張による無秩序の増加以上に何か本質的な無秩序をもつということだ．すなわち，同じ体積で比較しても，液体状態と気体状態では無秩序の程度が大きく違う．氷が溶けるときも，エントロピーの変化に2つの寄与がある．それを図 5.22 に示す．1つは体積膨張の寄与で，もう1つは分子内部での無秩序である．

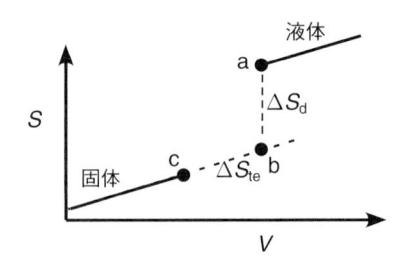

図 5.22 結晶が溶解するときのエントロピー S と体積 V の変化

例題 5.5 水の内部構造

問 5.17 でみたように，液体の水は気体のときのようにまったく乱雑に動いているというより，どうやら内部構造らしきものをもち，動きに拘束があるらしい．どのようなものだろうか？

この問題は熱力学のなかだけで論理的に答えられるものではない．物質の性質に関する知識が必要となるが，簡単に述べると，図 5.23 で示されるように，H_2O 分子は分極を起こし，O 側は少し負，H 側は少し正に帯電し，正負の間での引力により結合しあう．結晶のように決まった構造ではないが，緩やかな構造，クラスターを形成する．図 5.23 にその様子を描いた．最近の研究では，液体状態で H_2O 分子はその周りに平均 4.5 個の H_2O 分子をもつという．

問 5.18 エントロピーと温度

エントロピーを乱雑さとする解釈（重要事項 5.3）にたてば，温度が高くなるとエントロピーは増加することが期待される．温度が上がれば上がるほど物事は乱雑になるのは自然だ．しかし，図 5.1 に示されるように，T と S は独立変数である．したがって，T が大きくても S が小さい場合がありうる．どのような場合であろうか？

例題 5.6 反応による乱雑さ

化学反応に付随してエントロピーは変化する．この場合のエントロピーの変化は何を意味しているのだろうか？ たとえば，酸素と水素から水を合成するときには，

$$H_2 + \frac{1}{2}O_2 \to H_2O$$

$\Delta S = -196\,\text{J}/(\text{K}\cdot\text{mol})$ のエントロピー減少がある．これが何を意味するか微視的内部構造をみずに簡単にはわからないが，一般的にいえば，物質があわさったときの方がバラバラでいるときより高い秩序状態といえる．それは秩序状態という概念に直感として合致する．

問 5.19 水の合成

水を合成するときのエントロピー変化を分子あたりの無次元量で示せ．水の蒸発のエントロピーより大きいか？

演習問題

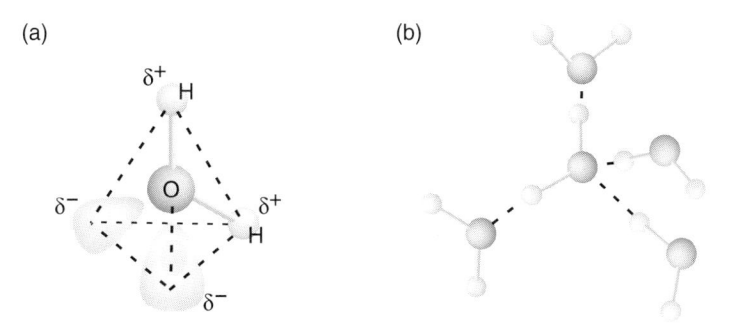

図 5.23 (a) 分極した孤立水分子．酸素原子の周りの四面体構造のうち，2つがH原子で占められて少し+に帯電し，残りの2つのダングリングボンドは−に帯電している．(b) 液体状態の水．水分子どうしが弱い水素結合で結ばれクラスター化する．

💡 $196/8.31 = 23.5$．これは表 5.3 にあるものに比べて圧倒的に大きい．何か無秩序性が劇的に変わったと思われる．

問 5.20 金属の融解エントロピー

Ni は融点 $T_m = 1728.3\,\text{K}$ で，融解エンタルピーは $\Delta H_m = 17.48\,\text{kJ/mol}$ である．この融解エントロピーを原子あたりの無次元量で求めよ．水の蒸発のエントロピーより大きいか？

💡
$$\Delta S_m = 1.21k$$

問 5.21 共有性固体の融解エントロピー

Si は融点 $T_m = 1685\,\text{K}$ で，融解エンタルピーは $\Delta H_m = 50.2\,\text{kJ/mol}$ である．この ΔH_m を eV/atom 単位で表せ．また，この融解エントロピーを原子あたりの無次元量で求め，これまで現れた固体のものと比較せよ．

💡
$$\Delta H_m = 0.52\,\text{eV}$$
$$\Delta S_m = 3.6k$$

文　献

(1) A. Ben-Naim, *Entropy Demystified: The second law reduced to plain common sense with seven simulated games*, World Sci. (2008)

(2) A. Ben-Naim, *Discover Entropy and the Second Law of Thermodynamics: A playful way of discovering a law of nature*, World Sci. (2010)

Topics

ナノテクノロジー ——ゆらぎを制する爪歯

　対象とする物質のサイズが小さくなればなるほど，相対的に熱擾乱の影響は大きくなることは2.7.1節でみた．野球のボールくらいのサイズであればまっすぐに投げることに何の困難もない．しかし，埃くらいのサイズになると，いくら大きな初速を与えてもすぐに乱雑な運動に変わってしまう．水の表面上に浮かした花粉がたえずランダムな運動をしていることはブラウン運動として知られているが，それは水分子のランダムな熱振動のためである．このランダムな熱振動は方向性はまったくなく，第二法則にしたがえば，特別に外部から何か労力を割かない限り有用な仕事はしない．

　ファインマンは，いろんな分野で常に独創的なアイデアで我々を驚かせてくれるが，この熱機関でも面白い問題を提起してくれている．有名なファインマンの物理学の教科書[1]で，爪歯（ラチェット）を使ってランダムな熱振動から巨視的な仕事を巧妙な仕掛けを提示している．ランダムな熱振動を他には何のエネルギー代償も払わずに巨視的な仕事に変換することは第二法則が禁じているので，実はそれは成り立たないのであるが，何が間違っているのかが凡庸な我々にはわからない．

　仕掛けはこうである．図5.24のように，2つの部屋にわたって違う装置がベルトで連結されている．1つは羽根車，もう1つは歯車で，逆回転防止のためのピンが付いている．両方の部屋の温度は $T_1 = T_2$ とする．これを放っておいて歯車が勝手に動くということはありそうもないが，これらの装置のサイズが非常に小さくナノサイズになると話はそう明らかというものではない．

　2.2.1節でみたように，ナノサイズくらいになると熱擾乱の影響で動きはじめる．もちろん，その動きはランダムであるが．図5.24の装置では，羽根にはどちらの方向へもランダムに力がかかり，右回り，左回り，どちらも同じ確率で生じ，常にゆらぐことになる．一方，歯車の方はどうかというと，ベルトにより常に羽根車の動きと連動するようになっている．しかし，ここには逆回転防止のためのピンが付けられている．したがって，前進はできるが後退はできない．つまり，羽根車にはたらくランダムな力のうち一方向のみが選別され，方向性をもった仕事ができるという仕組みである．

　しかし，第二法則から，熱平衡状態のまま熱を取り出し，仕事に換えることはできないはずである．この論理のどこに欠陥があるかわかるだろうか？ その説明は爪歯におけるエネルギー散逸過程の詳細に関係しており，少し込み入ったものである．本Topicsの目的はそのパラドックスを解く

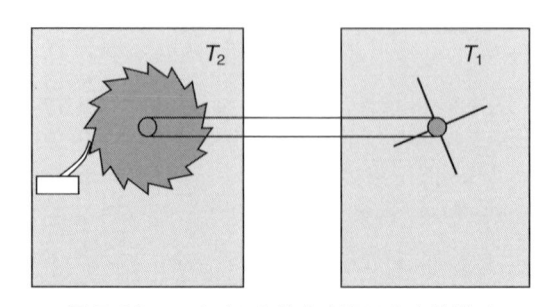

図5.24　ノイズから仕事を取り出す仕掛け

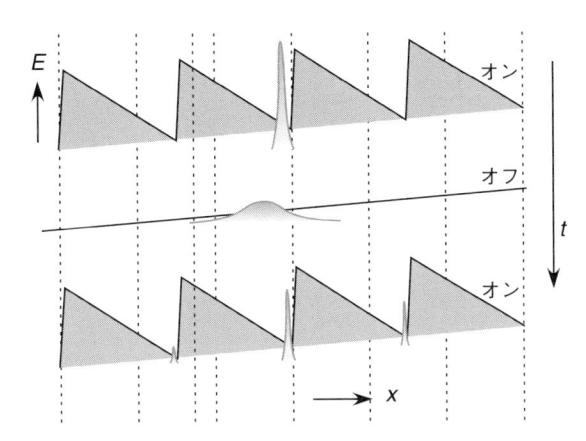

図 5.25 ノイズを利用する時間変動ポテンシャル　文献 (2) の Fig. 2 に基づき作図.

ことにあるのではなく，その次のステップに進むことにあるので，このからくりの詳細はファインマンの教科書[1]を読んでもらうとして，次のことだけを注意しておく．いくら幾何形状に非対称性をもたせ，ある方向に有利になるように仕組んでも，エネルギーが等しい限り，ある方向とその逆方向の過程の起こる確率は等しくなる．乱雑な運動は，結局のところ，エネルギーしか区別しない．熱平衡の性質である重要事項 2.1 や重要事項 2.2 をみよ，ということだけを述べて本 Topics の本来の目的に入りたい．

このように，熱平衡である限りこの歯車の仕掛けは成功しない．しかし，熱平衡でなければ，このナノスケール，爪歯がうまくはたらくことがありうる．生物の世界はいつも魅惑的である．バクテリアは自分の進もうとするところに向かってべん毛を煽動させて進もうとするが，そのサイズからいってブラウン運動の影響が非常に大きい．第 2 章の Topics「熱雑音」でみたように，バクテリアにとっては周囲の熱雑音は暴風雨にも等しいもので，このような環境で自分の目的に向かって進むことは不可能のように思える．このような状況でどうしてうまく進行できるのか？

どうもバクテリアはファインマンの爪歯と歯止めを使っているようである[2]–[4]．けれど，それははたらかないことを示したばかりではないか？　バクテリアは時間変動という非平衡状態を利用しているのである．これは平衡状態に基づく議論には縛られない．

まず注意しなければならないのは，第 2 章の Topics「熱雑音」でみた熱雑音の評価の式 (2.73) は，緩和時間の間のスペクトル $\Delta\nu = 10^{13}$ Hz 全領域での和，つまり，ホワイトノイズであったことである．しかし，高い周波数のものはそもそもバクテリアにとってあまりにも早い振動なので感じることができない．比較的低い振動数の熱雑音だけが問題となる．こうして時間変動を考え，特定振動数だけを取り出すと，熱雑音の影響は大幅に減少する．そしてさらに重要なことは，この熱雑音のなかで特定振動数が共鳴し，熱雑音がかえって信号を強めることがありうるということである．このことは最近，ストカステック共鳴と呼ばれる現象として注目されている[5]．

バクテリアは知ってか知らないでか，爪歯と歯止めに相当するポテンシャルを時間的にオン・オフを繰り返すことで，ストカステック共鳴を起こし，特定方向に進めることを利用しているのである（図 5.25）．爪歯が連続的に回転しているのではなく，ステッピングモーターのように，瞬間に動き，次の瞬間には止まっているというような不連続変化をする．驚いたことに，この機構により

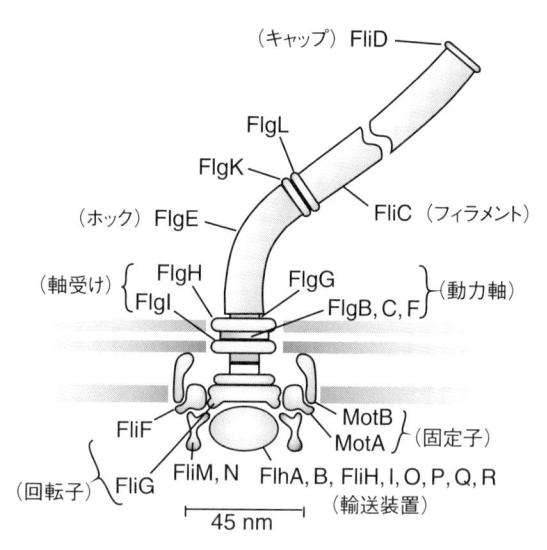

図 5.26 大腸菌の鞭毛のモーター部　文献 (3) の Fig. 2 に基づき作図．

向かい風の場合でも進める．方向性を乱す熱運動を見事に克服している．いや，この機構にとってむしろ乱雑な熱運動は必要なのである．それなしでは動作しない．それゆえこの機構による推進は「ブラウンモーター」と呼ばれている．これは第二法則に抵触しない．熱エネルギーを仕事に転換しているが，それは代償なしにではなく，このような爪歯ポテンシャルをオン・オフするのに仕事が使われている．

この機構の詳細は初等的な熱力学教程の範囲を超えたものであるので，説明はここで止めるが，ブラウンモーターはナノテクノロジーで重要な技術とななるだろう．

文　献

(1) ファインマン・レイトン・サンズ 著，富山小太郎 訳：ファインマン物理学 第 2 巻，『光・熱・波動』，岩波書店 (1986)
(2) R. D. Astumian and P. Hänggi, *Phys. Today*, Nov., 33 (2002)
(3) H. C. Berg, *Phys. Today*, Jan., 24 (2002)
(4) M. A. B. Baker and R. M. Berry, *Contemp. Phys.*, **50**, 617 (2009)
(5) A. R. Bulsara and L. Gammaitoni, *Phys. Today*, Mar., 39 (1996)

第6章
第二法則の発展

本章は，少し上級の概念について述べるので，半年での初等レベル講義では省ける．熱力学のさらなる発展に興味をもった学生が自宅で勉強するためのものである．さまざまな発展を通じて，すべての反応の駆動力はエントロピーにあることを知るだろう．いまや主人公はエネルギーからエントロピーに代わったのである．

6.1 エントロピー増大則とエネルギー極値の法則

エントロピー増大則（重要事項 5.1）は反応の方向性を決めるものであり，その主張するところは，自然は常にエントロピーを増加させる方向に進行するということだ．それでは，$S^{(0)}$ はどこまで増加するのだろうか？ 永遠に増加し続けるわけではない．遅かれ早かれ熱平衡状態が達成され，反応はそれ以上進行しなくなる．したがって，熱平衡状態は与えられた拘束条件の下でエントロピー $S^{(0)}$ が最大になった状態と考えることができる．エントロピーが最大になるということは，そこでとりうる微視的状態の数が最大になることを意味することは，統計力学を学んだところで理解するだろう．本章では，考えている系 A は常に周囲環境 A' と熱接触していることを前提としている．常に図 5.5 を思い浮かべよう．

■ **重要事項 6.1　平衡条件**
与えられた拘束条件の下で，系の熱平衡状態は，それと熱的相互作用する環境も含めた全エントロピー $S^{(0)}$ が最大となる状態である．

この条件をもう少し具体的な式として表しておく．系を記述する状態変数 $\{X_j\}$ を座標とする配位空間で，S のとりうる曲面を描くことができる．平衡状態はその位置 $\{X_{j,0}\}$ で指定されるが，平衡状態は $S^{(0)}$ の極大値に相当する．それが極大点となるためには，まず，

$$\left(\frac{\partial S}{\partial X_j}\right)_0 = 0 \tag{6.1}$$

でなければならない．加えて，$S^{(0)}$ の曲面はその平衡状態位置 $\{X_{j,0}\}$ で上に凸となる．

$$\left(\frac{\partial^2 S}{\partial X_j^2}\right)_0 \leq 0 \tag{6.2}$$

添字の 0 は平衡位置 $\{X_{j,0}\}$ を表す．

多くの応用では，エネルギー一定などの拘束のなかでエントロピーが最大の状態を探索することになる．その場合，直接エントロピーを扱うよりも，しばしば複合エネルギーである自由エネルギーを使った表現が有用である．流れのある状況では，内部エネルギーより，出し入れに要する仕事も含めてエンタルピーを使う方が便利であったのと同じ論理である．

> **重要事項 6.2 自由エネルギー**
> 複合エネルギーとして，エントロピーを含めた複合エネルギー，自由エネルギーが定義される．ヘルムホルツの自由エネルギー，
> $$F = U - TS \tag{6.3}$$
> あるいはギブスの自由エネルギー，
> $$G = H - TS = U - TS + pV \tag{6.4}$$
> が定義される．それらが平衡条件を与える．

特に，物質の性質を議論するときはこれらの自由エネルギーが活躍する．それは，準静的過程かつ可逆過程で行い，観測量の Q および W が直接，物質の状態量に対応するように測定する（したがって，多くの場合はどちらか一方だけが変化するよう測定を行う）．一般には，

$$dU = TdS - pdV \tag{6.5}$$

である．式 (6.5) は，U が，S と V の関数，

$$U = U(S, V) \tag{6.6}$$

であることを示している．ここに現れる状態変数はすべて示量性変数であることに注意．この表現

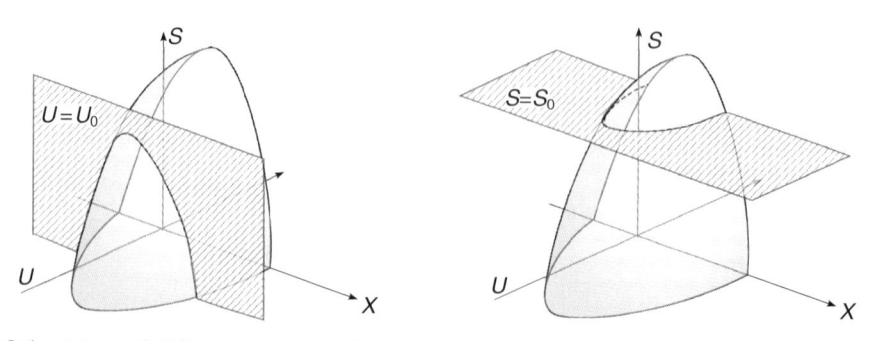

図 6.1 (a) U 一定条件の下，エントロピー S が最大となる．(b) S 一定条件の下，U が最小となる．

6.1 エントロピー増大則とエネルギー極値の法則

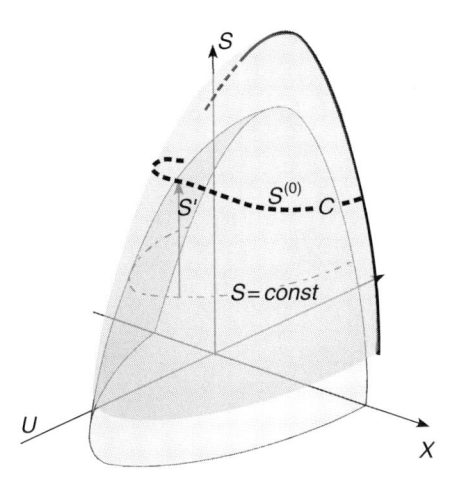

図 6.2 S 一定条件の下, $S^{(0)}$ が最大となる点を探す探索経路. 点線 C に沿って探索する. 内側の曲面は S, 外側の曲面は $S^{(0)}$ を表す.

を用いた平衡条件（重要事項 6.1）の別の形を見いだそう．

6.1.1 U の最小化

U 一定の条件下での平衡条件「$S^{(0)}$ が最大」という定理（重要事項 6.1）は，「S 一定の条件下では U は最小」と読み替えられる．キャレン [1] では，このことが印象的な図とともに説明されている．それによると，U 一定の条件下で S 最大の性質は，S 一定の条件下で U 最小と読み替えられることが，図 6.1 を用いて説明されている．

この説明は直感的に訴えるものがあるが，少し曖昧な点がある．通常，式 (6.6) で与えられる S や U は考えている物質のそれである．そうでなければ，S, U, V の間の関係式など一意的に求まるものではない．図 6.1(a) では，U を一定とおいて，その条件のなかで S が最大になる点が平衡状態ということが示されている．しかし，図 6.1(a) でいう S とは何であろうか？ 関係式 $U = U(S, V)$ からは考えている物質の S としかいいようがないが，重要事項 6.1 で最大とするエントロピーとは周囲環境も含めた $S^{(0)}$ である．しかしこの場合は，系 A の S に熱浴 A' の S' をあわせたものをプロットしていると再解釈すれば何とかなる．

問題なのは，図 6.1(b) の S 一定とした場合である．このとき一定としたのは問題の物質のエントロピー S であるべきだ．全体の $S^{(0)}$ ととったのでは意味がない．$S^{(0)}$ を一定にすれば，その条件を満たす状態は可逆過程で結ばれ，どれも熱平衡状態として可という結論しか得られない．S を一定に固定し，なおかつそれでも自由度が残る S' を動かし，$S^{(0)}$ を最大とするような U を求めるものでなければならない．その様子は図 6.2 で示される．系 A の S は常に一定になるように動かしながら，$S^{(0)}$ が最大となるような状態を探す．それは曲線 C 上を探索領域として U が最小となる状態に対応する．

重要事項 6.1 より，そのような極大点（平衡状態）は，それより少しでもずれると必ず $\Delta S^{(0)}$ は負となる．すなわち，

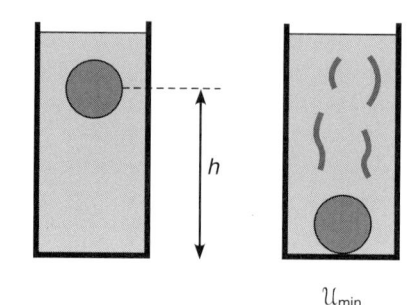

図 6.3 粘性流体の中に剛体球を入れ，安定状態を探す．剛体球が底に着く状態が，$S^{(0)}$ が最大となる．

$$\Delta S^{(0)} < 0$$

となる．系 A の方は $\Delta S = 0$ と拘束を課しているので，これは，

$$\Delta S' < 0 \tag{6.7}$$

を意味する．温度 T_0 の熱浴に対しては，系 A に入る熱を Q として，$\Delta S' = -Q/T_0$ となる．つまり，

$$\Delta S' = -\frac{Q}{T_0} = -\frac{\Delta U + p\Delta V}{T_0} < 0 \tag{6.8}$$

体積変化をしない拘束をかけているので，

$$\Delta U > 0 \tag{6.9}$$

を得る．これは平衡状態からのずれは常に U を増加させることをいっており，したがって，平衡状態では U が極小値でなければならないことを意味する．

このような探索の仕方の例は，図 6.3 にあるような粘性流体の中に入れられた重力場の下での剛体球である．この剛体球には熱や仕事はなされないので，内部エネルギーは変化しない．しかし，剛体球は高さ h の位置ポテンシャルをもち，

$$\mathcal{U} = mgh \tag{6.10}$$

これは変わりうる．この $\mathcal{U}$ も内部エネルギー U の中に入れることにしよう．そうすると，問題は S を一定に保ちながら $S^{(0)}$ を動かし，$S^{(0)}$ の最大となる位置を求めることになる．この剛体球を高さ h から離した場合，自然に起こることは容器の底に沈むことである．内部エネルギー U（その中身は重力による位置エネルギー）は最小値である．この U の減少は何で補われるのだろうか？ はじめは剛体球の運動エネルギーに転化されるが，瞬く間に剛体球と粘性流体の間の摩擦熱となって流体の内部エネルギーに転化される．これは熱浴のエントロピー S' を増加させたことになる．S は固定されているので，したがって，$S^{(0)}$ も増加していることになる．剛体球が底に着いたとき，位置エネルギーの熱エネルギーへの転換が最大となるのは明らかである．したがって，そこで $S^{(0)}$ も最大となることが理解できる．

このような探索の仕方は，理論計算，特に物質の第一原理計算でよく行われる．物質のエネルギー

6.1 エントロピー増大則とエネルギー極値の法則

を量子力学で計算するとき，ほとんどの場合，温度の概念は入ってこない．孤立系として計算する．同じエントロピーのなかで，すなわち断熱変化のなかで，1番エネルギーの低いものを探す．

■ 則問 12

$T \neq 0$ のとき，この探索でみつかった $\mathcal{U}_{\min}$ の配置はそのまま1番実現性の高い状態となるだろうか？

6.1.2　F の最小化

通常，実験では物質の S を固定することは困難である．それと対応する変量（しばしば共役といわれる）の温度を固定する方が簡単である．

式 (6.3) より，
$$dF = dU - d(TS) = -SdT - pdV \tag{6.11}$$

これは，F においては温度 T と体積 V が独立変数であることを示している．この場合，重要事項 6.1 を適用してみる．やはり $\Delta S^{(0)}$ は負であるので，
$$\Delta S^{(0)} = \Delta S + \Delta S' < 0 \tag{6.12}$$

である．温度 T_0 の熱浴は $-Q$ の熱を吸収する．Q は考えている物質が受ける熱量である．$Q = \Delta U + pdV$ より，
$$\begin{aligned}\Delta S^{(0)} &= \Delta S - \frac{Q}{T_0} = -\frac{\Delta U - T_0 \Delta S + p\Delta V}{T_0} \\ &= -\frac{(\Delta F)_{\Delta T=0} - p\Delta V}{T_0} < 0\end{aligned} \tag{6.13}$$

$\Delta V = 0$ という拘束条件が課せられているので，これより，
$$\Delta F > 0 \tag{6.14}$$

つまり，自由エネルギー F は最小でなければならない．このような探索の場合，U が最低のものが必ずしも F の最低状態とは限らない．かえって U が高いものであっても F としては最低状態となっていることがある．

一定体積，一定温度の下で安定状態を求めることは，物理では非常に広範囲の現象で行われていることである．例として，図 5.19 にあるような，気体の拡散の問題はすでにこのタイプの問題である．また，図 6.4 にあるように，相変化の問題でもしばしば登場する．体積一定のタンクに水が入れられているとしよう．ある温度 T で固定しておくと，水の一部は蒸気として気体に変わる．これは，T での蒸気圧が気相中の水の分圧と同じになるまで続く．同じになったところが平衡点である．U だけでいえば，水の方が蒸気よりエネルギーが低い．しかし，蒸気の方は S が大きく，それゆえ式 (6.3) の右辺第二項の寄与でエネルギーを下げることができる．

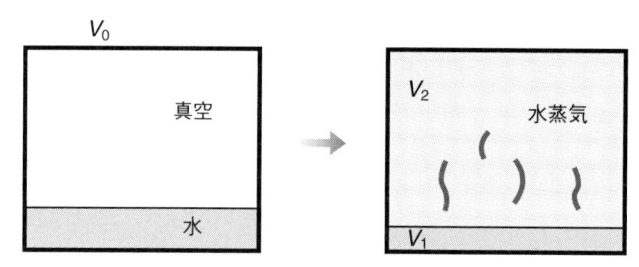

図 6.4 体積一定のタンクにおける水の平衡　蒸気圧と気相中の水の分圧が同じにあるところが F の最小点である.

6.1.3　G の最小化

通常，実験では物質の体積を固定するより圧力を一定にする方が簡単である．固体といえども熱膨張で体積は変化する．そのときは T, p の関数としてのギブスの自由エネルギー G が活躍する．ほとんどの化学反応は一定圧力，一定温度の下で行うので，特にそれらの分野で有用となる．

式 (6.4) より，

$$dG = dH - d(TS) = -SdT + Vdp \tag{6.15}$$

このときやはり式 (6.12) が成り立つ．温度 T_0 の熱浴は，$-Q$ の熱を吸収する．Q は考えている物質が受ける熱量である．$Q = \Delta U + pdV$ より，

$$\begin{aligned}
\Delta S^{(0)} &= \Delta S - \frac{Q}{T_0} = -\frac{\Delta U - T_0 \Delta S + p\Delta V}{T_0} \\
&= -\frac{(\Delta H)_{\Delta p=0} - T_0 \Delta S}{T_0} \\
&= -\frac{(\Delta G)_{\Delta p=0, \Delta T=0}}{T_0} < 0
\end{aligned} \tag{6.16}$$

これより，

$$\Delta G > 0 \tag{6.17}$$

つまり，自由エネルギー G は最小でなければならない．

■ **複合エネルギーの間の関係** ■

物理化学での反応の解析ではもっぱらこのような自由エネルギーが用いられる．ここにきて，一気に扱う変数の数が増えて複雑になったが，U, H, F, G という複合エネルギーの間にはルジャンドル変換として知られる変換で系統的に扱うことができる．また，それらの状態変数に関する微分の間にはいろんな関係式が成り立つ．これまでの例題の脈絡上そのような例は付録 B の式 (B.2) に示すが，そうした関係式，およびそれらの応用に関しては煩雑な数学的トレーニングが必要なので，これ以上は本書では扱わない．巻末に掲げた参考文献で補ってほしい．参考文献 [1] には優れた説明がある．

ここで注意しておきたいことは，形式的にこれらの数学的表現ばかりに目をとらわれていると，U, H, F, G という 4 つの表現はどれも同等で，どれでもかまわないと思ってしまう危険性がある

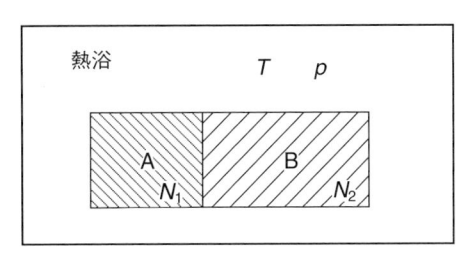

図 6.5 熱浴中の 2 つの相の平衡

ということだ．物理的意味付けでは，4 つの関数は，U と H のエネルギーグループと，F と G の自由エネルギーのグループとでは違ったものと認識すべきである．それは反応熱のところ，また少し違う脈絡で第 7 章で述べられる．本章では化学反応という重要な分野のため，以下の節で G の応用についてやや詳しく述べる．

6.2 化学ポテンシャル

6.2.1 2 つの相の平衡

6.1.3 節で議論した自由エネルギー極小値の定理は，その微分形を用いることで応用が広がる．ある物質系の自由エネルギー G は示量性状態量である．それゆえ，その系の分子数 N で割った，

$$g = G/N \tag{6.18}$$

は示強性状態量である．これはいわゆる物質の化学ポテンシャルと呼ばれるものであり，名前の通り，力学でいうところのポテンシャルと同じようなはたらきをする．化学ポテンシャルの高いところから低いところへ物質は移動し，また，その移動の「力」は化学ポテンシャルの位置微分で表される．

化学平衡では多成分系を頻繁に扱う．同じ原子でも違う相のものが共存している状況を考える（図 6.5）．たとえば，水と水蒸気の共存状態がそうである．A 相の分子数を N_1，B 相の分子数を N_2 とすると，全系のギブスの自由エネルギーは部分の和となる．

$$G = N_1 g_1 + N_2 g_2 \tag{6.19}$$

これが，全粒子数の保存，

$$N_1 + N_2 = N \tag{6.20}$$

という拘束条件の下で最小になる点を探す．式 (6.20) より $dN_2 = -dN_1$ なので，

$$dG = (g_1 - g_2)dN_1 = 0$$

よりただちに，

$$g_1 = g_2 \tag{6.21}$$

が平衡条件として得られる．式 (6.21) は，まさに化学ポテンシャルが圧力などと同じような示強性

状態量であることを示している．平衡は2つの部分での化学ポテンシャルが同じになることを要求する．

■ 相平衡 ■

水と水蒸気の平衡にある状態を考えよう．平衡条件 (6.21) で，1 を液体側 (l)，2 を気体側（g）としよう．以下，化学ポテンシャルの計算では，常にエネルギーの基準に共通のものを使うことを心掛けなければならない．

蒸発は一定温度 T_v で行われるから，内部エネルギーの基準を液体側にとり，$U_g = U_l + \Delta U_v$，と内部エネルギー差には蒸発エネルギーだけが入る．蒸発エンタルピーには加えて体積膨張がある．この寄与 $p\Delta V_{lg}$ を加えて，蒸発のエンタルピー変化 ΔH_v は，

$$\Delta H_v = \Delta U_v + p\Delta V_{lg} \tag{6.22}$$

である．蒸発のエントロピー変化は，

$$\Delta S_v = \frac{\Delta H_v}{T_v} \tag{6.23}$$

ここからモルあたりの量を小文字で表す．

ここで水と水蒸気の共存状態の圧力を Δp だけ変える．そのとき蒸発温度も変わる．つまり，蒸発圧力 p_v は蒸発温度 T_v の関数となる．その関係を求める．式 (6.15) より，平衡条件 (6.21) は，

$$\Delta g_g = \Delta g_l$$
$$\rightarrow \quad -s_g \Delta T_v + v_g \Delta p_v = -s_l \Delta T_v + v_l \Delta p_v \tag{6.24}$$

である．これより，

$$\frac{\Delta p_v}{\Delta T_v} = \frac{s_g - s_l}{v_g - v_l} = \frac{\Delta s_{lg}}{\Delta v_{lg}} \tag{6.25}$$

Δs_{lg} とは，とりもなおさず式 (6.23) の蒸発エントロピー Δs_v のことであり，それは蒸発エンタルピー，すなわち潜熱 L で表すことができ，

$$\frac{\Delta p_v}{\Delta T_v} = \frac{L}{T_v \Delta v_{lg}} \tag{6.26}$$

となる．これがクラウジウス–クラペイロンの式と呼ばれるものである．これは蒸発だけでなく，融解のときも同様に適応できる．その場合，T_v と Δv_{lg} はそれぞれ，融解温度 T_m とそれにともなう体積変化 Δv_{sl} と読み替えられる．

低温から加熱していくとき，式 (6.26) の右辺は，L，T_v とも正，また，$\Delta v_{lg} = v_g - v_l$ は液体が気体になるとき体積は増加するのでやはり正，したがって，dp/dT は正である．これは，圧力を高めると蒸発温度は上がるということを意味する．圧力を高めると物質は体積を小さくするが，気体より液体になっている方が体積が小さいので，圧力を高めるとそれだけ液相になる部分が多くなるということで，それだけ蒸発しにくくなると解釈される．これは化学反応でいうル・シャトリエの原理であ

る．固体から液体への融解の場合も同じで，基本的には体積は増加する．しかし，いくつかの例外がある．水はその例で，液体になることでかえって体積が少し減少する．そのため dp/dT は負となる．

■ 外場のあるときの平衡 ■

自由エネルギーはそれをモルあたり，あるいは1分子あたりの値に直すことで，古典力学でいうところの分子のもつポテンシャルエネルギーと同じ役割を果たす．ここからはモルあたりの化学ポテンシャルを表す記号を g から μ へと変える（すぐあとで重力加速度に g を使うため）．したがって力学におけるものと同じく，その位置変化は力を与える．逆にいえば，外場 f があるときはポテンシャルに勾配が生じる．よって平衡条件は式 (6.21) を拡張して，

$$\frac{d\mu}{dx} = -f \tag{6.27}$$

となる．

たとえば，大気中の圧力は高さによって異なる．いま高さによる温度変化がない平衡状態を仮定して，圧力の高度依存性 $p(h)$ を求めてみる．理想気体では S は式 (5.63) より与えられている．$G = U - TS + pV$ のなかで，位置ポテンシャルに依存するものは S のみである．

$$\mu = \frac{G}{N} = h + RT \ln\left(\frac{\rho}{\rho_0}\right) \tag{6.28}$$

であるから，図 6.6 を参照して，

$$\frac{d\mu}{dh} = \frac{RT}{\rho}\frac{d\rho}{dh} = -Mg \tag{6.29}$$

これを積分し，かつ圧力に焼き直して，

$$p(h) = p_0 \exp\left(-\frac{Mgh}{RT}\right) \tag{6.30}$$

を得る．式 (6.30) で注目に値することは，気体分子の質量 M が入っていることである．理想気体で考える限り，状態方程式には気体分子の種類は入らない．ところが，式 (6.30) では気体種の個性が質量を通じて入ってくる．高くなればなるほど質量の重い種は減る．密度が e^{-1} に減るところをもって大気の厚さとすると，それは条件，

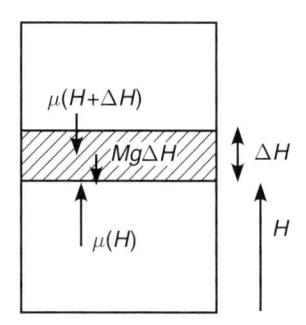

図 6.6 大気の化学ポテンシャルのつりあい

$$Mgh = RT \tag{6.31}$$

を満たす高さに相当する．式 (6.31) は大気の位置ポテンシャルと熱エネルギーがつりあっていることを述べており，大気の高さ H の手っとり早い評価方法を与えてくれる．

■ 例題 6.1　惑星の大気

式 (6.30) によると，水素は軽いため相当高いところまで分布できる．問 6.23 をみよ．地球の原始大気には，水素が相当含まれていたという．地球重力の脱出速度を超える速度をもつ分子が逃散して，次第に大気の水素濃度が減少していったと考えられる（参考文献 [15] 参照）．実際，木星や土星など重い惑星の大気には水素が大量に含まれている．逆に，月に大気がないのは重力が弱すぎ，すべての気体をその周りに保てないからと説明される．この質量による分圧の差異は，気体だけでなく液体でも成り立ち，質量分離に利用される（7.4.3 節参照）．

■ 問題 6.1　大気圧の降下

大気の高さ h による圧力降下を 1 km の高さあたりの値で求めよ．

💡　大気を窒素，平均温度を 5°C と考え，式 (6.30) より，

$$\frac{1}{p}\frac{\Delta p}{\Delta h} = -\frac{Mg}{RT} = -\frac{(0.028\,\text{kg})(9.8\,\text{m/s}^2)}{(8.31\,\text{J/K})(278\,\text{K})} = 1.2 \times 10^{-4}/\text{m} \tag{6.32}$$

1 km あたり 12% の減少，標準大気圧は $p_0 = 101\,\text{kPa}$ であるから，11.7 kPa の減少に相当する．実際の大気の圧力，温度分布は，図 6.7 に示される．

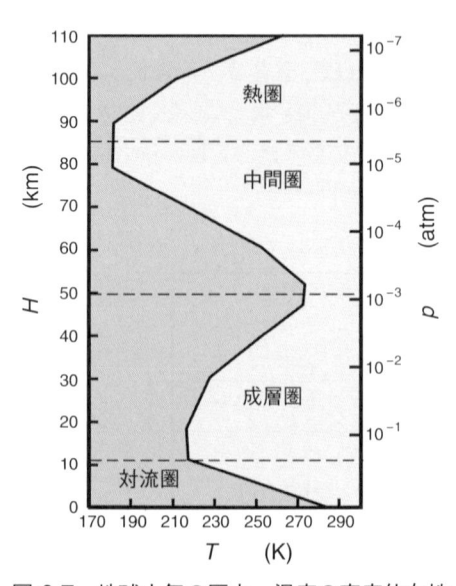

図 6.7　地球大気の圧力・温度の高度依存性

問題 6.2 水の沸点降下

山頂では水の沸点が下がる．高さ 3000 m における沸点の圧力を求めよ．

例題 3.5 より，常圧での水の蒸発エンタルピーは $\Delta H_v = 9828\,\text{cal/mol} = 41.12\,\text{kJ/mol}$，体積変化は $\Delta V = 3.0178 \times 10^{-2}\,\text{m}^3$ である．クラウジウス–クラペイロンの式 (6.26) より，圧力による沸点の変化は，

$$\frac{\Delta T}{\Delta p} = \frac{T \Delta V}{\Delta H_v} = \frac{(273 + 100\,\text{K})(3.017 \times 10^{-2}\,\text{m}^3/\text{mol})}{41.12\,\text{kJ/mol}}$$
$$= 0.274\,\text{K/kPa} = 27.6\,\text{K/atm} \tag{6.33}$$

である．問題 6.1 より，高さ 3000 m では圧力降下は $\Delta p = 35.1\,\text{kPa}$．したがって，

$$\Delta T = (35.1\,\text{kPa}) \times (0.274\,\text{K/kPa}) = 9.6\,\text{K} \tag{6.34}$$

だけ下がる．

6.2.2 化学平衡

前節の平衡条件は，もっと一般的な化学平衡に拡張できる．ある圧力 p，温度 T で，r 種類の分子が化学平衡を保っている．

$$a_1 A_1 + a_2 A_2 + \cdots \rightarrow b_1 B_1 + b_2 B_2 + \cdots + Q \tag{6.35}$$

式 (6.35) において，左辺が反応物，右辺が反応生成物である．

$$b_1 B_1 + b_2 B_2 + \cdots + Q - a_1 A_1 - a_2 A_2 + \cdots = 0 \tag{6.36}$$

とおいて，正の係数をもつものが反応生成物，負の係数をもつものが反応物と解釈する．温度，圧力を一定に保ちながら反応が進み，r 種類の分子の割合が変化したとする．たとえば，最初の分子種 A_1 がモル数 $a_1 d\xi$ だけ変化したとする．反応式 (6.35) にしたがい，反応 1 単位あたりの他の分子種のモル数変化はそれぞれ，A_2 が $a_2 d\xi$，B_1 が $-b_1 d\xi$ である．ξ は反応の進行度と呼ばれる内部自由度である．この変化にともない全ギブスの自由エネルギーは，

$$\Delta G = (a_1 \mu_{A_1} + a_2 \mu_{A_2} + \cdots - b_1 \mu_{B_1} - b_2 \mu_{B_2} + \cdots)d\xi \tag{6.37}$$

だけ変化する．平衡条件は $\Delta G = 0$，すなわち，

$$\sum_j a_j \mu_{A_j} - \sum_j b_j \mu_{B_j} = 0 \tag{6.38}$$

となる．

以下，理想気体を仮定して条件 (6.38) の具体的な式を求める．理想気体による混合気体のエントロピーは式 (5.71) で与えられているが，これを少し変形しておく．まず 1 種のみの気体で，モルあたりのエントロピーは，

$$s = s_0 + R\left\{\int \frac{c_p}{T'}dT' - \ln p\right\} \tag{6.39}$$

となる（これが正しいことを確認せよ）．ここで c_v を c_p に焼き直し，かつモルあたりの比熱 c は R 単位で表して無次元化した．これより混合気体の場合，j 種の分子のモルエントロピーは，

$$s_j = s_{0j} + R\left\{\int \frac{c_{pj}}{T'}dT' - \ln p_j\right\} \tag{6.40}$$

また，分子の化学ポテンシャルは，

$$\mu_j = h_j - Ts_j = h_{0j} + R\int c_{pj}dT' + RT\left\{-\int \frac{c_{pj}}{T'}dT' - \frac{s_{0j}}{R} + \ln p_j\right\} \tag{6.41}$$

となる．さらに部分積分を使い，

$$\int \frac{c_p}{T'}dT' = \frac{\int c_p dT''}{T} + \frac{1}{R}\int \frac{\Delta h(T')}{T'^2}dT'$$

となり，式 (6.41) は，

$$\mu_j = \mu_{0j} - T\int \frac{\Delta h(T')}{T'^2}dT' + RT\ln p_j \tag{6.42}$$

となる．式 (6.42) の右辺第一項，第二項をまとめて $RT\phi_j(T)$ と置く．多くの場合，$\phi_j(T)$ のなかで $\mu_{0j} = h_{0j} - Ts_{0j}$ が支配的で積分項は大きくはない．これを式 (6.38) に代入する．$p_j = px_j$ で，符号は上述した規則を取り入れ，化学量論的組成比はすべて a_j で表し，

$$\sum_j a_j\mu_j = \sum_j a_jRT\phi_j + RT\sum_j a_j\{\ln p + \ln x_j\} = 0 \tag{6.43}$$

ここに

$$\mathcal{R} = \sum_j a_jRT\phi_j = \sum_j a_j\left(\mu_{0j} - RT\int \frac{\Delta h(T')}{T'^2}dT'\right) \tag{6.44}$$

また，$\Delta a = \sum_j a_j$ とおいて，

$$\ln\left\{p^{\Delta a}\prod_j x_j^{a_j}\right\} = -\frac{\mathcal{R}}{RT} \tag{6.45}$$

再び，反応物を分母，反応生成物を分子に分け，

$$K_p \equiv p^{\Delta\nu}\frac{\prod_j x_j^{b_j}}{\prod_j x_j^{a_j}} = \exp\left(-\frac{\mathcal{R}}{RT}\right) \tag{6.46}$$

$\Delta\nu$ は $\Delta\nu = \Delta b - \Delta a$．式 (6.46) の右辺がいわゆる化学反応における平衡定数 K_p と呼ばれるものである．参照状態を標準状態としたとき特に便利な形になる．温度 T_0 で測定した場合，式 (6.44) の右辺のカッコ内の積分は 0 なので，

$$\mathcal{R} = \Delta G^0 = \sum_j a_j\mu_{0j} \tag{6.47}$$

と，反応前後での自由エネルギーの差，すなわち形成エネルギー ΔG_f^0 となる．また $p_0 = 1\,\text{atm}$ を

6.2 化学ポテンシャル

参照としているので，平衡定数の圧力はすべて 1 atm を基準に測られる．結局，

$$K_p = \frac{\prod_j x_j^{b_j}}{\prod_j x_j^{a_j}} = \exp\left(-\frac{\Delta G_f^0}{RT}\right) \tag{6.48}$$

これで平衡定数 K_p が ΔG で決まることがわかったが，実験ではしばしばその温度依存性がとられる．その場合には，

$$\Delta G^0 = \Delta H^0 - T\Delta S^0$$

であるから，式 (6.48) の対数の温度微分をとり，

$$\frac{d\ln K_p}{dT} = \frac{\Delta H^0}{RT^2} \tag{6.49}$$

となる．これがファント・ホーフ（van't Hoff）の式といわれるものである．平衡定数の温度依存性からは ΔG ではなく ΔH が求まり，これは反応熱として観測される量である．

■ 例題 6.2 アンモニアの合成

アンモニアの合成はハーバーによる工業的な応用でよく知られている．

$$\frac{1}{2}N_2 + \frac{3}{2}H_2 \to NH_3 \tag{6.50}$$

この NH_3 の生成熱は 11 kcal/mol である（15℃）．この反応を具体的に解析してみよう．

はじめに，N_2 1 モルと H_2 3 モルを容器の中に入れる．平衡状態で NH_3 が $2x$ モル生成したとする．混合気体中の各物質のモル数は，

$$H_2 : N_2 : NH_3 = 3(1-x) : (1-x) : 2x$$

全モル数は $(1-x) + 3(1-x) + 2x = 4 - 2x$ であるから，分圧は，

$$p_{H_2} = p\frac{3(1-x)}{4-2x}, \quad p_{N_2} = p\frac{1-x}{4-2x}, \quad p_{NH_3} = p\frac{2x}{4-2x}$$

である．したがって平衡条件は，

$$K_p = \frac{p_{NH_3}^2}{p_{H_2}^3 p_{N_2}} = \frac{p^2\left(\frac{2x}{4-2x}\right)^2}{p^3\left(\frac{3(1-x)}{4-2x}\right)^3 p\frac{1-x}{4-2x}} = \frac{16}{27p^2}\left(\frac{x(2-x)}{(1-x)^2}\right)^2 \tag{6.51}$$

となる．$x \ll 1$ のとき，

$$K_p \cong \frac{64}{27}\left(\frac{x}{p}\right)^2 \tag{6.52}$$

となる．

この具体的な数値の例を表 6.1 に示す．これらの値を用いて ΔH を求めてみる．1 atm でのデータを平衡定数 K_p，およびそれから得られる $\Delta G = RT\ln K_p$ をプロットしたものを図 6.8 に示す．図 6.8 から $\ln K_p$ と $1/T$ の間には線形関係がよく成り立っていることがわかる．ΔH_f が T に対して一定として，この傾きより，$\Delta H_f = -26.7$ kcal/mol と求まる（以

表 6.1　アンモニア合成の平衡

T (℃)	NH$_3$ の収量 （%）		
	1 atm	100 atm	200 atm
550	0.0769	6.7	11.9
650	0.0321	3.02	5.71
750	0.0156	1.54	2.99
850	0.0089	0.874	1.68
950	0.0055	0.542	1.07

参考文献 [10] p.164 より.

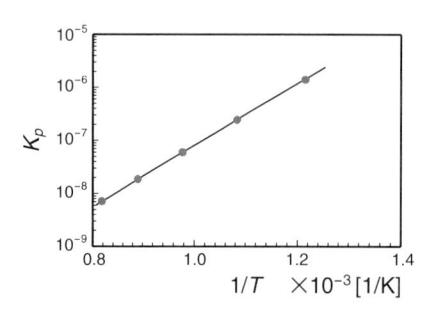

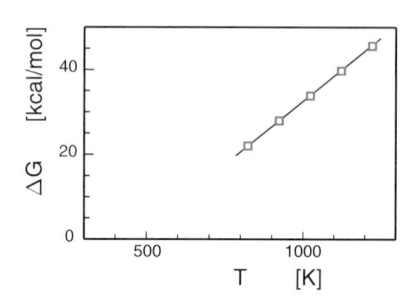

図 6.8　1 atm でのアンモニア合成の実験　（左）平衡定数 K_p，（右）それから得られる ΔG をプロット.

下，エネルギーの単位は kcal/mol，エントロピーの単位は kcal/(K·mol) とする）．また，ΔG_f の方は T とほぼ線形の関係があり，

$$\Delta G_f(T) = -25.09 + 0.058T$$

と得られる．よって，$T = 300\,\mathrm{K}$ では $\Delta G_f^0 = -7.7$, $\Delta S_f = -0.060$ ということになる．

生のデータは比較的高温で得られているので，それを室温まで外挿すると誤差がつきまとう．参考文献 [10] では広い温度範囲での ΔH_f と ΔG_f を次のように与えている．

$$\Delta H_f(T) = -19.130 - 9.92 \times 10^{-3} T - 1.15 \times 10^{-6} T^2 + 3.4 \times 10^{-9} T^3 \tag{6.53a}$$

$$\Delta G_f(T) = -19.130 + 9.92 \times 10^{-3} T \ln T + 1.15 \times 10^{-6} T^2 - 1.7 \times 10^{-9} T^3 - 0.01894T \tag{6.53b}$$

これから標準状態では，$\Delta H_f^0 = -22.1$，$\Delta G_f^0 = -7.9$，$\Delta S_f = -0.048$ ということになる．ΔH_f^0 にして 2 割方小さくなっている．ΔH_f の温度変化はもちろん化学反応の種類によって違うが，大きさはこの程度だということを認識しておけばよいだろう．一方で，ΔG_f の温度変化は $T\Delta S_f$ の項が直接効いてくるので，T に比例するとしてもそれほど悪くはない．

ともかく，この数値例からアンモニアの標準状態で，$\Delta H_f^0 = -22.1$，$\Delta G_f^0 = -7.9$ を得た．これを付録 A の表 A.2 の公称値 $h_f^0 = -11\,\mathrm{kcal/mol}$ と比較すると大きく異なる．何がおかしいのだろうか？　それは，参考文献 [10] の数値解析では反応式 (6.50) ではなく，それを整数にした，

$$\mathrm{N_2 + 3H_2 \to 2NH_3} \tag{6.54}$$

を用いているからである．これで 2 倍の差が出る．

則問 13　反応の進行度

反応の進行度 ξ というものは状態量とみなしてよいだろうか？

> 状態量というものは熱平衡で定義されているので，平衡に到達する途中過程を記述する ξ は状態量としてふさわしくない．しかし，反応の進行度はきちんと測定できる内部変数である．あたかも 2 つの異なる温度の物質が接触して最終的に同一温度になる過程で，それぞれの物質の温度 T_1, T_2 を測定でき，$\Delta T = T_2 - T_1$ が平衡までの進行の程度を示すものであるように，熱力学的に有用である．それで非平衡熱力学への拡張で重要な変数となる．

6.2.3　反応熱，親和力

ある物質と別の物質がどれくらい反応しやすいか？ あるいは，どちらの方向に反応が進むか？ という問題は化学の中心的な課題である．どれくらい反応を起こしやすいかを言い表すのには，伝統的に親和力と呼ばれる量が使われている．親和力を何で評価したらよいだろうか？ 化学反応

$$A \rightarrow B + Q \tag{6.55}$$

の結果，熱が出入りする．それが反応熱 Q である．特に燃焼に関しては，激しい反応であり，反応は迅速に行われるので，その反応熱を測定することは容易である．一般には，反応は体積変化をともなうので，この反応熱は反応前後のエンタルピーの差 ΔH となる．

$$\Delta H = H_B - H_A \tag{6.56}$$

ΔH が負であれば，余剰分のエネルギーが熱（正の反応熱 Q）として放出される．これが発熱反応である．ΔH が正であれば，不足分のエネルギーが熱（負の反応熱 Q）として供給されなければならない．これは吸熱反応である．

おそらく，発熱反応はエネルギーの低い方に進行するので理解しやすいと思う．反応式 (6.55) があったとき，どちらに進行するかは ΔH で判断できる，したがって，反応の親和力とは ΔH で決めるのがよい，とするのが最初に受け入れられる考えであろう．しかし，実際にはそれと反対の場合もある．吸熱ということは，むしろエネルギーの高いところに向かって反応が進行するということである．たとえば，アセチレンの生成がそうである．

$$2C + H_2 \rightarrow C_2H_2, \quad \Delta H_f^0 = 228.2 \, \text{kJ/mol} \tag{6.57}$$

あるいは溶解の場合は，

$$NaCl_{(s)} \rightarrow NaCl_{(aq)}, \quad \Delta H_f^0 = 3.9 \, \text{kJ/mol} \tag{6.58}$$

がその例である．ということは，反応の方向性は必ずしも反応エンタルピー ΔH の方向と一致しないということだ．

反応の方向性と ΔH の符号が一致しない問題はどのように考えたらよいだろうか？ それは吸熱反応がどのような場合に起こるかを考えることがヒントとなる．標準状態で安定な分子は，

$$O_2 \rightarrow 2O, \quad \Delta H_f^0 = 249.2\,\text{kJ/mol} \tag{6.59a}$$

$$N_2 \rightarrow 2N, \quad \Delta H_f^0 = 472.7\,\text{kJ/mol} \tag{6.59b}$$

$$2CO_2 \rightarrow 2CO + O_2, \quad \Delta H_f^0 = 283.2\,\text{kJ/mol} \tag{6.59c}$$

という解離反応をもつが，ΔH_f^0 の値が示すようにいずれも吸熱反応である．常識的に常温でこれらの分子が分解するはずはない．しかし，温度を上げていくといずれ解離する．高温に晒すと物質は分解するということは日常の経験が教えることである．これは ΔG が反応の方向を決めるということから理解される．

$$G = H - TS \tag{6.60}$$

T が小さいうちは H と G はほとんど同じであるが，高温ではエントロピー項 TS が支配的になり，H と G が逆転する．温度一定，圧力一定の条件では，熱力学的な安定性は H ではなく G で決まることは 6.1.3 節で示した．したがって，真の反応親和力とは ΔG，

$$\Delta G = G_B - G_A \tag{6.61}$$

で表すのがよい．これがより進んだ正しい考え方である．

　反応親和力あるいは反応の自由エネルギー ΔG は，反応熱ではなく，式 (6.46) のように平衡定数から求める．不可逆過程で求めた熱では ΔG とはならない．この ΔG と ΔH の違いは，第 7 章で改めて論じる．

■ 則問 14

　HCl は H_2 と Cl_2 が激しく反応して生成される．そのとき発生する熱は $Q = 22.06\,\text{kcal/mol}$ である（15°C）．この熱は ΔG に相当するだろうか？　あるいは ΔH に相当するだろうか？

■ 則問 15　親和力とギブスの自由エネルギーは同じものか？

　これまでの議論で，反応の親和力 A とギブスの自由エネルギー G は同じもののようにみえる．事実，同一視する参考書もある．

> 　ある程度は言葉の定義の問題であるが，考え方が少し違う．まずちょっとした差として，親和力 A は全自由エネルギー G そのものではなく，モルあたりの自由エネルギーの差であることだ（$A = \sum_j \mu_j$）．もっと本質的なことは，ギブスの自由エネルギー G は熱平衡状態を前提とした状態量である．原理上，反応の途中経過を記述するものではない．一方で，親和力 A は途中を記述する．それゆえ，反応の進行度 ξ と対となって現れる．ξ の関数である．これは反応速度論，非平衡熱力学への拡張において中心的な役割を果たす．

■ 標準状態の反応熱 ■

　熱という場合，それは経路に依存し状態量とはならない．しかし，反応熱はハンドブックに掲載

6.2 化学ポテンシャル

されていることからわかるように物質の性質である．なぜだろうか？

2.3.4 節で述べられた比熱が状態量かどうかの議論と同じである．熱によって測られているが，実際には ΔH を測定しているのである．したがって原理上，「反応仕事」というものもありうる（7.3.2 節参照）．

さまざまな物質での標準状態（1 atm，25℃）の反応熱，反応の自由エネルギーはデータベース化されている．有名なものでは，JANAF (Dow Chemical Company, Midland, Michigan), D.R. Lide ed., *CRC Handbook of Chemistry and Physics*, 75th ed., CRC Press (1994), *NBS table of chemical and thermodynamic properties*, J. Phys. Chem. Reference Data, **11**, suppl.2 (1982) などがある．それらでは，単原子物質について，標準状態で自然に存在する状態を基準にして，それからのエンタルピー，自由エネルギーの差で表されている．付録 A の表 A.2 にはそのようなものから一例を示している．

例題 6.3

$g = h - Ts$ である．付録 A の表 A.2 を参照して，たとえば，$H_2O_{(g)}$ について $h_f^0 - g_f^0$ を評価せよ．これと $T_0 s^0$ は等しくなるか？

No. 表 A.2 に示されている h_f^0 は，たとえば，H_2O に関していえば，

$$h_f^0 = h[H_2O] - \left\{ h[H_2] + \frac{1}{2} h[O_2] \right\} \tag{6.62}$$

である．g_f^0 に関しても同様．したがって，その差 $h_f^0 - g_f^0$ はその物質のエントロピーを与えるのではなく，元となっている物質との差を表す．

$$h_f^0 - g_f^0 = T_0 \left\{ s[H_2O] - \left(s[H_2] + \frac{1}{2} s[O_2] \right) \right\} \tag{6.63}$$

具体的には，$H_2O_{(g)}$ の場合，表 A.2 で与えられる s^0 の数値を使うことで，

$$T_0 \Delta s = (298\,\text{K})\,(-44.37\,\text{J/(K}\cdot\text{mol}))= -13.22\,\text{kJ}$$

これは $H_2O_{(g)}$ についての $s^0 = 188.83\,\text{J/(K}\cdot\text{mol)}$ とは一致しない．そうではなく，$-13.22\,\text{kJ}$ という値は $H_2O_{(g)}$ 合成についての生成エントロピーの差 $h_f^0 - g_f^0$ を表す．

水の蒸発のエントロピー変化を表 A.2 から求めるには，近似として，$H_2O_{(g)}$ と $H_2O_{(l)}$ の差をとればよい．それは $6.6\,\text{J/(K}\cdot\text{g})$ となり，表 5.3 のものとほぼ一致する．しかし，表 A.2 の値はすべて 25℃ で評価されていることに注意すべきである．100℃ にするともう少し差は縮まる．

則問 16

水の蒸発を議論したときは蒸発熱が h であり，それを蒸発温度 T で割ったものが蒸発のエント

ロピー $s = h/T$ としてきた．表 A.2 をみて，h_f^0/T_0 をエントロピーとしてよいか？

6.2.4 反応の濃度依存

ここでもう一度，反応式 (6.55) を考えてみる．それを素過程のレベルで考え，文字通り，1分子ごとに反応分子 A が生成分子 B に移行するかどうか？ という問いかけをすると，答えは 1/0, Yes/No の形しかない．1個の C と O_2 が反応して CO_2 となるかどうかは Yes/No だけである．しかし，我々が考えている問題は 1 モルの C と O_2 の集団である．N_a もの数の集団であるから，そのうちのいくらばかりかは反応するし，いくらばかりかは反応しない，あるいは逆に進行するものもあるかもしれない．反応の自由エネルギーあるいは親和力というものは，反応式 (6.55) において 1 分子 1 分子の予測をするものではなく，集団としての振る舞いを確率的に決めるものである．すでに化学平衡の議論で明らかなように，反応式 (6.55) ですべてが A あるいは B となるのではなく，T で決められるところの平衡定数

$$K = \exp\left(-\frac{\Delta G}{RT}\right) \tag{6.64}$$

をもって分布するものである．すでに A および B がある濃度で分布している状態からはじまり，反応が右へ進むか，左へ進むかを決めるもので，その行き着く先がすべて A あるいは B であるとは主張していない．反応の進度（したがって，そこに含まれる化学種の濃度）とともに G も変わってくる．

こうして，

$$A \to B, \quad \Delta G \tag{6.65}$$

と表記される反応の判定は，集団について確率論的に記述されるべきものである．

$$\Delta G = \begin{cases} < 0 \to \text{反応は右に進む} \\ 0 \to \text{平衡状態} \\ > 0 \to \text{反応は左に進む} \end{cases} \tag{6.66}$$

■ 不純物の濃度 ■

反応は濃度に依存し，かつ反応熱も多少なりとも濃度に依存する．そのような例を図 6.9 に示す．希釈するにしたがい反応熱は上がっていくが，それを希釈熱という．ある程度以上に希釈されると反応熱の濃度依存性はなくなる．通常，溶解熱あるいは不純物生成熱とはこのような濃度依存性がなくなったところでとる．

化学ポテンシャルの式 (6.42) を眺めてみて，$\mu = h - Ts$ のなかのエントロピーを

$$s = s_{\text{int}} + s_{\text{confg}} \tag{6.67}$$

と分解し，対応して，$\mu_{\text{int}} = h - Ts_{\text{int}}$ とすることができる．μ_{int} は 1 分子の内部構造エントロピーに相当し，一方，μ_{confg} は分子がおかれている環境のなかでどれだけ異なった配置がとりうるかを表すものである．具体的には，式 (6.28) にあるようにその化学種の濃度の対数で与えられる．μ_{confg} は分子の化学的エネルギーに，取り巻く環境も影響することを表している．

6.2 化学ポテンシャル

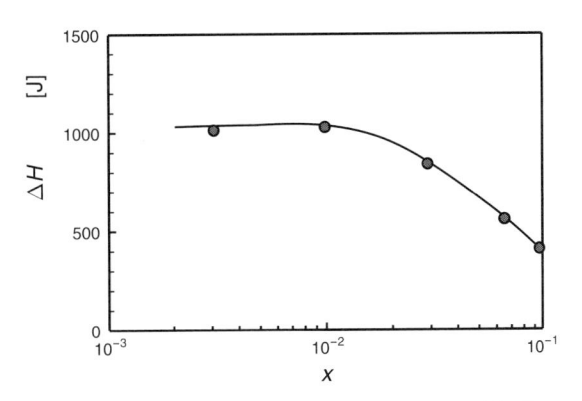

図6.9 　希釈熱　水への NaCl のモルあたりの溶解熱．

こうした分解の重要な応用として不純物を含む系，あるいは溶液状態がある．ある化学種 1 が固体（あるいは液体）の母体 2 のなかにわずかに溶け込んでいる状況を考える．化学種 1 は溶液の場合は溶質，固体の場合は不純物と呼ばれる．母体 2 は溶液の場合は溶媒と呼ばれる．通常は化学種 1 の濃度は母体 2 に比べて非常に小さく，不純物が入る前と後の μ_2 は変わらないと考える．一方，不純物の方は変わり，その変化は平衡状態が達成されるまで続く．平衡条件 (6.66) をあてはめると，

$$\Delta \mu_1 = 0 \tag{6.68}$$

である．これは，化学種 1 が反応の前の状態 a と後の状態 b でその化学ポテンシャルが変わらなくなるまで変化したときが平衡状態ということを表す．状態 a は，不純物の場合であれば，不純物を導入するときの雰囲気の状態（気相成長であれば気体状態，固体拡散であれば不純物原子の固体状態）を意味する．それぞれの状態の化学ポテンシャルを $\mu_{1,a}$, $\mu_{1,b}$ とすれば，平衡条件 (6.68) は，

$$\mu_{1,b} = \mu_{1,a} \tag{6.69}$$

を要求する．状態 a が 1 の固体状態であれば μ_{confg} はない．μ をさらに μ_{int} と μ_{confg} に分け，

$$\Delta \mu_{1,\mathrm{int}} = \mu_{1b,\mathrm{int}} - \mu_{1a,\mathrm{int}} = -\mu_{1b,\mathrm{confg}}$$

状態 b の 1 の濃度 c_1 を使って，式 (6.28) と同様に，

$$\mu_{1b,\mathrm{confg}} = -kT \ln c_1$$

と表すことができる．これを書き直して，

$$c_1 = \exp\left(-\frac{\Delta g}{kT}\right) \tag{6.70}$$

と濃度を与える表式となる．こうして，平衡定数が不純物系ではその不純物濃度を表すものとなる．ここに Δg と簡単に表しているが，その中身は a 相，b 相での内部エンタルピーの差と内部エントロピーの差の和，$\Delta \mu_{1,\mathrm{int}}$ と理解される．

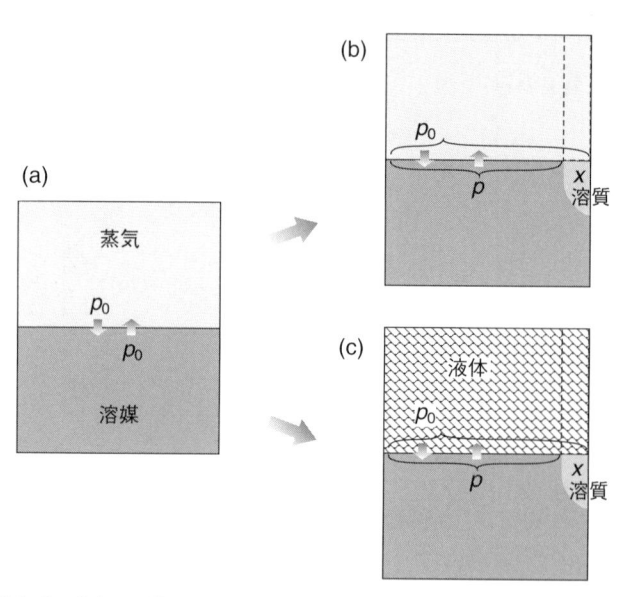

図 6.10　(a) 1 成分液体とその蒸気の平衡．1 成分液体の蒸気圧と気体の圧力が等しくなるところが蒸発温度．(b) 蒸気圧降下，沸点上昇．(c) 凝固点降下．

■ 沸点上昇など ■

化学では，ヘンリーの法則やラウールの法則など，溶液に関する法則がたくさんある．しかし，これらは原理がたくさんあるのではなく，基本とするところは共通していて，同じ原理を違った現象からみているだけである．

ある 1 成分液体において，その液体の蒸気圧と接触している気体（多くは大気）の圧力 p_0 が等しくなった点が沸点である（図 6.10 (a)）．この液体を溶媒とする溶液を考える．溶媒を 1，溶質を 2 とする．溶質 2 の濃度 x_2 が増えるにつれて溶液の蒸気圧 $p_{v,1}$ は下がる．溶液の濃度は $x_1 = 1 - x_2$ である．$x_1 = 1$ のときが p_0 に対応することを考慮すると，

$$p_{v,1} = p_0 x_1 \tag{6.71}$$

である．これがラウールの法則で，蒸気圧が溶媒の濃度に比例して下がることを述べている．一方，揮発性である気体 2 は溶媒 1 のなかに x_2 溶け込むが，それは，

$$p_2 = K x_2 \tag{6.72}$$

のように気体中の気体 2 の分圧 p_2 に比例する．これがヘンリーの法則である．

図 6.10 (b) で示されるように，ラウールの法則とヘンリーの法則は同一の現象の相対する面からの見方である．溶媒 1 だけの純粋な液体に比べて，溶液状態では溶質 2 の分だけ溶媒 1 の蒸気圧 p_1 が落ちる（ラウールの法則）．気相中の溶媒 1 の蒸気圧 p_1 が落ちた分だけ溶質 2 の分圧 p_2 が増えるが，それに対応して溶液中での溶質の濃度 x_2 が増える（ヘンリーの法則）．

また，ラウールの法則の蒸気圧降下 Δp_v と溶質による沸点上昇 ΔT_b には裏腹の関係がある．溶質の濃度 x_2 が増えることで，$\Delta p_v = p_{0v} x_2$ だけ溶媒の蒸気圧は減少するが，気相の圧力を一定条

件下で行うと，気相の圧力が勝り，溶液は沸点には達しないことになる．つまり，沸点を達成するにはさらに温度を上げなければならない．どれだけ上げなければならないかというと，クラウジウス–クラペイロンの式 (6.26) より，

$$\Delta T_b = \frac{p_{0v}\Delta v_{lg}}{L_v}T_b x_2 \tag{6.73}$$

となる．

今度は，液相と固相の凝固点降下を調べてみよう．図 6.10 (c) で示されるように，液相中の圧力が下がっているので，より融解しやすくなる．つまり，凝固点が下がることになる．その降下 ΔT は，上記の考察と同様に，溶媒の融解熱 L_m により，

$$\frac{\Delta p}{\Delta T} = p\frac{L_m}{RT^2} \tag{6.74}$$

で与えられる．$\Delta p/p$ は溶媒中の溶液の濃度と置き換えることができ，溶媒 1 kg あたりの溶質モル数 n で与えることにすると，

$$\Delta T = K_f n \tag{6.75}$$

と比例関係にあることがわかる．比例定数は溶質によらない溶媒だけによる定数で

$$K_f = \frac{RT_m^2}{L_m N} \tag{6.76}$$

で与えられる．N は溶媒 1 kg のモル数である．

6.2.5 ファン・デル・ワールス気体のエントロピー

理想気体以外では，一般にエントロピーや自由エネルギーを求めることは困難となるが，解析解があるものもある．その例として，ファン・デル・ワールス気体のエントロピーを求めておこう．まず内部エネルギーは，

$$U = N\left(cRT - \frac{a}{v}\right) \tag{6.77}$$

エンタルピーは，

$$H = N\left\{(c+1)RT + R\frac{b}{v} - 2\frac{a}{v}\right\} \tag{6.78}$$

エントロピーは，

$$S = N\left\{c + 1 + \ln\left(\frac{n_Q}{n}(1-nb)\right)\right\} \tag{6.79}$$

n_Q は後述の式 (8.6) で与えられる極限的濃度であるが，通常，エントロピーの差だけを問題にするので式からは消える．

6.3 平衡状態への回復

本節は，初等的なコースでスキップしてかまわない本章のなかでも，とりわけオプション扱いのものである．議論は不完全なものである．問題意識と解決のアイデアのみが示される．

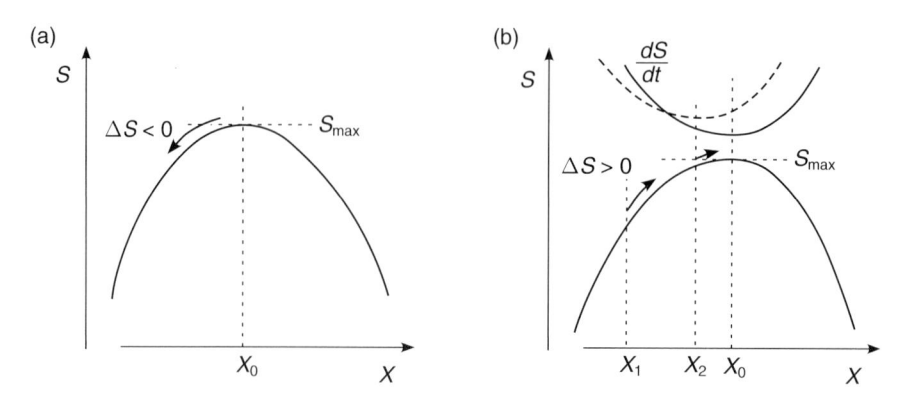

図 6.11 (a) 平衡状態は S が最大 ($S_{\max}$) の状態．平衡からのずれは常に $\Delta S < 0$ を引き起こし実現できない．(b) 平衡状態からずれた位置を出発点とすると，常に $\Delta S > 0$．外場があるとき（点線），エントロピー生成 (dS/dt) を最小にしようとする．

6.3.1 エントロピー生成の最小化

これまでは，主に平衡位置の近傍で熱力学的変量の静的な振る舞いを議論してきた（図 6.11 (a)）．逆に，平衡位置からずれた位置を出発点にしたらどうなるか？ 特に外場がある場合を議論する．

外場がなければエントロピーは平衡点に向かって増加し，究極的に S の増加がなくなるまで状態は変わる（図 6.11 (b)）．エントロピーは一方的に増加するばかりであるから，その時間変化，エントロピーの流れは常に正である．

$$\sigma = \frac{dS}{dt} > 0 \tag{6.80}$$

このエントロピー流はやがて平衡点にたどり着くと 0 となる．エントロピーが極大になるということは，その経路に沿った微分 $(\partial S/\partial X)$ が 0 になるということを意味する．もし状態変数 X が時間変化をすれば，$dS/dt = (\partial S/\partial X)(dX/dt)$ より，エントロピー生成速度 σ が 0 になるところが平衡点であるといえる．$\sigma = 0$ とはもちろんエントロピー生成速度が最小の点である．

外場があると流れができる．化学ポテンシャルに勾配をつけると粒子の流れができ，電場を与えると電流が流れる．あるいは温度差をつけると熱流が生じる．これらの外場というのは，表 1.1 に挙げられている熱力学的な力がすべて含まれ，対応する変位が生じてその時間的変化，すなわち流れが生じる．重要事項 2.3 が示す通り，流れは平衡状態を回復するようにはたらく．しかし外場がある限り流れは続き，最終的には重要事項 2.4 にしたがった定常流となる．本節での目標は，このような定常流のある場合，エネルギー極値定理に相当する原理を見いだすことにある．これはいわゆる非平衡熱力学の問題であり，初等的なレベルではふれないのが普通である．本節でも本格的な議論はしないし，そのような余裕はない．しかしながら，エントロピーの生成という概念自体はすでに第二法則に含まれているものであるし，示唆するところ大であるので，簡単な例で将来への方向づけをしたい．

結論を述べれば，外場があるときの定常流では，エントロピー生成速度 σ は外場のないときのように 0 とはならないが，最小となることにおいて同じである．図 6.11 (b) のように，外場がないときは状態変数 X が X_0 で平衡となるが，外場があると X_2 で定常状態となる．それは外場があると

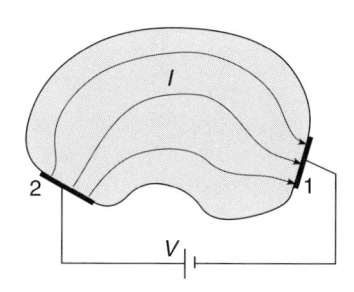

図 6.12 電極で挟まれた抵抗体の中の定常電流の問題

きエントロピー生成速度 σ が最小となる位置である．このことを具体的な例で示そう．

6.3.2 電流分布の問題

取り上げる題材は静電気学からの問題である．主題に慣れていない読者は数学的な導出の部分は気にせず，その結果だけを注視してほしい．

図 6.12 にある任意の形状の導体に電極をつけてそれに電圧 V をかけたとき，その導体内部での電流分布を求める．導体は空間的に一様な伝導度 σ をもつものと考える．定常状態では，電流が流れていても静電気の問題と同じである．静電ポテンシャルの分布 $\varphi(\mathbf{r})$ を適当な境界条件で求め，

$$\mathbf{j} = -\sigma \nabla \varphi \tag{6.81}$$

で求めればよい．電磁気学を学んでいる読者であれば，式 (6.81) の解は，電流連続の式より，湧き出しのない場合 ($\nabla \cdot \mathbf{j} = 0$) のポアソン方程式

$$\nabla^2 \varphi(\mathbf{r}) = 0 \tag{6.82}$$

を解くことに帰着することを知っているだろう．

■ 変分原理による問題の定式化 ■

この問題をエネルギー極値定理のような形に直したい．

我々はポアソン方程式が正解であることは知っている．これに変分原理を適用するには，ポアソン方程式が導かれるようなエネルギー汎関数がほしい．それが何かは物理的直感による．定常電流状態でのエネルギーはジュール熱である．したがって，それをエネルギー汎関数ととればよいことが推測できる．

定常状態ではエネルギーそのものより，単位時間あたりのパワー $\mathcal{P}_{\mathrm{joule}} = IV$ をとるのが妥当である．2 つの電極間での電位差 V のもと（電極 1 は $\varphi = 0$ ととる），電流密度 $\mathbf{j}$ の作るジュール損失は，

$$\mathcal{P}_{\mathrm{joule}} = \int_{el2} V \mathbf{j} \cdot \mathbf{S} \tag{6.83}$$

である．ここに積分は電極 2 の表面全体にわたってとる．すると，

$$\mathcal{P}_{\text{joule}} = \int_{el2} \varphi \mathbf{j} \cdot d\mathbf{S} = -\int div(\varphi \mathbf{j}) dv$$
$$= -\int \mathbf{j} \cdot div \varphi dv = \int \mathbf{j} \cdot \mathbf{E} dv = \sigma \int \mathbf{E}^2 dv$$
$$= \sigma \int (\nabla \varphi)^2 dv \quad (6.84)$$

となる．式 (6.84) はパワー $\mathcal{P}_{\text{joule}}$ はポテンシャル関数 φ の汎関数であることをいっている．この汎関数には φ の微分が入っているので，少し数学的な操作をしたのち，

$$\frac{\delta \mathcal{P}_{\text{joule}}}{\delta \varphi} = -\nabla^2 \varphi(\mathbf{r}) \quad (6.85)$$

となり，極値 $\delta \mathcal{P}_{\text{joule}}/\delta \varphi = 0$ の条件は見慣れたポアソン方程式となる．

式 (6.85) は，$\nabla^2 \varphi(\mathbf{r})$ が汎関数 $\mathcal{P}_{\text{joule}}$ の自然な勾配 $\delta \mathcal{P}_{\text{joule}}/\delta \varphi$ を与えており，適当な境界条件の下，ポアソン方程式を満たすような φ がジュール熱を最小にすることを意味する．

こうして，定常電流の問題はエネルギー極小の形に書き直された．これは熱力学の方から何を意味するであろうか？ここで導出した「ジュール損失最小」というのは，6.1 節でみたいくつかの自由エネルギーの最小化原理のどれかに相当するだろうか？いや U や F, G の最小化のどれにもあてはまらない．ジュール損失はエネルギーそのものではなく仕事率で表されている．単位時間あたりの発熱量 $J_q = dQ/dt$ となる．これはエネルギーの流れであり，エントロピーの流れとなる．したがって，「ジュール損失最小」というのは，実は「エントロピー生成速度の最小化」原理から導かれるものである．

6.4 熱力学第三法則

6.4.1 ネルンストの定理

どの熱力学の教科書でも，熱力学には法則が 3 つあると書かれているが，きちんとした説明があまりなされないのが第三法則である．不思議なことに，熱力学の教科書なのに第三法則が出ていないものさえある．当の物理学者に「第三法則は何か？」と聞いてもそれぞれ違った答えが返ってくる．

> もっともそれは無理からぬことかもしれない．ファウラーといった一流の物理学者でさえも第三法則は無意味と主張している．なにしろ直接的な証拠というものを見いだすことが容易ではないのであるから．

多くの教科書では「エントロピーは絶対 0 度に近づくにつれ 0 となる」と書かれている．これによりエントロピーの絶対値が確定するというのがその主張するところである．ところが物質の性質を議論する物理学者は，平気で絶対 0 度でのエントロピーの値がいくらかを議論している．磁性体など，絶対 0 度でエネルギーが縮退した状態をもつものは，エントロピーは有限の値をもつからである．だからといって「エントロピーは絶対 0 度では有限値になる」といったのでは，何の法則に

6.4 熱力学第三法則

もならない．

この第三法則は，ネルンスト（W. Nernst）が1905年に見つけたものだが，第三法則と呼ぶより「ネルンストの定理」といった方がよいかもしれない．

> **重要事項 6.3　熱力学第三法則，またはネルンストの定理**
> 化学的に均一なすべての固体または液体のエントロピーは，
> $$T \to 0 \text{ のとき } S \to 0 \tag{6.86}$$

このネルンストの定理の帰結として比熱の消失がある．比熱 $C(T)$ は，

$$C(T) = T\frac{\partial S(T)}{\partial T} \tag{6.87}$$

と表せるので，これはエントロピー $S(T)$ の温度微分が低温で消失することと等価である．

> **重要事項 6.4　ネルンストの定理の系**
> 絶対0度に近づくにつれ比熱は0に近づく．

さらに他の物理量にも拡張し，熱膨張係数など関係した物理量の温度勾配は絶対0度に近づくと0に消失することが示せる．ここで「関係した」と曖昧な表現をしたが，きちんと述べると外場に対する系の応答，一般に感受率 χ といわれるものがそうである．これはエントロピーに関係した量であるので，絶対0度に近づくにつれ χ の温度依存性が消える．

■ 比熱の統計的意味 ■

ここで比熱 C の統計的意味を述べておくことは教育的である．統計力学を学んでいないいまの段階では，きちんとしたことは理解できなくてよいが，物理的解釈として，比熱は内部エネルギーのゆらぎに対応していることを知ることは有意義である．エントロピーは，

$$C(T) = k\frac{\langle (E - \langle E \rangle)^2 \rangle}{(kT)^2} \tag{6.88}$$

のように直接に比熱に関係している．式 (6.88) の右辺は内部エネルギーのゆらぎを表している．比熱など一般に感受率といわれるものは，外場に対してどれくらい系が応答するかを示すものであるが，系のなかの相互作用が非常に強く，なかなか秩序状態を壊しにくいものは，感受率が低く，外部場に対する応答が小さいということになる．

■ ネルンストの定理の系の証拠 ■

まず，ネルンストの定理の系（重要事項 6.4）の方を調べてみる．比熱，熱膨張係数，また磁性体の磁化率などは，絶対0度に近づくにつれて温度依存性が消滅することは多くの実験で知られている．

面白いことに，逆に高温でこの法則にあわない性質のものは，低温でこの法則にあうように必ず何か変化が起こる．たとえば，高温で，磁化率 χ が

$$\chi(T) = \frac{C}{T - \theta} \tag{6.89}$$

のような温度変化をする常磁性体がある．これはキューリー・ワイス則と呼ばれ，θ はある種の特性温度である．式 (6.89) にしたがって，絶対 0 度での $\chi(T)$ の温度依存性を求めると，0 でない値になる．したがって，第三法則の系と反することになる．実際に起こっていることは，そのような常磁性体は必ず $T = \theta$ 付近で相転移を起こす．その転移温度以下では新たな磁性関係が出現し，結局は，第三法則に合致する温度依存性が現れる．

6.4.2 第三法則の証拠

ネルンストの定理の系（重要事項 6.4）は，エントロピー $S(T)$ の温度微分に相当するので，これは第三法則（重要事項 6.3）よりも弱い主張である．これを支持する実験事実はたくさんある．こうしたことから，$T \to 0$ で $S \to 0$ とならない例を回避するため，こちら系の方を第三法則とみなす教科書もある．しかしこれは正しくない．第三法則が成り立てば，ネルンストの定理の系は成り立つが，その逆は必ずしも成り立たない．つまり，$T \to 0$ で $C \to 0$ となるが，$S \to 0$ とはならない．

■ **例題 6.4**

上記の例として，次のものを挙げておく．

$$S(T) = \ln\left(\frac{T}{T_0} + 2\right) \tag{6.90}$$

これは，

$$S(T) \to \ln 2 \neq 0 \quad \text{for } T \to 0$$

だが，

$$C(T) = T\frac{\partial S}{\partial T} = \frac{2T}{T + T_0}$$

こちらは 0 に収束する．

ここで，自由エネルギー G，および H との関係

$$G = H - TS \tag{6.91}$$

から S の意義を眺めてみる．式 (6.91) をみると，S は G や H とは違いその前に T がかかっている．このことから，まず第三法則とは無関係に，

$$T \to 0 \text{ のとき } G \to H \tag{6.92}$$

6.4 熱力学第三法則

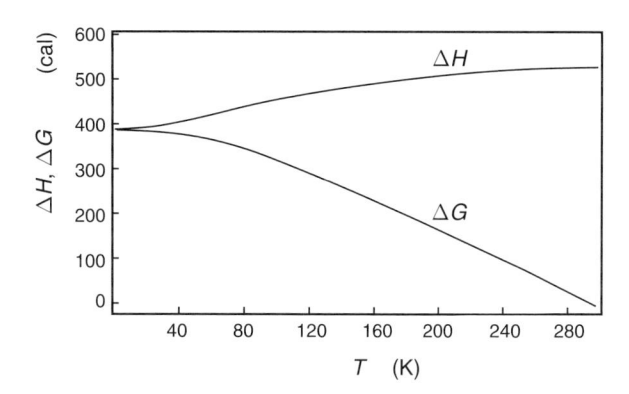

図 6.13 スズの α 相と β 相のエネルギーの差 ΔH と ΔG の温度変化.

G と H が低温で同じになることは，図 6.13 に示されているように，いろいろな例で実証されている．しかし逆に，低温での G と H の一致は，S が 0 となることを要請してはいない．このことより「実験ではエントロピーは相対的な変化だけが観測されるので，任意定数を原点にとっても理論は破綻しない」ようにも思える．「エントロピーは絶対 0 度で有限値に収束するが，エネルギーの場合のようにその原点を任意にとってもよい」としてよいのだろうか？ いやそうではない．第三法則が成り立たねばならない理由がちゃんとある．

式 (6.91) を T で微分したものを考える．

$$\frac{\partial H}{\partial T} - \frac{\partial G}{\partial T} = T\frac{\partial S}{\partial T} + S \tag{6.93}$$

$T \to 0$ の極限操作をすると，式 (6.93) の右辺第一項は消え S だけが残る．それゆえ，第三法則は絶対 0 度では G と H が低温極限で同じになるというだけでなく，その微分まで含めて同じになるということを要請する．

このことは図 6.13 に示されるように，スズにおいて実証された．スズは白色スズ（β 相）と灰色スズ（α 相）の 2 つの相がある．白色スズが高温相，灰色スズが低温相で，常温付近 $T = 13$°C に転移点がある．しかし，白色スズは過冷却させて準安定相として低温まで存在させることができる．したがって，違う相のエントロピーは別々に測定することができる．図 6.13 には α 相，β 相の自由エネルギーの差が示されているが，低温では傾きも含めて一致することがわかるだろう．ただ残念ながら，この例は数値精度の問題で，確実な証拠とはみなされていないようである．

しかし，もっと明確な証拠がある．超伝導体は低温で電気抵抗が消失する物質である．T_c と呼ばれる温度以下では超伝導相が現れるが，それ以上の温度では通常の金属の振る舞いをみせる．その他にもいろいろ不思議な性質をもっているが，そのうちの 1 つとして，比熱の温度依存性に T_c で跳びがあることが挙げられる．

常伝導相では比熱 C_n は γT と温度に比例した変化を示す．それゆえ，常伝導相であれば $T \to 0$ で $C \to 0$ という性質は自動的に満たされている．T_c で C に飛びがあるが，エントロピーは超伝導相と常伝導相では連続的につながることが熱力学の関係式より求められる（いまの段階ではなぜということがわからなくても，2 次の相転移というものはそういうものであると理解してほしい）．

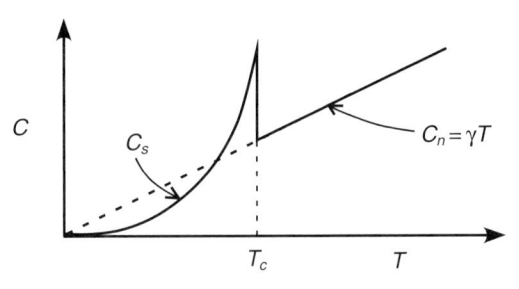

図 6.14 超伝導体の比熱

$$S_s(T_c^-) = S_n(T_c^+) \tag{6.94}$$

式 (6.87) より式 (6.94) は，

$$\int_0^{T_c} \frac{C_s(T)}{T} dT = \gamma T_c \tag{6.95}$$

と書き換えられる．この意味は図 6.14 からわかる通り，超伝導相の比熱を T_c まで積分した面積と常伝導相の T_c まで積分した面積は等しいということである．この関係は実験的に確かめられている．もしエントロピーの原点が 0 からずれていたらこれは成り立たない．

6.4.3 第三法則の破れ

現実の多様な物質を観測すると，第三法則が破れているような例に出くわす．そのような例をどう理解したらよいだろうか？

■ 例題 6.5 結晶中の不純物

現実の結晶には，多かれ少なかれ必ず不純物が含まれている．それは $T = 0$ でも有限のエントロピーを与える．それらがエネルギーを同一にしてとれる配置の数は無限にあるからである．これはネルンスト自身が気付いていたことであり，それゆえ，重要事項 6.3 を述べるとき「均一系」とわざわざ断わっている．

■ 例題 6.6 ガラス状態

ガラスは乱れた系で，その結晶状態に比べてエントロピーは大きい．そして，それは絶対 0 度でも有限のエントロピーのまま保たれる．ガラスは本来もっとエネルギー的に安定な結晶状態があるのだが，原子の動きがあまりに緩慢なのでその最低状態にたどり着けないのである．

上記の例のように，絶対 0 度でも有限のエントロピーをもつことは，それが実は熱平衡状態にたどり着いていないという理由で，第三法則との矛盾を回避できる．熱平衡状態でないものにエント

6.4 熱力学第三法則

ロピーを議論しても意味はないからである．

ここまでは第三法則と矛盾する実験事実をうまく回避してこれた．ところが，これから述べる縮退の問題は本質的である．縮退とはエネルギーを同じにする異なる状態が存在することをいうが，よく調べてみると，絶対0度での縮退は非常に多くの物質がもっている性質である．強磁性体は，全スピンがある特別の方向に向いている状態であるが，この特別の方向はいくつもある．結晶の c 軸の正の方向もとれれば，負の方向もとれる．どちらでもまったくエネルギーは同じである．しかしながら，この例は系の自由度の粒子数 N が大きいので，その縮退の割合は無視できる．つまり，$\mathcal{O}(N)$ のオーダーの量である（$N \to \infty$ をとることを熱力学的極限という）．ところが，この熱力学的極限をとっても縮退が残る，つまり，有限の S が残るものがある．

■ 例題 6.7 フラストレート系

磁性体のモデルでイジングモデルというものがあるが，1次元や2次元のイジングモデルではそれはいくら緩和が早くとも絶対0度で有限のエントロピーをもつ．結晶の形によるが，簡単な形状では高温極限のエントロピーのおよそ半分にも相当するエントロピーが絶対0度で残っているのである！1次元や2次元のイジングモデルではいくらスピンどうしを揃える相互作用を入れてもエントロピーの効果が効き，有限温度である限りスピンが揃った秩序状態にはならない．

他の例はAとBの原子からなる合金である．AとBの原子からなる合金をABAB···と並べようがBABA···と並べようが，エネルギーは同じで縮退している．3次元ではこのような配列は無限にあるだろう．

破れる場合があるものを物理の基本法則とするのは間違えているのではないだろうか？まったくその通りであろう．したがって，熱力学第三法則は法則から外して，ネルンストの定理と読んだ方がよいのだろう．縮退のある場合については，いまも物理学者のなかでも議論が分かれている状況である．論点がいくつかある．

● 縮退状態の解釈の問題

AとBの原子からなる合金を ABAB··· と並べようが BABA··· と並べようが，エネルギーは同じである．しかし実際のところ，いったん ABAB··· と並んだ結晶を BABA··· と並べ代えるには原子をたくさん入れ替えなければならない．そのような入れ替えは，原子の運動エネルギーが0となる絶対0度で起こりえない．違う配置の間にはエネルギー障壁があり，それを乗り越えなければならないからである．したがって，いくら縮退した状態がたくさんあったところで，実現される状態はどれか1つに「凍結」されるので，相変わらず，絶対0度でのエントロピーは $S = 0$ という考え方ができる．

● 縮退状態の安定性の問題

計算では縮退状態がたくさん現れるが，それは外界との相互作用を無視したものである．外界との相互作用は非常に小さくとも結局のところそのような縮退を解くのではないだろうか？

ということを述べて，縮退の問題は切り上げにしよう．

これまではエントロピーを熱力学の枠内で計算してきたが，エントロピーの統計力学的計算によれば，エントロピーとは微視的状態の数 Ω の対数で与えられる（重要事項 5.3 参照）．

$$S = k \ln \Omega \tag{6.96}$$

これを用いれば，ネルンストの定理は不要となる．定義により縮退がない場合は $\Omega = 1$ で $S = 0$ がそのまま導かれるし，縮退があるときはその多重度を g として $S = k \ln g$ が直接計算できる．

議論を右往左往させておいたままにはできない．何らかの結論が必要である．結局，第三法則はエントロピーの統計力学的定義を使わない熱力学の枠組においてのみ必要とされるものといえよう．著者などは，第三法則は熱力学の法則からはずして（成り立たないという意味ではなく，統計力学から導かれるという理由で），代わりに第 0 法則を入れて，3 つの法則とするのがよいと思う．$T \to 0$ の極限でのエントロピーについては，縮退がない限り 0 である．縮退があっても $N \to \infty$ の熱力学的極限をとれば 0 になるものは実質的に $S = 0$ として問題がないように思える．熱力学的極限をとっても有限に残る縮退があるときが問題である．このとき，その有限の S のため無秩序となるか秩序状態となるかはわからない．

6.5 エントロピーの絶対値

6.5.1 エントロピーの測定

エントロピーはエネルギーと違って絶対値が議論できる．これからの議論はネルンストの定理が成り立つことを前提で進める．すなわち，縮退のない場合を考え，$T = 0$ では $S = 0$ とする．エントロピーの絶対値をいかに測定するかを議論する．

エントロピーは熱の出入りで測定されるので，156 ページの「エントロピーの単位」で示されたように，出入りする熱を測定すれば測ることができる．そこでの例は水を一定温度の熱浴と考えたものである．その場合であれば，式 (5.25) にしたがい，水に移動した熱によりそのまま計算できる．可逆，不可逆ということは問題にせず，熱浴のエントロピーを測定していた．

しかし，いまやエントロピーというものは物質の性質を表すものであることを知っている．水の性質としてのエントロピーを測りたい．その場合は熱浴の場合と違い，熱の移動を可逆的に行ったうえで測定しなければならない．温度を少しずつ上げ（あるいは下げ）その間に移動する熱を測定する．これは，比熱の測定を行うことと同等である．通常の実験はほとんど定圧で行うので，

$$\Delta S = \frac{\delta Q}{T} = C_p \frac{dT}{T}$$

であり，したがって任意の温度でのエントロピーは，

$$S(T) - S(T_0) = \int_{T_0}^{T} dT \frac{C_p(T)}{T} \tag{6.97}$$

と比熱を測定することで得ることができる．また，この測定は，エンタルピーについても値を教えてくれる．

6.5 エントロピーの絶対値

表 6.2 ダイヤモンドとグラファイトの比較

	ダイヤモンド	グラファイト	差
$S(0)$	0	0	0
$S(T_{\text{rm}})$	2.38	5.74	-3.36
$H(0)$	?	?	
$H(T_{\text{rm}}) - H(0)$	523	1050	—

温度 T の関数としたときの絶対 0 度での値と，室温（$T_{\text{rm}} = 25°\text{C} = 298.15\,\text{K}$）での値．エンタルピー H は J，エントロピー S は J/K の単位で，モルあたりの量で示されている．

$$H(T) - H(T_0) = \int_{T_0}^{T} dT\, C_p(T) \tag{6.98}$$

つまり，1 回の測定で 2 つの量が同時に求まる．

ここに T_0 は基準温度で，理想的には絶対 0 度をとりたいところであるが，実験で絶対 0 度を達成することはできない．ただ，それは数値的には $T=0$ での値を得ることに大きな障害とならない．通常，エントロピーなどの量は $T \to 0$ で急速にその温度変化が小さくなるからだ．絶対 0 度へ適当な外挿を行えばよい．エントロピーはその外挿値を 0 とおける．一方，エンタルピーは原点の不定性が残る．

第 2 章で述べたように，多くの物質では，常温以上で比熱はよい近似で一定である．これは基準温度 T_0 が常温以上であれば，モルあたり，

$$S(T) - S(T_0) = R \ln\left(\frac{T}{T_0}\right) \tag{6.99}$$

で物質によらないことを意味する．式 (6.99) の基準温度 T_0 を 0 にもっていくと発散するが，その問題は式 (6.99) が低温では成り立たないことで回避される．それゆえ，物性上のエントロピー測定の興味は，主に低温側でエネルギー等分配則が成り立たない領域にある．その場合は，高温近似での式 (6.99) にある対数発散はなくなるものでなければならない．

6.5.2 具体例
■ ダイヤモンドとグラファイトの比較 ■

エントロピーの絶対値の具体例を挙げる．同じ C 原子でできているダイヤモンド（D）とグラファイト（G）の熱力学量の比較を，表 6.2 に示す．

表 6.2 からわかるように，エントロピーはダイヤモンド，グラファイトとも $T=0$ で 0 である．室温での値は絶対値となっているし，また，ダイヤモンドとグラファイトの直接の比較ができる．一方，エンタルピーの方は $T=0$ での値はわからない．それゆえ，室温での値は常に $T=0$ との差で与えられる．したがって，違う結晶を比較するとき，そのまま差をとることはできない．それぞれの結晶で基準が違うからである．それを知るには，何かダイヤモンド–グラファイト間（D-G）の転移を調べる必要がある．ここでその詳細は議論しないが，実験では室温で，

$$\Delta H(\text{D-G at RT}) = 1895\,\text{J/mol} \tag{6.100}$$

と差が求まっている．これより，絶対0度では，

$$\Delta H(\text{D-G at 0K}) = 523 + 1895 - 1050 = 1368\,\text{J/mol}$$
$$= 14.2\,\text{meV} \tag{6.101}$$

となる．これで $T=0$ での2つの未知数のうち1つを消せたわけである．それでもダイヤモンドあるいはグラファイトのうちどちらかの $T=0$ での値は不定のままである．

この結果で興味深いことは，常圧ではグラファイトの方が安定ということである．ダイヤモンドは最も化学的・機械的に安定なものとして知られている．それにもかかわらず，グラファイトの方が若干安定なのである．このことは天然ダイヤモンドは地表上で作られたのではないということを示す．現在知られている限り，天然ダイヤモンドはすべて地下深層部で作られたものが地殻運動でたまたま地表に上がってきて採掘されたものである．この事実は高価なダイヤモンドをもっている金持ちを動揺させるかもしれない．いつか高価なダイヤモンドがただの炭に変わってしまうのではないかと．でも心配ご無用．結晶はいったん固まってしまうと中の原子は容易には動かない．

■ サックール・テトロード式の実証 ■

理想気体では，エントロピーは式 (5.63) で与えられていた．これは参照状態 T_0, V_0, N_0 が何であるかわからなければ絶対値としては意味がない．ここでは大胆にそれを推測する．1モルの理想気体を考えるので，$N_0 = N = N_a$ である．

$$\frac{S}{R} = c + 1 + \ln\left\{\left(\frac{T}{T_0}\right)^c \left(\frac{V}{V_0}\right)\right\} \tag{6.102}$$

T_0, V_0 というのは何であるのかわからないが，差しあたり，できるだけ絶対0度に近い極低温の状態に対応するものと考える．ここで思考を飛躍させるが，低温極限ではこの V_0 は T_0 で決まるところの絶対これ以上小さくできない極限的な体積であると考える．それは，

$$V_0 = \left(\frac{h^2}{2\pi m k T_0}\right)^{3/2} \tag{6.103}$$

で与えられる．h とはプランク定数である（$h = 6.626 \times 10^{-27}\,\text{erg}\cdot\text{s}$）．この定数は第8章で改めて説明があるが，ここはそれをそのまま受け入れおく．実験的にこのような最小体積があると考えてほしい．8.4節ではエントロピーを統計力学の原理から導き，この値を導びく．これを使うと式 (6.102) は，

$$\frac{S}{R} = s_0 + c \ln M + c \ln T + \ln V + \ln\left\{\left(\frac{2\pi M_a R}{h^2}\right)\frac{1}{N_a}\right\} \tag{6.104}$$

となる．s_0 は $s_0 = c + 1$ である．原子の質量を原子質量 M_a で与えた．cgs単位系で表すと最後の定数項は，

$$s_1 = -5.58 \tag{6.105}$$

である．式 (6.104) はサックール・テトロード式と呼ばれている．参考文献 [5] では，希ガスの沸点におけるエントロピーの絶対値として実験とよくあうことが示されている（表6.3）．

実験でのエントロピーは以下の過程（①〜⑤）の和として求めている．数値は Ne の例である．

6.5 エントロピーの絶対値

表 6.3　1 気圧での沸点 T_b における希ガスのエントロピー

気体	T_b [K]	S [J/(K·mol)] 実験値	計算値	S/R
Ne	27.2	96.40	96.45	11.60
Ar	87.29	129.75	129.24	15.53
Kr	119.93	144.56	145.06	17.45

4 列目までの値は参考文献 [5] から引用．5 列目は 4 列目の計算値を無次元化した値．

単位は J/(K·mol)．
① 固体を絶対 0 度から融点まで上げる際の $\Delta S_s = 14.29$
② 固体が融解するときの $\Delta S_f = 13.64$
③ 液体を融点から沸点まで上げる際の $\Delta S_l = 3.85$
④ 液体が蒸発するときの $\Delta S_v = 64.62$
⑤ 気体を沸点から，測っている温度まで上げる際の ΔS_g

の和である．それは，

$$S = 14.28 + 13.64 + 3.85 + 64.62 = 96.40 \tag{6.106}$$

となる．

　計算と実験の一致はよい．よほどの偶然が重ならない限りこのような一致はありえないだろう．この場合の驚きは二重である．1 つに，計算は単に気体を計算しただけなのに，実験は固体–液体–気体とまったく違った相を経た値であることだ．これはエントロピーは状態量なので，それが得られた経路によらないということを見事に示している．もう 1 つの驚きは，サックール・テトロード式の有効性についてである．式 (6.104) の導出はいくぶん，はっきりしない仮定に基づいているが，元のサックール・テトロード式は，あとで示されるように，量子統計から求められたものであるので，きちんと根拠をもつものである．定数項も含めてよく成り立っていることがわかる．しかし，量子力学を使おうが，いずれにせよ，サックール・テトロード式は理想気体の扱いで導かれたものである．$T \to 0$ にするとわかるように，式 (6.104) は低温で $\ln T$ の発散をするので，第三法則に反する．低温で分子どうしの相互作用を無視した結果である．この致命的な欠点にもかかわらず，この沸点付近での一致は驚きである．とても偶然とは思えない．

■ 問題 6.3　ファン・デル・ワールス近似による修正

　理想気体を仮定したエントロピーの式に，ファン・デル・ワールス近似による修正を施し，沸点でのエントロピーがどれくらい変わるかを評価せよ．

次の段階へ向けて

　自由エネルギーの活用は，物理化学や化学反応にとっては必須のものである．その場合には，本

書では意識して省いた自由エネルギーの解析的性質やマックスウェルの関係式といった数学的技法を身に付けることが要求される．物理化学での教科書は大変多く，かつ著者は専門でないので，参考文献を挙げることはできない．巻末に挙げた参考文献 [6], [10] は良書であるが，それ以外にもたくさんあるであろう．参考文献 [2] は化学反応に関してもやはり具体的な解き方を与えており，わかりやすい．

　物理分野では，本章の自然な発展は相転移の分野であろう．これは大きな物理の先端分野で，特に臨界現象を中心にした相転移に関する専門書が多数ある．スタンレーの相転移の教科書以降，たかが臨界点付近の挙動 1 つについてだけで多数の教科書が出版されている．それは現代の理論物理学者の興味が繰り込みやスケーリング理論などの高度な数学的表現に集まっていることを示すものである．しかし，実験家が相転移の関係で直面する問題は非常に広範囲にわたる．結晶成長は相転移そのものであるし，冶金学的なことは理論物理学者の研究対象にならないかもしれないが，現場の実験家にとっては依然として研究の最先端である．

　そのような人にとって，むしろ起こっている現象を詳しく記述してある本を読む方が役立つ．そのような観点で著者が読んだ限りでの教科書を下記にリストした．おそらく結晶成長を志す人は，その分野のなかで良書を見いだすことができようし，同様のことは冶金学でもいえるだろう．相図の熱力学の教科書として Hillert の本[2]はしっかりしており例が豊富である．ただし，解析的手法にある程度慣れている必要がある．

　固体の静的・動的性質を理解しようとすると，それは固体物理学の分野となり，それこそ無数の良書がある．あまりにも広範囲で，進む方向によっていろいろ違った展開になるので，それをここで並べても意味がない．ただ，物質の性質，弾性的性質，磁気的性質などを理解する前に，そのような物理量の表現方法を知らなければならない．参考文献 [1] の旧版では弾性的性質の記述があったが新版では省かれている．Nye[5]は書名からすると数学的なものにみえるが，内容的には熱力学的な考察のうえで議論されており，実験で得られたデータをどう解析するかを知りたい人は読むべきである．また 6.3.1 節で扱った「エントロピー生成の最小化」は，いわゆる非平衡熱力学の中心的課題である．巻末に挙げた参考文献 [8], [9] などの教科書がある．

● **教科書リスト**

(1) P. Papon, J. Leblond, P. H. E. Meijer, *The Physics of Phase Transitions: Concepts and Applications*, 2nd. ed., Springer (2002)

(2) M. Hillert, *Phase Equlibria, Phase Diagrams and Phase Transformations: Their Thermodynamic Basis*, Cambridge (1998)

(3) H. A. J. Oonk and M. T. Calvet, *Equilibrium Between Phases of Matter: Phenomenology and Thermodynamics*, Springer (2008)

(4) B. Fultz and J. J. Hoyt, "Phase Equilibria and Phase Transformations", in *Alloy, Physics: A Comprehensive Reference* (W. Pfeiler ed.), Wiley (2007)

(5) J. F. Nye, *Physical Properties of Crystals: Their Representation by Tensors and Matrices*, Oxford (1957)

演習問題

問 6.1 融解
すべての固体は温度を上げていくといずれ融解する．なぜか？

> 💡 このような一般的な形の質問に対しては答えは幾通りもありうるが，熱力学の立場からはエントロピーの効果ということができる．$F = U - TS$ の観点から物質状態を評価してみる．低温では F はほぼ U に支配される．固体の結合による寄与 U により固体原子は特定の位置を保つ．温度が高くなると $-TS$ の項がだんだんと効いてくる．いろんな位置を巡る方がエントロピーは大きくなるが，溶けるということはまさにエントロピーを大きくする作用がある．そのため固体は融ける．

問 6.2 平衡定数の大きな違い
さまざまな文献に散見される化学反応を，数値をただ漠然とみると大きな勘違いをすることがある．たとえば，アンモニアの反応では，参考文献 [15] によれば標準状態の平衡定数は $K_{25} = 8.2 \times 10^2$ と出ている．一方，図 6.8 では $10^{-6} \sim 10^{-8}$ とあり大変な違いである．前者ではアンモニアはすぐできることになるし，後者であればほとんどできないことになる．このような大きな差は何かの間違いだろうか？

> 💡 間違いではない．図 6.8 の測定温度は 500°C 以上と高温であることに注意．そのような高温領域では $\Delta G_f(T)$ の温度変化はその符号を変える．それほどその温度変化は大きい．

問 6.3 NaCl の溶解
NaCl はよく水に溶けてイオン状態となっている（水和）．そのデータが表 6.4 にある．反応熱および ΔG を求め，NaCl の溶解反応が進行するかどうかを判定せよ．

> 💡 $\Delta H = 3.88$ で正であるが，$\Delta G = -9.00$ で負．

問 6.4 NaCl のイオン化
固体 NaCl のイオン化には 786 kJ/mol が必要であるが，問 6.3 の水に溶けてイオン化するにはわずか 4 kJ/mol と小さい．なぜだろうか？

> 💡 真空中でのイオン化と違い，水の中では非常に分子や原子がイオン化しやすい状況となっている．例題 5.5 でみたように，水分子は分極しており，そのようななかでは他の分子や原

表 6.4 NaCl

状態	ΔH_f^0 kJ/mol	ΔS J/(K·mol)	ΔG_f^0 kJ/mol
$NaCl_{(aq)}$	−407.27	115.5	−393.133
$NaCl_{(s)}$	−411.153	72.13	−384.138

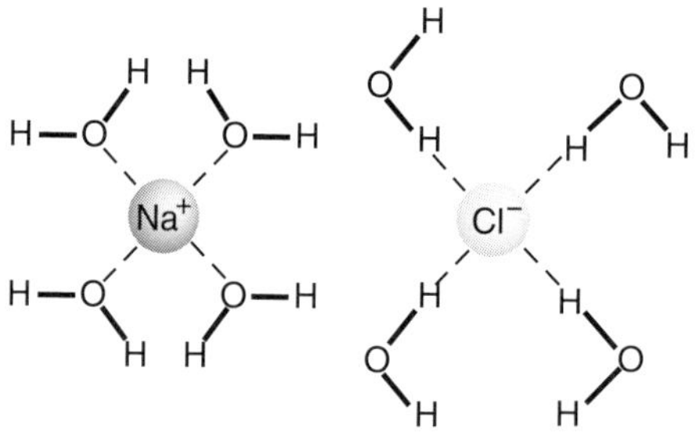

図 6.15 水溶液中での電離

子も分極しやすくなる．その状況が図 6.15 に示されている．

問 6.5 水素合成

今日の主要な水素の合成方法は，次のようにメタン（CH_4）を 900°C の蒸気の中で反応させることである．

$$CH_4 + H_2O \rightarrow 3H_2 + CO \tag{6.107}$$

付録 A の表 A.2 を用いてこの反応の ΔH と ΔG を求め，標準状態ではそれは吸熱反応であることを示せ．また，$T = 900°C$ ではどうなるか？ この温度は合理的であろうか？

> 標準状態では $\Delta H = 249.7\,\mathrm{kJ/mol}$, $\Delta G = 150.2\,\mathrm{kJ/mol}$ で吸熱反応である．その生成エントロピーはメタン 1 モルあたり $\Delta S = 0.3339\,\mathrm{kJ/(K \cdot mol)}$ である．ΔH および ΔS の温度依存性を無視すれば，$T = 900°C$ では $\Delta G = -151.0\,\mathrm{kJ/mol}$. よって，反応は進む．

問 6.6 生体反応

生体内の反応として重要なものの 1 つとして，グルコース（Glu）とフラクトース（Flu）からショ糖サッカロース（Suc）を合成するものがある．エネルギーを kcal/mol 単位で表し，

$$\mathrm{Glu} + \mathrm{Flu} \rightarrow \mathrm{Suc} + H_2O \quad \Delta G = +5.53 \tag{6.108}$$

これは $\Delta G > 0$ であるので，このままでは反応は右に進まない．そこで，表 1.2 にある ATP の反応（$\Delta G = -7.3$）を用いて同時に反応を進める．共役反応といわれるこの反応でサッカロース合成反応が進むことを示せ．

> $\mathrm{ATP} + \mathrm{Glu} + \mathrm{Flu} \rightarrow \mathrm{Suc} + \mathrm{ADP} + P_i \quad \Delta G = -1.76\,\mathrm{kcal/mol}$

問 6.7 吸熱反応

吸熱反応は，反応の結果，より高いエネルギーに推移するものである．これはエネルギー保存則に違反しないか？

> 吸熱反応では注目している系 A のエネルギーは上がるが，それと熱接触している周囲 A'

では逆にエネルギーは下がることに注意.

問 6.8　NO_x 放出

近代車社会の公害の 1 つとして NO_x の放出がある．NO_x はスモッグの主要な原因である．x の異なるものがいろいろとあるが，そのうちの 1 つは，

$$\frac{1}{2}N_2 + O_2 \rightarrow NO_2 \ (\Delta H = 33.2 \text{ kJ/mol}) \tag{6.109}$$

で，吸熱反応である．N_2 分子は常温で非常に安定な分子で，通常はほとんど反応しない．しかし，高温になると話は別である．車のエンジンではその効率をよくするためできるだけ高温を使いたい．しかし，それは反応式 (6.109) のような NO_x 放出の原因となる．ガソリンの不純物をいくら除いても，空気と混合するかぎり NO_x の生成は避けられない．燃焼室温度を $T = 730°C$ として，反応式 (6.109) による NO_2 の割合，および平衡濃度を計算せよ．

> 💡 N_2 分子のデータは付録 A の表 A.2 にあるように，$h_f^0 = 33.18 \text{ kJ/mol}$, $g_f^0 = 51.31 \text{ kJ/mol}$ である．h_f および s_f の T 依存性はないとして，$s_f^0 = -0.06083 \text{ kJ/(K·mol)}$ となる．平衡定数 K_p,
>
> $$K_p(T) = p_{NO_2}/(p_{N_2} p_{H_2})^{1/2}$$
>
> は $K_p = \exp(-g_f(T)/RT)$ から計算できる．$T = 300 \text{ K}$ で $K_p(300) = 1 \times 10^{-9}$, 一方，$K_p(1000) = 1.2 \times 10^{-5}$. これより常温に比べて著しく増加することがわかる．10^{-5} の濃度はまだ低い値にみえるかもしれないが，すべての車がこの割合で NO_x を放出するのでその影響は非常に大きい．

問 6.9　NO_x 除去

問 6.8 で発生した NO_2 分子は，反応式 (6.109) が示すように吸熱反応であるから，常温では本来は準安定分子で，逆反応で O_2 分子と N_2 分子になる方が安定のはずである．この発生した NO_2 を除去するにはどうしたらよいか？

> 💡 答えは 1 通りではないが，有効な方法は，第 3 章の Topics「反応温度」で議論した触媒を使うことである．これによりエネルギー障壁が低くなれば，自然にエネルギーの一番低い状態に落ち込む．実際の問題としては，触媒の材料であろう．白金のような貴金属ではコストがかかりすぎる．

問 6.10　酢酸の体積変化

水溶液中における酢酸の電離反応では，体積変化は $\Delta V^0 = -11.9 \text{ cm}^3/\text{mol}$ にもなる（標準状態）．この反応に対する圧力の効果を考察せよ．1000 atm, 10000 atm それぞれで平衡定数 K がどれくらい変化するか？

> 💡 K は 1000 atm では 2.3 倍，10000 atm では 3400 倍まで増加する．

問 6.11

標準状態の空気 1 モルのエントロピーを計算せよ．

💡 付録 A の表 A.2 より，標準状態の N_2 と O_2 のエントロピーはそれぞれ，$s^0 = 191.61$ J/(K·mol)，$s^0 = 205.04$ J/(K·mol)．それが 4:1 で混合したものは，和の部分が $\sum_j x_j s_j^0 = 194.30$，混合エントロピーの寄与は $-R \sum_j x_j \ln x_j = 4.16$．あわせて，198.46 J/(K·mol)．

問 6.12　水に対する氷点降下

水を溶媒とする溶液の融点降下を求めよ．海水ではどれだけ融点が降下するか？ 海水の NaCl 濃度は 0.612 M である．

💡 氷の融点は $T_m = 273$ K，融解熱は表 1.2 より $L_m = 6.0$ kJ/mol．式 (6.76) より，

$$K_f = \frac{(8.314 \text{ J/(K·mol)})(273 \text{ K})^2}{(6.0 \text{ kJ/mol})(1000/18)} = 1.859 \text{ K/M}$$

海水の塩分濃度は 0.612 M なので，$\Delta T = -1.1$ K．実際の氷点は -1.8°C である．実際の海水が凍る過程はここで述べたことよりはるかに複雑なようである（参考文献 [15] の第 10 章参照）．

問 6.13　液体水素

表 2.6 を用いて液体水素の蒸発曲線の初期勾配 dp/dT を評価せよ．また，その値を図 6.16 のものでチェックせよ．

💡
$$\frac{dp}{dT} = 16.1 \text{ atm/K}$$

問 6.14　木星の海

参考文献 [16] によると，木星と土星には海がある．ただし，それは H_2 による海で，$-190 \sim -100$°C の非常に冷たい海だという．表 2.6 を参照にすると，H_2 の沸点は -252.8°C である．この沸点を考えると，木星に海があるというのは本当だろうか？

💡 教師としてはこれを試験問題に出すわけにはいかない．出題者が答えを知らないのだから．木星は水素からなると簡単化して，図 6.16 の相図を参照に著者自身が推定してみる．木星内部は非常な高圧で，かつ表面温度より高いはずであるから，深部では水素は液体状態であろう．しかもある深さから金属液体であるという．それより浅い領域であれば分子性状態の液体である．さらに浅くなるとどうなるだろう？ どれくらいの圧力であるかがわからないと答えられないが，地表近くでは 10 atm 以下とすれば図 6.16 の相図から，$-190 \sim -100$°C では気体となる．それでは大気になってしまう．一方，問 6.13 より，-100°C では $\Delta p = 16.1 \times 150 = 2$ katm なので，おそらく臨界点よりも高い状態となっているのだろう．そうするとどこが液体でどこが大気か明確な境界はわからなくなる．「海」といっても地球のように地殻の上に満ちているようなものとは訳が違う．

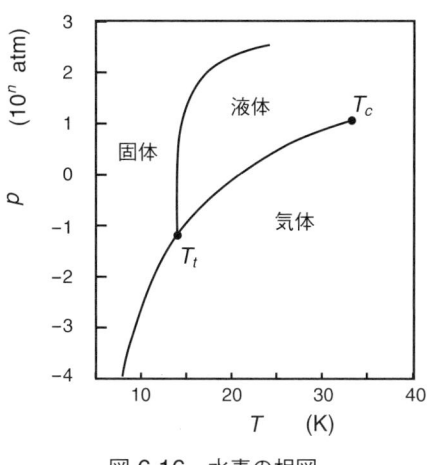

図 6.16 水素の相図

問 6.15 高温での熱分解

一般的にいって，物質は高温になると分解する方向に反応が進む．これを説明せよ．

問 6.16 結晶中の不純物

結晶 Si は純粋な状態では絶縁体である．つまり，自由に動ける電子はない．そのなかに不純物 B を入れる（ドープする）ことで自由なキャリアが生じ，電気を伝える．Si に対する不純物 B の形成エネルギーは 0.72 eV である．$T = 1100$ K での B の平衡濃度を求めよ．

💡 ボルツマン因子 $e^{-\Delta H_f/RT}$ は，

$$\exp(-0.72 \times 11600/1100) = 5.0 \times 10^{-4}$$

それを Si の数密度にかけて，

$$5.0 \cdot 10^{-4} \times 5.0 \cdot 10^{22} = 2.5 \times 10^{19} \,\text{cm}^{-3}$$

問 6.17 アンモニアの三重点

アンモニアに関して，その三重点付近で次のデータがある．液体アンモニアの蒸気圧の温度依存性は，atm, K 単位で，

$$\ln p = 15.16 - \frac{3063}{T}$$

固体アンモニアの蒸気圧は，

$$\ln p = 18.70 - \frac{3754}{T}$$

である．三重点の温度および圧力を求めよ．また，気化，昇華の潜熱はいくらか？ さらに，三重点における融解熱を求めよ．

問 6.18 スケーターによる氷点降下

スケーターが履く細いスケート靴のエッジの下では，その圧力のため氷の氷点は下がっている．どれくらい下がっているか評価せよ．

氷の融解熱は，表 1.2 より，$L_m = 6.0\,\mathrm{kJ/mol}$，水と氷の体積差は，$\Delta v = (1.00 - 1.091)\,(\mathrm{cm^3/g}) = -0.091\,(\mathrm{cm^3/g})$ より，

$$\frac{\Delta p}{\Delta T} = \frac{L_m}{T_m \Delta v} = \frac{6.0 \times 10^3\,\mathrm{J/mol}}{(18\,\mathrm{g/mol})(273\,\mathrm{K})(9.1 \times 10^{-8}\,\mathrm{m^3/g})} = 13.4\,\mathrm{MPa/K}$$

スケート靴のエッジは $(1\,\mathrm{mm}) \times (25\,\mathrm{cm})$ と見積もって，$M = 60\,\mathrm{kg}$ の人が乗っているとして，その圧力は $p = 60 \times 9.8/(2.5 \times 10^{-4}) = 2.35 \times 10^6\,\mathrm{Pa}$，これより，

$$\Delta T = \frac{\Delta T}{\Delta p} p = \frac{2.35\,\mathrm{MPa}}{13.4\,\mathrm{MPa/K}} = 0.175\,\mathrm{K}$$

なぜスケートで滑れるのか？ ということを融点の圧力降下から説明されるのをみるが，その効果はわずかである[†]．

問 6.19 プロパンの疎水性

プロパン (C_3H_8) は疎水性分子といわれる．事実，標準状態では，

$$C_3H_{8(l)} \to C_3H_{8(aq)} \quad \Delta G^0 = 16\,\mathrm{kJ/mol} \tag{6.110}$$

と吸熱反応で，右方向へは進みにくいことがわかる．しかし反応エンタルピーは，

$$\Delta H^0 = -8\,\mathrm{kJ/mol}$$

とむしろ結合性をもつ．この反応のエントロピー変化を求めよ．

標準状態ではエントロピー変化は，

$$\Delta S^0 = -80\,\mathrm{J/(K \cdot mol)}$$

通常，溶液に溶けるときはエントロピーが増加する．より乱雑さが増えることが溶解の原因である．ところが，いまの場合は，$\Delta S < 0$ でより秩序が増えているようにみえる．不思議であるが，プロパンが異常なのは溶解熱が $\Delta H < 0$ であることからはじまる．つまり，もともとよく溶けるどころか水と結合を作る．にもかかわらず，結果として疎水性を示すということは，その結合エネルギーを打ち消すほどのエントロピー減少の効果があるということである．そのエントロピー減少の実体が何であるかは容易には理解できないが，水との結合を作ることでプロパン分子の周りの水の構造秩序がより大きくなったと解釈されている（参考文献 [12] 参照）．

[†] しかし，$-3.5\,\mathrm{℃}$ 下がるという評価をしているものがある[(1)]．どうしてこのような大きな違いが生じたのであろうか？ 文献 (1) を読むと，氷の表面での融解がいかに複雑なものであるかがわかるだろう．

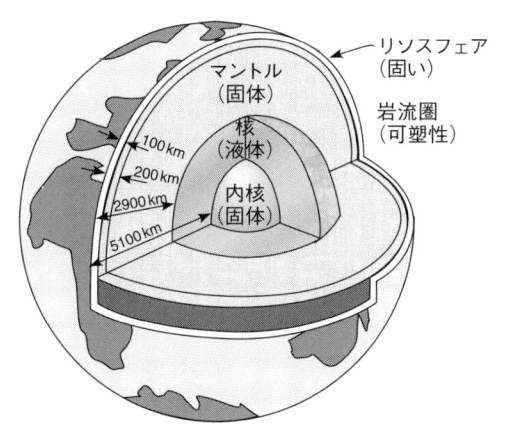

図 6.17　地球内部構造

問 6.20　ダイヤモンドの成長

相図によると，常温でダイヤモンドがグラファイトよりも安定になるには，2〜3 万気圧が必要である．問 1.8 を参照にして，ダイヤモンドが安定になる地表からの深さを推定せよ．

> 現在のところ，ダイヤモンドは地下 130 km よりも深いところで成長したと考えられている．地球内部構造は図 6.17 に示される．

問 6.21　残留エントロピー

問 2.26 で扱ったグラバー塩 $Na_2SO_4 \cdot 10H_2O$ はいろいろと異常な性質をもっている．それは $T=0$ でもエントロピーは 0 とならない．$T=0$ で $S=6.32\,J/(K \cdot mol)$．結晶の中の水分子の配置に柔軟性があるためであろう．水の融解エントロピーに比べてどれくらいの大きさか？

問 6.22　CO_2 の海洋ハイドレード固定

現在問題となっている CO_2 放出を処理する 1 つのアイデアとして，海洋固定がある．CO_2 と水の相図によると，380 atm でハイドレードといわれる水と CO_2 の化合物となる．そこで，CO_2 ガスを深海に送り込んでハイドレードを形成し，固化して貯蔵しようというものである．このために要される深海の深さはどれだけか？

> 問 1.7 を参照にして圧力を深海深さに換算すると 3800 m．この深さを考えると，深海処理は極めて技術的にむずかしいものといわざるをえない．しかし可能性を否定できないし，また固体状態だけでなく，CO_2 液体状態での貯蔵も考えられ，それであればもっと浅いところでも処理が可能である[2]．

問 6.23　地球大気の厚さ

地球大気の厚さ H を評価してみよう．

> 式 (6.31) を使う．常温は $kT = 25\,meV$，これが N_2 分子にかかるポテンシャルエネルギーとつりあうので，

$$H = \frac{(0.025 \text{ eV})(96.3 \text{ kJ/eV})}{(14 \times 10^{-3})(9.8 \text{ m/s}^2)} = 14.1 \text{ km} \tag{6.111}$$

これは地球の対流圏の厚さ 10 km にほぼ相当する（図 6.7 参照）．

問 6.24　金星大気の厚さ

問 6.23 を参照にして，金星大気の厚さ H を評価してみよ．金星は地球とよく似た惑星である．地球の質量の 0.8 倍の質量をもち，その大気は主に CO_2 ガスで満たされ，表面温度は 480℃，表面圧力 90 気圧である．

> 式 (6.111) から金星で計算し直せばよいが，はじめから計算し直すより地球を参照としてスケーリングすることで求める．厚さ H は T に比例し，気体の質量 m および重力 g に反比例するので，
>
> $$H_\text{venus} = \frac{753}{300}\frac{28}{48}\frac{1}{0.8} \times H_\text{earth} = 1.83 \times H_\text{earth} = 25.8 \text{ km} \tag{6.112}$$

これで質問には答えられた．金星が人間が住める環境ではないとわかったところで，大半の人にとっては痛くもかゆくもない他人事であろう．しかし，金星にはかつては水があったと推測され，それが何かの原因で気温の上昇で蒸発してしまい，やがて金星大気圏から逃散してしまった（水は気体状態では太陽光により酸素と水素に分解され，水素は例題 6.1 にあるように逃散する）．地表上から放出された CO_2 ガスは海がないと大気中に溜まる一方である．これは大気中の CO_2 濃度が増えたとき何が起こるかを実証しているものである．いわゆる暴走温室効果というシナリオである．これを知り戦慄を覚えない人はいるだろうか？

文　献

(1) R. Rosenberg, *Phys. Today*, Dec., 50 (2005)
(2) 綾　威雄・山根健次・小島隆志・波江貞弘，高圧力の科学と技術，**12**, 40 (2002)

Topics

CO$_2$ 問題

今日，大気中の CO$_2$ 濃度は深刻な環境問題となっている．大気中の CO$_2$ 濃度が増加しているのは間違いないが，その増加が人間による化石燃料の消費による直接的な結果なのか，あるいは，海中に溶けている CO$_2$ が気温の上昇により大気中に出てきた結果なのかはよくわからない．後者の可能性をチェックする．一般に，気体 i は溶液中にわずかに溶ける．溶液中の気体の濃度 y_i と大気中のその気体の分圧 P_i の間にはヘンリーの法則と呼ばれる比例関係が成り立つことが知られている．

$$P_i = K y_i \tag{6.113}$$

比例定数 K は気体 i の種類に依存し，かつ温度依存性をもつ．水に対する CO$_2$ のヘンリーの法則の定数を図 6.18 に示す．海中に含まれる CO$_2$ 濃度は 1 リットルの水あたり 1.0×10^{-5} mol と報告されている．この濃度は，

$$y_i = \frac{1.0 \times 10^{-5}\,\text{mol}}{10^3\,\text{g}/(18\,\text{g/mol})} = 1.8 \times 10^{-7}$$

に相当する．常温では空気中の CO$_2$ 濃度は，

$$\begin{aligned} P_i &= (1710\,\text{bar}) \times (1.8 \times 10^{-7}) \\ &= 3.1 \times 10^{-4}\,\text{bar} = 310\,\text{ppm} \end{aligned} \tag{6.114}$$

となる．これは観測値にほぼ相当する．

図 6.18 から気温が 1°C 上昇すると，大気中の CO$_2$ 濃度はどれだけ増加するか？

図 6.18 より，気温が 40°C 上昇すると，ヘンリー定数 K は 1200 bar 増加する．したがって，

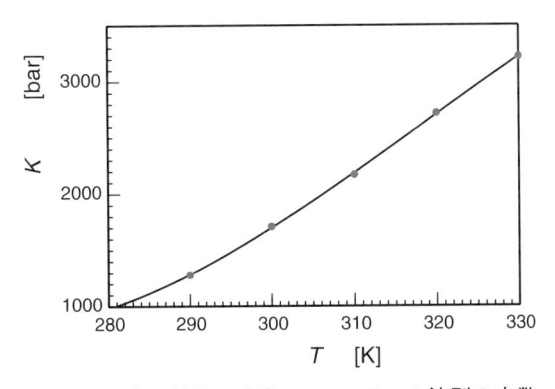

図 6.18 水に対する CO$_2$ のヘンリーの法則の定数

$$\frac{\Delta P_i}{\Delta T} = y_i \frac{\Delta K}{\Delta T}$$
$$= 1.8 \times 10^{-7} \times \frac{1200\,\text{bar}}{40\,\text{K}}$$
$$= 5.4 \times 10^{-6}\,\text{atm/K}$$

これは 1 atm に対する分圧であるから、大気中の濃度に直して、

$$\frac{\Delta P_i}{\Delta T} = 5.4\,\text{ppm/K} \tag{6.115}$$

観測値は、0.6°C の気温上昇に対し、大気中の CO_2 濃度は 1.2 ppm の増加を示している。すなわち、

$$\frac{\Delta P_i}{\Delta T} = 2.0\,\text{ppm/K} \tag{6.116}$$

となる。理論値 (6.115) と比べて、これが意味をもつほどの違いなのか、著者にはわからない。もともと大気の動きは熱平衡からはほど遠く、また海中の CO_2 濃度を一定にしているという仮定もどれくらい正しいか？ 地球上の温度変化といっても、場所ごとに違うのでどういう平均をとったか？ などなど不確定要素が大きい。これからいえることは、海温の温度変化が大気中の CO_2 濃度の変化の原因であることにオーダーとしての矛盾はない、ということくらいであろう。

大気中の CO_2 濃度の変化は時間的に気温変化のあとに起こっているという観察より、大気中の CO_2 濃度の増加は海中の CO_2 が大気中に出てきたことの結果であり原因ではないという主張がある[1],†。増加経路の違いはあるが、究極的には温暖化が大気中 CO_2 濃度の増加となっていることには変わりない。

文　献

(1) 根本順吉、『超異常気象 ― 30 年の記録から』、中央公論社 (1994)
(2) 槌田 敦、日本物理学会誌, **62**, 115 (2007)
(3) 阿部修治、日本物理学会誌, **62**, 563 (2007)

---

† これに関係した議論は物理学会誌[2],[3]でも討論されている。

第 7 章
第二法則の工学的応用

 本章では第二法則の豊かな応用について述べる．その中心的な原理は「最大仕事の原理」である．ここへきて読者ははじめて「自由エネルギー」の名前の由来を知ることになる．自由エネルギーにより，熱機関だけでなくすべてのエネルギー変換技術に適応できるものに書き換えられる．本章では，そのような広範囲な問題に対して，いかにエネルギー資源を有効に使うかというテクニックを身に付けるよう訓練する．読者には原理だけでなく，ぜひ本章をマスターしてほしい．そのためには，まず自分が使っている熱機関にどれくらい不可逆性があるのかを知る必要がある．

7.1 最大仕事の原理

 ある系がその内部エネルギー ΔU だけを変えるとき，そのうちどれだけを工業的に有用な形で仕事に換えられるかを考える．第一法則だけであれば，受けることのできる最大の仕事は $W = \Delta U$ となる．しかし，第二法則がこの量を厳しく制限する．逆にうまく利用すると ΔU より大きくすることさえもできるのだ！

 第二法則の存在の下では，系の変化という場合，ΔU だけでなく同時に系のエントロピーの変化 ΔS も指定しなければならない．そこで，図 7.1 に示されるように，ΔU の割り振り方を考える．この ΔU と ΔS を与えられた条件として，このなかから最大の仕事 $W_{\max}$ を得ることを考える．系と熱接触している熱浴は一定の温度 T_0 を保つとする．

 我々には ΔU と ΔS が拘束として課されている．系のエネルギー変化 ΔU を熱 Q と仕事 W に式 (7.1) のように割り振るが，どのような割り振り方が許されるだろうか？

$$-\Delta U = Q + W \tag{7.1}$$

なお，ここでは系のエネルギー減少分を外部に移動すると考えて，式 (7.1) の ΔU にマイナスをかけている（これで Q にしろ W にしろ正となる）．熱浴のエントロピー変化 $\Delta S'$ は，

$$\Delta S' = \frac{Q}{T_0} \tag{7.2}$$

であるから，全体のエントロピー変化 $\Delta S^{(0)}$ は，

$$\Delta S^{(0)} = \Delta S + \Delta S' = \frac{T_0 \Delta S + Q}{T_0} = \frac{T_0 \Delta S - \Delta U - W}{T_0} \geq 0 \tag{7.3}$$

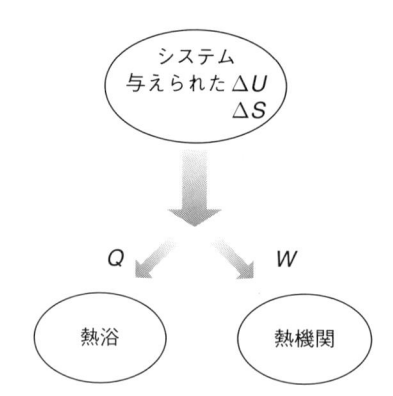

図7.1 系の変化 ΔU と ΔS が与えられたとき，ΔU は仕事 W と熱 Q に分けられる．どれだけが仕事 W に割り振られるだろうか？

式 (7.3) は書き直して，
$$W \leq T_0 \Delta S - \Delta U = -\Delta F \tag{7.4}$$
式 (7.4) の等号の場合が最大仕事量であるから，
$$W_{\max} = -\Delta F \tag{7.5}$$
である．導き方からわかるように，それは元あったエネルギー ΔU を，Q には
$$Q = -T_0 \Delta S \tag{7.6}$$
だけ，残りを W に割り振ったことに相当する．
$$W_{\max} = -(\Delta U - T_0 \Delta S) \tag{7.7}$$

重要事項 7.1　最大仕事の定理
与えられた変化 ΔU および ΔS の下で，系がなしえる最大の仕事は，
$$W_{\max} = -\Delta F \tag{7.8}$$
で与えられる．F は，
$$F = U - T_0 S \tag{7.9}$$
で，自由エネルギーと呼ばれる．

自由エネルギーとは考えている系から取り出せる最大仕事量のことである．式 (7.7) は，ΔU すべては有用な仕事としては利用できないこと，および系のなかの無秩序成分 $T_0 \Delta S$ がその分だけ価値を低めていることを述べている．今回は体積変化を考えなかったが，それを考慮すると，F の役割が G に置き換えられる．すなわち，

7.1 最大仕事の原理

$$W_{\max} = -(\Delta H - T_0 \Delta S) = -\Delta G \tag{7.10}$$

となる．図 7.1 のエネルギーの流れを逆にすると，最大仕事の定理は，最小仕事の定理となる．すなわち，次のように読み替えられる．

重要事項 7.2　最小仕事の定理
指定された変化 ΔU および ΔS を達成するため，必要最小限の仕事は，

$$W_{\min} = -\Delta G \tag{7.11}$$

で与えられる．

自由エネルギーという用語は化学および物理の分野で用いられてきたが，面白いことに，同じ概念が工学ではエクセルギー，生物の分野ではエルゴンなどと呼ばれている．このように同じ概念が違う呼び方をされているということは，いかにお互いの接触が少なく，独立して発展してきたかということであろう．

本書では，自由エネルギーとエクセルギーあるいはエルゴンという言葉は同じものとして扱う．しかし，本章での議論では，自由エネルギーという言葉は少し制限された意味で使われていると考えるべきである．第 6 章の化学反応の節では，反応がどちらに進むかを議論するため，$G = H - TS$ のなかの温度 T は S が測られたときの温度をとるべきである．一方，本章においてエネルギー資源としての評価をするときは，それは常にある熱浴 T_0 を参照して評価されるものなので，$G = H - T_0 S$ をもって定義する．その意味でエクセルギーという用語を使った方が適切と思うが，物理の伝統的な教科書ではこの用語は現れないのでそれにしたがっておく．しかし，読者は T として熱浴の温度ということを意識すべきだ．

この自由エネルギーという言葉を使うと，これまでのエントロピー増大則がより豊かな表現に読み替えられる．

■ エネルギー資源としての価値の低下 ■

G を使うと，エネルギー資源のうち有効に使える分を評価するものになる．孤立系では H は一定であるから，式 (7.10) を逆読みして，

$$\Delta H = \Delta G + T_0 \Delta S \tag{7.12}$$

となる．これは，全エンタルピーのうち，エネルギー資源として価値のある部分 ΔG と，役に立たない部分 $T_0 \Delta S$ に分けられるということを示している．反応が進むたびにエントロピーが増加し，役に立たない部分 $T_0 \Delta S$ が増加する（図 7.2）．

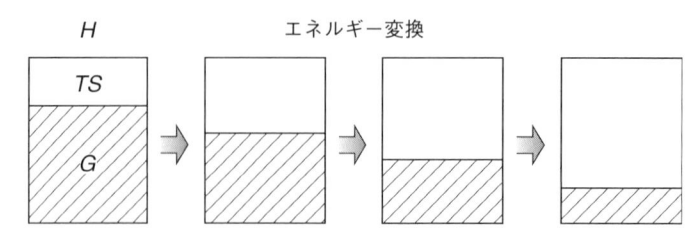

図 7.2 孤立系のエネルギー資源としての価値 G は，エネルギー変換が行われれば行われるほど減少する．孤立系のエネルギー H は保存されるが，エネルギー資源として役立たない無秩序の部分 TS が増えるため．参考文献 [13] より．

■ エントロピーへの物質の寄与 ■

ここまでいろいろ下準備をしたうえで，ようやく物質の流入によるエントロピーへの寄与にも言及できる．エネルギー利用を考える前にその表式も導出しておこう．

式 (7.12) をエントロピーの方からみると，

$$\Delta S = \frac{\Delta H}{T} - \frac{\Delta G}{T}$$

である．ここでは温度 T は本来の S を測定したときの温度に戻る．G は多成分系では $G = \sum_j N_j \mu_j$ のように分解される．1つ1つの成分については（成分を表す添字を省き），

$$\Delta s = \frac{\Delta h}{T} - \frac{\Delta \mu}{T} \tag{7.13}$$

式 (7.13) は，エントロピーは熱移動（右辺第一項）だけでなく，物質移動（右辺第二項）によっても変化することを示している．自由膨張で熱の出入りがなくともエントロピーが増加したのは，この右辺第二項の寄与のためである．生命活動ではあまり発熱がともなわないようにみえるが，右辺第二項の物質の分解によるエントロピー増加がはたらいている．

式 (7.13) で，μ の部分を第 6 章の不純物系でのエントロピーの分解 (6.67) で行ったように，分子内の寄与 s_int と配置の寄与 s_confg に分け，後者を無秩序によるもの s_disorder と解釈し，

$$(\text{エントロピー変化}) = (\text{熱移動}) + (\text{物質移動}) + (\text{不可逆的成分}) \tag{7.14}$$

と 3 つの寄与に分けることができる．

■ 例題 7.1

空気 $m = 20\,\text{g}$ が体積 $V = 10\,\text{cm}^3$ のシリンダーに詰められている．温度 $T = 300\,\text{K}$ として，次の過程におけるそれぞれのエントロピーの増加 Δs を g あたりで求めよ．

- 等温で熱浴から $Q = 10\,\text{kJ}$ が流入
  熱移動によるエントロピーの増加は，

$$\Delta s_h = 10^4/(20 \times 300) = 1.66\,\text{J}/(\text{K} \cdot \text{g})$$

7.1 最大仕事の原理

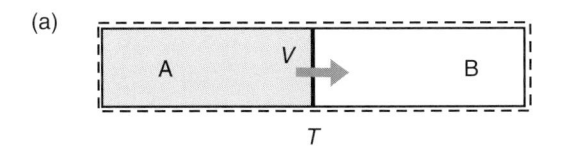

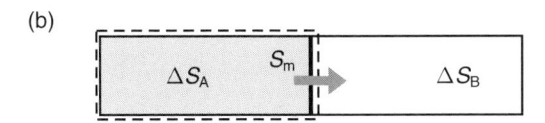

図 7.3 自由膨張におけるエントロピーの生成 (a) 境界を全系 $A+B$ の周りにとる．(b) 境界を部分系 A の周りにとる．

- **等温で 1 atm の理想気体を 1 g 追加**
  ピストンの元の圧力は $p = mR_w T/V = (0.02\,\text{kg})(0.287\,\text{kJ/(K·kg)})(300\,\text{K})/(10^{-5}\,\text{m}^3) = 172\,\text{kPa}$．これに 1 g の空気を加えても圧力変化は無視できる．加えられる空気を N_2 と同等と考え，標準状態の N_2 のエントロピーは付録 A の表 A.2 より $s^0 = 191.6\,\text{J/(K·mol)} = 6.84\,\text{J/(K·g)}$ である．これが標準状態でピストンに入るときの空気のエントロピー変化である．さらにピストン中で圧力変化があるが，その寄与が，

$$R_w \ln\left(\frac{p_0}{p}\right) = (0.287\,\text{J/(K·g)}) \ln\left(\frac{1\,\text{atm}}{1.72\,\text{atm}}\right) = -0.16\,\text{J/(K·g)}$$

であるので，

$$\Delta s_m = 6.84 - 0.16 = 6.68\,\text{J/(K·g)}$$

- **ピストンを断熱的に急速に体積を 2 倍に増加**
  完全な不可逆過程である．

$$\Delta s_i = R_w \ln\left(\frac{V}{V_0}\right) = (0.287\,\text{J/(K·g)}) \ln 2 = 0.20\,\text{J/(K·g)}$$

例題 7.2 自由膨張

断熱自由膨張でのエントロピー増加を 5.2.2 節で述べた方法で求める．図 7.3 にあるように，はじめ V の体積の部分系 A のなかに N 個の理想気体が詰められている．それを突然，壁を開けて同じ体積の系 B に広げる．

まず，全系 $A+B$ を取り囲む領域をとる（図 7.3(a)）．この領域のなかでエントロピーのつりあい (5.42) を考える．全系は断熱されているので $S_\text{in} = S_\text{out} = 0$ であるため，

$$\Delta S_\text{tot} = S_\text{gen} \tag{7.15}$$

次に，部分系 A で考える（図 7.3(b)）．この領域のなかでエントロピーのつりあい (5.42) を考えると，系 A からは気体分子が半分流失しているので，物質の流れによるエントロピーの損失 $S_\text{out} = -S_\text{m}$ がある．

$$\Delta S_A = -S_\text{m} + S_\text{gen,A} \tag{7.16}$$

同様に，系 B については，

$$\Delta S_{\mathrm{B}} = S_{\mathrm{m}} + S_{\mathrm{gen,B}} \tag{7.17}$$

と S_{m} の符号が変わる．全体としては，

$$\Delta S_{\mathrm{tot}} = S_{\mathrm{gen}} = S_{\mathrm{gen,A}} + S_{\mathrm{gen,B}} \tag{7.18}$$

が成り立つ．ΔS_{B} は何もないところに気体が $N/2$ だけ入ったので，$n = N/V$ として，

$$\Delta S_{\mathrm{B}} = \frac{NR}{2} \ln \frac{n_0}{n/2} \tag{7.19}$$

また，A に関しては，n から密度はその半分になるので，その間のエントロピー変化は，

$$\Delta S_{\mathrm{A}} = \frac{NR}{2} \ln \frac{n_0}{n/2} - NR \ln \frac{n_0}{n} \tag{7.20}$$

これらを足しあわせて，

$$\Delta S_{\mathrm{tot}} = \Delta S_{\mathrm{A}} + \Delta S_{\mathrm{B}} = NR \ln \frac{n_0}{n/2} - NR \ln \frac{n_0}{n} = NR \ln 2 \tag{7.21}$$

これは，式 (5.32) ですでに求められたものと一致している．

これまでは ΔS_{m} はキャンセルして表には現れてこなかった．これを求める．理想気体の流入によるエントロピー変化は式 (5.63) のなかで密度に依存するところだけを取り出し，モルあたり $s_m = R \ln(n_0/n)$．$N/2$ モルが A から B に移動したので，

$$S_{\mathrm{m}} = \frac{NR}{2} \ln \left(\frac{n_0}{n}\right) \tag{7.22}$$

ゆえに，式 (7.16)，式 (7.20) より，

$$S_{\mathrm{gen,A}} = \Delta S_{\mathrm{A}} + S_{\mathrm{m}} = \frac{NR}{2} \left\{ \ln \left(\frac{2n_0}{n}\right) - \ln \left(\frac{n_0}{n}\right) \right\} = \frac{NR}{2} \ln 2 \tag{7.23}$$

同様に，

$$S_{\mathrm{gen,B}} = \frac{NR}{2} \ln 2 \tag{7.24}$$

もちろん，式 (7.23) と式 (7.24) を足したものは式 (7.21) と一致する．こうして，物質の出入りによるエントロピーの変化 ΔS_m が，不可逆的エントロピーの生成 S_{gen} をもたらしたことがわかる．

7.1.1 不可逆性の評価

最大仕事は可逆過程により実現するが，この最大仕事 W_{rev} を基準にとって不可逆性というものを定量化することができる．実際に得られた仕事を W として，

$$W_{\mathrm{rev}} = W + I \tag{7.25}$$

によって不可逆的仕事 I を定義し，W_{rev} に対する割合で示す．これにより，熱効率を上げるための数値目標が設定できるようになる．不可逆性が 0 ということはすでに最大仕事が得られたことを意味し，不可逆性が 100% ということは何も有益な仕事は得られず，すべて熱として棄てられたことを意味する．つまり，自由エネルギー ΔG のうち I が無駄にした分（棄てられた自由エネルギー）

7.1 最大仕事の原理

となる．また，不可逆的仕事 I は式 (5.41) でいうところのエントロピーの生成分 S_gen に対応する．

$$I = T_0 S_\text{gen} \tag{7.26}$$

T_0 は考えている系を取り巻いている熱浴の温度である．外から仕事を与える場合の最小仕事は，符号を換え，

$$W_\text{rev} + I = W \tag{7.27}$$

が不可逆仕事 I で無駄な部分となる．

全エントロピーの式 (7.3) に温度 T_0 をかけ，

$$I = T_0 S_\text{gen} = T_0 \Delta S^{(0)} = T_0 \Delta S + T_0 \Delta S' = (\Delta H - \Delta G) + T_0 \Delta S' = \Delta H + W_\text{rev} + Q_\text{out}$$

より，

$$-\Delta H = (W_\text{rev} - I) + Q_\text{out} \tag{7.28}$$

となる．式 (7.28) は，利用可能なエネルギー $-\Delta H$ は仕事 $W = W_\text{rev} - I$ と熱 Q_out に割り振られ，W は常に W_rev よりも小さいか，極限として等しいだけである．そして，それが小さいとき，その差 I が資源を無駄に消費している分と読むことができる．

以下に，この不可逆性を評価しながら，最大仕事を得るための工夫を具体例で示す．

例題 7.3 不可逆熱機関

熱を高温熱源 $T_h = 800°\text{C}$ で毎秒 $J_h = 500\,\text{kJ/s}$ 取り込み，出力 $\mathcal{P} = 150\,\text{kW}$ の熱機関がある．低温熱源は $T_l = 25°\text{C}$ である．

💡 低温側で棄てられる熱流は $J_l = 500 - 150 = 350\,\text{kJ/s}$．したがって，この熱機関の熱効率は，$\eta = 150/500 = 30\%$．もし可逆機関を使っておれば，

$$\eta_\text{rev} = 1 - \frac{25 + 273}{800 + 273} = 72\% \tag{7.29}$$

したがって，不可逆性は $(72 - 30)/72 = 58\%$ である．よって，熱効率を上げるため相当の努力が残されている．

例題 7.4 タンクの中の空気の攪拌

タンクの中に空気が満たされている．その体積は $V = 1\,\text{m}^3$ で 1 気圧である．はじめ温度 $T_i = 15°\text{C}$ であった．それをプロペラで攪拌する（図 7.4）．全部でなされた仕事は W である．その結果，空気の温度は $T_f = 23°\text{C}$ まで上がった．この過程の不可逆性を論じよ．

💡 タンクの空気には熱 $Q = C\Delta T$ が流入しているが，それはすべてプロペラの仕事 W から供給される．C は問 2.1 より，$1.176 \times 0.2870 = 0.3375\,\text{kJ/K}$．したがって，

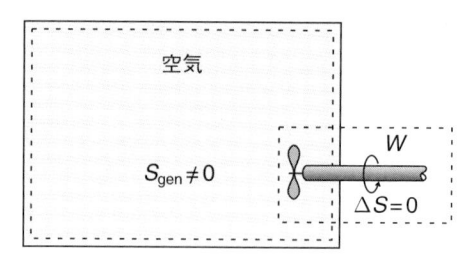

図 7.4 タンクの空気の攪拌

$$Q = 0.3375 \times (23 - 15) = 2.70 \,\text{kJ}$$

また，体積変化はないので，空気の内部エネルギーの変化は $\Delta U = Q = 2.70\,\text{kJ}$ である．この間のタンク内の空気のエントロピー変化は，

$$\Delta S = C \ln\left(\frac{T_f}{T_i}\right) = 0.3375 \ln\left(\frac{296}{288}\right) = 9.25 \,\text{J/K}$$

したがって，

$$\Delta F = \Delta U - T_0 \Delta S = 2700 - 288 \times 9.25 = 36 \,\text{J} \tag{7.30}$$

となる．

ΔF の値が式 (7.30) となることは何を意味するか？ これは同じ空気の変化を実現するのに，可逆機関を使えばたった $W_{\text{rev}} = 36\,\text{J}$ しか必要でなかったということだ．それに比べて，プロペラを回した場合，実にその 75 倍の仕事を使ってしまった．あるいは，消費した仕事 $W = 2700\,\text{J}$ のうち $W_{\text{rev}} = 36\,\text{J}$ だけが本来の仕事に要される分で，あとの $I = 2664\,\text{J}$ は不可逆仕事として無駄にしたといえる．

■ 例題 7.5 鉄のエネルギー，エントロピー変化

図 7.5 に示される $500\,\text{kg}$ の鉄の塊が，27°C の周囲の空気に熱を奪われて初期温度 200°C から 27°C に冷やされる．このとき鉄の塊が供給するエネルギー，および鉄のエントロピー変化を求めよ．また，これからこの冷却過程でなされる最大仕事 $W_{\max}$ を求めよ．

この温度領域での鉄の平均比熱は，$C = 0.45\,\text{kJ/(K·kg)}$ である（例題 2.4 参照）．この冷却過程により，

$$\begin{aligned}
-\Delta U &= mC(T_i - T_0) \\
&= (500\,\text{kg})(0.45\,\text{kJ/(K·kg)})(473 - 300\,\text{K}) \\
&= 38925\,\text{kJ}
\end{aligned} \tag{7.31}$$

の内部エネルギーを熱のかたちで開放する．この冷却過程では有効な仕事は一切なされない．不可逆仕事は冷却熱 $38925\,\text{kJ}$ すべてで，不可逆率は 100% である．一方，この過程で鉄は，

$$\Delta S = mR \int_{T_i}^{T_0} \frac{dT}{T} = -mR \ln \frac{T_i}{T_0} = -102.4 \,\text{kJ/K}$$

7.1 最大仕事の原理

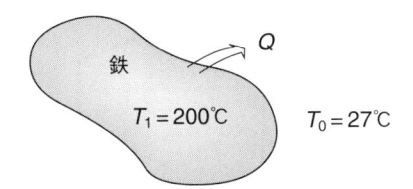

図 7.5　$T = 200°C$ の鉄のもつ有効なエネルギー

のエントロピー変化をする．したがって，

$$W_{\max} = -(\Delta U - T_0 \Delta S) = 38925 - 30733 = 8192\,\mathrm{kJ} \tag{7.32}$$

これが冷却を可逆的に行ったとき得られるはずの仕事である．そして，そのとき 30733 kJ の熱が捨てられる．これは鉄と周囲との間にカルノー機関を挿入することで実現する．

このように ΔF を用いることで，可逆的な機関を用いたときに得られる最大仕事を詳しい計算抜きに，ΔS の知識だけで即座に得ることができる．このことをチェックしてみよう．この加熱された鉄の塊を高温熱源にしたカルノー機関を挟み，ごくわずかの温度変化のごとに 1 サイクルを繰り返すようにする．高温側の温度はゆっくり T_i から T_0 まで下がる．途中の温度 T を高温側，T_0 を低温側とするカルノー機関では，高温側の微小温度変化 ΔT の間に $-C\Delta T$ の熱を吸収し，仕事 $\delta W = \eta(T) C \Delta T$ の仕事を取り出すことができる．ここに

$$\eta(T) = 1 - \frac{T_0}{T} \tag{7.33}$$

である．これを T_i から T_0 まで積分して，

$$\begin{aligned}W_{\max} &= -C \int_{T_i}^{T_0} \eta(T) \Delta T = C \int_{T_0}^{T_i} \left(1 - \frac{T_0}{T}\right) \Delta T \\ &= C \left\{ (T_i - T_0) - \ln\left(\frac{T_i}{T_0}\right) \right\} \end{aligned} \tag{7.34}$$

となる．これは，右辺第一項は式 (7.32) の ΔU に相当し，右辺第二項は $T_0 \Delta S$ に相当するので，ΔF で計算したものと一致する．

■ **問題 7.1　熱い鉄による部屋の暖房**　（参考文献 [2], Ex. 7-5）

例題 7.5 の鉄の塊を，今度は部屋の暖房に使うことを考える（図 7.6）．屋外の温度が 5°C のときに，屋内温度を 27°C に保つために用いられるものとする．鉄の塊が 27°C に冷えるまでに，この家に供給できる最大の熱量を求めよ．

　おそらく最初に思いつくのは，鉄の塊を部屋に入れ，そのまま部屋の暖房に使うというものである．これによると，例題 7.5 のように，全部で 38925 kJ の熱が部屋の暖房に使われることになる．鉄の供給するエネルギーのうちすべてを部屋の暖房に使ったので，効率は 100%で

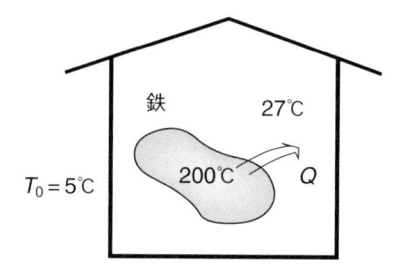

図 7.6 $T = 200°C$ の鉄による部屋の暖房

あり，これ以上のものはないように思えるかもしれない．

しかし，先にみた通り，この冷却過程の不可逆率は 100% である．つまり，相当改良の余地があるということである．どうするか？ まず，この鉄の冷却過程を可逆熱機関を使って行う．これにより熱は仕事 W に換えられる．その仕事は式 (7.32) でみた通り，8192 kJ である．仕事に転換された分だけ廃熱は減る．$Q_l = 30733$ kJ がまずは部屋の暖房に使われるが，これは，すべてを熱に変えたときよりも小さい．この可逆熱機関から出力される仕事 W を使って，次にヒートポンプを稼働させる．このヒートポンプは外気を低温熱源とし，室内を高温熱源とする．その COP は，

$$\text{COP} = \frac{273 + 27}{27 - 5} = 13.6 \tag{7.35}$$

である．したがって，このヒートポンプにより室内に送り込まれる熱量は，$Q'_h = 13.6 \times 8192 = 111695$ kJ となる．前述の Q_l とあわせて，

$$111695 + 30733 = 142428 \text{ kJ} \tag{7.36}$$

が暖房に使える．

例題 7.6 太陽系でのエントロピー増加

太陽からのエネルギー流もその温度によって次第に価値が下がってくる．図 7.7 に示されるように，太陽からの輻射エネルギー Q は太陽 (T_{Sun}) から地球 (T_{Earth})，そして宇宙空間 (T_{U}) へと温度が下がるにつれ，その自由エネルギーが下がってくる[1]．地球は熱輻射における等価温度 $T_R = 255$ K をもつが，それは地球表面 $T_{\text{Earth}} = 288$ K の温度より少し低い．太陽からの供給エネルギーは大気のなかで不可逆的に消費され，かつ地球内部を加熱し T_R の温度を保つ．地球はさらにその温度での熱輻射を行い宇宙空間に再輻射する．

太陽から地球までの間のエントロピー生成は，

$$S_{\text{gen}} = Q\left(\frac{1}{T_R} - \frac{1}{T_{\text{Sun}}}\right) \tag{7.37}$$

それによる自由エネルギーの減少分 X_{destory}（これは式 (7.26) の I と同等），そして不可逆性は，

$$\frac{X_{\text{destory}}}{Q} = \frac{1}{Q}T_R S_{\text{gen}} = \left(1 - \frac{T_R}{T_{\text{Sun}}}\right) \approx 5\% \tag{7.38}$$

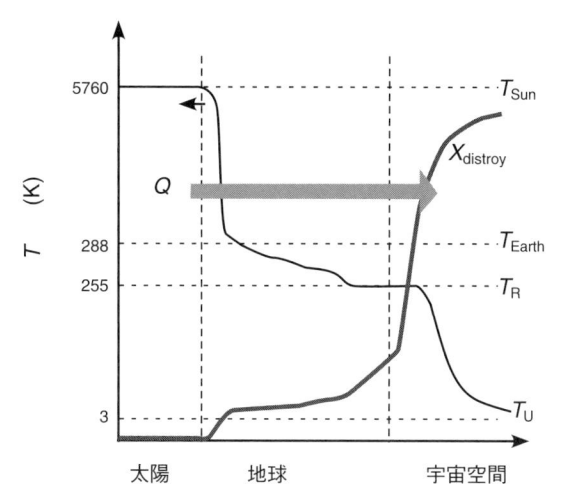

図 7.7 太陽，地球，宇宙空間での温度分布とそれによる太陽からの輻射エネルギーの劣化　エントロピー生成による自由エネルギーの減少分を X_{destroy} と表す．

である．太陽と地球の温度差が非常に大きいので，その間ではエネルギー源の価値はほとんど下がらない．

7.2 熱機関の第二法則からの解析

ここで現実の熱機関の例として蒸気機関を取り上げ，本章の主題である「いかに効率を上げるか」を論じる．実際にはいろいろ技術的あるいはコスト的な制約があり，必ずしも効率を上げることが優先されるとは限らないが，そのような制約のなかで最も可逆性を高めることが要求される．

7.2.1　ランキン機関はなぜカルノー機関にしないのか？

現実の蒸気機関の解析にあたっては，解析を著しく困難にするエネルギー散逸過程があるが，第4章で議論した通り，それらすべてをなくした理想的なモデルで考える．それがランキン機関である．

我々は理想的な熱機関はカルノー機関であるということを知っている．それは S-T 線図で示すと，図 5.2 でみたように単純な長方形をしている．これは等温過程と等エントロピー過程（断熱過程）の2つの組合せよりなる．この理想的機関と比較してランキン機関はどうなっているか？　ランキン機関の p-V 線図と S-T 線図を図 7.8 に示す．ランキン機関が等温過程をもち，そこで熱交換を行うことには文句はない．まさにそれはカルノー機関の等温過程での熱交換に対応しており，そこでは，原理上，熱交換を可逆的に行える．また，その過程に水の沸点を利用しているのも合理的である．水が沸騰しきるまで温度は自動的に一定に保たれるからだ．そうでなかったら温度一定にするため余計な制御が必要となる．

しかし，図 7.8 を見比べれば一目瞭然であるが，ランキン機関では S-T 線図の上はカルノー機関のように長方形ではない．いったいなぜ，カルノー機関のようにしなかったのだろうか？

まず，蒸気機関を図 7.9 (a) のようにしてみる．これは確かにカルノー機関の体裁を整えており，

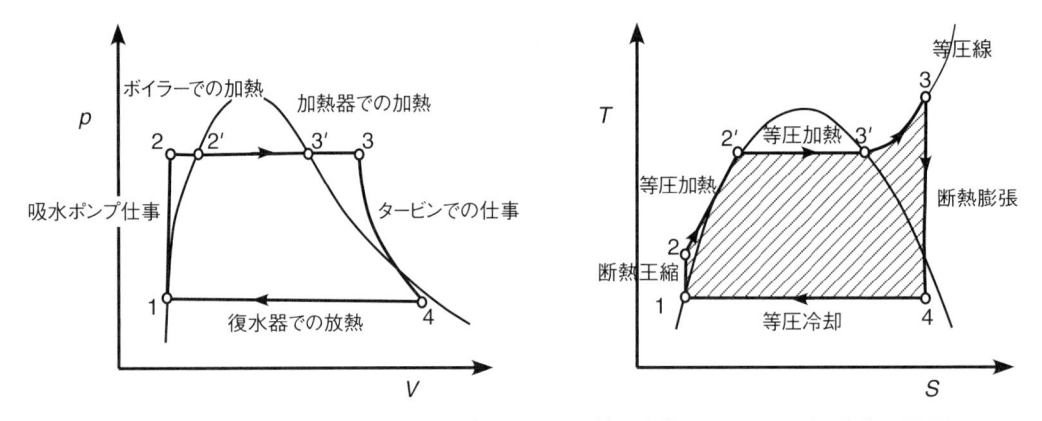

図 7.8　ランキン機関における T-S 線図における等圧変化とエンタルピー変化の解釈

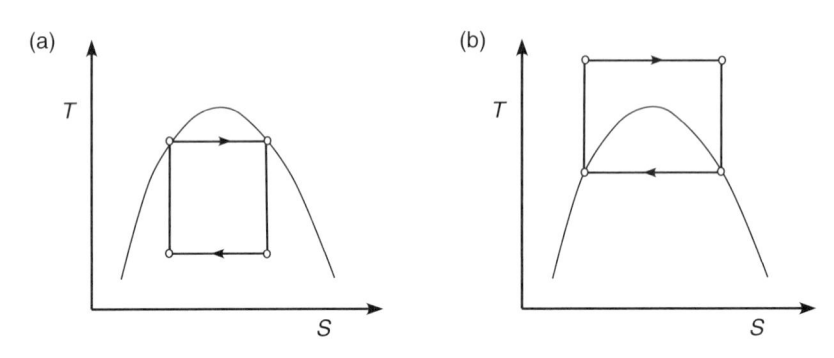

図 7.9　なぜランキン機関をカルノー機関にしないのか？

理想的に思える．しかしこの場合，いくつかの難点が生じる．1つに，熱効率を考えると，高温側の温度は臨界点 $T_c = 374.1$℃ を超えられない．これは熱効率の向上をはかるうえで重大な制約となる．また，2相混合状態の流体を断熱的に変化させるときの制御の問題がある．2相混合状態は往々にして乱流・振動を起こし，不安定性を引き起こす．半永久的な動作にとって不安定性はぜひ避けたい．さらに材料的な問題として，タービン室に入ったとき可動部金属の腐食の問題がある．腐食を少なくするためには蒸気のかわき度が 1 に近い方がよい．図 7.9(a) のようにしたのではかわき度を 1 に近づけることができない．

次に，図 7.9(b) の場合はどうか？ これは高温で熱効率を上げるためにはよい．しかしそのため，今度は水の臨界圧 $p_c = 218.5\,\mathrm{atm}$ を超えることが求められるが，このような高圧動作ではさまざまな危険性がともなう．爆発は何としてでも避けねばならない．

こうしたことを考えて，最も効率のよくなるようにしたものが現在の蒸気機関である．

7.2.2　ランキン機関の詳細検討

さて，それでは現状のランキン機関を認め，それの動作原理の範囲中で効率を上げることを考察しよう．実際の改良点はさまざまな部分について行われているが，ここでは代表的な部分のみを取り上げて考察する．

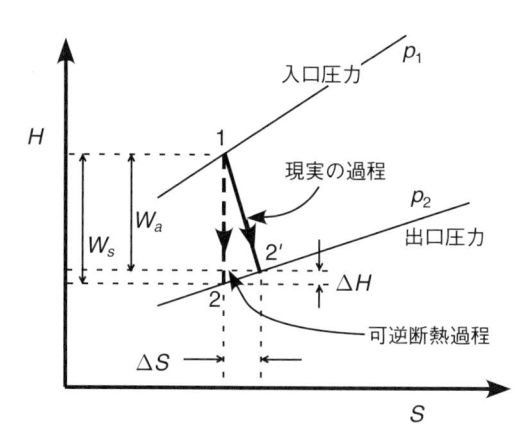

7.2 熱機関の第二法則からの解析

図 7.10 H-S 線図による断熱過程の記述

■ パワー行程 ■

まず，図 7.8 の行程 $3 \to 4$ の断熱膨張の部分である．この部分が正味の仕事をするので最も重要な部分である．これが文字通り断熱可逆過程であれば熱力学的に改良の余地はない．しかし現実は違う．蒸気がタービン室に入り断熱膨張過程だけを取り出して図 7.10 に示す．タービン室の入口の圧力は p_1 で，仕事をしたあとの出口の圧力は p_2 となっている．この間の過程が真の等エントロピー過程であればそれは図 7.10 の $1 \to 2$ となるが，実際は不可逆性がいくらか入り込む．蒸気流のなかで乱流が発生すれば，その内部で摩擦熱を発生させ，その分は仕事としては使われない．壁との摩擦もありうる．それゆえ，現実にはタービン室の過程は有限の ΔS が発生し，図 7.10 の $1 \to 2'$ となる．その結果，蒸気のエンタルピー変化は可逆過程で達成される W_s から W_a へと減少する．これは正味の仕事量の減少となる．

これは $W_s - W_a$ だけ損をしていることになる．等圧変化でのエンタルピーの変化は式 (5.18) より，$\Delta H = Q$ である．したがって，図 7.10 において，出口の等圧変化の傾き dH/dS は，$dH/dS = T$，よって，

$$I = W_s - W_a = \frac{dH}{dS}\Delta S = T\Delta S \tag{7.39}$$

となり，これはエントロピーの不可逆的増加の定義 (7.26) に合致する．

■ 熱交換行程 ■

次に，熱の交換過程について検討する．図 5.9 のように，無数の熱源を用意して順に接触していくのであれば，原理上，有限値の温度差があっても可逆的に熱交換が可能である．しかし，もちろん現実にそのようなことはできない．熱を移動させる以上，有限の温度差をつけるし，4.3.4 節で議論したように，むしろその方がパワー効率として望ましいとさえいえる．しかし，ともかくこの過程でどれくらいの不可逆性が入るかを解析し，知る必要はある．

例題 7.7

例題 5.2 のランキン機関の数値例を再び使う．図 5.4 の行程 $2 \to 3$ を通して，圧縮水は乾き蒸気まで加熱されるが，この間の不可逆性を評価せよ．

熱源から奪った熱量は，$Q_h = h_3 - h_2$ である．その値は図 5.4 より読みとれる．

$$Q_h = h_3 - h_2 = 3373.9 - 209.6 = 3164.3 \, \text{kJ/kg} \tag{7.40}$$

これを $T_h = 1700\,\text{K}$ の燃焼室から得ているとすれば，熱源側のエントロピー減少は蒸気 $1\,\text{kg}$ あたり，

$$s_h = -\frac{3164.3}{1700} = -1.86 \, \text{kJ/(K·kg)} \tag{7.41}$$

行程 $2 \to 3$ における蒸気のエントロピー変化を知るにも詳しい計算をする必要はない．やはり状態図 $S\text{-}T$ から読みとれる．図 5.4 より，

$$\Delta s_w = s_3 - s_2 = 7.08 \, \text{kJ/(K·kg)} \tag{7.42}$$

である．全体では式 (7.41) と式 (7.42) をあわせた $\Delta s = 5.22\,\text{kJ/(K·kg)}$ のエントロピーの増加がある．不可逆性による自由エネルギーの減少分は，

$$I = T_0 \Delta s = 292 \times 5.22 = 1524 \, \text{kJ/kg} \tag{7.43}$$

受け取った熱量は $Q_h = 3164.3\,\text{kJ/kg}$ なので，不可逆性は $I/Q_h = 48\%$ ということになる．

7.3 化学反応における可逆過程

今度は最大仕事の原理を化学反応に適用しよう．たとえば，水に関する反応，

$$\text{H}_2 + \frac{1}{2}\text{O}_2 \to \text{H}_2\text{O} \tag{7.44}$$

をみると発熱反応である．その自由エネルギー変化は，

$$\Delta H = -286.0 \, \text{kJ/mol}$$
$$\Delta G = -237.0 \, \text{kJ/mol}$$

である．反応熱は ΔH で与えられるもので，ΔG ではない．そのエントロピー変化は，

$$T_0 \Delta S = \Delta H - \Delta G = -49.0 \, \text{kJ/mol}$$

$\Delta S = -0.163\,\text{kJ/(K·mol)}$ となる．水が合成されるとそのエントロピーは減少する（図 7.11）．

この事実を第二法則に基づいて解釈しよう．以下，mol あたりの量で扱う．化学反応 (7.44) は，発熱 $Q = 286.0\,\text{kJ}$ をともなう．水のエントロピーは $-0.163\,\text{kJ/K}$ と減少しているが，周囲は $Q/T_0 = 0.953\,\text{kJ/K}$ だけ増加し，全体としてはエントロピーは増加している．熱は捨てられるだけで仕事をしていない．これはもちろん典型的な不可逆過程である．不可逆率は 100% である．

7.3 化学反応における可逆過程

$$\Delta U = -286.0 \text{ MJ}$$
$$\Delta S = -163 \text{ J/K}$$

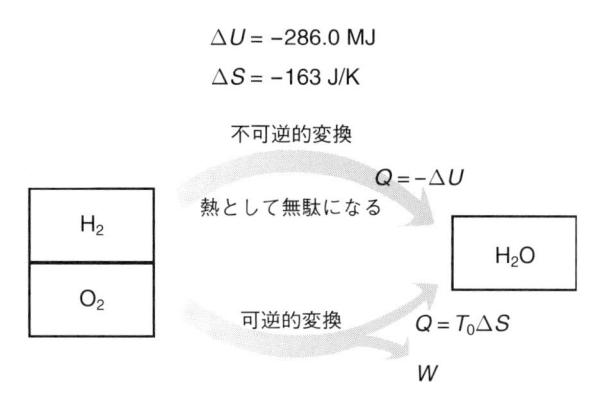

図 7.11 水合成におけるエネルギーの流れ

次に，この系の同じ最終状態になるような過程で，最大の仕事をするものを考える．最大仕事の原理によると，この反応に対して $-\Delta G = 237.0\,\text{kJ}$ が理論上の最大値になる．$\Delta H - \Delta G = -49.0\,\text{kJ}$ だけの熱が周囲に捨てられ，エントロピー増加に寄与する．これは水の合成によるエントロピーの減少 $-0.163\,\text{kJ/K}$ と正確に相殺され，全体としてエントロピー変化は 0 となり，可逆過程であることを示す．これで問題は形式的には解けたが，実際の問題としてどうやってこの仕事が得られるかがわからなければ役に立たない．ほとんどの化学反応は不可逆的である．熱を戻してやっても水は分解しない．

■ 例題 7.8　CO_2 の合成

水の合成ではエントロピーは減少していたが，これと逆の場合もある．燃焼室で C と O が混合・燃焼し，CO_2 が生成される．付録 A の表 A.2 より，CO_2 の生成に関しては mol あたり，

$$\Delta H = -394.0\,\text{kJ/mol}$$
$$\Delta G = -395.0\,\text{kJ/mol}$$

となる．すなわち，反応熱は $394.0\,\text{kJ}$ である．一方，ΔG の値より $395.0\,\text{kJ}$ の最大仕事が期待できる．$1.0\,\text{kJ}$ だけ $|\Delta G|$ の方が大きい．

このことは，理論上，反応熱よりも多くの仕事（$\eta > 1$）が可能であるということを示している．これはエネルギー保存則に反しないか？あるいは第二法則に反していないか？

7.3.1 燃料電池

■ 水素電池 ■

不可逆的な化学反応を可逆的にすることは原理的に可能である．可逆的な水の合成は燃料電池で実現されている．燃料の H_2 と O_2 を直接反応させるのではなく，別々の電極に触れさせてイオン化させるのである．図 7.12 のように，陽極側では，

図 7.12　水の燃料電池

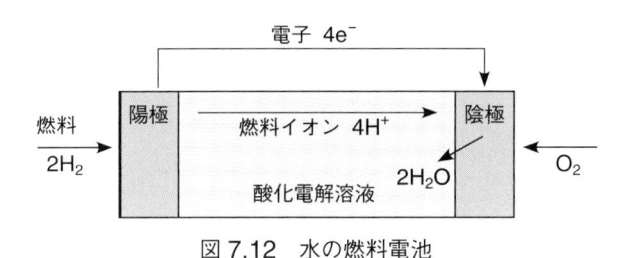

$$2H_2 \to 4e^- + 4H^+$$

陰極側では，

$$4e^- + 4H^+ + O_2 \to 2H_2O$$

の反応が起こる．陽極側で発生した電子を外部導線に流し陰極に戻す．この過程でいかなる摩擦による熱損失も起こらなければ，最大で $-\Delta G = 237.0\,\mathrm{kJ}$ の仕事が生成される．この場合はそれは電気的仕事 W_e になる．

問題 7.2　水素燃料電池のエネルギー変換効率

このときのエネルギー変換効率 η を

$$\eta = \frac{W_e}{\Delta U} \tag{7.45}$$

で定義すると，それはいかほどになるか？

$$\eta = \frac{237.0}{286.0} = 82.8\%$$

変換効率は非常に高いことがわかる．燃料電池は熱機関ではないので，その効率は $\eta_C = 1 - T_l/T_h$ によっては制限されない．しかし，相変わらず第二法則による拘束は受ける．つまり，最大仕事の原理における全体のエントロピーが減少しないという制限がつく．熱機関効率の精神をこの場合に拡張すると，効率 η は，

$$\eta = \frac{\Delta G}{\Delta H} \tag{7.46}$$

とできる（図 7.2 参照）．分母が与えられた系の内部エネルギー変化で，分子が得られる最大の仕事に対応する．このような定義では，$\eta > 1$ でさえも起こりうる．燃料電池の出力電圧は，無負荷状態で 1 個の電子あたりの仕事を e で割ったものであるから，

$$\begin{aligned}E_g &= \frac{W_e}{ne} \\ &= \frac{237 \times 10^3\,\mathrm{J/mol}}{(2\,\mathrm{mol})(6.02 \times 10^{23}\,/\mathrm{mol})(1.6 \times 10^{-19}\,\mathrm{C})} = 1.23\,\mathrm{V}\end{aligned}$$

表 7.1 水の合成を例にした化学反応における反応熱と仕事の比較

	燃焼反応	電池反応
不可逆性	100%	0
$-Q$	ΔH	$\Delta H - \Delta G$
$-W$	0	ΔG
S'	$-\frac{\Delta H}{T_0}$	$-\frac{\Delta H - \Delta G}{T_0}$
$S^{(0)}$	$\Delta S - \frac{\Delta H}{T_0} = -\frac{\Delta G}{T_0}$	0

ΔH と ΔS はどちらの反応でも共通, かつ負の量.

となる. 積 eN_a は, 電気化学の分野ではファラデー定数 F と呼ばれるものにまとめられ,

$$F = eN_a = 96485\,\text{C/mol} \tag{7.47}$$

を換算係数として扱う. エネルギー単位 J を eV に換えると, $1\,\text{eV} = 1.6 \times 10^{-19}\,\text{J}$ なので, 電池の起電力は, 端的にいって, それを担う分子あたりの自由エネルギーを eV 単位で表したものに相当する.

以上, 同じ水の合成反応でも, 可逆に行った場合と不可逆に行った場合とでは, 発生熱およびそれによる仕事, いずれも違った値となる. 表 7.1 にその比較をまとめた. 知識の整理に役立ててほしい.

7.3.2 電気化学反応による ΔG の測定

これまでは, 自由エネルギーは複合エネルギーであるので, それを求めるには 2 段階を経て行っていた. すなわち H を求めること, そして S を求めることである. この 2 つがわかってはじめて G が求まる. よって, G はより間接的な物理量ということになる. しかし, 燃料電池の例は G を直接的に測定する方法を提供している. 自由エネルギーの定義により, 可逆過程で得られる仕事が ΔG であるので, 反応を可逆的電気化学電池で行えばその出力電圧により求められることになる. これは反応モルあたりの価数 z として, その価数あたりの反応自由エネルギー ΔG がとりもなおさず電池の出力ということを意味する.

4.2 節で説明したように, 一般に, 反応にエネルギー障壁があると不可逆になる. 酸素と水素からの水の合成を例にとると, O_2 分子, H_2 分子はもともと安定な分子である. それが反応して H_2O となるためには, いったん O_2 分子および H_2 分子の結合を切り, O と H の結合を作らねばならない. 安定な結合を切ることは, エネルギー障壁があることを意味する. 電子の配置をある安定な状態から別の安定状態に移動させるときは常にエネルギー障壁がともなう (図 7.13).

しかし, 酸素と水素の電離を別々に行わせることで, この電子移動を穏やかに行わせることができる. 一般に, 電解溶液の中では O_2 分子, H_2 分子とも容易に電離する (問 6.4 参照). 図 7.13 に示されるように, 電解溶液は液体分子が分極を起こしており, それがイオンを取り込みやすくしている. いったん電離されれば, H^+ は容易に O^- と結合し, 結合を O-O から O-H へと組み換えることができる.

このような電気化学的反応は可逆的に進むものが多いが, すべてがそうではない. 電解溶液中で

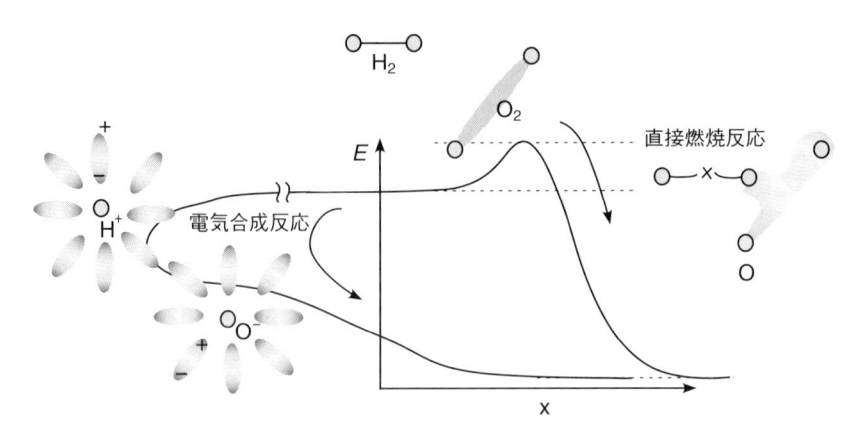

図 7.13 化学反応における不可逆反応と可逆反応　水素の燃焼反応はエネルギー障壁をともなった不可逆反応．一方で，電解溶液を介した反応は可逆反応．これはあくまで概念図であり，実際の水の反応を正確に記述しているものではない．

酸化する過程が入ると，多くの場合，不可逆となる．

■ ガルバニー電池 ■

これまで電気化学電池の原理を述べたが，実際の動作では濃度依存性もあるので，もう少し詳しくみてみよう．

例として，図 7.14 の $CuSO_4$ 水溶液に電極として亜鉛と銅を入れた反応を考える．電解液の中には亜鉛および銅とも正確に 1 M づつイオン化して溶けているとする．2 つの電極はポーラスな膜で隔てられ，Zn^{2+} と Cu^{2+} は混ざらないようになっている[†]．陽極側では，

$$Cu^{2+} + 2e^- \to Cu(s) \quad (+0.337\,\text{V}) \tag{7.48}$$

陰極側では，

$$Zn(s) \to Zn^{2+} + 2e^- \quad (-0.763\,\text{V}) \tag{7.49}$$

の反応が起こり，全体としては，

$$Cu^{2+} + Zn(s) \to Zn^{2+} + Cu(s) \quad (-1.100\,\text{V}) \tag{7.50}$$

を与える．陽極，陰極それぞれについて起電力が記されているが，本来，電圧と電流は陽極と陰極をペアとして使ってはじめて測定できるもので，片側だけの起電力というのは何を意味しているかよくわからないかもしれない．これは約束事で，電気化学反応では水素の電離反応，

$$H_2 \to 2H^+ + 2e^- \quad (0\,\text{V}) \tag{7.51}$$

を参照電極として，発生した起電力をもってその電離反応の起電力を表すこととなっている．した

[†] 電流が流れるためには閉路を作らなくてはならない．つまり，溶液中でも電流が流れないといけないので，イオンを混ざらないようにしただけではダメである．イオンの電荷の受け渡しに寒天ゲルなどの塩橋と呼ばれるものや，多孔質隔膜を用いた液絡が用いられている．

7.3 化学反応における可逆過程

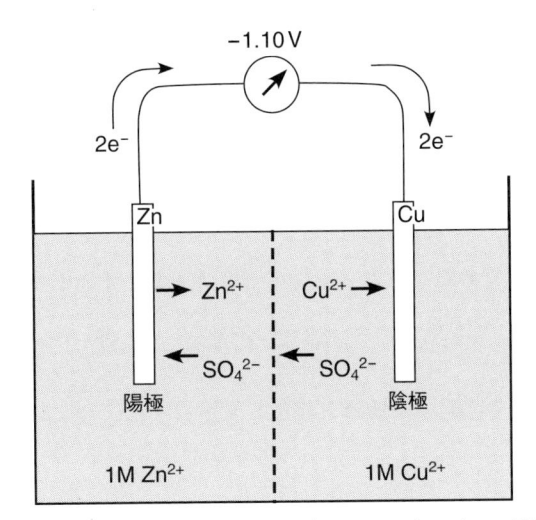

図 7.14 亜鉛（Zn）と銅（Cu）によるガルバニー電池

がって，それぞれの反応（半反応）の起電力は絶対値としては意味をもたない．あくまで差だけが意味をもつことを意識しよう．

もう 1 つ注意してほしいのは，この起電力は Zn^{2+} および Cu^{2+} ともちょうど 1 M づつ溶液中にいるときのものである，ということである．濃度がそれと違っていると起電力も違ってくる．

一般的に，反応

$$aA + bB \to cC + dD \tag{7.52}$$

に対して，自由エネルギーの変化はそれぞれの分子の濃度 n_j を用いて，

$$\Delta G = \Delta G^0 - RT \ln \frac{n_C^c n_D^d}{n_A^a n_B^b} \tag{7.53}$$

と表される．この ΔG がモルあたり移動した全電子の仕事になるので，

$$V = V^0 - \frac{RT}{zF} \ln \frac{n_C^c n_D^d}{n_A^a n_B^b} \tag{7.54}$$

■ 則問 17

陽極側が 0.05 M の $ZnSO_4$，陰極側が 0.10 M の $NiSO_4$ の電解液であったとしよう．このときの起電力を求めよ．

💡 式 (7.50) の -1.1 V に

$$-RT \ln \frac{n_C^c n_D^d}{n_A^a n_B^b} = \frac{0.025}{2} \ln \frac{0.05}{0.10} = -0.008 \text{ V}$$

が加わり，-1.11 V．簡単のため，式 (7.53) において理想気体の式を用いた．実際の電池では

溶液なので理想気体の式からはずれる．その場合は，濃度 n の代わりに活量 a を用いるべきである．その場合でも n のところが a に置き換えられただけで，基本的な考えは同じである．

7.4 濃度差の利用

7.4.1 混合過程

考えている系が $\Delta U < 0$ であるが，エントロピーを増加させているとき，

$$-\Delta F = -(\Delta U - T_0 \Delta S) > -\Delta U \tag{7.55}$$

となる．つまり，この変化を可逆的に進めることで発熱量 $-\Delta U$ 以上の仕事をすることができる．多くの混合過程はこれに該当する．そこで混合の問題を議論する．

これまで，壁で隔離されていた気体・液体が壁を取り除くことで拡散していくとき，そのエントロピーは増加していくことをみてきた（図 5.19 参照）．そのときのエントロピー増加は，

$$\Delta S = S_f - S_i = -NR\{x_1 \ln x_1 + x_2 \ln x_2\} \tag{7.56}$$

であった．それによる自由エネルギーの変化は，一般に，

$$\Delta G = NRT \sum_j x_j \ln x_j = -W_{\max} \tag{7.57}$$

で負の量となる．したがって，それによる可逆仕事は正で，仕事をなしえることを意味する．

ただ拡散させるだけでは，もともと分離していた気体（高い秩序状態）を混合するだけ（低い秩序状態）で，何ら有益な仕事は得られない．しかし，もし違う流体 A と流体 B を区別する半透明膜が利用できるならば，それから仕事を得ることができる．

7.4.2 浸透による仕事

そのため，まず浸透圧現象について考察しよう．浸透圧は植物がその根から水分を茎に吸い上げるのに利用していることで知られているが，あらゆる生命活動には不可欠のものである．しかし，なぜそれが起こるのかを論理的に説明するのは案外むずかしい．まずはその現象論からはじめる．

図 7.15 のように，水と溶質の溶液を右側の部屋に入れる．それぞれのモル数は N_1 と N_2 である．希薄溶液を考えるので $N_2 \ll N_1$ である．壁の左側は水のみで，その容量は非常に大きい．この壁は不透明膜と半透明膜を重ねたものでできており，可動型のものである．半透明膜は水を通すが溶質は通さない．この時点でこの壁の左右での圧力はつりあっているとする．すなわち，

$$p_0 = p_1 + p_2 \tag{7.58}$$

次に，不透明膜だけを素早く抜き去る．すると，左側から水は侵入することができるので，ΔN モルの水が右側に移動する．するとこの可動壁はその分だけ左に動く．全体として一定温度を保つようにする．

我々は液体の状態方程式を知らない．しかし，ここでは大胆に理想気体と同じ方程式が成り立つ

7.4 濃度差の利用

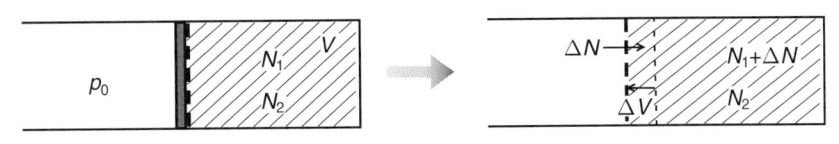

図 7.15 浸透圧の実験

と仮定しよう．気体の場合でさえもそれが成り立たない場合があるのに，液体においてはもっと状況は悪いであろう．それにもかかわらず，圧力変化に関してだけは，希薄溶液を前提としてこれはよい近似である．そうすると，式 (7.58) のはじめの分圧は，

$$p_i V = N_i RT \tag{7.59}$$

となる．水の侵入後では，膜の右側のモル数は ΔN 増えているので，水の圧力増加は，

$$V \Delta p_1 = \Delta N RT \tag{7.60}$$

である．また，半透明膜で仕切られた部屋の体積変化は水を非圧縮性流体と考え，

$$p_0 \Delta V = \Delta N RT \tag{7.61}$$

となる．

　水の分圧に関して左右で等しくないと水は膜を貫いて移動しようとする．つまり，圧力のつりあいに関して，水はあたかも溶質がないがごとく振る舞っている．平衡を達したあとでは，半透明膜の前後で水の圧力は同じでなければならない．

$$p_1 + \Delta p_1 = p_0 \tag{7.62}$$

一方で，溶質に関しては不透明壁を除去後も同じである (p_2)．式 (7.58) と式 (7.62) より $\Delta p_1 = p_2$ でなければならない．すなわち，

$$p_2 = \frac{\Delta N}{V} RT \tag{7.63}$$

この p_2 がいわゆる浸透圧 π というものである．液体に対して理想気体の状態方程式を使うことはよくないが，この最終結果，浸透圧に関しては希薄溶液に限り正しい．

　今回，この半透明膜は可動としたが，それを固定して右側の水位を自由に変われるようにしてやると，水位がこの浸透圧の分だけ上がる．例として，水と砂糖水の拡散を考える．それらを仕切っている壁を取り払えばもちろん両者は拡散して一様な溶液となり，エントロピーは増加する．この仕切り壁を，水は通すが砂糖分子は透さない半透明膜にする．このとき水は砂糖水の中に浸透し砂糖水の水位を上げる．これは可逆的な仕事の結果である．

■ 問題 7.3 砂糖水の浸透圧

図 7.16 のように，ショ糖 ($C_{12}H_{22}O_{11}$, 分子量 $M = 342.0\,\text{g}$) 10.0 g を水に溶かして 100 ml

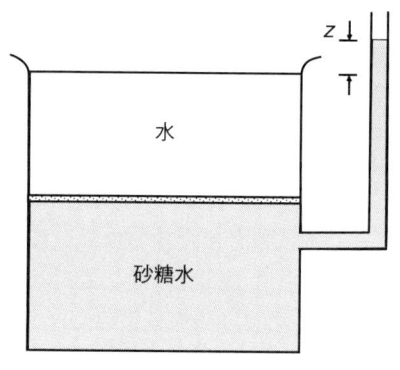

図 7.16 砂糖の浸透圧

の溶液にする．この浸透圧を求めよ．

💡　$1\,\ell$ の水は $1\,\mathrm{kg}$ であり，$1000/18 = 55.5\,\mathrm{mol}$ である．「気体」定数は，

$$R = 8.314\,\frac{\mathrm{J}}{\mathrm{K\cdot mol}} = 0.0823\,\frac{\mathrm{atm}\cdot\ell}{\mathrm{K\cdot mol}} \tag{7.64}$$

である．

$$\begin{aligned}
\pi &= \frac{1}{V}nRT \\
&= \frac{1}{0.1}\frac{10.0}{342.0} \times 0.082 \left(\frac{\mathrm{atm}\cdot\ell}{\mathrm{K\cdot mol}}\right) \times 300\,(\mathrm{K}) \\
&= 7.2\,(\mathrm{atm})
\end{aligned}$$

この過程で砂糖水の水位が上がっているので，明らかに有効な仕事がなされている．この重力に逆らって仕事をなしている力は何であろうか？

例題 7.3 の浸透圧の現象を第二法則の立場から眺めてみる．等温過程ではエントロピー変化は ΔS_mix のみであるから，溶媒のモルあたり（あるいは，1 分子あたり）の自由エネルギーを調べる．溶媒のモル濃度 $x_1 = 1 - x_2$ は 1 に近い量である．x_2 は溶質の濃度である．

$$s_{1,\mathrm{mix}} = -R\ln x_1 \tag{7.65}$$

である．モルあたりの溶媒の自由エネルギー変化は，

$$\Delta\mu = -Ts_{1,\mathrm{mix}} = RT\ln x_1 < 0 \tag{7.66}$$

である．溶媒分子が混合溶液に移動することで，これだけの自由エネルギーが下がる．この下がった分が可逆仕事 $-w_\mathrm{rev}$ となる．

半透明膜を固定した場合，混合溶液の水面が z だけ上がる．それが $\pi = \rho z g$ により圧力を与えるものであるが，一方で，それは可逆仕事のもたらした結果である．分子あたりの可逆仕事は式 (7.66) で，そのような分子数は $z\rho/M$ だけあるので，全仕事は，

7.4 濃度差の利用

$$z\pi = z\frac{\rho}{M}\Delta\mu \tag{7.67}$$

これより浸透圧 π は，

$$\pi = \frac{\rho}{M}RTx_2 = \frac{N_2}{V}RT \tag{7.68}$$

となる．これは現象論から導かれた式 (7.63) と一致する．ここに希薄溶液では $\ln x_1 = \ln(1-x_2) \approx -x_2$ を使った．そして，その高さ z は，

$$z = \frac{RT}{Mg}x_2 \tag{7.69}$$

で与えられる．

以上，浸透現象を第二法則に則して議論した．浸透圧を溶媒分子のもつ特殊なポテンシャルのためとか，浸透膜の内部構造の詳細によって説明しようとするものをみることがあるが，そうではなく，一般的な熱運動による乱雑さが浸透圧の駆動力である．混合溶液側の水面が上昇するためのエネルギーは熱浴，あるいは左側の水自身の熱エネルギーから供給される．事実温度が0になるとこの浸透圧はなくなる．

7.4.3 分離・精練過程

これまでは拡散する力を利用することを考えてきたが，今度は逆に，分離するために必要な仕事を考えよう．これは混合過程の逆過程であるので，式 (7.57) で与えられた最大仕事が，今度は必要最小限の仕事量となる．

$$W_{\min} = -\Delta G = -NRT\sum_j x_j \ln x_j \tag{7.70}$$

現実の問題としては，2成分混合液体において問題とする成分（成分2とする）が非常に低濃度の場合，それを分離するのにどれくらいの仕事が要されるかが問われることが多い．その場合は大部分を占める成分1はその濃度が変わらないとしてもよい．成分2に関しては，それが濃度 x_2 の環境から100%濃度の環境に変化したと考え，

$$W_{\min} = -N_2 RT \ln x_2 \tag{7.71}$$

とできる．

■ **例題 7.9　河川の海への希釈**

川の水が海に流れ込む．海水は塩分が重量濃度にして 3.48% である．川の真水が海に流れ込むことでそのエントロピーは分子あたり式 (7.65) だけ増加する．そのため自由エネルギー ΔG は下がり，それだけ有効な仕事 $W_{\max}$ をする能力を備えるはずである．毎秒 $J = 10^6\,\mathrm{m^3/s}$ の流量のとき，川のもつ $W_{\max}$ を求めよ．$T = 15$°C とする．

まず，海水の NaCl ($M_2 = 58.44$) のモル濃度を求める．海水の密度は水 ($M_1 = 18.0$) と同じとしてもかまわないが，より正確には，$\rho = 1028\,\mathrm{g}/\ell$ を使う．このうち 3.48% が NaCl であるから，海水 1ℓ あたりのモル数は $N_2 = 1028 \times 0.0348/58.44 = 0.612\,\mathrm{mol}/\ell$（これは 0.612 M）．一方，水の方は，$N_1 = 1028 \times 0.9652/18.0 = 55.12\,\mathrm{mol}/\ell$．よって，海水の NaCl のモル濃度は，

$$x_2 = \frac{N_2}{N_1 + N_2} = \frac{0.612}{55.12 + 0.612} = 1.10\%$$

水のモル濃度は 98.9% ということになる．

真水が，98.9% 濃度になるときエントロピーは増加し，対応する自由エネルギー減少はモルあたり，

$$-RT \ln x_1 = -(8.314\,\mathrm{J/(K\cdot mol)})(288.15\,\mathrm{K}) \ln 0.989 = 26.50\,\mathrm{J/mol} \tag{7.72}$$

したがって，$J = 10^6\,\mathrm{m}^3/\mathrm{s}$ の流量の川のもつ潜在的仕事量は，

$$(10^6\,\mathrm{m}^3/\mathrm{s})\left(\frac{10^6}{18}\,\mathrm{mol/m}^3\right)(26.50\,\mathrm{J/mol}) = 1.47 \times 10^{12}\,\mathrm{W} \tag{7.73}$$

これは膨大なエネルギーである．しかし実際には，川の水は単に海に流れ込むだけで何の有益な仕事もしない．エントロピー増加は単に海に捨てられるだけである．

■ 例題 7.10 核燃料の濃縮 （参考文献 [1], p.108）

U^{238} から U^{235} の核燃料濃縮では気体のフッ化物 UF_6 を使う．U^{235} の天然含有率は 0.72% である．10 モルの UF_6 を使って 2% 濃縮したものを 1 モル作りたい．周囲温度 300 K，常圧で加工される．UF_6 を $c = 7/2$ の理想気体としてみなして，この濃縮行程で最低要される仕事を求めよ．また，この仕事は究極的にどこに行くか？

これは初期状態 10 モルの UF_6 が，$T = 300\,\mathrm{K}$，$p = 1\,\mathrm{atm}$，最終状態は同じ温度圧力で，2 モルが濃縮され，残りが希釈された状態である．全エネルギーは，

$$U = \frac{7}{2}NRT \tag{7.74}$$

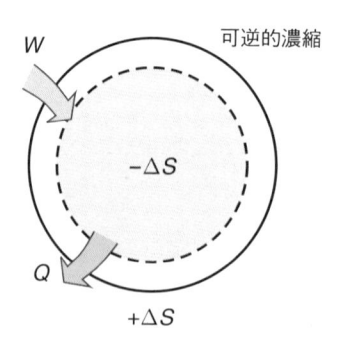

図 7.17 **同位体の濃縮** 可逆過程を使えば，同位体のエントロピーが下がった分がちょうど周囲熱浴のエントロピー増加で補われる．熱浴への熱の流入は，等温圧縮による気体内部エネルギーの流失分で補われる．

7.4 濃度差の利用

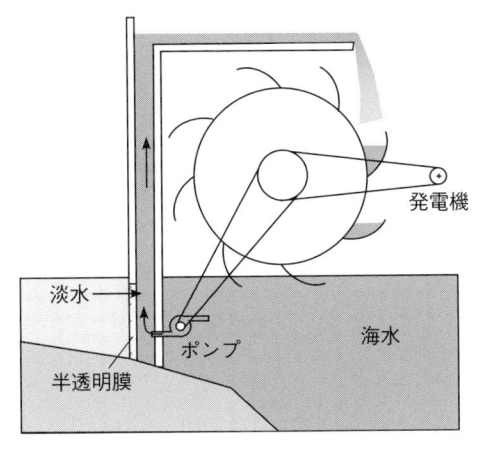

図 7.18 海水濃度差発電

で，等温的なこの行程では不変である．エントロピー変化は混合エントロピーのところ，$-NR\sum_j x_j \ln x_j$ だけが変わる．はじめに 10×0.0072 モルの U^{235} が，一方は 1×0.02 モルの濃縮された状態，もう一方は $9 \times y$ モルの希釈されたものに分かれるので，y は，

$$y = (10 \times 0.0072 - 1 \times 0.02)/9 = 0.00578 \tag{7.75}$$

となる．濃縮の前後でのエントロピーの変化は，

$$\frac{\Delta S}{R} = -\{(0.02\ln 0.02 + 0.98\ln 0.98)$$
$$+ 9(0.00578\ln 0.00578 + 0.994\ln 0.994)\}$$
$$+ 10(0.0072\ln 0.0072 + 0.9928\ln 0.9928) = -0.0081 \tag{7.76}$$

この行程でエントロピーは $\Delta S = -0.067\,\mathrm{J/K}$ で減少している．$\Delta U = 0$ であるから，

$$\Delta F = -T_0 \Delta S = 300 \times 0.067 = 20.1\,\mathrm{J} \tag{7.77}$$

つまり，これだけの仕事が加えられなければならない．そして，その仕事は究極的には周囲の熱浴に伝わり，熱浴のエントロピー増加となる．

■ 具体的な方法 ■

ここまで分離・精練について第二法則からの一般論を述べてきたが，次により具体的な方法について議論しよう．

例題 7.9 でみたように，淡水の海への流入は膨大なエネルギー源となっている．この塩分濃度差を利用した発電が考案されている．図 7.18 にはそのアイデアの 1 つが示されている．図 7.18 には，河川の塩分以外の不純物やゴミをどう除去するかや，その他いろいろな技術上の問題はすべて省かれている．ともかくも浸透圧による位置エネルギーへの転換というアイデアを示すことが目的である．

■ 逆浸透膜 ■

乾燥地帯では純水を得ることは社会生活の基盤である．水が大量にあってさえも，昔から，長期

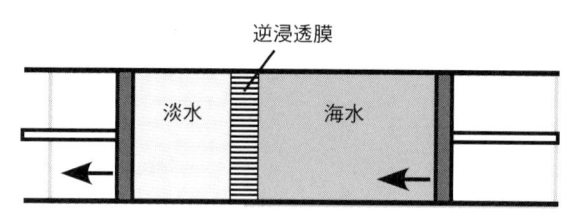

図 7.19 海水からの真水の分離

航海上ではどう真水を確保するかということは重要な問題であった．

例題 7.11　蒸発による真水の精製コスト

海水から真水を得る方法として真っ先に考えられるのは，海水を蒸発させ，蒸気を回収することであろう．蒸発させるための加熱を電気ヒーターで行うとして，その真水 1ℓ を得るために必要な電力コストを求めよ．

> 水の蒸発熱は $9.828\,\mathrm{kcal/mol}$ である．これは，$2.28\,\mathrm{kJ/cc} = 2.28\,\mathrm{MJ}/\ell$ に相当する．$2.28\,\mathrm{MJ} = 633\,\mathrm{kWh}$．電力コストを $12\,\mathrm{yen/kWh}$ とすると，$7600\,\mathrm{yen}/\ell$ となる．これを 1ℓ のペットボトル入りの水の値段と比較してみると，ほとんど絶望的な方法といえよう．

例題 7.12　海水からの真水の分離

逆浸透膜を用いて海水からの真水の分離を考える（図 7.19）．逆浸透膜に加えられる圧力は浸透圧よりも大きくなければならない．必要最低圧力を求めよ．また，真水 1ℓ を得るために必要な最小仕事を求めよ．さらに，逆浸透法のエネルギー効率を 50% として，真水 1ℓ 得るために必要な電力コストを求めよ．

> 海水のモル濃度は $0.612\,\mathrm{M}$ であるから，1ℓ あたりで計算して浸透圧は，
>
> $$\pi = (0.612\,\mathrm{M}) \times 0.082\,(\mathrm{atm}\cdot\ell/(\mathrm{K}\cdot\mathrm{mol})) \times 298\,(\mathrm{K}) = 15.0\,(\mathrm{atm})$$
>
> である．真水 1ℓ を得るために必要な最小仕事は，式 (7.71) より，
>
> $$W_{\min} = (55.12\,\mathrm{mol})(8.314\,\mathrm{J/(K\cdot mol)})(298\,\mathrm{K})\ln(0.989) = 1.51\,\mathrm{kJ} \tag{7.78}$$
>
> この純水製造プラントのエネルギー効率は 50% であるから，消費電力は $3.0\,\mathrm{kJ} = 0.83\,\mathrm{Wh}$ となる．電力コストを $12\,\mathrm{yen/kWh}$ とすると，$0.01\,\mathrm{yen}/\ell$ となる．もちろんこれは純粋に使用電力コストだけで，プラント建設の費用など他のものは一切入っていない．

則問 18

読者は，同じ真水 1ℓ を得るのに，式 (7.70) と式 (7.71) を使うのでは大きな差が出ることに注

7.4 濃度差の利用

意すべきである．式 (7.70) を使うと，

$$W_{\min} = -(2.477\,\text{kJ/mol})\{(55.12\,\text{mol})\ln 0.989 + (0.612\,\text{mol})\ln 0.011\} = 8.34\,\text{kJ} \tag{7.79}$$

となり，先の値の 5 倍にもなる．なぜか？

> この場合は海水を真水と塩とに完全に分離するため要する仕事であるのに対し，例題 7.12 の場合は塩に関してはまったく精練しているのではない．相変わらず海水として捨てている．それゆえ，図 7.19 のように浸透膜は 1 つだけである．それに対し完全分離の場合は，図 5.19 のように浸透膜は 2 種類必要となり，仕事量もそれだけ増える．

■ 遠心分離器 ■

遠心分離器では，大気中での圧力分布式 (6.30) を導いたのと同じように，質量差を用いて分子を分離できる．角振動数 ω で回転している円筒状の試料室に 2 種類の気体あるいは液体が混ざって詰められている．中心から r の位置での対象分子の実効質量 $M' = M(1 - \rho/\rho_0)$ にはたらく遠心力は，

$$M'G = M'r\omega^2 \tag{7.80}$$

である．つまり，実効重力は $G = r\omega^2$．密度の勾配は，

$$\frac{dn}{n} = \frac{M'g}{RT}dr \tag{7.81}$$

となる．これを r に沿って積分することで，

$$\ln\left(\frac{n_2}{n_1}\right) = \frac{M'\omega^2}{2RT}(r_2^2 - r_1^2) \tag{7.82}$$

▢ 例題 7.13　遠心分離器による高分子の分離　(参考文献 [10])

Svedberg は超遠心分離器を用いて高分子を分離し，その分子量を測定することに成功した．ヘモグロビンに対して以下のデータを得た．

> $T = 22°\text{C}$ において，回転数 152 rps の遠心分離器を使い，平衡に達したときの濃度差は，$r_1 = 4.01\,\text{cm}$，$r_2 = 4.24\,\text{cm}$ の位置での濃度比 $c_2/c_1 = 1.82$．ヘモグロビンの密度 $\rho = 1.33\,\text{g/cm}^3$，水は $\rho_0 = 1.00\,\text{g/cm}^3$ である．これらのデータから，式 (7.82) を使うと，
>
> $$\frac{\ln 1.82}{2 \cdot 4.01 \cdot 0.23} = \frac{M(2\pi \cdot 152)^2}{2 \cdot 8.31 \times 10^7 \cdot 300}(1 - 1.33) \tag{7.83}$$
>
> より，
>
> $$M = 53800\,\text{g} \tag{7.84}$$
>
> を得る（実際は 67870 g）．

演習問題

問 7.1
問 5.15 における 100 atm の窒素ガスの ΔG を求め，ボンベに詰められる前の状態と比較して，エネルギー資源としての価値を比較せよ．

> 💡 100 atm の高圧で $\Delta S = -9.4\,\mathrm{kJ/K}$ なので，$T_0 \Delta S = -2.80\,\mathrm{kJ}$．これが負なので $\Delta G = \Delta H - T_0 \Delta S$ は ΔH より大きくなり，エネルギー資源としての価値が上がる．

問 7.2
蒸気機関において，高温側の温度を水の臨界点 $T_c = 374.1°\mathrm{C}$ を超えられない制約を課すと，熱効率の上限はどれだけになるか？

問 7.3
0°C から 100°C の温度領域で，その比熱が，

$$C = A + 2BT \tag{7.85}$$

の温度変化をする固体がある．ここに $A = 0.03\,\mathrm{cal/K}$，$B = 10^{-4}\,\mathrm{cal/K^2}$ である．この固体が 100°C から 0°C の低温熱源まで冷却するとき，最大いくらの仕事を得ることができるか？

問 7.4 プロパンの燃焼
プロパン（C_3H_8）の燃焼反応は，

$$C_3H_{8(g)} + O_{2(g)} \to 3CO_{2(g)} + 4H_2O_{(l)}$$

付録 A の表 A.2 の熱力学的データを使い，標準状態の燃焼熱と ΔG^0 および ΔS^0 を求めよ．プロパンの発火点は 432°C である．この温度にしてエネルギー源としての価値はどうなるか？

> 💡 標準状態では，
>
> $$\Delta H^0 = -(-103.85) - 0 + 3 \cdot (-393.52) + 4 \cdot (-285.83) = -2220\,\mathrm{kJ/mol}$$
>
> 同様に，$\Delta G^0 = -2108\,\mathrm{kJ/mol}$ と，わずかに ΔH^0 より大きい（$T\Delta S^0 = -111\,\mathrm{kJ/mol}$）．したがって，この反応によりエントロピーは減少し，$\Delta S^0 = -375\,\mathrm{J/(K \cdot mol)}$．$T = 432°\mathrm{C}$ では，このエントロピーによる減少は $T\Delta S = 264\,\mathrm{kJ/mol}$ まで増加する．つまり，無駄になる部分が増える．

問 7.5
寒い冬の日，気温が 5°C である．90°C のお湯 1 kg から最大いくらの仕事を得ることができるか？

問 7.6
室内を暖めるための出力 500 W の電熱ヒーターがある．セールスマンは「これは出力 500 W の

熱をすべて室内の暖房に使える．つまり100％の効率なので，これ以上のものはない」と宣伝している．これは正しいか？

問 7.7

初期温度 $T_i = 400\,\mathrm{K}$ で体積 $V_i = 1\,\mathrm{cm}^3$ のシリンダーに理想気体 $1\,\mathrm{mol}$ が詰められている．温度を変えずに体積を2倍にする．このシリンダー内の気体を高温熱源として，$T_0 = 300\,\mathrm{K}$ を低温熱源にし，この間ではたらく可逆機関により得られる最大仕事 W を求めよ．

> この過程では，理想気体の内部エネルギー変化は0なので，最大仕事はもっぱらエントロピー項からくる．

$$RT_0 \ln 2 = 8.31 \times 300 \ln 2 = 17.3\,\mathrm{kJ}$$

問 7.8

問7.7で，次のような可逆過程を使ったとして，結果が同じになるか確認せよ．まず初期状態 (T_i, V_i) から，①断熱膨張により温度を $T_0 = 300\,\mathrm{K}$ になるまで下げる．②$T_0 = 300\,\mathrm{K}$ になったら低温熱源と接触させ，等温的に膨張させる．③断熱圧縮により温度を $T_f = 400\,\mathrm{K}$ になるまで上げる．

問 7.9

例題7.7の解析を今度は，図5.4の行程 $4 \to 1$ について実行せよ．この解析を通じて，このランキン機関の1サイクルを通じての不可逆性を評価せよ．

例題 7.14　地熱発電

地熱発電は，地下で加熱された岩石に水を注入し，生じる蒸気によりタービンを運転させ電力を得ているものである．質量 M の岩石が初期温度 T_h であるとして，水を注入する過程の最後には T_l まで下がったとし，得られる仕事 W の最大値を求めよ．$C = 1\,\mathrm{J/(K \cdot g)}$ とする．

例題 7.15　生体活動による乱雑さ

生物の世界においては，無秩序を秩序が制御しているようにみえる．単純な分子から複雑な分子が常に生成されている．その割にはほとんど発熱はない．これは一見，第二法則に反しているようにみえるが，そんなことはない．生体の活動は熱機関と違って，その多くは化学反応を使っているので，蒸気機関のような大量の廃熱がでない．しかし，ちゃんと第二法則にしたがって無秩序の生成という代償を払っている．

ヒトでは，人体 $1\,\mathrm{kg}$ を作るのに生体材料 $10\,\mathrm{kg}$ の代謝を払っている．この過程でこれらは CO_2 や H_2O など単純な分子に分解される．つまり，人体 $1\,\mathrm{kg}$ が作られるよりもはるかに多くの無秩序が作り出されている（参考文献 [13]）．それらは最終的に老廃物として体外に排出されなければならない．このように，エントロピーの増加は熱の出入りによるものばかりではないことに注意．

問 7.10

地表には平均して太陽からの輻射エネルギーが $I_0 = 342\,\mathrm{W/m^2}$ で注がれている．太陽表面温度 $T_S = 5760\,\mathrm{K}$，地表温度 $T_E = 288\,\mathrm{K}$ として，このエネルギー流の太陽表面および地表上におけるエントロピー流 σ を求めよ．

太陽表面においては，

$$\sigma_S = \frac{I_0}{T_s} = \frac{342\,\mathrm{W/m^2}}{5760\,\mathrm{K}} = 0.059\,\mathrm{W/(K\cdot m^2)}$$

地球表面においては，

$$\sigma_E = \frac{I_0}{T_E} = \frac{342\,\mathrm{W/m^2}}{288\,\mathrm{K}} = 1.187\,\mathrm{W/(K\cdot m^2)}$$

地球でのエントロピー増加の方がはるかに大きい．つまり，エネルギー資源としての価値が下がっていることになる．

例題 7.16　燃料電池

7.3.1 節で議論した水の合成に基づく燃料電池の出力電圧を標準状態で V 単位で求めよ．

$$E_0 = 1.181\,\mathrm{V}$$

例題 7.17

例題 7.16 の燃料電池を 600°C の温度で動作させる．燃料の水素を 1.1 atm，酸素を空気 1.2 atm から供給し，生成した水は 1 atm の水蒸気として流れるとして，出力電圧はどれくらい変化するだろうか？

1.2 atm の空気の中の酸素量（21%）は 0.252 atm であるから，

$$\begin{aligned}
E_g &= E_0 - \frac{RT}{zF}\ln\frac{p_{\mathrm{H_2}}p_{\mathrm{O_2}}^{1/2}}{p_{\mathrm{H_2O}}} \\
&= 1.181 - \frac{8314\cdot 873}{2\times 9.65\times 10^7}\ln\frac{1.1(0.252)^{1/2}}{1.0} \\
&= 1.181 - 0.022 = 1.159\,\mathrm{V}
\end{aligned}$$

例題 7.18

寒い日の朝，車のエンジンを始動させようとするとしばしば動作しないことがある．これは燃料電池の起電圧が落ちたせいである．$-15°\mathrm{C}$ のとき，25°C の場合と比べてどれくらい下がるだろうか？

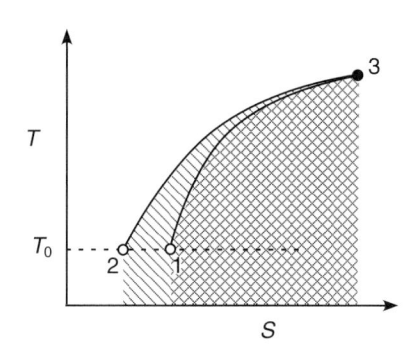

図 7.20 アニール過程を S-T 曲線で示す．欠陥を含む固体状態 1 から出発し，ゆっくり温度を上げて完全に溶かす（状態 3）．それから徐冷し，欠陥を含まない結晶状態 2 に戻す．

問 7.11 真空冷却に必要な仕事

問 2.24 の真空冷却を考える．冷却するには真空ポンプで仕事をしなければならない．その仕事の下限を求めよ．

容器内の圧力を p として，単位時間の真空ポンプで排気される質量を M とする．真空ポンプがなす仕事は単位時間あたり $W = Mpv$ である（v は気体の比容積）．一方，容器内の自ら奪う熱は単位時間あたり $Q_l = M\Delta H$ である（ΔH は質量あたりの蒸発熱）．冷却性能指数 COP は，

$$\mathrm{COP} = \frac{Q_l}{W} = \frac{\Delta H}{pv}$$

可逆冷凍機のそれを超えることができない．すなわち，

$$\frac{\Delta H}{pv} = \frac{T_l}{T_h - T_l} = \frac{T_l}{\Delta T}$$

式を整理し，

$$\frac{p}{\Delta T} = \frac{\Delta H}{T_l v} \tag{7.86}$$

これはいわずと知れたクラウジウス–クラペイロンの式である．

問 7.12 アニール

結晶成長時に入った欠陥，あるいは成長後にも，たとえば，放射線照射により誘起された欠陥を取り除く方法として高温アニール法がある．これをエントロピーの観点より論ぜよ．

欠陥を含む固体状態 1 から出発し，ゆっくり温度を上げて完全に溶かす（状態 3）．それから徐冷し，欠陥を含まない結晶状態 2 に戻す．この過程を S-T 曲線で示すと，図 7.20 のようになる．はじめの温度 T_0 では，欠陥状態 1 は欠陥を含まない状態 2 に比べてエネルギー的に高い状態で，またより無秩序となっているので，エントロピーも高い状態である．昇温過程では $Q_1 = \int_1^3 TdS$ の熱を外部から吸収する．一方，冷却過程では $Q_2 = \int_2^3 TdS$ の熱を外部に放出する．その差 $Q_2 - Q_1$ が内部エネルギーの差となる．

この過程は，基本の部分として，燃料が燃焼温度でエネルギー障壁を超え，反応を起こし基底状態に下がっていくことと共通している．つまりは，欠陥状態は原理的に燃料として使うことができるはずである．現実は Q_1 を外から与えるのにエネルギーを消費し，得られた

Q_2 は単に棄てられるだけだ．無理もない．燃料の場合と違い（第 3 章の Topics「反応温度」参照），差 $Q_2 - Q_1$ は非常に小さく，「燃料を使ってマッチの火をつける」ようなものだからである．しかし，場合によっては使えるものがないだろうか？

問 7.13　セコイアの仕事

巨木で知られるメタセコイアは，高いもので 300 m にもなるという．水はこのセコイアの根からてっぺんまで細胞膜を通じて上げられる．1 cc の水をてっぺんまで持ち上げるためにはどれだけの仕事が支払われているか？

$$Mgh = 10^{-3} \times 9.8 \times 300 = 2.94 \, \text{J/cc}$$

問 7.14

また，それがすべて浸透圧を利用して達成されるとして，どれだけの濃度差が必要か？

著者は答えは知らない．浸透圧による高さの式 (7.69) で何が効くかを考えよ．また，問 7.13 の数値例を参考にせよ．

問 7.15　実効的重力加速度

Svedberg の超遠心分離実験での実効的加速度は重力加速度の何倍か？

$G = r\omega^2 = 4.01(2\pi \cdot 152)^2 = 3.65 \times 10^6 \, \text{cm/s}^2$．これは重力加速度 $g = 980 \, \text{cm/s}^2$ の 3700 倍である．

文　献

(1) A. Kleidon and R. D. Lorenz eds., *Non-equilibrium Thermodynamics and the Production of Entropy – Life, Earth, and Beyond*, Springer, p.3 (2005)

デジタルコンピュータの限界

エレクトロニクスの進歩はこの 60 年間で目覚ましいものがある．CPU の速度はどんどん速くなっているが，そうなるとデバイスの速度はどこまで速くできるか？ という問いに行き着くだろう．この問いに答えるには，1 と 0 の間のスイッチングをベースとするデジタルコンピュータに限ってもそう簡単ではないが，技術的な問題は別にして，物理法則に則った原理上の限界は議論されている．それを簡単に述べると，デジタル情報処理における 1 論理演算にかかる速度はそれに必要なエネルギーで決まる．論理演算は本質的に可逆過程ではありえない．不可逆過程が不可欠となり，その最小エネルギーは，

$$\delta E = k_\mathrm{B} T \ln 2 \tag{7.87}$$

で与えられるというものである．式 (7.87) は最初にノイマン（ノイマン型計算機アーキテクチャーの提唱者）が与えたということであるが，彼は理由を述べずに結果だけを与えたため，$\ln 2$ の意味が他の人にはわからなかったそうである．それはランダウァー（R. W. Landauer）によってきちんとした形で説明された[1],[2]．

不可逆性がデジタルコンピュータの性能の限界を決めるというのはちょっと意外な気がするが，どういうことであろうか？ デジタルコンピュータでは，情報の記憶単位は 1 ビットの 0 か 1 である．その 2 つの状態に対応する物理的状態は，2 つの安定状態をもつもの（双安定状態と呼ばれる）であればいかなるものでも原理上 "可" である．図 7.21 にはそのような双安定状態を一般的なポテンシャルで表している．まずはブラウン運動の議論より，このポテンシャルが熱力学的に 2 つの状態を表すためには，その間の障壁 Δ は $k_\mathrm{B}T$ より高くなければならないことは理解できるだろう．しかし，情報を担う粒子が 2 つの安定状態を行き来するのに要するエネルギーは Δ より高くなければならないという理由で式 (7.87) が導出されたのではない．ポテンシャルの山を越えるエネルギーと動作するのに要されるエネルギーとはちょっと別物である．1 つの山を越えるのに最低 Δ のエネルギーを要するが，山越えにどれだけエネルギーを費やそうが，山を下るとき取り返すことができる．可逆過程を使えば，平均的な消費エネルギーは 0 にできる．

式 (7.87) の意味はそのようなエネルギー観点から導き出されたのではない．デジタル論理ゲートの基本は NAND ゲートであるが，その真偽表を眺めると，出力をみただけでは入力が何であるかはわからない．1 という出力に対応する入力が複数個あるからである．このことは，NAND ゲート

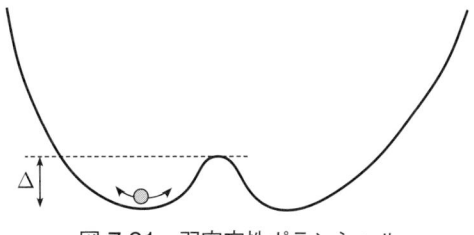

図 7.21 双安定性ポテンシャル

は深い意味で不可逆性に基づくものでなければならないことを述べている．ランダウァーによると，デジタルコンピュータが動作するためには，この過去への不可塑性が必要ということになる．過去の情報を完全に消し去らねばならない．

　論理ゲートの１動作は常にエントロピーの変化をともなう．はじめに１か０を任意にとる平衡状態にあったとして，それを１か０にセットすることを考える．このとき，はじめの状態は１か０であるので，状態の数は２で，そのエントロピーは $S_i = k_B \ln 2$ である．演算のあとでは状態は１か０のどちらか１つであるので，エントロピーは $S_f = 0$ である．したがって，この演算でエントロピーは $\Delta S = -k_B \ln 2$ と減少している．エントロピー増大則からすると，この代償として周りの熱浴には，

$$-T\Delta S = k_B T \ln 2 \tag{7.88}$$

の熱が流れなくてはならない．

　論理演算をすべて可逆的に行うことは原理上可能である．その場合は，エネルギー消費をともなわずに計算を実行できる．しかしその代わり，可逆が可能である以上，すべての計算過程はどこかに記録されていないといけない．現在の計算機は高速の CPU が行う演算過程はすべて棄てられ，最後の結果だけがメモリーに返される．もしその膨大な処理過程をすべて記録していたら，いっぺんにメモリーが破綻してしまうだろう．「計算とは忘却なり」．

　式 (7.87) における $\ln 2$ という因子は，数値的にはあってもなくても大した差はないが，概念上は非常に重要な差を与える．「消費電力はエネルギーではなく，エントロピーが決めている」ということを示している[†]．

　入力に対して次のステップでいかに正確に答えるかがデジタルコンピュータの目的なのに，逆に過去を消し去るリセット動作が基本とはなんとも皮肉な話である！　論理素子としては，双安定状態をとるものであれば原理上どのようなものでも可能である．それゆえ，過去にトランジスター素子以外にさまざまなデバイスが考案されてきた．負性抵抗をもつエザキダイオード，光素子から超伝導現象を利用するジョゼフソン素子まで，実際，巨額の研究資金を投資した大型プロジェクトがいろいろあるが，結局のところ実用にはいたらなかった．商用として成功しなかった原因はむろん技術的な理由ばかりではない．技術的な問題に限ってみてもそれぞれにいくつもの要因があることであろう．しかし，その共通する敗因としてこのリセット動作にあるという議論がある[4]．これらの素子は単体の素子としては動作する．しかし，それが何台となく連なるとどうなるか？　はじめの段での１，０のスイッチング動作が次の段の電圧動作に多少なりとも影響する．スイッチングしきい値電圧がふらつく．それがたとえ非常に小さなものであっても，積もり重なると最終的には極めて破壊的な結果となる．そうならないためには入力と出力の完全な切り離しが必要で，トランジスター

[†] ランダウアーがはじめてこの単位論理動作に要される最小消費エネルギーを議論したときは，実際の消費エネルギーに比べてケタ違いに小さく，現実問題としてこの限界が問題となることはありえなかった．しかし今日，状況は確実にこの物理的限界に近づきつつある．2000 年の時点でのコンピュータの単位論理動作の消費エネルギーは $500 k_B T \ln 2$ くらいの大きさとなっているという[3]．

をベースとする今日の電子デバイスの成功は究極的にこの切り離しに負うところが大きいという.

著者にはこれが正しい原因かどうかを判定する資格がないが,興味深い見解と思う.このように,エントロピーは今日の情報処理分野において常に根底問題を提供している[†].

文　献

(1) R. W. キース,日経エレクトロニクス,1.12 号,150 (1976)
(2) R. W. Landauer, *IBM J. Res. Develop.*, **5**, 183 (1961)
(3) M. A. Nielsen and I. L. Chuang, *Quantum Computation and Quantum Information*, Cambridge, p.153 (2000)
(4) R. W. Keyes, *Contemp. Phys.*, **50**, 647 (2009)
(5) H. S. Leff and A. F. Rex eds., *Maxwell's Demon 2: Entropy, Classical and Quantum Information, Computing*, IOP (2003)

[†] 本 Topics 全体に関して,竹内繁樹先生(北海道大学),井桁和浩先生(国際電気通信基礎技術研究所)に有用な議論をしていただいた.また,この分野での興味深い文献 (5) も紹介された.これは歴史的な論文のリプリント集で大変興味深い.

第 8 章
統計力学序論

最後の章で統計力学の導入部を述べる．本書は，基本的には，古典的熱力学の範囲に留まるが，やはり統計力学に一歩も踏み入れないのは「現代的視点」という本書の特徴からみて落ち度となる．しかし，すでにここにくるまでに相当数のページ数，授業日数を費やしているだろうから，あまり統計力学のための時間は残されていないことだろう．そこで，本格的な統計力学（特に量子統計）は他のコースに譲り，本章ではエントロピーの統計力学的基礎づけを中心に述べ，さらなる勉学のための刺激作りを意図した．

8.1 孤立系の統計

8.1.1 微視的状態を数える

これまで巨視的系は，それを構成する個々の粒子の状態には立ち入らず，その平均量で表してきた．これからは個々の粒子の微視的状態に立ち戻り，それがいかに巨視的な性質，すなわち状態量に反映するのか，その掛け橋を行う．N 個の多粒子系（差しあたり同種粒子とする）をどう記述するか？ 全系のエネルギーは個々の粒子のエネルギーの総和で与えられる．これは多体系の量子力学ではそれほど自明というものではないが，いまはそう仮定しておく．

$$E_{\text{tot}} = \sum_i \varepsilon_i \tag{8.1}$$

ε_i あるいはその総和としての E_{tot} の具体的な表式をどう求めるかは，量子力学の分野の中心的課題である．本書は量子力学を想定していないので，ε_i は計算できているものとして，あるいは実験で得られているものとして話を進める．

幸い，統計力学で興味あるのは微視的状態 ε_i の数で，その状態の詳細にはよらない．第 5 章の Topics「ナノテクノロジー——ゆらぎを制する爪歯」で，いくら微視的な形状を工夫して一方向に動きやすいようにしても，多数系はそのような形の詳細を洗い流し，エネルギーしか識別しないことを思い出してほしい．平衡状態ではエネルギー ε_i にどれだけの数があるかだけが意味をもつ．しかし，微視的状態の数といっても，量子力学を学んでいない読者は戸惑うだろう．古典的に，ボールの力学的な状態というのは何を意味するだろうか？ それは粒子の位置 q と運動量 p で指定される．つまり，(p,q) の組みで指定される．しかし，位置にしろ運動量にしろ，それらは連続的に変わりうる量なので，その数といっても無限にあるとしかいいようがない．状態の数とは意味不明であろう．

表 8.1　希ガスの λ と平均原子間距離 a

気体	T [K]	λ	a	a/λ
Ne	27.2	0.74	15.5	20.7
Ar	87.29	0.30	22.8	77.2
Kr	119.93	0.17	25.3	145.0
He	4.0	4.36	8.16	1.9

どれも単位はÅ．表 6.3 に掲げられているものに対応する．He のみ新たに加えた．

ところが驚くことに，量子力学ではそれは数えられる量となる．とりうる位置 q と運動量 p には，それ以下には分解できない自然な単位があり，それにより離散化される．具体的には，その単位は，

$$(\Delta p) \cdot (\Delta q) \geq h \tag{8.2}$$

である．この最小値 h はプランク定数と呼ばれ，

$$h = 6.626 \times 10^{-27} \,\mathrm{erg \cdot s} \tag{8.3}$$

という値をとる．しばしば h の代りに $\hbar = h/2\pi = 1.055 \times 10^{-27}$ erg·s が使われる．

　自然にはこのような最小単位が存在する．いまの段階では「なぜ？」ということを問わず，それが実験事実だというふうに受け止めてほしい[†]．

　この極限的長さについて感覚的な大きさをつかむ必要がある．エネルギー等分配則によると，質量 M の分子のもつエネルギー ε は，その運動量を p として，1 次元では，

$$\varepsilon = \frac{p^2}{2m} = \frac{1}{2}kT$$

であった．つまり，$p = \sqrt{mkT}$ となる．ここで論理的に飛躍することとなるが，量子力学によると，運動量 p をもつ粒子は，波長 $\lambda = h/p$（h はプランク定数）をもつ波としての性格をもつ．ここの理解は量子力学の学習に待つほかはない．したがって，

$$\lambda = \sqrt{\frac{h^2}{2\pi mkT}} \tag{8.4}$$

という波長が，空間分解能の限界ということになる．（正確にいうと，$\lambda = h/p$ にはっきりしない理由で $\sqrt{2\pi}$ という定数をかけているが）この長さの最小単位 λ を熱的ド・ブローイ波長という．数値的には，

$$\lambda [\text{Å}] = \frac{17.45}{\left(m_{[\mathrm{au}]} \cdot T_{[\mathrm{K}]}\right)^{1/2}} \tag{8.5}$$

がこの熱的ド・ブローイ波長の簡便的な式を与えてくれる．

　粒子の密度を高くするとき，粒子間隔がこの λ 以下にすることはできないということになる．こ

[†] 量子力学でもこの最小単位がなぜあるかは説明しない．それを事実として受け止め，それに立脚した理論を構築したものが量子力学である．

の限界濃度を量子濃度 n_Q という.

$$n_Q = \left(\frac{mkT}{2\pi\hbar^2}\right)^{3/2} \tag{8.6}$$

で与えられる．数値評価用に便利な形にすると，

$$n_Q\,[\mathrm{cm}^{-3}] = 1.88 \times 10^{20}\left(m_{[\mathrm{au}]}\cdot T_{[\mathrm{K}]}\right)^{3/2} \tag{8.7}$$

表 8.1 に，希ガスの場合の空間分割の大きさと，原子間距離との比を示している．a/λ が大きいほど希薄な気体で独立粒子という描写が成り立つ．He の場合にはその比はたった 2 程度で，よほど特殊なことが起こっているに違いない．

例題 8.1

N_2 で λ を室温，4 K で求めてみよ．

8.1.2 統計力学の基本的仮定

初等的なレベルでは一般論を述べるのは荷が重いので，簡単な理想気体の場合のみを考える．つまり，十分に低濃度で N 個の粒子はすべて独立しており，1 個の粒子の動きを考えるとき他の粒子の存在を忘れてかまわない．

そうすると，まず実空間（ここでは x の代わりに q を使う）では，どこにいようがエネルギーは変わらない．粒子はどの場所でも同じ確率でいると考えるのが自然である．図 8.1 のように，仕切られた空間の部屋のどれに居る確率も同じである．図 8.1 は 1 次元で描かれているが，3 次元でも変わりない．これより，実空間のどの部屋にいる確率もエネルギーが同じである限り同じである，と結論してよさそうだ．部屋の数が $\Omega_q = (L/\Delta q)^3$ だけあれば，そのうちのどれかの部屋 i に居る確率 P_i は，

$$P_i = \frac{1}{\Omega_q} \tag{8.8}$$

である．

この等重確率の原理は運動量空間でも同じように成り立つ．ただこの場合は，p が変わると E も変わることに注意しなければならない．運動量空間を Δp で刻んだ多数の部屋のうち，E を等しくする部屋はたくさんある（図 8.2 参照）．

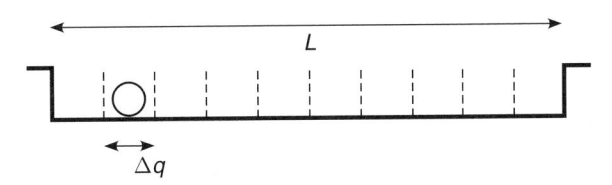

図 8.1 1 次元実空間を Δq で分割 粒子のとりうる状態は $L/\Delta q$ 通りある．

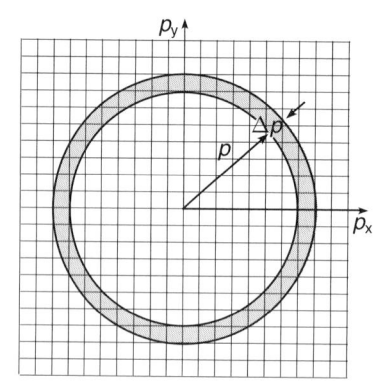

図 8.2 Δp で分割された運動量空間　運動量 p をもつ状態はグレーで示される部分すべてで，そのなかではどの部屋にいる確率も同じ．

$$E = \frac{p^2}{2m} \tag{8.9}$$

であるから，E で分類された状態数 $\Omega(E)$ は一般に E の関数である．3 次元空間では，$E = p^2/(2m)$ の球のなかに含まれる $(\Delta p)^3$ の単位立方体は，$(4\pi p^3/3)/(\Delta p)^3$ だけある．したがって，ΔE の薄い球殻のなかにある状態の数 $\mathcal{D}(E)\Delta E$ は，

$$\begin{aligned}
\mathcal{D}(E)\Delta E &= \frac{1}{(\Delta p)^3} \frac{d}{dp}\left(\frac{4\pi p^3}{3}\right) \frac{dp}{dE}\Delta E \\
&= \frac{4\pi m}{(\Delta p)^3} p \Delta E = \frac{2\pi(2m)^{3/2}}{(\Delta p)^3} \sqrt{E} \Delta E
\end{aligned} \tag{8.10}$$

である．状態密度 $\mathcal{D}(E)$ は E の増加とともに $\sqrt{E}$ で増加する．

E あるいは p の絶対値を同じくするような部屋のなかでは，それが起こる確率は同じと考えられる．違ったエネルギーの部屋の比較をする必要はない．孤立系ではエネルギーはある決まった値のみをとるからである．よって，この運動量空間のなかでのある部屋 i にいる確率は，

$$P_i = \frac{1}{\Omega_p} \tag{8.11}$$

で，Ω_p は $\Omega_p = \mathcal{D}(E)\Delta E$ となる．実空間と運動量空間をあわせて，ある部屋 i にいる確率は，

$$P_i = \frac{1}{\Omega_q \Omega_p} \tag{8.12}$$

である．

閉じた巨視的系は，その全エネルギー E はある一定の値をとる．しかし，その実現状態は途方もない数 $\Omega(E)$ だけある．

重要事項 8.1　等重確率の原理

閉じた巨視的系の微視的状態は，そのいずれに存在する確率も等しい．

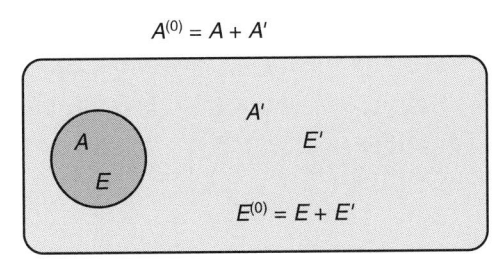

図 8.3 熱浴 A' と接している系 A　全系 $A^{(0)}$ は孤立した系で，エネルギー $E^{(0)} = E + E'$ は一定．

8.2 熱浴と相互作用する系

8.2.1 ボルツマンの原理

次に，熱浴 A' と接している系 A の状態を考える．A と A' をあわせた全系 $A^{(0)}$ は孤立した系である．

$$A^{(0)} = A + A' \tag{8.13}$$

A と A' それぞれのエネルギー E と E' の和は，全系 $A^{(0)}$ のエネルギー

$$E^{(0)} = E + E' \tag{8.14}$$

となり，エネルギー保存則より $E^{(0)}$ は一定である（図 8.3）．

系 A がエネルギー E である状態の数を $\Omega(E)$，系 A' がエネルギー E' である状態の数を $\Omega'(E')$ とする．$\Omega'(E')$ は $\Omega(E)$ に比べて圧倒的に大きい数である．

統計力学の基本的仮定（重要事項 8.1）は，この $\Omega'(E')$ の数の状態はいずれも等確率で実現されることを主張する．系 A のエネルギーが E，系 A' のエネルギーが E' である確率は，

$$\Omega(E) \times \Omega'(E') \tag{8.15}$$

に比例し，したがって，系 A がエネルギー E の状態にいる確率 $P(E)$ は，

$$P(E) \propto \Omega'(E^{(0)} - E) \tag{8.16}$$

となる．

E は $E^{(0)}$ に比べてはるかに小さいので，テーラー展開して E に対して最低次では，

$$P(E) \propto \Omega'(E^{(0)}) - \left(\frac{\partial \Omega'}{\partial E}\right)_{E^{(0)}} E \tag{8.17}$$

とできる．数学的には展開 (8.17) に問題はない．しかし，これに物理的な考察を加えると，もう少し適切な形が要求される．

どういうことかというと，展開の形式 (8.17) で書いたところであまり有益な情報が得られない．エネルギーというものはその差だけが意味をもち，物理的観測量はエネルギーの原点の取り方にはよらないはずである．つまり，式 (8.17) の $P(E)$ はエネルギー基準に依存してはいけない．ところ

が，式 (8.17) 右辺第二項の E の係数は Ω' の $E^{(0)}$ での微係数であるので，$E^{(0)}$ つまりエネルギー原点に依存してしまう．この係数がエネルギー原点に依存すると，エネルギー原点の取り方によりいちいち表現を変えなければならない．一般的な式としては役立たない．

この問題を回避するには，状態の数そのものではなく，常に相対的変化だけをみるようにすればよい．Ω' の変化をその絶対値ではなく相対値としてエネルギー展開する．

$$\frac{\Delta \Omega'}{\Omega'} = \Delta(\ln \Omega')$$

であるから，

$$\Delta(\ln \Omega') = \left(\frac{\partial \ln \Omega'}{\partial E}\right) dE \tag{8.18}$$

これにより，E の前の係数はエネルギー原点の取り方によらない定数となる．それを差しあたり β と置く．便宜上，負の符号を入れ，

$$\Delta(\ln \Omega') = -\beta dE \tag{8.19}$$

これより，ただちに次のことが成り立つ．

重要事項 8.2 ボルツマンの原理

$$P(E) \propto e^{-\beta E} \tag{8.20}$$

が得られる．これがボルツマンによる微視的状態の確率であり，古典系，量子系にかかわらず，もっとも一般的に成り立つ原理である．

エネルギーによるスケーリング

式 (8.18) は，エネルギー原点の取り方によらないことから導かれたが，それを別の観点エネルギースケーリングの議論から導いてみよう．$\Omega(E)$ は，実際のところ，絶対値としては意味がなく，常に相対的な比 $\Omega(E_1)/\Omega(E_2)$ だけが意味をもつことに注意しよう．それがエネルギー原点の取り方によらないということは，

$$\frac{\Omega(E_1)}{\Omega(E_2)} = \frac{\Omega(E_1 + E)}{\Omega(E_2 + E)} \tag{8.21}$$

が成立しなければならない．

$$\Omega(E_1 + E) = \Omega(E_2 + E)\frac{\Omega(E_1)}{\Omega(E_2)}$$

これは，

$$\Omega(E_1 + E) - \Omega(E_1) = \Omega(E_1)\left\{\frac{\Omega(E_2 + E)}{\Omega(E_2)} - 1\right\}$$

と変形でき，そして $\Omega(E_1)$ で割り，

$$\frac{\Omega(E_1 + E) - \Omega(E_1)}{\Omega(E_1)} = \frac{\Omega(E_2 + E) - \Omega(E_2)}{\Omega(E_2)}$$

8.2 熱浴と相互作用する系

を得る．両辺を E で割り，$E \to 0$ の極限操作により

$$\left(\frac{d\ln\Omega(E)}{dE}\right)_{E_1} = \left(\frac{d\ln\Omega(E)}{dE}\right)_{E_2} = const \tag{8.22}$$

E_1 と E_2 はまったく任意に選んだので，式 (8.22) は E には無関係な定数とならなければならない．

さて，式 (8.20) により $P(E)$ を求めた．しかし，その比例定数の部分がわかっていない．それは $P(E)$ をすべての状態について和をとり，

$$Z(\beta) = \sum_i e^{-\beta E_i} \tag{8.23}$$

と置くことで，

$$P(E_i) = \frac{1}{Z(\beta)} e^{-\beta E_i} \tag{8.24}$$

と表される．式 (8.23) は分配関数 Z，あるいは状態和と呼ばれるものである．これは不思議な関数である．和として表されるので，そのなかにはすべての状態が含まれるが，和をとってしまったあとは単なる 1 つのスカラー量である．和の値からそれを構成する元の 1 つ 1 つの状態を再現することはできないが，それにもかかわらず，すべての観測量はこの分配関数から計算できる！ もう 1 つ分配関数について不思議な点は，その値の絶対値である．その絶対値は意味がない．それに関してはあとでもう一度振り返る．

ともかく，分配関数が求まると，系の内部エネルギー U は，

$$\begin{aligned} U &= \langle E \rangle = \sum_i E_i P(E_i) \\ &= \frac{1}{Z(\beta)} \sum_i E_i e^{-\beta E_i} \\ &= -\frac{\partial}{\partial \beta} \ln Z(\beta) \end{aligned} \tag{8.25}$$

として求まる．

次に，これまで未定定数であった β について調べる．それには熱力学関係式

$$U = \frac{\partial}{\partial(1/T)}\left(\frac{F}{T}\right) \tag{8.26}$$

を使う（式 (8.26) の導出は付録 B の例題 B.3 で与えられる）．式 (8.25) と式 (8.26) を見比べると，

$$F = -\frac{1}{\beta} \ln Z(\beta) \tag{8.27}$$

かつ

$$\beta = \frac{1}{kT} \tag{8.28}$$

であることがわかる．β が温度の逆数ということがわかり，これまでの熱力学の式と分配関数を用いた統計力学の式との対応がとれる．式 (8.26) による U を内部がわかるように表しておくと，

$$U(T) = \frac{\sum_i E_i e^{-E_i/kT}}{\sum_i e^{-E_i/kT}} \tag{8.29}$$

となり，温度 T の関数としての内部エネルギーの表式が得られる．

また，
$$S = -\left(\frac{\partial F}{\partial T}\right)_V \tag{8.30}$$

によりエントロピーも得られる．具体的に F の微分を実行することで，

$$\begin{aligned} S &= k\ln Z + kT\frac{\partial}{\partial T}\ln Z \\ &= k\ln Z + kT\frac{\frac{\partial Z}{\partial T}}{Z} \\ &= k\ln Z + \frac{1}{T}\frac{\sum_i E_i e^{-\beta E_i}}{Z} \end{aligned} \tag{8.31}$$

となる．これは，F についての式 (8.27)，および式 (8.29) による内部エネルギーの式を用いると，

$$S = -\frac{F}{T} + \frac{U}{T} \tag{8.32}$$

となり，これは熱力学で与えられていたものに一致する．

統計力学ではしょっちゅう分配関数の計算を行う．いったいこうまで血道を上げて計算する分配関数とは何であろうか？ 我々はこれを実験で観測できるのであろうか？ 式 (8.15) から明らかなように，我々は1つ1つの確率の前につく定数の値を知らない．分配関数はその不定定数を取り除くために導入されたものであるから，その絶対値は意味がない．どのような値になるにせよ，常にそれで規格化した値だけが意味をもつ．

もう一度書くと，分配関数は，
$$Z(\beta) = \sum_i e^{-\beta E_i} \tag{8.33}$$

と書かれる．自由エネルギーにしても，エントロピー（式 (8.31) 参照）にしても，状態の和で表されている．つまり，すべての状態について和をとらなければならない．

一方，物理的に興味のある量は，たとえば，内部エネルギーに対しては，
$$U = \langle E \rangle = \frac{\sum_i E_i e^{-\beta E_i}}{\sum_i e^{-\beta E_i}} \tag{8.34}$$

というふうに，分母にすでに全確率の和が入っている形を求めることになる．読者には式 (8.34) と式 (8.33) の差を見極めてほしい．似た式であるが，式 (8.34) は分数，常に比で表されているのに対し，式 (8.33) では絶対値となっており，すべての和を求めることが要求されている．一方で，物理的に興味のある量は必ず分配関数の相対比（平均値）だけが入っており，絶対値にはよらない．

この平均操作は，実際の実験では即座にわかる．1回の状態量の測定が，はじめから微視的状態の平均量を測定しているからである．計算機による分子動力学シミュレーションでは，微視的な状態を測定しているので，この場合は1回の測定（つまり，時間の一切断面）だけでは不十分で，ある範囲

8.3 エントロピーの統計力学的解釈

統計力学の議論によりエントロピーというものの微視的な解釈が可能となる．式 (8.31) は，

$$\frac{S}{k} = \ln Z + \frac{\sum_i \beta E_i e^{-\beta E_i}}{Z} \tag{8.35}$$

となるが，これを解釈しよう．

式 (8.35) の右辺第二項は，エネルギー E_i の平均値，すなわち内部エネルギー U である．これより，

$$\frac{S}{k} = \ln\left[e^{\beta U} Z\right] = \ln\left[\sum_i e^{\beta(U-E_i)}\right] \tag{8.36}$$

あるいは，

$$e^{S/k} = \sum_i e^{\beta(U-E_i)} \tag{8.37}$$

となる．式 (8.37) と式 (8.20) を比較することで，エントロピーは状態数（の対数）であることがわかる．つまり，

$$e^{S/k} = \sum_i \Omega_i \tag{8.38}$$

となる．

また，もう一度，式 (8.37) を眺めてみる．式 (8.27) を書き直した

$$e^{\beta F} = \sum_i e^{-\beta E_i} \tag{8.39}$$

と比較していえることは，F の式 (8.39) の場合，指数部は $-E_i/kT$ となっているのでエネルギー原点による．一方で，S の式 (8.37) の場合，指数部は $(U-E_i)/kT$ となっているので，エネルギー原点にはよらない．したがって，我々はエントロピーの絶対値を議論できる．事実，$T=0$ では，系のエネルギーは最低状態 E_0 へ落ち着き，したがって平均エネルギー U は E_0 そのものとなる．式 (8.37) より $S \to 0$ が導かれる．

■ 理想気体の場合 ■

理想気体の場合は，エントロピーはより直感的なかたちで解釈が可能となる．その場合には式 (5.63) で与えられているが，単原子気体の場合の $c=3/2$ を用いて，

$$S = Nk\left\{\ln\left(\frac{T^{3/2}V}{N}\right) + \ln\left(\frac{N_0}{T_0^{3/2}V_0}\right)\right\} \tag{8.40}$$

となる．同じ粒子数の参照状態を考える（$N=N_0$）．ここで，はじめに述べた空間の分割最小要素というものを導入する．式 (8.4) で与えられる熱的ド・ブロイ波長 λ である．この長さ以上に分解

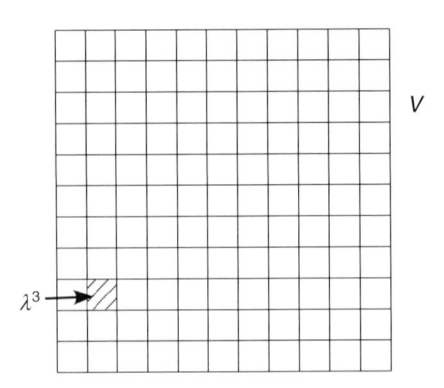

図 8.4 体積 V の空間を体積要素 $\delta v = \lambda^3$ により分割する.

することはできない,ということを量子力学が教えている.この長さ単位を用いると,式 (8.40) は,

$$\frac{S}{k} = \ln\left(\frac{V}{\lambda^3}\right)^N + const \tag{8.41}$$

となる.これは体積 V と体積要素 $\delta v = \lambda^3$ の比の積となっているので,図 8.4 で示されるように,理想気体 1 分子がとる状態数になることがわかる.そして,その N 乗積が,N 個の独立した分子が $V/\delta v$ に分割された部屋を占める場合の数に相当する.

8.4 エネルギー等分配則

理想気体の場合の分配関数を求めてみる.はじめに自由空間を考える.このときは気体分子の実空間位置の範囲には制限がないので,運動量空間のみを考えればよい.分配関数における和

$$\sum_i e^{-\beta E_i}$$

のなかの全エネルギー E_i は,分子 1 個 1 個のエネルギー $\varepsilon_j = p_j^2/2m$ の和であるから,

$$\sum_i e^{-\beta E_i} = \prod_j e^{-\beta \frac{p^2}{2m}}$$

である.和を積分ととり,

$$Z = \left[\frac{1}{\Delta p}\int_{-\infty}^{\infty} dp\, e^{-\beta \frac{p^2}{2m}}\right]^N \tag{8.42}$$

公式

$$\int_{-\infty}^{\infty} e^{-ax^2}dx = \sqrt{\frac{\pi}{a}} \tag{8.43}$$

より,

8.4 エネルギー等分配則

$$Z = \left(\frac{2\pi m}{(\Delta p)^2 \beta}\right)^{3N/2} \tag{8.44}$$

が得られる．これより，式 (8.25) を使うとただちに，

$$U = \frac{3}{2}NkT \tag{8.45}$$

とエネルギー等分配則が得られる．

次に，実空間での範囲を $V = L^3$ に制限しよう．実空間でのポテンシャルは一定なので，実空間積分は単に V を与えるのみである．状態関数で式 (8.42) に加えて，

$$\left[\frac{1}{\Delta x}\int_{-\infty}^{\infty}dq\right]^{3N} = \left(\frac{L}{\Delta x}\right)^{3N} = \left(\frac{V}{(\Delta x)^3}\right)^N \tag{8.46}$$

をかけあわせればよい．さらにもう 1 つ重要なことが残っている．同種粒子での統計についての問題である．これまでの数え方は N 個の粒子をすべて違うものとして計算したが，我々は同種粒子の区別はできない．それゆえ，分配関数は全部で $N!$ の冗長性がある．それで $N!$ で割らなければならない．最終的に分配関数は，

$$Z = \frac{1}{N!}\left(\frac{2\pi m}{(\Delta x \cdot \Delta p)^2 \beta}\right)^{3N/2} V^N \tag{8.47}$$

となる．式 (8.47) で，$\Delta x \cdot \Delta p$ は h に，そして，$N! \cong N^N e^{-N}$ を用いて[†]，

$$Z = \left(\frac{2\pi mkT}{h^2}\right)^{3N/2}\left(\frac{V}{N}e\right)^N \tag{8.48}$$

を得る．これから自由エネルギーは，

$$F = -NkT\left[\frac{3}{2}\ln\left(\frac{2\pi mkT}{h^2}\right) + \ln\left(\frac{V}{N}\right) + 1\right] \tag{8.49}$$

である．内部エネルギー U は運動量空間積分で得られた式 (8.45) と変わらない．エントロピー S は，

$$S = \frac{U - F}{T} = Nk\left[\frac{5}{2} + \frac{3}{2}\ln\left(\frac{2\pi mkT}{h^2}\right) + \ln\left(\frac{V}{N}\right)\right] \tag{8.50}$$

となり，以前に現れたサックール・テトロード式 (6.104) と一致することがわかる．

■ 則問 19

理想気体の自由エネルギーの式 (8.49) から圧力 p が求まる．次の定義式から理想気体の状態方程式が得られることを示せ．

$$p = -\left(\frac{\partial F}{\partial V}\right)_T$$

[†] スターリングの公式，$\ln N! = N\ln N - N$ からただちに得られる．

則問 20

一方で，圧力の表式として次の定義式をよくみる．

$$p = -\frac{\partial U}{\partial V}$$

理想気体では，式 (8.45) でみる通り，U は V に依存しないので，$p=0$ という結論になってしまう．何がおかしいのだろうか？（付録 B の例題 B.1 参照）．

8.5 エネルギーのゆらぎ

温度 T の関数としての内部エネルギーが式 (8.29) で与えられている．これより比熱は，

$$\begin{aligned} C &= \frac{dU(T)}{dT} = \frac{d}{dT}\left\{\frac{\sum_i E_i e^{-E_i/kT}}{\sum_i e^{-E_i/kT}}\right\} \\ &= \frac{1}{kT^2}\left\{\frac{\sum_i E_i^2 e^{-E_i/kT}}{Z} - \frac{(\sum_i E_i e^{-E_i/kT})(\sum_i E_i e^{-E_i/kT})}{Z^2}\right\} \\ &= \frac{1}{kT^2}\left\{\frac{\sum_i E_i^2 e^{-E_i/kT}}{Z} - \left(\frac{\sum_i E_i e^{-E_i/kT}}{Z}\right)^2\right\} \end{aligned} \quad (8.51)$$

これは，

$$C = \frac{1}{kT^2}\left\{\langle E^2 \rangle - \langle E \rangle^2\right\} \quad (8.52)$$

と書き換えられるが，これは統計でいうところの偏差，つまり物理ではゆらぎに相当するものである．これから，比熱はエネルギーの平均値ではなく，ゆらぎであることがわかる．

式 (8.52) にみられる，物質の性質とゆらぎの間の関係は比熱だけに成り立つものではなく，もっと一般化できるものであり，揺動散逸定理と呼ばれているものである．ゆらぎをみると，物質の外場に対する応答がわかる．逆に，応答関数からエネルギーのゆらぎがわかるというものである．

8.6 水素分子の回転運動

分配関数を使った統計力学の具体的な応用として，水素分子の回転運動による比熱を取り上げよう．この問題は量子力学の形成過程で重要な役割を果たした．

水素分子 H_2 は鉄アレイの形をしている（図 8.5）．重心の周りには回転運動が生じる．古典的にはその回転運動エネルギーは，

$$\varepsilon_{\text{rot}} = \frac{\ell^2}{2I} \quad (8.53)$$

となる．ℓ は回転運動の角運動量である．古典的にはこれは連続的に変化できるものであるが，量子力学では離散化し，不連続な値のみをとれる．

8.6 水素分子の回転運動

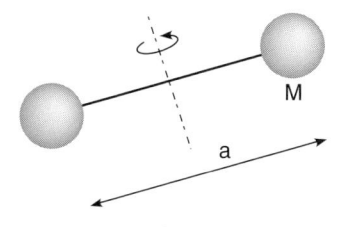

図 8.5 水素分子 H_2

$$\ell^2 = J(J+1)\hbar^2 \tag{8.54}$$

回転エネルギーがこのように離散的な値をとるということは実験事実であると受け止めてほしい．ただ，このエネルギー間隔があまりにも小さいので，我々の日常世界では連続的にみえるというだけのことである．

慣性モーメントは分光データより，

$$I = 0.46 \times 10^{-40}\,\mathrm{g \cdot cm^2} \tag{8.55}$$

となっている．したがって，単位回転エネルギーの大きさは，

$$\begin{aligned}\Theta &= \frac{1}{k}\frac{\hbar^2}{2I} = \frac{1}{1.38 \times 10^{-17}}\frac{(1.055 \times 10^{-27})^2}{2(0.46 \times 10^{-40})} \\ &= 87\,\mathrm{K}\end{aligned} \tag{8.56}$$

となる．以下の数値シミュレーションではエネルギーを温度単位で表す．これまでの議論より期待されることは，比熱は高温の極限で古典的記述，エネルギー等分配則にしたがう．鉄アレイの回転運動の自由度は 2 であるから，その比熱への寄与はちょうど R となる．並進とあわせて $(5/2)R$ となるであろう．一方で，低温極限ではネルンストの定理より 0 に収束するはずである．もちろん，0 K に近づくといずれ液化するので，気体のままで比熱が 0 になるところまで観測できない．実験事実は，沸点（$T_b = 20.4\,\mathrm{K}$）以上ですぐ一定になり，100 K 付近までその値を保つ．その一定値は上記の予測値 $(5/2)R$ ではなく $(3/2)R$ である．これは並進運動のみが比熱に寄与し，あたかも回転運動が凍結したようにみえる[†]．量子力学が誕生する以前にはこの不一致の原因がわからず，ゾンマーフェルトは「自由度は数えるものではなく，測定するものである」といったそうである．以降は，この回転運動の寄与だけを考える．低温から温度を上げると，比熱は 0 から増加し，あるところで極限値 R に近づく．その分岐となる特性温度は何であろうか？ これまでのところ，単位回転エネルギー以外にこの系に特徴的なエネルギーはない．それで物理的直感をはたらかせ，単位回転エネルギー $\Theta = 87\,\mathrm{K}$ でないだろうかと推測する．

実際に上記のデータを使って比熱を計算してみる．分配関数は，

$$Z = \sum_{J}^{J_{\max}} \exp\left(-J(J+1)\frac{\Theta}{T}\right) \tag{8.57}$$

[†] さらに，水素分子にはスピンという古典論では理解不能の自由度が思いもよらぬ効果をもたらしている．この場合は J が偶数か奇数かで場合分けしなければならない．このトピックスについては興味ある読み物[(1)]がある．

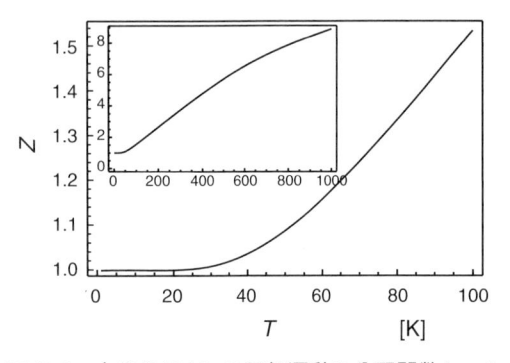

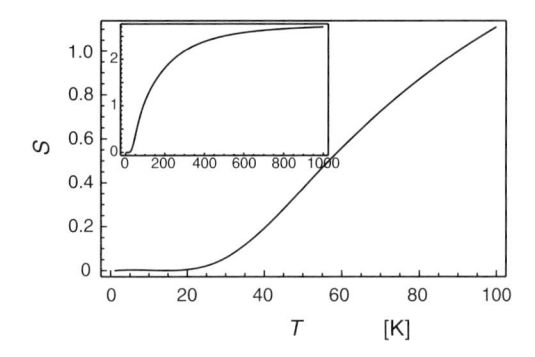

図 8.6 水素分子 H_2 の回転運動の分配関数とエントロピー $J_{\max} = 3$ としたときの結果. 内側に温度スケールを 1000 K まで変えてプロットしている. エントロピー S は R を単位として示している.

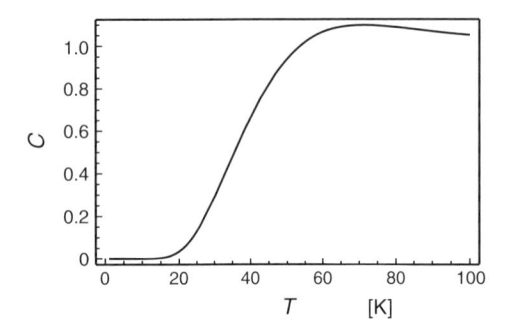

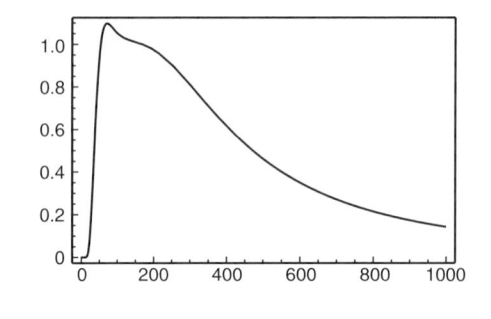

図 8.7 水素分子 H_2 の回転運動による比熱 $J_{\max} = 3$ としたときの結果. 比熱 C は R を単位として示している. 右図はスケールを変えてプロットしたもの.

である. J の最大値 $J_{\max}$ は本来は無限大であるが, 数値計算上は適当なところで切る. $J_{\max} = 3$ としたときの結果を示す. 図 8.6 には分配関数とエントロピーが, 図 8.7 には比熱が温度の関数で示されている. この結果を吟味してみよう.

　まず分配関数のかたちであるが, 図 8.6 をみると, 案外つまらない変化しかしないという印象ではないだろうか. 統計力学ではすべての量が分配関数から求められるというのに, 元の関数のかたちはそれほど特別なものはないようにみえる. おそらく, この関数のかたちだけをみて物質の個性を読みとるのは至難なことである. エントロピーも同じである. これはもともと物理的に意味のある量はすべてこの分配関数の変化, 微分であり, さらに実験で求まる比熱, 帯磁率などはその 2 次微分であるから, なお一層の微弱な変化だけに依存するものだからである. もし仮に実験から自由エネルギーが直接求まったとしても, その 2 次微分が誤差内で求まるようにするには大変な精度が必要と思われる.

　この結果で注意すべき点は, 比熱の温度変化である. まず, 図 8.7 の左のグラフの 100 K までの範囲でみると, 比熱が温度とともに増加している点は期待通りであるし, Θ くらいの温度で先の予測通り R に近くなっているのもよい. しかし, それ以上の温度で T とともにわずかに減少しているようにみえる. そして, 実際にその通りであることは図 8.7 の右のグラフをみれば確認できる. つまり, 高温となっても古典極限にはならない. これはなぜだろうか？

8.6 水素分子の回転運動

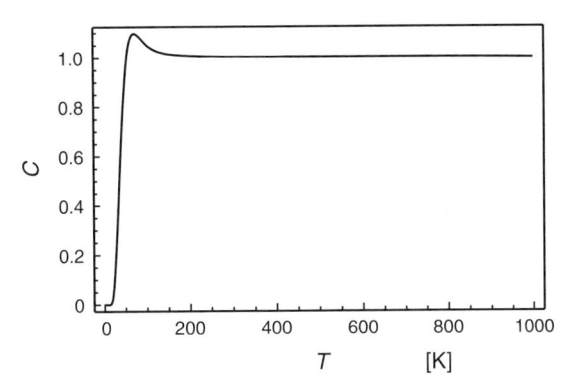

図 8.8 水素分子 H_2 の回転運動による比熱　$J_{max} = 10$ としたときの結果.

この原因は元の式を振り返るとわかるが，それより数値実験をしてみる方が早い．今度は $J_{max} = 10$ まで増やして計算してみる．その結果は図 8.8 に示されるが，明らかに高温での振る舞いは改善されている．$T > 200\,\mathrm{K}$ ではほとんど古典的極限 R に収束している．これまでの経験から，これでも温度がさらに高くなるとどこかで C は減少しはじめるだろう．その問題は究極的には極限 $J_{max} \to \infty$ をとることで解決される．古典的には回転のエネルギーに上限はないので，極限操作 $J_{max} \to \infty$ をとることは合理的である[†].

これで問題は解決されたが，いま一度，比熱というものを振り返ってみる．エネルギー等分配則という場合，エネルギー準位 $J(J+1)\Theta$ には，縮退も含めて同じ熱エネルギー kT が割り振られると考える．大ざっぱにいえば，kT よりも小さなエネルギー $J(J+1)\Theta$ をもつ J 状態は，どれも同じ程度の確率で励起され，エネルギーがそれ以上の状態は励起されない．温度を上げても J には上限がないので，次々に上の準位が利用可能で上がった分のエネルギーを収納することが可能である．だから比熱は一定となる．ところが，仮に J のとりうる値に上限があるとするとどうなるか？ T がその上限を超えたところで，新たな状態は利用可能でない．占有された状態はすでにほぼ同じ確率で占有されている．乱雑さがすでにすべての状態にいきわたり，それ以上乱雑になることができないのである．比熱は熱振動の大きさというより，乱雑さの程度を表すというのはここで活きてくる．

古典的には，回転運動にしろ，直線運動あるいは振動運動にしろ，エネルギーの上限というものはないので，高温でエネルギー等分配則が成り立つ．しかし，何らかの理由でとりうる状態が制限されている場合は，エネルギー等分配則は破綻する．量子極限の $T \to 0$ ばかりでなく，高温極限でも $C \to 0$ となり，その自由度がなくなってしまうようにみえる．このような例は，上述のような人為的な例だけでなく，実際に起こっていることである．一番端的な例は二準位系であろう．この場合は，二準位の間のエネルギーが特性温度 Θ に相当し，その辺りでのみ比熱は顕著な変化をする（ショットキー異常）．物理で興味のある系は，二準位系に多い．レーザー発振などはこれを利用したものである．また，磁性体では上述の J に相当する状態には上限があるので，比熱は上記の Θ に相当する温度だけで顕著な値をとる．そうでなかったら，鉄などは高温の比熱は $3R$ より大変大きな値となったことであろう（例題 2.4 参照）．

[†] 回転運動のエントロピーへの寄与を分光学的な立場からきちんと説明したものは文献 (2).

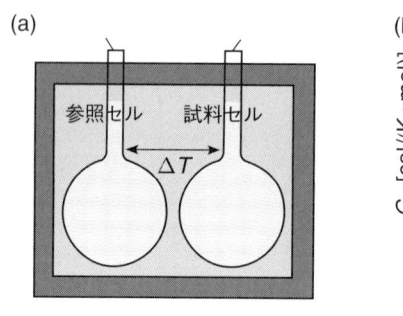

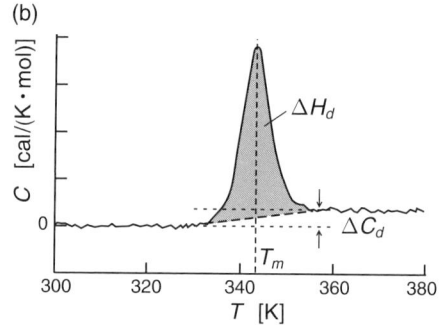

図 8.9 タンパクの折りたたみ構造の変化により比熱に変化が現れる (b). (a) はその比熱変化を測定する装置.

比熱はこうして熱振動の大きさを表すというより，微視的なエネルギーの平均値からのずれを示すものであることを理解する．物質は相転移を起こすときこのずれが最も顕著となる．したがって，比熱の測定はそこで何か異常なことが起こっていることの検証になる．熱力学を学んだ当初は，比熱は熱運動の大きさを表すものと理解されてきたが，いまやまったく見方が違ってきて，物質内部の秩序状態をみるもの，「何か変わったことが起こっている」ことを検証するためのものへと変わってしまった．

構造が変わるのは何も沸点や融点だけで起こるのではない．電気的性質，磁気的性質の変化もあれば，また必ずしも低温だけで不思議なことが起こるわけではない．タンパク質は元は長い1次元鎖構造であるが，実際はそれが複雑に折りたたまれた構造をもつ．その折りたたみ方に変化が生じて生命反応にいろいろ変化をもたらす．その変化は比熱のピークとなって室温付近で現れる (図8.9)[3].

問題 8.1 慣性モーメント

水素分子 H_2 のボンド長さは $a = 0.71\,\text{Å}$ である．原子を質点として古典的な慣性モーメントを求めよ．上述の実験値 (8.55) と比べてどれくらいあっているか？

慣性モーメント $I = 2m(a/2)^2$ は，

$$I = 2(1.66 \times 10^{-24}\,\text{g}) \left(\frac{0.71 \times 10^{-8}\,\text{cm}}{2}\right)^2$$
$$= 0.418 \times 10^{-40}\,\text{g} \cdot \text{cm}^2 \tag{8.58}$$

問題 8.2 酸素分子

酸素分子 O_2 も H_2 と同じかたちであるから，同様の議論が成り立つ．酸素分子は，ボンド長さは $a = 1.21\,\text{Å}$ である．その慣性モーメントを求め，回転運動の単位エネルギーを計算せよ．その値は水素分子の場合と比べて何を意味するか？

本格的な統計力学へ向けて

　本書での統計力学は，統計力学のほんの入口の部分を紹介したにすぎない．本格的な統計力学の勉強のためには，ちゃんとした1冊の教科書が必要である．統計力学の分野では良書が数多く出されており，大学の本屋では選ぶのに迷うことだろう．そういうとき，類書の最後には参考になる文献が，ときには論評入りで書かれているので参考になる．しかしながら，必ずしもあてにならない．第1にそれらの著者たちは一流の物理学者で，そういう人の経験で語っているものであるから，我々凡人にそのままあてはまるとは限らない．

　むしろ初心者へは「名声で選ぶな」と忠告したい．ランダウの教科書[4]は著者が有名だし，いろんな教科書で必ずといってよいほど挙げられている．しかし，これはレベル以上の人のためのもので，初心者がこれにとりかかると消化不良を起こす．古典的大著であるTolmanの教科書[5]は古くとも内容的に廃れることのない立派な本と思うが，非常に数学的で，相当の時間・忍耐が要され，著者など一度も通読できないでいる．同じ古典的な教科書でも，参考文献[4]であれば現象がよく説明されていて，実験家にとっても読みやすいのとは対照的である．この分野は，性格上，数学的な記述になるのは止むをえず，数学を嫌っていたら話にならないが，それも程度問題である．たとえば，以前に岩波講座「現代物理学の基礎」にあった『統計物理学』(戸田盛和・久保亮五 編，いまは英訳[6],[7]で入手可能である)は名著として誉れ高いが，著者など数学を追うことで精いっぱいで，それがどのような意味をもつか考える余裕さえない．入門書を学習したうえで，さらに理論へ進みたい人が買っても遅くはない．このシリーズは湯川秀樹博士が監修ということで購入した読者も多いと思うが，熱力学の部分は初心者だけでなく，現在の著者が読んでも「熱力学とはなんと不可解な学問であろう」と思ってしまう．

　注意したいのは，タイトルとしては「統計力学」と一般的になっているが，実体として臨界現象，あるいは量子液体など特定の分野を専門的に深めているもの，あるいは場の理論の数学を述べたものがあることだ．ファインマンの『統計力学』なる本は経路積分を使うためのものであり，これで統計力学の基礎を学ぼうとするのは間違いだろう．

　大半の読者にとっては文献(8)が読みやすい．数学に埋没することなく，現象をよく説明しているからであろう．さらにもっと初等的レベルでの教科書[9]があり，現象を感覚的にとらえるのによい．量子統計に比重が移ったものには文献(10)などがあるが，我が国の寄与が大きい分野であるので，邦人による著作も多く，そのなかで適切なものを見いだすことができよう．正直に述べると，著者は邦人の初等的な統計力学の教科書を精読したことがなく，推薦書を語る資格がない．

　量子統計を扱ったものは，かなり物質の性質に入り込んだものが多く，固体物理学の基礎知識なしでは困難となる．この分野では統計力学と物性理論は一体となったものであり，前述した通り，漠然と参考書のリストを作っても意味がない．ただし，固体の性質を統計力学の観点から貫いているWallaceの本[11]は挙げておく．6章で挙げたNyeも結晶の熱力学的性質の観点から推薦する．

　初心者向きの教科書にはならないが，最近書かれた文献(12),(13)は現代物理の最前線でどのように使われているか，概観を与えるものであろう．

文　献

(1) 朝永振一郎,『スピンはめぐる』, 中央公論社 (1974)
(2) J. D. ファースト 著, 市村 浩 訳,『エントロピーの本質と理学および工学における応用』, 好学社 (1969)
(3) D. T. Haynie, *Biological Thermodynamics*, 2nd ed., Cambridge (2008)
(4) ランダウ・リフシッツ 著, 小林秋男・小川岩雄・富永五郎・浜田達二・横田伊佐秋 訳,『統計物理学』第 3 版（上・下）, 岩波書店 (1980)
(5) R. C. Tolman, *The Principle of Statistical Mechanics*, Oxford (1938)
(6) M. Toda, R. Kubo and N. Saito, *Statistical physics I: Equilibrium Statistical Mechanics*, Springer (1983)
(7) R. Kubo, M. Toda and N. Hashitsume, *Statistical physics II: Nonequilibrium Statistical Mechanics*, 2nd ed., Springer (1985)
(8) F. Reif, *Fundamentals of Statistical and Thermal Physics*, McGraw-Hill (1965); F. ライフ 著, 中山寿夫・小林祐次 訳,『統計物理学の基礎』(上・中・下), 吉岡書店 (1977)
(9) F. ライフ 著, 久保亮五 監訳,『統計物理学』(バークレー物理学コース 5, 上・下), 丸善 (1970)
(10) C. キッテル 著, 斉藤信彦・広岡 一 訳,『統計物理』, サイエンス社 (1977)
(11) D. C. Wallace, *Statistical Physics of Crystals and Liquids: A Guide to Highly Accurate Equations of State*, World Scientific (2002)
(12) I. Sachs, S. Sen and J. C. Sexton, *Elements of Statistical Mechanics*, Cambridge (2006)
(13) D. C. Mattis and R. H. Swendsen, *Statistical Mechanics made Simple*, 2nd. ed., World Scientific (2008)
(14) D. アドラー 著, 菊池 誠・飯田昌盛・白石 正 訳,『MIT の統計力学および熱力学』, 現代工学社 (1983)

参考文献

本書を著すうえで，全体として参考にした教科書には以下のようなものがある．

[1] H. B. Callen, *Thermodynamics and an Introduction to Thermostatistics*, 2nd ed., Wiley (1985); H. B. キャレン 著，山本常信・小田垣孝 訳，『熱力学 —— 平衡状態と不可逆過程の熱物理学入門』(上・下)，吉岡書店 (1978)

[2] Y. A. Cengel and M. A. Boles, *Thermodynamics: an engineering approach*, 4th ed., McGraw-Hill (2002); Y. A. センゲル・M. A. ボゥルズ 著，浅見敏彦・細川欽延・桃瀬一成 訳，『図説 基礎熱力学』，オーム社 (1997)

[3] M. W. Zemansky and R. H. Dittman, *Heat and Thermodynamics*, 7th ed., McGraw-Hill (1997)

[4] A. ゾンマーフェルト 著，大野鑑子 訳，『熱力学および統計力学』，講談社 (1969)

[5] C. キッテル 著，山下次郎・福地 充 訳，『熱物理学』第 2 版，丸善 (1983)

[6] I. プリゴジン・D. コンデプディ 著，妹尾 学・岩元和敏 訳，『現代熱力学 —— 熱機関から散逸構造へ』，朝倉書店 (2001)

[7] 北山直方，『図解 熱力学の学び方』，オーム社 (1977)
    これは平易な工学書で，正統的な物理の教科書としては一段低いものとみられるかもしれない．しかし，著者はこの本ではじめて現実の計算力が養われたので，少し古いものだが挙げた．

[8], [9] については非平衡熱力学の教科書である．本書の読者は非平衡熱力学の教科書を参照する必要はない．しかし，本書の趣旨より，場合によってはエントロピーの生成など，非平衡熱力学の教科書で説明されることも取り入れたところもある．そのため参考書を挙げておく．

[8] I. Prigogine, *Introduction to Thermodynamics of Irreversible Process*, 3rd ed., Wiley (1967)

[9] S. R. de Groot and P. Mazur, *Non-Equilibrium Thermodumanics*, Dover Pub. New York (1984)

本書では，物理以外にさまざまな分野からの例題を取り入れているが，著者はそれらの問題に関して何ら専門家ではない．[10]〜[13] にはそれらについて執筆時にお世話になったものを挙げて，感謝の意を表したい．ただし，ここに挙げられたものはその分野での権威書であるかどうかで判断し

ているのではなく，単に，著者の手の届くところにあるという理由である．

- [10] 玉虫文一,『物理化学序論』, 3 訂版, 培風館 (1972)
  これは明らかに良い本である．実例が豊富で，かつ歴史的な実験についてもふれられている．
- [11] 鈴木次郎,『地球物理学概論』, 朝倉書店 (1974)
- [12] 白浜啓四郎・杉原剛介 編著, 井上 亮・柴田 攻・山口武夫 共著,『生物物理化学の基礎 ── 生体現象理解のために』, 三共出版 (2003)
  特に生物分野は著者にとってまったくの異分野であり，大学初年度の教科書さえ読むのが苦痛であるが，これは，そのような著者がなんとか読める本であったし，何よりも生体内で何が起こっているか物理の観点から考えるのに参考にさせてもらった．次も同じである．
- [13] D. サダヴァ 他 著, 石崎泰樹・丸山 敬 訳,『カラー図解 アメリカ版 大学生物学の教科書 第 1 巻 細胞生物学』, 講談社 (2010)

その他まったく任意の分野であるが，下記のような広く境界をまたぐ分野からも題材を取り入れた．

- [14] M. L. Davis and S. J. Masten, *Principles of Environmental Engineering and Science*, McGraw Hill (2004)
- [15] S. L. ミラー・L. E. オーゲル 著, 野田春彦 訳,『生命の起源』, 培風館 (1975)
- [16] P. ウルムシュナイダー 著, 須藤 靖・田中深一郎・荒深 遊・杉村美佳・東 悠平 訳,『宇宙生物学入門 ── 惑星・生命・文明の起源』, シュプリンガー・ジャパン (2008)
  これは参考文献 [15] に比べて新しい．特に，惑星の生命体存在の可能性については参考文献 [15] の頃とは格段の差を示している．

このような他分野を勉強して改めて気付いたことは，これらの分野では物理法則の使い方を実にうまく教えているということである．簡単でありながら，当の物理学専攻の学生（だけでなく教師も）が使いこなせないような法則を使いこなしている．こういうことを目の当たりにするにつけ，「導くことより使えるようにする」ことを重心に据える本書の方針を貫こうと確信した次第である．

付録 A
物理定数表

表 A.1　物理定数

定数	値	単位
光の速度	$c = 2.997925 \times 10^8$	m/s
電子の電荷	$e = 1.6022 \times 10^{-19}$	C
電子質量	$m_e = 9.10953 \times 10^{-31}$	kg
陽子質量	$m_p = 1.67265 \times 10^{-27}$	kg
原子質量	$u = 1.66057 \times 10^{-27}$	kg
プランク定数	$h = 6.6262 \times 10^{-34}$	J·s
アボガドロ定数	$N_A = 6.0220 \times 10^{23}$	mol^{-1}
ボルツマン定数	$k_B = 1.381 \times 10^{-23}$	J/K
気体定数	$R = 8.314$	J/(K·mol)
熱の仕事当量	$J = 4.184$	J
万有引力定数	$G = 6.672 \times 10^{-11}$	N·m²/kg²
地球質量	$M_e = 5.98 \times 10^{24}$	kg
地球半径	$R_e = 6.37 \times 10^6$	m

他に単位換算で有用な関係式は 22 ページを参照のこと．

表 A.2 さまざまな物質の標準生成エンタルピー (h_f^0),ギブスの自由エネルギー (g_f^0),エントロピー (s^0)

物質	h_f^0	g_f^0	s^0
$H_{2(g)}$	0	0	130.68
$N_{2(g)}$	0	0	191.61
$O_{2(g)}$	0	0	205.04
$CO_{(g)}$	−110.0	−137.5	197.65
$CO_{2(g)}$	−394.0	−395.0	213.80
$CH_{4(g)}$	−74.9	−50.8	186.16
$C_2H_{2(g)}$	226.73	209.17	200.85
$C_2H_{6(g)}$	−84.68	−32.89	229.49
$C_3H_{8(g)}$	−103.85	−23.49	269.91
$NH_{3(g)}$	−46.19	−16.69	192.33
$NO_{(g)}$	90.25	86.55	210.76
$NO_{2(g)}$	33.18	51.31	240.06
$H_2O_{(l)}$	−286.0	−237.0	69.92
$H_2O_{(g)}$	−241.0	−228.0	188.83
$CH_3OH_{(g)}$	−200.67	−162.0	239.7
$CH_3OH_{(l)}$	−238.66	−166.36	126.8
$Cu_{(s)}$	0	0	33.2
$Fe_{(s)}$	0	0	27.3
$Si_{(s)}$	0	0	18.8
$NaCl_{(s)}$	−411.15	−384.1	72.1
$CaCO_{3(s)}$	−1206.9	−1128.8	92.9

h_f^0 および g_f^0 の単位は kJ/mol,s^0 の単位は J/(K·mol)

付録 B
多変数関数解析

高校までは関数 $y = f(x)$ の微分というものを習ってきている．熱力学では変数の数が多くなり，右辺の変数が 1 つでないときへの拡張が必要である．2 変数の関数 $z = f(x, y)$ を考える．y を固定して x だけを動かす．このときの変化

$$\frac{\partial f(x, y)}{\partial x} = \lim_{\Delta x \to 0} \frac{f(x + \Delta x, y) - f(x, y)}{\Delta x} \tag{B.1}$$

を x に関する偏微分係数という．y を固定したということを強調するため $(\partial f/\partial x)_y$ と書き表すこともある．同様に，x を固定して y だけを動かしたときの変化は，

$$\frac{\partial f(x, y)}{\partial y} = \lim_{\Delta y \to 0} \frac{f(x, y + \Delta y) - f(x, y)}{\Delta y} \tag{B.2}$$

で y に関する偏微分係数が定義できる．これらは x あるいは y に関する関数ともみなせるので，偏導関数という．偏導関数 $\partial f/\partial x$ を f_x と偏微分する変数を添字で書き表すこともある．

点 (x, y) の近くで関数 $f(x, y)$ は，

$$f(x + \Delta x, y + \Delta y) \approx f(x, y) + \frac{\partial f(x, y)}{\partial x} \Delta x + \frac{\partial f(x, y)}{\partial y} \Delta y \tag{B.3}$$

と近似できる．この図示的な意味は図 B.1 に示されるが，点 (x, y) から出発して x 方向に Δx 進むと点 $(x + \Delta x, y)$ に到達し，その間 $z = f(x, y)$ は $(\partial f/\partial x)\Delta x$ だけ増加する．次に，点 $(x + \Delta x, y)$ から y 方向に Δy 進むと，点 $(x + \Delta x, y + \Delta y)$ に到達し，その間 $z = f(x, y)$ は $(\partial f/\partial y)\Delta y$ だけ増加する．全体としての増加はそれらの和となる．最終的な結果は，たどる経過によらない．はじめに y 方向に動いて次に x を増加させても同じである．

全体の変化を全微分と呼び，df と表す．

$$df = \frac{\partial f}{\partial x} dx + \frac{\partial f}{\partial y} dy \tag{B.4}$$

と書き表されるが，それは常に式 (B.2) の極限操作をとったものと理解される．式 (B.4) の微分係数は，どの変数を固定したかを明示するために，

$$df = \left(\frac{\partial f}{\partial x}\right)_y dx + \left(\frac{\partial f}{\partial y}\right)_x dy \tag{B.5}$$

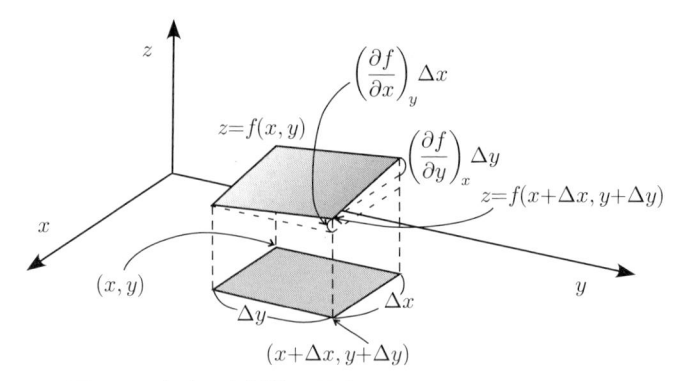

図 B.1　点 (x, y) 近傍の関数　$z = f(x, y)$ の変化の様子.

と書けばより完璧である.

2 階の偏微分も同様に定義することができ,

$$\frac{\partial^2 f(x,y)}{\partial x^2} \equiv \frac{\partial}{\partial x}\left(\frac{\partial f(x,y)}{\partial x}\right) = \frac{\partial f_x(x,y)}{\partial x} = f_{xx}(x,y)$$

$$\frac{\partial^2 f(x,y)}{\partial y^2} \equiv \frac{\partial}{\partial y}\left(\frac{\partial f(x,y)}{\partial y}\right) = \frac{\partial f_y(x,y)}{\partial y} = f_{yy}(x,y) \quad \text{(B.6)}$$

xy に関しても同様に,

$$\frac{\partial^2 f(x,y)}{\partial x \partial y} \equiv \frac{\partial}{\partial x}\left(\frac{\partial f(x,y)}{\partial y}\right) = \frac{\partial f_y(x,y)}{\partial x} = f_{xy}(x,y)$$

$$\frac{\partial^2 f(x,y)}{\partial y \partial x} \equiv \frac{\partial}{\partial y}\left(\frac{\partial f(x,y)}{\partial x}\right) = \frac{\partial f_x(x,y)}{\partial y} = f_{yx}(x,y) \quad \text{(B.7)}$$

で, x, y の微分の順番は関係ない. すなわち,

$$\frac{\partial^2 f(x,y)}{\partial x \partial y} = \frac{\partial^2 f(x,y)}{\partial y \partial x} \quad \text{(B.8)}$$

が成り立つ.

全微分と偏微分との対比を, 具体的な例を用いて調べてみよう. 使い慣れた $dU = TdS - pdV$ は, 上記の全微分の表式

$$dU = \left(\frac{\partial U}{\partial S}\right)_V dS + \left(\frac{\partial U}{\partial V}\right)_S dV \quad \text{(B.9)}$$

と比較することにより,

$$p = -\left(\frac{\partial U}{\partial V}\right)_S \quad \text{(B.10)}$$

を得る. 図 1.6 でみた通り, 圧力を経路積分 $\int pdV$ したものは経路によって変わる. しかし, dU を積分したものはその経路によらず最初と最後に値の差だけで決まる. これは, dU が式 (B.9) の全微分で表されていることの反映である. すなわち, dU には V の変化も S の変化も両方を反映している. 一方, 圧力の式 (B.10) は変数が 1 つだけ偏微分である. このことが 1.2.4 節で議論したように, 仕事 W が経路に依存することの原因である. もし, 2 成分ベクトル量

$$\mathbf{f} = \left(\frac{\partial U}{\partial V}, \frac{\partial U}{\partial S}\right) \tag{B.11}$$

により拡張「圧力」$\mathbf{f}$ を定義し，2つの座標 $\mathbf{x} = (V, S)$ 表現による経路積分

$$W' = \int_C \mathbf{f} \cdot \mathbf{x} \tag{B.12}$$

を評価すれば，その拡張「仕事」W' は経路にはよらない状態量となっただろう．

例題 B.1　圧力の定義

自由エネルギー $dF = SdT - pdV$ を，全微分の式

$$dF = \left(\frac{\partial F}{\partial T}\right)_V dT + \left(\frac{\partial F}{\partial V}\right)_T dV \tag{B.13}$$

と比較すると，

$$p = -\left(\frac{\partial F}{\partial V}\right)_T \tag{B.14}$$

を得る．式 (B.14) により，則問 19 で行ったように理想気体の圧力が求まる．同じ結果を U を用いた式 (B.10) から求めてみよ．則問 20 で与えた表式は正確には式 (B.10) の示すように，$S = const$，すなわち断熱変化で評価すべきものである．

> 2.4 節の断熱過程の表式，$TV^{\gamma-1} = const$ を用いよ．

他にも有用な関係式を挙げておく．関係式 $Z = Z(X, Y)$ に対して，

$$\left(\frac{\partial Y}{\partial X}\right)_Z = \frac{1}{\left(\frac{\partial Y}{\partial X}\right)_Z} \tag{B.15}$$

$$\left(\frac{\partial Y}{\partial X}\right)_Z = -\frac{\left(\frac{\partial Z}{\partial X}\right)_Y}{\left(\frac{\partial Z}{\partial Y}\right)_X} \tag{B.16}$$

さらに，X と Y が他の変数 W の関数で表されるとき，

$$\left(\frac{\partial Y}{\partial X}\right)_Z = \frac{\left(\frac{\partial Y}{\partial W}\right)_Z}{\left(\frac{\partial X}{\partial W}\right)_Z} \tag{B.17}$$

が成り立つ．

例題 B.2　断熱圧縮による加熱

これまでたびたび断熱圧縮による温度変化

$$\left(\frac{\partial T}{\partial p}\right)_S = -\frac{\beta TV}{c_p} \tag{B.18}$$

に出会ってきた．これを導く．

まず全微分の式 (B.4) にあうように，G を温度 T，圧力 p の関数として表し，
$$dG = -SdT + Vdp \tag{B.19}$$
となることを確認しておく．これは，
$$\begin{aligned} S &= -\left(\frac{\partial G}{\partial T}\right)_p \\ V &= \left(\frac{\partial G}{\partial p}\right)_T \end{aligned} \tag{B.20}$$
であることを意味する．

一般的な数学的関係式 (B.16) より，
$$\left(\frac{\partial T}{\partial p}\right)_S = \frac{\left(\frac{\partial S}{\partial p}\right)_T}{\left(\frac{\partial S}{\partial T}\right)_p}$$

$G(T,p)$ に関する 2 次微分の関係より，
$$-\left(\frac{\partial S}{\partial p}\right)_T = \left(\frac{\partial V}{\partial T}\right)_p$$

が成り立つ．右辺は熱膨張係数 βV のことであるので，式 (B.18) が得られる．

こうして，エントロピーの等温的圧力変化 $(\partial S/\partial p)_T$ と体積の等圧的温度変化 $(\partial V/\partial T)_p$ という一見何の関係もないようにみえる量が対応しているということは驚きである．このような関係を見いだす魔法のようなテクニックを身に付けたいならば，参考文献 [1] などの参考書を読まなければならない．

例題 B.3　$1/T$ の関数としての F

ヘルムホルツの自由エネルギー $F = U - TS$ は，T と V の自然な関数としてその変化が表される．
$$dF = -SdT - pdV \tag{B.21}$$
これにより，
$$S = -\left(\frac{\partial F}{\partial T}\right)_V, \quad p = -\left(\frac{\partial F}{\partial V}\right)_T \tag{B.22}$$
が得られる．

今度は独立変数として $1/T$ をとり，F/T を $1/T$ と V の関数として表現してみる．$F/T = U/T - S$ の微分は，
$$d\left(\frac{F}{T}\right) = d\left(\frac{U}{T} - S\right) = \frac{dU}{T} + Ud\left(\frac{1}{T}\right) - dS \tag{B.23}$$

である．一方，$dU = TdS - pdV$ より，

$$dS = \frac{dU}{T} + \frac{pdV}{T} \tag{B.24}$$

なので，

$$d\left(\frac{F}{T}\right) = U d\left(\frac{1}{T}\right) - \left(\frac{p}{T}\right) dV \tag{B.25}$$

となる．それゆえ体積は一定条件の下，

$$U = \frac{\partial}{\partial \left(\frac{1}{T}\right)} \left(\frac{F}{T}\right)_V \tag{B.26}$$

付録 C
数値テーブル

表 C.1　飽和蒸気の状態表

表 C.2　過熱水蒸気の状態表

表 C.3　圧縮水の状態表

参考文献 [1], [2] より引用
原典：J. H. Keenan, F. G. Keyes, P. G. Hill and J. G. Moore,
Steam Tables, John Wiley & Sons Inc. (1978)

表 C.1　飽和蒸気の状態表

温度 T °C	圧力 P kPa	比体積 m³/kg 飽和水 v_l	比体積 m³/kg 飽和蒸気 v_g	内部エネルギー kJ/kg 飽和水 u_l	内部エネルギー kJ/kg 蒸発エネルギー u_{lg}	内部エネルギー kJ/kg 飽和蒸気 u_g	エンタルピー kJ/kg 飽和水 h_l	エンタルピー kJ/kg 蒸発エンタルピー h_{lg}	エンタルピー kJ/kg 飽和蒸気 h_g	エントロピー kJ/(K·kg) 飽和水 s_l	エントロピー kJ/(K·kg) 蒸発エントロピー s_{lg}	エントロピー kJ/(K·kg) 飽和蒸気 s_g
0.01	0.6113	0.001000	206.14	0.00	2375.3	2375.3	0.01	2501.3	2501.4	0.0000	9.1562	9.1562
5	0.8721	0.001000	147.12	20.97	2361.3	2382.3	20.98	2489.6	2510.6	0.0761	8.9496	9.0257
10	1.2276	0.001000	106.38	42.00	2347.2	2389.2	42.01	2477.7	2519.8	0.1510	8.7498	8.9008
15	1.7051	0.001001	77.93	62.99	2333.1	2396.1	62.99	2465.9	2528.9	0.2245	8.5569	8.7814
20	2.339	0.001002	57.79	83.95	2319.0	2402.9	83.96	2454.1	2538.1	0.2966	8.3706	8.6672
25	3.169	0.001003	43.36	104.88	2304.9	2409.8	104.89	2442.3	2547.2	0.3674	8.1905	8.5580
30	4.246	0.001004	32.89	125.78	2290.8	2416.6	125.79	2430.5	2556.3	0.4369	8.0164	8.4533
35	5.628	0.001006	25.22	146.67	2276.7	2423.4	146.68	2418.6	2565.3	0.5053	7.8478	8.3531
40	7.384	0.001008	19.52	167.56	2262.6	2430.1	167.57	2406.7	2574.3	0.5725	7.6845	8.2570
45	9.593	0.001010	15.26	188.44	2248.4	2436.8	188.45	2394.8	2583.2	0.6387	7.5261	8.1648
50	12.349	0.001012	12.03	209.32	2234.2	2443.5	209.33	2382.7	2592.1	0.7038	7.3725	8.0763
55	15.758	0.001015	9.568	230.21	2219.9	2450.1	230.23	2370.7	2600.9	0.7679	7.2234	7.9913
60	19.94	0.001017	7.671	251.11	2205.5	2456.6	251.13	2358.5	2609.6	0.8312	7.0784	7.9096
65	25.03	0.001020	6.197	272.02	2191.1	2463.1	272.06	2346.2	2618.3	0.8935	6.9375	7.8310
70	31.19	0.001023	5.042	292.95	2176.6	2469.6	292.98	2333.8	2626.8	0.9549	6.8004	7.7553
75	38.58	0.001026	4.131	313.90	2162.0	2475.9	313.93	2321.4	2635.3	1.0155	6.6669	7.6824
80	47.39	0.001029	3.407	334.86	2147.4	2482.2	334.91	2308.8	2643.7	1.0753	6.5369	7.6122
85	57.83	0.001033	2.828	355.84	2132.6	2488.4	355.90	2296.0	2651.9	1.1343	6.4102	7.5445
90	70.14	0.001036	2.361	376.85	2117.7	2494.5	376.92	2283.2	2660.1	1.1925	6.2866	7.4791
95	84.55	0.001040	1.982	397.88	2102.7	2500.6	397.96	2270.2	2668.1	1.2500	6.1659	7.4159

温度 T °C	圧力 P MPa	比体積 m³/kg 飽和水 v_l	比体積 m³/kg 飽和蒸気 v_g	内部エネルギー kJ/kg 飽和水 u_l	内部エネルギー kJ/kg 蒸発エネルギー u_{lg}	内部エネルギー kJ/kg 飽和蒸気 u_g	エンタルピー kJ/kg 飽和水 h_l	エンタルピー kJ/kg 蒸発エンタルピー h_{lg}	エンタルピー kJ/kg 飽和蒸気 h_g	エントロピー kJ/(K·kg) 飽和水 s_l	エントロピー kJ/(K·kg) 蒸発エントロピー s_{lg}	エントロピー kJ/(K·kg) 飽和蒸気 s_g
100	0.10135	0.001044	1.6729	418.94	2087.6	2506.5	419.04	2257.0	2676.1	1.3069	6.0480	7.3549
105	0.12082	0.001048	1.4194	440.02	2072.3	2512.4	440.15	2243.7	2683.8	1.3630	5.9328	7.2958
110	0.14327	0.001052	1.2102	461.14	2057.0	2518.1	461.30	2230.2	2691.5	1.4185	5.8202	7.2387
115	0.16906	0.001056	1.0366	482.30	2041.4	2523.7	482.48	2216.5	2699.0	1.4734	5.7100	7.1833
120	0.19853	0.001060	0.8919	503.50	2025.8	2529.3	503.71	2202.6	2706.3	1.5276	5.6020	7.1296
125	0.2321	0.001065	0.7706	524.74	2009.9	2534.6	524.99	2188.5	2713.5	1.5813	5.4962	7.0775
130	0.2701	0.001070	0.6685	546.02	1993.9	2539.9	546.31	2174.2	2720.5	1.6344	5.3925	7.0269
135	0.313	0.001075	0.5822	567.35	1977.7	2545.0	567.69	2159.6	2727.3	1.6870	5.2907	6.9777
140	0.3613	0.001080	0.5089	588.74	1961.3	2550.0	589.13	2144.7	2733.9	1.7391	5.1908	6.9299
145	0.4154	0.001085	0.4463	610.18	1944.7	2554.9	610.63	2129.6	2740.3	1.7907	5.0926	6.8833
150	0.4758	0.001091	0.3928	631.68	1927.9	2559.5	632.20	2114.3	2746.5	1.8418	4.9960	6.8379
155	0.5431	0.001096	0.3468	653.24	1910.8	2564.1	653.84	2098.6	2752.4	1.8925	4.9010	6.7935

160	0.6178	0.001102	0.3071	674.87	1893.5	2568.4	675.55	2082.6	2758.1	1.9427	4.8075	6.7502
165	0.7005	0.001108	0.2727	696.56	1876.0	2572.5	697.34	2066.2	2763.5	1.9925	4.7153	6.7078
170	0.7917	0.001114	0.2428	718.33	1858.1	2576.5	719.21	2049.5	2768.7	2.0419	4.6244	6.6663
175	0.8920	0.001121	0.2168	740.17	1840.0	2580.2	741.17	2032.4	2773.6	2.0909	4.5347	6.6256
180	1.0021	0.001127	0.19405	762.09	1821.6	2583.7	763.22	2015.0	2778.2	2.1396	4.4461	6.5857
185	1.1227	0.001134	0.17909	784.10	1802.9	2587.0	785.37	1997.1	2782.4	2.1879	4.3586	6.5465
190	1.2544	0.001141	0.15654	806.19	1783.8	2590.0	807.62	1978.8	2786.4	2.2359	4.2720	6.5079
195	1.3978	0.001149	0.14105	828.37	1764.4	2592.8	829.98	1960.0	2790.0	2.2835	4.1863	6.4698
200	1.5538	0.001157	0.12736	850.65	1744.7	2595.3	852.45	1940.7	2793.2	2.3309	4.1014	6.4323
205	1.7230	0.001164	0.11521	873.04	1724.5	2597.5	875.04	1921.0	2796.0	2.3780	4.0172	6.3952
210	1.9062	0.001173	0.10441	895.53	1703.9	2599.5	897.76	1900.7	2798.5	2.4248	3.9337	6.3585
215	2.104	0.001181	0.09479	918.14	1682.9	2601.1	920.62	1879.9	2800.5	2.4714	3.8507	6.3221
220	2.318	0.001190	0.08619	940.87	1661.5	2602.4	943.62	1858.5	2802.1	2.5178	3.7683	6.2861
225	2.548	0.001199	0.07849	963.73	1639.6	2603.3	966.78	1836.5	2803.3	2.5639	3.6863	6.2503
230	2.795	0.001209	0.07158	986.74	1617.2	2603.9	990.12	1813.8	2804.0	2.6099	3.6047	6.2146
235	3.060	0.001219	0.06537	1009.89	1594.2	2604.1	1013.62	1790.5	2804.2	2.6558	3.5233	6.1791
240	3.344	0.001229	0.05976	1033.21	1570.8	2604.0	1037.32	1766.5	2803.8	2.7015	3.4422	6.1437
245	3.648	0.001240	0.05471	1056.71	1546.7	2603.4	1061.23	1741.7	2803.0	2.7472	3.3612	6.1083
250	3.973	0.001251	0.05013	1080.39	1522.0	2602.4	1085.36	1716.2	2801.5	2.7927	3.2802	6.0730
255	4.319	0.001263	0.04598	1104.28	1496.7	2600.9	1109.73	1689.8	2799.5	2.8383	3.1992	6.0375
260	4.688	0.001276	0.04221	1128.39	1470.6	2599.0	1134.37	1662.5	2796.9	2.8838	3.1181	6.0019
265	5.081	0.001289	0.03877	1152.74	1443.9	2596.6	1159.28	1634.4	2793.6	2.9294	3.0368	5.9662
270	5.499	0.001302	0.03564	1177.36	1416.3	2593.7	1184.51	1605.2	2789.7	2.9751	2.9551	5.9301
275	5.942	0.001317	0.03279	1202.25	1387.9	2590.2	1210.07	1574.9	2785.0	3.0208	2.8730	5.8938
280	6.412	0.001332	0.03017	1227.46	1358.7	2586.1	1235.99	1543.6	2779.6	3.0668	2.7903	5.8571
285	6.909	0.001348	0.02777	1253.00	1328.4	2581.4	1262.31	1511.0	2773.3	3.1130	2.7070	5.8199
290	7.436	0.001366	0.02557	1278.92	1297.1	2576.0	1289.07	1477.1	2766.2	3.1594	2.6227	5.7821
295	7.993	0.001384	0.02354	1305.20	1264.7	2569.9	1316.30	1441.8	2758.1	3.2062	2.5375	5.7437
300	8.581	0.001404	0.02167	1332.00	1231.0	2563.0	1344.00	1404.9	2749.0	3.2534	2.4511	5.7045
305	9.202	0.001425	0.019948	1359.30	1195.9	2555.2	1372.40	1366.4	2738.7	3.3010	2.3633	5.6643
310	9.856	0.001447	0.01835	1387.10	1159.4	2546.4	1401.30	1326.0	2727.3	3.3493	2.2737	5.6230
315	10.547	0.001472	0.016867	1415.50	1121.1	2536.6	1431.00	1283.5	2714.5	3.3982	2.1821	5.5804
320	11.274	0.001499	0.015488	1444.60	1080.9	2525.5	1461.50	1238.6	2700.1	3.4480	2.0882	5.5362
330	12.845	0.001561	0.012996	1505.30	993.7	2498.9	1525.30	1140.6	2665.9	3.5507	1.8909	5.4417
340	14.586	0.001638	0.010797	1570.30	894.3	2464.6	1594.20	1027.9	2622.0	3.6594	1.6763	5.3357
350	16.513	0.001740	0.008813	1641.90	776.6	2418.4	1670.60	893.4	2563.9	3.7777	1.4335	5.2112
360	18.651	0.001893	0.006945	1725.20	626.3	2351.5	1760.50	720.5	2481.0	3.9147	1.1379	5.0526
370	21.03	0.002213	0.004925	1844.00	384.5	2228.5	1890.50	441.6	2332.1	4.1106	0.6865	4.7971
374.14	22.09	0.003155	0.003155	2029.60	0.0	2029.6	2099.30	0.0	2099.3	4.4298	0.0000	4.4298

表 C.2　過熱水蒸気の状態表

	$P = .010$ MPa (45.81)*				$P = .050$ MPa (81.33)				$P = .10$ MPa (99.63)			
T	v	u	h	s	v	u	h	s	v	u	h	s
Sat.	14.674	2437.9	2584.7	8.1502	3.240	2483.9	2645.9	7.5939	16,940	2506.1	2675.5	7.3594
50	14.869	2443.9	2592.6	8.1749								
100	17.196	2515.5	2687.5	8.4479	3.418	2511.6	2682.5	7.6947	1.6958	2506.7	2676.2	7.3614
150	19.512	2587.9	2783.0	8.6882	3.889	2585.6	2780.1	7.9401	1.9364	2582.8	2776.4	7.6134
200	21.825	2661.3	2879.5	8.9038	4.356	2659.9	2877.7	8.1580	2.172	2658.1	2875.3	7.8343
250	24.136	2736.0	2977.3	9.1002	4.820	2735.0	2976.0	8.3556	2.406	2733.7	2974.3	8.0333
300	26.445	2812.1	3076.5	9.2813	5.284	2811.3	3075.5	8.5373	2.639	2810.4	3074.3	8.2158
400	31.063	2968.9	3279.6	9.6077	6.209	2968.5	3278.9	8.8642	3.103	2967.9	3278.2	8.5435
500	35.679	3132.3	3489.1	9.8978	7.134	3132.0	3488.7	9.1546	3.565	3131.6	3488.1	8.8342
600	40.295	3302.5	3705.4	10.1608	8.057	3302.2	3705.1	9.4178	4.028	3301.9	3704.7	9.0976
700	44.911	3479.6	3928.7	10.4028	8.981	3479.4	3928.5	9.6599	4.490	3479.2	3928.2	9.3398
800	49.526	3663.8	4159.0	10.6281	9.904	3663.6	4158.9	9.8852	4.952	3663.5	4158.6	9.5652
900	54.141	3855.0	4396.4	10.8396	10.828	3854.9	4396.3	10.0967	5.414	3854.8	4396.1	9.7767
1000	58.757	4053.0	4640.6	11.0393	11.751	4052.9	4640.5	10.2964	5.875	4052.8	4640.3	9.9764
1100	63.372	4257.5	4891.2	11.2287	12.674	4257.4	4891.1	10.4859	6.337	4257.3	4891.0	10.1659
1200	67.987	4467.9	5147.8	11.4091	13.597	4467.8	5147.7	10.6662	6.799	4467.7	5147.6	10.3463
1300	72.602	4683.7	5409.7	11.5811	14.521	4683.6	5409.6	10.8382	7.260	4683.5	5409.5	10.5183

	$P = .20$ MPa (120.23)				$P = .30$ MPa (133.55)				$P = .40$ MPa (143.63)			
Sat.	0.8857	2529.5	2706.7	7.1272	0.6058	2543.6	2725.3	6.9919	0.4625	2553.6	2738.6	6.8959
150	0.9596	2576.9	2768.8	7.2795	0.6339	2570.8	2761.0	7.0778	0.4708	2564.5	2752.8	6.9299
200	1.0803	2654.4	2870.5	7.5066	0.7163	2650.7	2865.6	7.3115	0.5342	2646.8	2860.5	7.1706
250	1.1988	2731.2	2971.0	7.7086	0.7964	2728.7	2967.6	7.5166	0.5951	2726.1	2964.2	7.3789
300	1.3162	2808.6	3071.8	7.8926	0.8753	2806.7	3069.3	7.7022	0.6548	2804.8	3066.8	7.5662
400	1.5493	2966.7	3276.6	8.2218	1.0315	2965.6	3275.0	8.0330	0.7726	2964.4	3273.4	7.8985
500	1.7814	3130.8	3487.1	8.5133	1.1867	3130.0	3486.0	8.3251	0.8893	3129.2	3484.9	8.1913
600	2.013	3301.4	3704.0	8.7770	1.3414	3300.8	3703.2	8.5892	1.0055	3300.2	3702.4	8.4558
700	2.244	3478.8	3927.6	9.0194	1.4957	3478.4	3927.1	8.8319	1.1215	3477.9	3926.5	8.6987
800	2.475	3663.1	4158.2	9.2449	1.6499	3662.9	4157.8	9.0576	1.2372	3662.4	4157.3	8.9244
900	2.706	3854.5	4395.8	9.4566	1.8041	3854.2	4395.4	9.2692	1.3529	3853.9	4395.1	9.1362
1000	2.937	4052.5	4640.0	9.6563	1.9581	4052.3	4639.7	9.4690	1.4685	4052.0	4639.4	9.3360
1100	3.168	4257.0	4890.7	9.8458	2.1121	4256.8	4890.4	9.6585	1.5840	4256.5	4890.2	9.5256
1200	3.399	4467.5	5147.3	10.0262	2.2661	4467.2	5147.1	9.8389	1.6996	4467.0	5146.8	9.7060
1300	3.63	4683.2	5409.3	10.1982	2.4201	4683.0	5409.0	10.0110	1.8151	4682.8	5408.8	9.8780

	$P = .50$ MPa (151.86)				$P = .60$ MPa (158.85)				$P = .80$ MPa (170.43)			
Sat.	0.3749	2561.2	2748.7	6.8213	0.3157	2567.4	2756.8	6.7600	0.2404	2576.8	2769.1	6.6628
200	0.4249	2642.9	2855.4	7.0592	0.3520	2638.9	2850.1	6.9665	0.2608	2630.6	2839.3	6.8158
250	0.4744	2723.5	2960.7	7.2709	0.3938	2720.9	2957.2	7.1816	0.2931	2715.5	2950.0	7.0384
300	0.5226	2802.9	3064.2	7.4599	0.4344	2801.0	3061.6	7.3724	0.3241	2797.2	3056.5	7.2328
350	0.5701	2882.6	3167.7	7.6329	0.4742	2881.2	3165.7	7.5464	0.3544	2878.2	3161.7	7.4089
400	0.6173	2963.2	3271.9	7.7938	0.5137	2962.1	3270.3	7.7079	0.3843	2959.7	3267.1	7.5716
500	0.7109	3128.4	3483.9	8.0873	0.5920	3127.6	3482.8	8.0021	0.4433	3126.0	3480.6	7.8673
600	0.8041	3299.6	3701.7	7.3522	0.6697	3299.1	3700.9	8.2674	0.5018	3297.9	3699.4	8.1333
700	0.8969	3477.5	3925.9	8.5952	0.7472	3477.0	3925.3	8.5107	0.5601	3476.2	3924.2	8.3770
800	0.9896	3662.1	4156.9	8.8211	0.8245	3661.8	4156.5	8.7367	0.6181	3661.1	4155.6	8.6033
900	1.0822	3853.6	4394.7	9.0329	0.9017	3853.4	4394.4	8.9486	0.6761	3852.8	4393.7	8.8153
1000	1.1747	4051.8	4639.1	9.2328	0.9788	4051.5	4638.8	9.1485	0.7340	4051.0	4638.2	9.0153
1100	1.2672	4256.3	4889.9	9.4224	1.0559	4256.1	4889.6	9.3381	0.7919	4255.6	4889.1	9.2050
1200	1.3596	4466.8	5146.6	9.6029	1.1330	4466.5	5146.3	9.5185	0.8497	4466.1	5145.9	9.3855
1300	1.4521	4682.5	5408.6	9.7749	1.2101	4682.3	5408.3	9.6906	0.9076	4681.8	5407.9	9.5575

* カッコ内の数字はその圧力における沸点（℃）．v：比体積（m³/kg），u：内部エネルギー（kJ/kg），h：エンタルピー（kJ/kg），s：エントロピー（kJ/(K·kg)）．

表 C.3 圧縮水の状態表

T °C	v m³/kg	u kJ/kg	h kJ/kg	s kJ/(K·kg)	v m³/kg	u kJ/kg	h kJ/kg	s kJ/(K·kg)	v m³/kg	u kJ/kg	h kJ/kg	s kJ/(K·kg)
	$P = 5$ MPa (263.99℃)*				$P = 10$ MPa (311.06℃)				$P = 15$ MPa (342.24℃)			
Sat.	0.0012859	1147.80	1154.20	2.9202	0.0014524	1393.00	1407.60	3.3596	0.0016581	1585.60	1610.50	3.6848
0	0.0009977	0.04	5.04	0.0001	0.0009952	0.09	10.04	0.0002	0.0009928	0.15	15.05	0.0004
20	0.0009995	83.65	88.65	0.2956	0.0009972	83.36	93.33	0.2945	0.0009950	83.06	97.99	0.2934
40	0.0010056	166.95	171.97	0.5705	0.0010034	166.35	176.38	0.5686	0.0010013	165.76	180.78	0.5666
60	0.0010149	250.23	255.30	0.8285	0.0010127	249.36	259.49	0.8258	0.0010105	248.51	263.67	0.8232
80	0.0010268	333.72	338.85	1.0720	0.0010245	332.59	342.83	1.0688	0.0010222	331.48	346.81	1.0656
100	0.0010410	417.52	422.72	1.3030	0.0010385	416.12	426.50	1.2992	0.0010361	414.74	430.28	1.2955
120	0.0010576	501.80	507.09	1.5233	0.0010549	500.08	510.64	1.5189	0.0010522	498.40	514.19	1.5145
140	0.0010768	586.76	592.15	1.7343	0.0010737	584.68	595.42	1.7292	0.0010707	582.66	598.72	1.7242
160	0.0010988	672.62	678.12	1.9375	0.0010953	670.13	681.08	1.9317	0.0010918	667.71	684.09	1.9260
180	0.0011240	759.63	765.25	2.1341	0.0011199	756.65	767.84	2.1275	0.0011159	753.76	770.50	2.1210
200	0.0011530	848.10	853.90	2.3255	0.0011480	844.50	856.00	2.3178	0.0011433	841.00	858.20	2.3104
220	0.0011866	938.40	944.40	2.5128	0.0011805	934.10	945.90	2.5039	0.0011748	929.90	947.50	2.4953
240	0.0012264	1031.40	1037.50	2.6979	0.0012187	1026.00	1038.10	2.6872	0.0012114	1020.80	1039.00	2.6771
260	0.0012749	1127.90	1134.30	2.8830	0.0012645	1121.10	1133.70	2.8699	0.0012550	1114.60	1133.40	2.8576
280					0.0013216	1220.90	1234.10	3.0548	0.0013084	1212.50	1232.10	3.0393
300					0.0013972	1328.40	1342.30	3.2469	0.0013770	1316.60	1337.30	3.2260
320									0.0014724	1431.10	1453.20	3.4247
340									0.0016311	1567.50	1591.90	3.6546
	$P = 20$ MPa (365.81℃)				$P = 30$ MPa				$P = 50$ MPa			
Sat.	0.0020360	1785.60	1826.30	4.0139								
0	0.0009904	0.19	20.01	0.0004	0.0009856	0.25	29.82	0.0001	0.0009766	0.20	49.03	0.0014
20	0.0009928	82.77	102.62	0.2923	0.0009886	82.17	111.84	0.2899	0.0009804	81.00	130.02	0.2848
40	0.0009992	165.17	185.16	0.5646	0.0009951	164.04	193.89	0.5607	0.0009872	161.86	211.21	0.5527
60	0.0010084	247.68	267.85	0.8206	0.0010042	246.06	276.19	0.8154	0.0009962	242.98	292.79	0.8052
80	0.0010199	330.40	350.80	1.0624	0.0010156	328.30	358.77	1.0561	0.0010073	324.34	374.70	1.0440
100	0.0010337	413.39	434.06	1.2917	0.0010290	410.78	441.66	1.2844	0.0010201	405.88	456.89	1.2703
120	0.0010496	496.76	517.76	1.5102	0.0010445	493.59	524.93	1.5018	0.0010348	487.65	539.39	1.4857
140	0.0010678	580.69	602.04	1.7193	0.0010621	576.88	608.75	1.7098	0.0010515	569.77	622.35	1.6915
160	0.0010885	665.35	687.12	1.9204	0.0010821	660.82	693.28	1.9096	0.0010703	652.41	705.92	1.8891
180	0.0011120	750.95	773.20	2.1147	0.0011047	745.59	778.73	2.1024	0.0010912	735.69	790.25	2.0794
200	0.0011388	837.70	860.50	2.3031	0.0011302	831.40	865.30	2.2893	0.0011146	819.70	875.50	2.2634
220	0.0011695	925.90	949.30	2.4870	0.0011590	918.30	953.10	2.4711	0.0011408	904.70	961.70	2.4419
240	0.0012046	1016.00	1040.00	2.6674	0.0011920	1006.90	1042.60	2.6490	0.0011702	990.70	1049.20	2.6158
260	0.0012462	1108.60	1133.50	2.8459	0.0012303	1097.40	1134.30	2.8243	0.0012034	1078.10	1138.20	2.7860
280	0.0012965	1204.70	1230.60	3.0248	0.0012755	1190.70	1229.00	2.9986	0.0012415	1167.20	1229.30	2.9537
300	0.0013596	1306.10	1333.30	3.2071	0.0013304	1287.90	1327.80	3.1741	0.0012860	1258.70	1323.00	3.1200
320	0.0014437	1415.70	1444.60	3.3979	0.0013997	1390.70	1432.70	3.3539	0.0013388	1353.30	1420.20	3.2868
340	0.0015684	1539.70	1571.00	3.6075	0.0014920	1501.70	1546.50	3.5426	0.0014032	1452.00	1522.10	3.4557
360	0.0018226	1702.80	1739.30	3.8772	0.0016265	1626.60	1675.40	3.7494	0.0014838	1556.00	1630.20	3.6291
380					0.0018691	1781.40	1837.50	4.0012	0.0015884	1667.20	1746.60	3.8101

* カッコ内はその圧力における沸点.

索　引

■あ行

アインシュタインの関係式（Einstein's relation）　53
圧縮率（compressibility）　40
圧力（pressure）　6
アボガドロ数（Avogadro's number）　5
アンモニアの合成（synthesis of anmonia）　205
易動度（mobility）　52
エクセルギー（exergy）　239
エネルギー等分配則（equipartition of energy）　36, 282
エネルギー保存則（energy conservation law）　72, 91
エルゴン（ergon）　239
遠心分離（centrifugation）　263
エンタルピー（enthalpy）　83
エントロピー（entropy）　155
　──極大則（law of entropy maximum）　193
　──生成（entropy production）　174
　──生成最小（minimum production of entropy）　214
　──増大則（increase of entropy principle）　157
　──の単位（unit of entropy）　156
　──のつりあい（entropy balance）　170
　──の統計力学的解釈（statistical interpretation of entropy）　281
　──の統計力学的表式（statistical formula of entropy）　280
　──の不可逆成分（irreversible part of entropy）　171
　──流（entropy flux）　174
　混合──（entropy of mixing）　178, 261
　ファン・デル・ワールス気体の──（entropy of van der-Waals gas）　213
　理想気体の──（entropy of ideal gas）　177
オットー機関（Otto cycle）　133
温度（temperature）　6, 21
　核融合──（temperature of nuclear fusion）　113
　熱力学的絶対──（thermodynamic absolute temperature）　137

■か行

回転運動（rotational motion）　284
開放系（open system）　17
化学ポテンシャル（chemical potential）　199
可逆（reversible）　122
　外的──（externally reversible）　124
　──過程（reversible process）　122
　──機関（reversible engine）　131
　内的──（internal reversible）　124
　内的──機関（endo-reversible reversible engine）　143
拡散（diffusion）　52, 123
　──定数（diffusion constant）　52
ガソリン機関（gasolin engine）　118
活性化障壁（activation barrier）　126
ガラス（glass）
　──化（glass formation）　129
　──状態（glass state）　220
カルノー（Carnot）
　──機関（Carnot cycle）　131
　──定理（Carnot theorem）　136
過冷却（supercooling）　125
かわき度（quality）　48
感受率（susceptibility）　41, 217
慣性モーメント（moment of inertia）　285
緩和（relaxation）
　──過程（relaxation process）　51
　──時間（relaxation time）　19, 53
希釈熱（heat of dilution）　210
気体定数（gas constant）　33
逆浸透膜（reversal osmotic membrane）　261
急変過程（rapid process）　77
キューリー・ワイス則（Curie-Wiess law）　218
凝固点降下（depression of freezing point）　213
凝集エネルギー（cohesive energy）　46
クラウジウス（Clausius）
　──クラペイロンの式（Clapeyron-Clausius equation）　51, 200
　──積分（Clausius' integration）　140
　──の定理（Clausius' theorem）　135

──の不等式（Clausius' inequality） 140
グリューナイゼン定数（Grüneisen constant） 40
経路（path） 13
ケルビン・プランク定理（Kelvin-Planck theorem） 135
顕熱（sensible heat） 11
孤立系（isolated system） 17
コンプレッサー（compressor） 99

■さ行

最大仕事の原理（maximum work theorem） 237
サックール・テトロード式（Sackur-Tetrode equation） 224
三重点（triple point） 47
仕事（work） 12
　工業的──（engineering work） 88
　絶対的──（absolute work） 86
　分離──（work for separation） 259
質量保存（conservation of mass） 90
死点（dead center）
　上──（top dead center） 140
　下──（bottom dead center） 140
絞り過程（throttling process） 91
自由エネルギー（free energy） 238, 283
　ギブスの──（Gibb's free energy） 194
　ヘルムホルツの──（Helmholtz free energy） 194
自由度（degree of freedom） 36, 285
縮退（degeneracy） 221
ジュール・トムソン効果（Joule-Thomson effect） 92
準安定状態（metastable state） 127
準静的過程（quasi-static process） 75, 127
蒸気（vapor）
　過熱──（superheated vapor） 49
　乾き──（dry vapor） 49
　飽和──（saturated vapor） 49
蒸気圧（vapor pressure） 48
　──降下（depression of vapor pressure） 212
蒸気機関（steam engine） 119
状態数（number of states） 276
状態方程式（equation of state） 8, 33
状態量（state variable, property） 5
　示強性──（intensive property） 8
　示量性──（extensive property） 8
状態和（sum-over-states） 279
触媒（catalysis） 112
浸透圧（osmotic pressure） 256

親和力（affinity） 207
スターリング機関（stirling engine） 120
ストカステック共鳴（stochastic resonance） 191
生成熱（heat of formation） 85
潜熱（latent heat） 11, 129
全微分可能（exact differentiation） 16, 295
相（phase） 46
　──転移（phase transition） 47
相互作用系（thermodynamically interacting system） 17

■た行

体積弾性率（bulk modulus） 40
タービン（turbine） 100
断熱（adiabatic） 17, 18
断熱消磁冷却（cooling by adiabatic diamagnetization） 134
定常状態（steady state） 79, 214
ディフィーザー（diffuser） 97
デュロン–プティの法則（Dulong-Petit law） 38
デバイ温度（Debye temperature） 38
電気伝導度（electrical conductivity） 55
伝熱過程（thermal conduction） 169
等エントロピー過程（isentropic process） 160
動作係数（coefficient of performance） 143
等重確率の原理（postulate of equal a priori probabilities） 276
等容昇圧（isochoric pressure rise） 44

■な行

内部エネルギー（internal energy） 10, 37, 279
熱（heat） 10
　──運動（thermal motion） 34
　──交換（heat exchange） 95
　──雑音（thermal noise） 65
熱音響効果（thermoacoustic effect） 152
熱機関（heat engine） 117
熱効率（thermal efficiency） 121
　カルノー機関の──（thermal efficiency of Carnot cycle） 132
熱的ド・ブローイ波長（thermal de Broglie wavelength） 274
熱伝達率（convection coefficient） 81
熱伝導（thermal conduction） 80
　──度（thermal conductivity） 55
熱電変換（thermoelectric effect） 141
熱平衡（thermal equilibrium） 17
　──条件（conditions of thermal equilibrium）

20, 193
熱容量（heat capacity） 11, 42
熱浴（heat bath, heat reservoir） 18
熱力学第 0 法則（0th law of thermodynamics）
  18
熱力学第一法則（first law of thermodynamics）
  71
熱力学第二法則（second law of thermodynamics）
  135
熱力学第三法則（third law of thermodynamics）
  216
熱力学的極限（thermodynamic limit） 221
熱力学的座標（thermodynamic coordinate） 5
ネルンストの定理（Nernst postulate） 217
粘性係数（coefficient of viscosity） 53, 55
燃料電池（fuel cell） 251
濃縮（enrichment） 260
ノズル（nozzle） 97

■は行

パワーノイズ（power noise） 66
パワーのつりあい（power balance） 79
反転温度（inversion temperature） 93
半透明膜（semipermeable membrane） 179, 256
反応（reaction）
　吸熱──（endothermic reaction） 207
　電気化学──（electrochemical reaction） 253
　電池──（galvanoic reaction） 254
　燃焼──（combustion reaction） 112
　発熱──（exothermic reaction） 207
　──温度（reaction temperature） 112
　──障壁（activation barrier of reaction） 112
　──熱（heat of reaction） 84
　──の進行度（advancement of reaction） 203
微視的状態数（number of microscopic states）
  182, 273
ヒステリシス（hysteresis） 130
ブリティッシュ熱単位（BTU） 23
ヒートポンプ（heat pump） 142
比熱（specific heat） 11, 41, 217, 284, 288
　定圧──（isobaric specific heat） 43
　定積──（isochoric specific heat） 42
比熱比（ratio of specific heat） 44
標準状態（standard state） 209
ファン・デル・ワールス気体（van der-Waals gas）
  45
　──のエントロピー（entropy of van der-Waals gas） 213

ファント・ホーフの式（van't Hoff equation） 205
不可逆（irreversible） 122
　──過程（irreversible process） 122
　──性（irreversiblity） 242
　──的仕事（irreversible work） 242
沸点上昇（elevation of boiling point） 212
ブラウン運動（Brownian motion） 51
フラストレート系（frustrated system） 221
プランク定数（Planck constant） 224, 274
分圧（partial pressure） 7
分配関数（partition function） 279
平衡（equilibrium）
　化学──（chemical equilibrium） 20, 203
　機械的──（mechanical equilibrium） 19
　相──（phase equilibrium） 200
　──定数（equilibrium constant） 204
ヘンリーの法則（Henry's law） 212
膨張（expansion）
　自由──（free expansion） 76
　線──係数（coefficient of linear thermal expansion） 40
　体積──係数（coefficient of volume thermal expansion） 40
　断熱──（adiabatic expansion） 44
　等圧──（isobaric expansion） 44
　等温──（isothermal expansion） 43
　熱──（thermal expansion） 40
ポリトロープ過程（polytropic process） 45
ボルツマン定数（Boltzmann's constant） 35
ボルツマンの原理（principle of Boltzmann） 277

■ま行

摩擦（friction） 53
　──係数（frictional coefficient） 53
マックスウェルの関係式（Maxwell's relationships） 226
水（water） 47, 200, 261
　圧縮──（compressed water） 48
　飽和──（saturated water） 48
水の合成反応（production of water） 250
密度（density） 8
密閉系（closed system） 17

■や行

輸送係数（transport coefficient） 54
ゆらぎ（fluctuation） 6, 51, 68, 284

■ら行

ラウールの法則（Raoule's law）　*212*
ランキン機関（Rankine cycle）　*134, 247*
理想気体（ideal gas）　*33, 43, 175, 282*
粒子数（number of particles）　*6, 176, 283*
量子濃度（quantum density）　*275*

臨界点（critical point）　*49*
ル・シャトリエの原理（LeChatelier's principle）　*200*
ルジャンドル変換（Legendre transformation）　*198*
冷凍機関（refrigerator）　*142, 152*

【著者紹介】

白井 光雲（しらい こううん）

1983 年　千葉大学大学院理学研究科 修了
現　在　大阪大学産業科学研究所 准教授
専　攻　物性理論
著　書　『計算機マテリアルデザイン入門』笠井秀明・吉田 博・赤井久純 編, 大阪大学出版会 (2005), 分担執筆

現代の熱力学 *Modern Thermodynamics* 2011 年 3 月 30 日　初版 1 刷発行 2017 年 5 月 1 日　初版 4 刷発行 検印廃止 NDC 426.5 ISBN978-4-320-03466-2	著　者　白井光雲 ⓒ 2011 発行者　共立出版株式会社/南條光章 〒 112-0006 東京都文京区小日向 4-6-19 電話 03-3947-2511(代表) 振替 00110-2-57035 URL http://www.kyoritsu-pub.co.jp/ 印　刷 製　本　藤原印刷 　　　　　　　　　　一般社団法人 　　NSPA　　　自然科学書協会 　　　　　　　　　　会員 Printed in Japan

---

JCOPY ＜出版者著作権管理機構委託出版物＞

本書の無断複製は著作権法上での例外を除き禁じられています．複製される場合は，そのつど事前に，出版者著作権管理機構（ＴＥＬ：03-3513-6969，ＦＡＸ：03-3513-6979，e-mail：info@jcopy.or.jp）の許諾を得てください．